ボレビッチ・シャハレビッチ

整　数　論

(上)

佐々木 義雄訳

数学叢書

14

吉岡書店

編集委員【五十音順】
彌永昌吉　学習院大学教授・理学博士
岩堀長慶　東京大学教授・理学博士
河田敬義　東京大学教授・理学博士
小松醇郎　京都大学教授・理学博士
福原満洲雄　津田塾大学教授・理学博士
古屋　茂　東京大学教授・理学博士
吉田耕作　京都大学教授・理学博士

ТЕОРИЯ ЧИСЕЛ

З. И. БОРЕВИЧ

И

И. Р. ШАФАРЕВИЧ

序　　文

本書は数学の初心者用として書かれている．その目的は整数論，それが扱う諸問題およびそれに用いられる方法について若干見聞を広げることにある．

1つのスタイルとしては，何らかの応用の前に必ず組織的な理論展開が先行するというのが考えられるけれども，我々はもっと自由な叙述が好ましいとして，問題とその解法への手段とが緊密にからみ合うようにした．各出発点ごとに，普通，具体的な整数論問題を扱い，一般論がこれらの問題を解く道具として展開される．原則として，これら一般論は十分詳細を極め，それによって読者が理論の調和のとれた美しさを感じとり，かつ応用力を身につけられるようにしてある．

本書で取り上げた諸問題は主として不定方程式に関するものである，すなわち若干個の未知数を含む方程式の整数解を求める理論に関係している．とはいえ，異なる性格をもつ問題も扱ってある——たとえば算術級数中の素数に関する Dirichlet の定理とか合同式の解の個数の大きさに関する諸定理等々．

ここに述べる方法は，主として代数的なものである．詳しくいえば体の有限次拡大の理論およびそれらの体上に定義された付値の理論である．しかしながら，相当量のページが解析的方法にもさかれている：それに関係するのは第5章であるが第4章に述べた p 進的な解析関数の方法もこのうちに数えるべきであろう．さらに幾何学的な考察が大きな役割を演じているのも諸所に散見される．

本書が予備知識として読者に期待するのはそう多くではない．大部分を理解するには大学2年の課程で完全に足りる．ただ最後の章においてだけ解析関数の理論からの事実が若干用いられている．

純代数的な事項についての必要知識が≪代数的補足≫として巻末に付記されている．そこにおいては本書に出てくるのにもかかわらず，大学の高等代数学の課程では学ばない事項すべてについて正確な定義，定式化および場合によっては証明が与えられている．

この本は実はモスクワ大学で共著者の一人が講義したコースに由来する．我々は多大の感謝を，A. Γ. ポストニコフ氏に対して捧げる，同氏から我々はこのコース用のノートを利用させて頂いたのである．

本書に対して特に多大の寄与をドミトリ・コンスタチノビッチ・ハデエブ氏はしてくださった．同氏との頻繁かつ非常に有益な討論，多くの貴重な忠告や注意について深く感謝する．本書にあるいくつかの証明，たとえば Kummer の円分体類数第2因子に関する定理の p 進数を使う新証明などは同氏によるものである．

著　　者

訳者の序

整数論の歴史はギリシャにさかのぼって古い．本書は整数論の源泉ともいうべき不定方程式（別名 Diophantus 方程式）をめぐって理論の展開を試みたもので，代数的整数論の基礎の部分を丁寧に説明し，研究成果への指示にも親切である．扱った題材と叙述形式とは和書に類を見ない特色を持つと思われる．

読者の持つべき予備知識としては，大学の数学課程の3年程度で足りると思われるが，具体的にいえば，平方剰余の相互法則を含む初等整数論（特に連分数論を2次体の基本単数の計算に使う），群論体論等の初等代数の知識である．さらに下巻の≪代数的補足≫に説明があるが，そのうち2次形式の知識だけは我が国の大学3年までの講義では出てこないであろうから，第1章を読むにはこれを補っておく必要がある（定理のみ訳出して上巻に付記した）．

本書の叙述は驚くほど自由であって，理論の能率的構成よりむしろ想念の流れを重視しながら書かれている．たとえば第3章で，Fermat の問題と因数分解の理論（イデアル論と同じ内容を因子論として展開してある）との関連の追究ぶりを見て頂きたい．

理論構成という面から見れば，回りみちや重複がどうしても多くなる．しかし仮りの仮りに，出来上ってしまった理論はいかに美しく壮大なものであっても（アカデミーの権威を守る以外に）どれだけの価値があるだろうかと疑って見たらどうなるだろうか．そのときあたかも日食時のように，いままで気付かなかった星の姿が美しく輝き出すのではなかろうか．本書をゆっくりと味読し，演習問題も1題残らずこなしながら巻末に到れば，あたかも大河小説に対するような読後感が得られよう．

もしそのような印象が実現しないならば訳者の文章のまずさのせいであり，読者の忌憚のない御叱正をお願いする．訳語はなるべく数学辞典に従ったが，原語の味を考慮して直訳した所もある．文章も必ずしも日本語の文脈にとらわれず，想念の流れに逆らわないように努力した．

終りに，本書を訳出する機会を与えて下さった河田敬義先生はじめ，種々の応援を頂いた早川圭蔵氏・和田秀男氏ら諸兄に深く感謝の意を表します．

1971年7月　　　　訳　　者

和書参考文献

稲葉　栄次〔1〕整数論，基礎数学講座，共立出版

彌永　昌吉（編）〔1〕数論，岩波書店

黒田　成勝・久保田富雄〔1〕整数論，朝倉書店

末綱　恕一〔1〕解析的整数論，岩波書店

高木　貞治〔1〕初等整数論講義，共立出版

〔2〕代数的整数論（第2版），岩波書店

〔3〕解析概論，岩波書店

ファン・デル・ヴェルデン〔1〕現代代数学1～3，東京図書

ホール〔1〕，群論上，吉岡書店

*),**) ……は訳者注を表わし，1), 2)……は原著者注を表わす．

目　　次

（上　巻）

第2章 分解形式による数の表現

第3章　整除の理論

記 号 表

（説明などでよく用いられるもの）

R ：有理数体

Z ：有理整数環

Z_p ：同上の法 p による剰余体

$\left(\dfrac{a}{p}\right)$ または (a/p)：Legendre 記号

(a, b)：Hilbert 記号または最大公約数

$\left(\dfrac{a, b}{p}\right)$ または $(a, b\,|\,p)$：Hilbert 記号

下巻の主要目次

代数的補足§1の諸定理

定 理 1. 同値な諸2次形式の判別式は0でない平方数（$\in K$）因数でのみ異なる.

定 理 2. n 元2次形式 f が $\alpha\neq 0$ を表わすなら，次の形の2次形式に同値

$$\alpha x_1^2+g(x_2, \cdots, x_n),$$

ただし g は $n-1$ 元2次形式.

定 理 3. 各2次形式（K 上の）は変数の非特異な線形変換によって対角形に移すことができる. 換言すると，各2次形式は対角形に同値.

定 理 4. (Witt). f, g, h を K 上の非退化2次形式とせよ. もし形式 $f\dot{+}g$ と $f\dot{+}h$ とが同値ならば，g および h も同値である.

定 理 5. 体 K において非退化2次形式が零を表わす（非自明的に）ならば，Kの数すべてを表わす.

定 理 6. 非退化2次形式fが K に属する元 $\gamma\neq 0$ を表わすのは，形式 $-\gamma x_0^2\dot{+}f$ が零を表わすとき，またそのときに限る.

定 理 7. 形式 f が零を表わし，その表現のどれか1つが知られたなら，適当な非特異な線形変換（変数の）を見出して，fを

$$y_1y_2+g(y_3, \cdots, y_n)$$

の形に移し得る.

定 理 8. 体 K は6個以上の元をもつとせよ. もし対角形2次形式

$$a_1x_1^2+\cdots+a_nx_n^2 \quad (a_i\in K)$$

が K で零を表わせば，すべての変数が零でない表現を持つ.

定 理 9. すべての非退化2元2次形式のうち零を表わすものは互いに同値である.

定 理 10. 行列式 $d\neq 0$ をもつ2元2次形式 f が零を表わすための必要十分条件は，元 $-d$ が K で平方なること（すなわち $-d=\alpha^2$, $\alpha\in K$）である.

定 理 11. 2つの非退化2元2次形式 f および g が体K上で同値なるための必要十分条件は，第1にその行列式がKの平方因数のみで異なり，第2に少なくとも1つの $\alpha\neq 0$ が K 中に存在して，f および g によって同時に表わされることである.

第 1 章

合 同 式

本章においては合同式の理論とその不定方程式への応用とを取り扱う．不定方程式と合同式との関連は，次の簡単な注意に基づく：もし不定方程式

$$F(x_1, \cdots, x_n)=0, \tag{1}$$

——ただしFは整係数の多項式——が整数解をもつならば，合同式

$$F(x_1, \cdots, x_n)\equiv 0 \pmod{m} \tag{2}$$

は任意の法mについて可解である．合同式の可解性についての問題は，剰余類の有限性に着目して，たとえば虱潰しに調べる方法によっても解くことができるから，不定方程式（1）を整数で解くための，一連の実効ある必要条件が得られることになる．

これらの条件が十分条件であるかどうかという問題ははるかに複雑である．定式化して：≪不定方程式が可解となるのは，任意の法による合同式として可解なるとき，またそのときに限る≫という命題は一般的には偽である（たとえば，問題4参照）が，ある種の方程式に対しては真である．そこで本章ではこの命題を，F が2次形式である場合に証明する，ただし上記の条件の外さらに，当然必要な条件——実数に対して方程式（1）が解けること——を付加する．（注意：F が同次式である場合には $F=0$ が可解というのは零でない解の存在をいう）．

基本的な概念はp進数であるが，それをまず勉強して後に合同式の理論と不

定方程式とに応用する．p 進数の役割りはいまの問題においては次の通りである．初等整数論で知られているように，法 $m=p_1^{k_1}\cdots p_r^{k_r}$（$p_1, \cdots, p_r$ は相異なる素数）による合同式（2）の可解性はすべての添え字 $i=1, \cdots, r$ について合同式

$$F(x_1, \cdots, x_n)\equiv 0 \qquad (\mathrm{mod}\ p_i^{k_i})$$

の可解性と同値である．かくて，合同式（2）がすべての法mについて可解であることは，法が素数ベキである場合だけと同値となる．素数 p を1つ定めて，合同式

$$F(x_1, \cdots, x_n)\equiv 0 \qquad (\mathrm{mod}\ p^k) \tag{3}$$

を，すべての自然数の指数kについて解く問題を考えてみよう．この問題と関連して，Hensel は各素数pについて，p進数と名付けた新しい数を作り，「上記の方程式がすべてのkについて可解なことはp進数について可解なことと同値である」を示した．そこで合同式（2）と（3）との関連についての注意からの結論として，合同式（2）がすべての法mについて可解なことは，すべての素数pについて方程式（1）がp進数で可解なことと同値である，ということができる．

したがって，p進数の概念を利用して，上述の2次形式についての定理は次のように定式化できる（その証明こそ本章の目的であるが）：F が整係数の2次形式であるとき，方程式（1）が整数で可解となるのは，それがすべての素数pについてのp進数と実数とで可解となるとき，またそのときに限る．

Minkowski-Hasse の定理とよばれるこの定理の定式化においても，また他の多くの問題においてもp進数は実数と同等の立場にある．有理数をその大きさについて研究する際実数が必要であるとすれば，素数pのベキで割れるかどうかについて，p進数は全く同様な役割を演ずる．p進数と実数との相似性は他の点にも現われる．あとでわかるが，p 進数の構成法は，有理数から出発して，実数のときと同様な方法，すなわち基本列の極限を付加するのである．この際，違った形の数に到達する原因は，基礎に置かれた異なる収束の概念にある．

も一つ注意をしよう．Fが同次式のとき，方程式（1）が整数解を持つことは，もちろん，任意の有理数解を持つことと同値である．それゆえMinkowski-Hasse の定理において整数解の代りに有理数解について考えてよい．このなんでもない注意が次のことから意味を持ってくる：Fが任意の2次多項式のときは，同様な定理は方程式の有理数解について考えるときだけ成り立つ．これと関連して，2次不定方程式の研究においては，整数解だけでなく有理数解についても考えることにしよう．

問　　題

1. 方程式 $15x^2-7y^2=9$ は整数解をもたないことを示せ．

2. 方程式 $5x^3+11y^3+13z^3=0$ は $x=0,\ y=0,\ z=0$ 以外の整数解をもたぬことを示せ．

3. 整数で $8n+7$ の形をしたものは，3個の平方整数の和としては表わされないことを示せ．

4. Legendre の記号の性質を利用して次のことを証明せよ：
合同式 $(x^2-13)(x^2-17)(x^2-221)\equiv 0 \pmod{m}$ は任意の法mについて可解である．明らかに $(x^2-13)(x^2-17)(x^2-221)=0$ は整数では解けない．

5. 不定方程式 $a_1x_1+\cdots+a_nx_n=b$ ——ただし $a_1, \cdots, a_n,\ b$ は整数——が整数で可解なのは，任意の法mによる合同式に直したものが可解であるとき，またそのときに限ることを示せ．

6. 整係数の連立1次方程式についての同様な命題を証明せよ．

§1. 素数を法とする合同式

1. 多項式の同値性 合同式の研究を素数 p を法とするものから始めよう．よく知られているように，法 p の剰余類は p 個の元から成る有限体を形成し，法pの合同式は，すべて，この体の等式と見なすことができる．以下において，法pによる剰余類の有限体を，いつも Z_p で表わすことにしよう．体 Z_p は有限体の一例であるに過ぎず，本節と次節の所論は遂字的に任意の有限体の場合に移され得る．そのためには，pの代りに $q=p^m$——この有限体の元の個数——を置き換えるだけでよい．しかし我々は体 Z_p の場合にとどめ，等式ではなく合同式で書くことにしよう．ただ，定理3の例を構成するときに限り，他の有限体を利用しなければならない．

素数を法とする剰余類の体（一般にすべての有限体も）はいくつかの特性をもち，普通の初等代数に出てくる体——有理数体，実数体および複素数体——と異なる点がある．そのうち最も重要なもので，以下しばしば出会う特性は，この体においては，よく知られた次の定理が真でなくなるのである：いくつかの多項式が，変数のすべての値に対して相等しい値を取るならば，それらは同一の係数を持つ．たとえば Fermat の小定理により x^p と x とは体 Z_p において変数xのすべての値に対して等しい値を取るのに，その係数は相異なる．（このような現象は任意の有限体にもある：$\alpha_1, \cdots, \alpha_q$ をこの体のすべての元とすると，多項式 $(x-\alpha_1)\cdots(x-\alpha_q)$ は零とは異なる係数をもちながら，いま考えている有限体のすべての変数値に対して零という値のみを取る）．

以下において

$$F(x_1, \cdots, x_n)\equiv G(x_1, \cdots, x_n) \qquad (\mathrm{mod}\ p)$$

と書いて，両辺の対応する各項の係数が法pで合同であるときを表わし，多項式FとGとは**合同**であるとよぶ．もしも任意の値の組 $c_1, \cdots, c_n$ に対して

$$F(c_1, \cdots, c_n)\equiv G(c_1, \cdots, c_n) \qquad (\mathrm{mod}\ p)$$

が成立するときに，$F\sim G$ と書いてFとGとが**同値**であるという．明らかに，$F\equiv G$ ならば $F\sim G$ であるが，この逆は，多項式 x^p と x との例が示すように，一般には真でない．

もし $F\sim G$ なら，合同式 $F\equiv 0$ $(\mathrm{mod}\ p)$ と $G\equiv 0$ $(\mathrm{mod}\ p)$ とは全く同一の解をもつから，自然な考えとして，合同式の理論において多項式Fをそれと同値で，かつできるだけ簡単な多項式と置き換えることは重要である，早速この問題にとりかかろう．

もし，どれかの不定元 x_i が多項式F中にpベキ以上で入っていれば，同値性 $x_i^p\sim x_i$ ——Fermat の小定理から導かれる——により x_i^p を x_i で置き換

えることができる．もちろん，同値性は辺々を加えても掛けてもよいから，このようにしてFと同値で，より低いベキで x_i を含む多項式を得る．この変換の適用は各変数 x_i に関する次数がpより低い同値多項式に到達するまで可能である．このような多項式を簡約されたとよぶ．明らかに，x_i^p を x_i で置き換えることによって，Fの総次数（すべての変数に関する）は高くならない．よって次の結果を得る．

定 理 1. すべての多項式Fは簡約された多項式 F^* に同値で，F^* の総次数はFの次数より高くない．

さて，与えられた多項式に同値な簡約された多項式は一意的に決定されることを示そう．

定 理 2. 簡約された2つの多項式が同値であれば合同である．

この定理の証明は上述の多項式の一致に関する定理と全く同様に行なわれる——すなわち変数の個数についての帰納法による．明らかに，簡約された多項式Fについて，$F\sim 0$ から $F\equiv 0 \pmod p$ が導かれることを示せばよい．

まず，$n=1$ の場合を調べよう．もし $F(x)$ の次数がpより低く，すべてのcについて $F(c)\equiv 0 \pmod p$ ならば，Fは次数より多い個数の根をもつことになり，これが可能なのは F のすべての係数が p で割れるとき，すなわち，$F\equiv 0 \pmod p$ のときに限る．任意の $n\geqslant 2$ に対して，Fを

$$F(x_1, \cdots, x_n)=A_0(x_1, \cdots, x_{n-1})+A_1(x_1, \cdots, x_{n-1})x_n+\cdots$$
$$\cdots+A_{p-1}(x_1, \cdots, x_{n-1})x_n^{p-1}$$

の形に書こう．任意の値の組 $x_1=c_1, \cdots, x_{n-1}=c_{n-1}$ を考え，$A_0(c_1, \cdots, c_{n-1})=a_0, \cdots, A_{p-1}(c_1, \cdots, c_{n-1})=a_{p-1}$ と置こう．すると

$$F(c_1, \cdots, c_{n-1}, x_n)=a_0+a_1x_n+\cdots+a_{p-1}x_n^{p-1}.$$

よって，1変数 x_n の多項式で，——$F\sim 0$ であるから——零に同値なものが得られた．しかるに1変数の多項式については，定理は証明されている．それゆえ，ここに得られた多項式は零に合同でなければならない．よって

$$A_0(c_1, \cdots, c_{n-1})\equiv 0 \qquad (\mathrm{mod}\ p),$$

$$\cdots\cdots\cdots\cdots\cdots\cdots$$

$$A_{p-1}(c_1, \cdots, c_{n-1})\equiv 0 \qquad (\mathrm{mod}\ p),$$

すなわち $A_0\sim 0, \cdots, A_{p-1}\sim 0$ ($c_1, \cdots, c_{p-1}$ が任意だから). 多項式 A_i は明らかに簡約されて，かつ $n-1$ 不定元である（ところが，このような多項式については，帰納法の仮定により定理は真である）から

$$A_0\equiv 0\ (\mathrm{mod}\ p), \cdots, A_{p-1}\equiv 0\ (\mathrm{mod}\ p),$$

よって $F\equiv 0\ (\mathrm{mod}\ p)$, Q.E.D.

2. 合同式の解の個数についての定理 定理1と定理2とから，早速，合同式の解の個数についての結果をいくつか導くことができる.

定 理 3. もし合同式 $F(x_1, \cdots, x_n)\equiv 0\ (\mathrm{mod}\ p)$ が少なくとも1つの解をもち，多項式Fの総次数が変数の個数nより少ないならば，合同式は少なくとも2つの解をもつ.

証 明 仮定として，総次数rの多項式 $F(x_1, \cdots, x_n)$ が唯一の解

$$x_1\equiv a_1\ (\mathrm{mod}\ p), \cdots, x_n\equiv a_n\ (\mathrm{mod}\ p)$$

をもつとしよう. $H(x_1, \cdots, x_n)=1-F(x_1, \cdots, x_n)^{p-1}$ とおけ. Fermat の小定理とFについての仮定とにより

$$H(x_1, \cdots, x_n)\equiv\begin{cases}1 & \text{ただし}\quad x_1\equiv a_1, \cdots, x_n\equiv a_n\ (\mathrm{mod}\ p),\\ 0 & \text{その他の場合},\end{cases}$$

を得る. 定理1によって H に同値な簡約された多項式を H^* で表わす. H^* は H と同じ値を取る. 他方，H と同じ値を取る簡約された多項式を具体的に作ることができる，すなわち

$$\prod_{i=1}^{n}(1-(x_i-a_i)^{p-1}).$$

定理2により

$$H^*\equiv\prod_{i=1}^{n}(1-(x_i-a_i)^{p-1}) \qquad (\mathrm{mod}\ p). \qquad (1)$$

定理1から，H^* の次数はHの次数以下である，すなわち $r(p-1)$ 以下である．かくて（1）の左辺において次数は $r(p-1)$ 以下であり，右辺の次数は $n(p-1)$ である．よって，$n(p-1)\leqslant r(p-1)$ であるが，我々の仮定 $r<n$ に矛盾する．

系（Chevalley の定理）． もし $F(x_1, \cdots, x_n)$ が n より低い次数の同次式ならば，合同式

$$F(x_1, \cdots, x_n)\equiv 0 \pmod{p}$$

は零と異なる解をもつ．

この場合，1つの解——零——は常に存在するから，定理3から，このような解の存在が出る．

話しの完全性のため，次のことを示そう，不等式 $r<n$ をさらに弱い条件で置き換えて，Chevalley の定理を成立させようとしても，それは不可能である．そのため，任意の n に対して，n 次形式 $F(x_1, \cdots, x_n)$ を作り，合同式

$$F(x_1, \cdots, x_n)\equiv 0 \pmod{p} \qquad (2)$$

が零の解のみしかもたないようにしよう．

我々が利用する事実は，任意の $n\geqslant 1$ に対して p^n 個の元から成る有限体 Σ が存在し，Z_p を部分体として含むことである（参照：補足，§3，定理2）．$\omega_1, \cdots, \omega_n$ を体 Σ の Z_p 上の基とせよ．1次形式 $x_1\omega_1+\cdots+x_n\omega_n$ を考えよう，ただし $x_1, \cdots, x_n$ は Z_p からの任意の値を取るものとする．そのノルム $N_{\Sigma/Z_p}(x_1\omega_1+\cdots+x_n\omega_n)=\varphi(x_1, \cdots, x_n)$ は，明らかに，$x_1, \cdots, x_n$ の n 次形式で係数は Z_p に属する．元 $\alpha=x_1\omega_1+\cdots+x_n\omega_n$ $(x_i\in Z_p)$ のノルム $N(\alpha)$ の定義（参照：補足，§2，**2**）から，等式 $N(\alpha)=0$ は $\alpha=0$ のとき，すなわち $x_1=0, \cdots, x_n=0$ のときのみ可能である．よって，同次式 φ は特性——方程式 $\varphi(x_1, \cdots, x_n)=0$ は体 Z_p において零の解のみをもつ——がある．そこで，同次式 φ の各係数（法 p の剰余類）を，その類の剰余の1つで置き換える．n 個の変数の整係数 n 次形式 $F(x_1, \cdots, x_n)$ が得られ，この同次式 F に対して合同式（2）は明らかに零の解のみをもつのである．

定理 3 は次の事実の特別な場合である.

定 理 4 (Warning の定理). 多項式 $F(x_1, \cdots, x_n)$ の次数が n より小でありさえすれば, 合同式 $F(x_1, \cdots, x_n)\equiv 0 \pmod p$ の解の個数は p で割り切れる.

証 明 この合同式が s 個の解 $A_i=(a_1^{(i)}, \cdots, a_n^{(i)})$, $i=1, \cdots, s$ をもつとせよ. 再び $H=1-F^{p-1}$ とおけ. 明らかに

$$H(X)\equiv\begin{cases}1 & X\equiv A_i \pmod p,\ i=1, \cdots, s \text{ のとき}, \\ 0 & \text{その他の場合},\end{cases}$$

ただし X は $(x_1, \cdots, x_n)$ を表わす. (整数ベクトルの合同式は, これらのベクトルの成分の合同式を意味する). 任意の $A=(a_1, \cdots, a_n)$ に対して, 多項式

$$D_A(x_1, \cdots, x_n)=\prod_{j=1}^{n}(1-(x_j-a_j)^{p-1}). \tag{3}$$

を作ろう. 明らかに

$$D_A(X)\equiv\begin{cases}1 & X\equiv A \pmod p \text{ のとき}, \\ 0 & \text{その他の場合}.\end{cases} \tag{4}$$

つぎに

$$H^*(x_1, \cdots, x_n)=D_{A_1}(x_1, \cdots, x_n)+\cdots+D_{A_s}(x_1, \cdots, x_n). \tag{5}$$

とおけ, 合同式 (4) より $x_1, \cdots, x_n$ の任意の値に対して H^* は H と同じ値を取ることがわかる, すなわち $H\sim H^*$. 各項の D_{A_i} は簡約されているので, H^* もそうであり, したがって定理 1 と 2 とより H^* の次数はHの次数を越えない, ここで後者は $n(p-1)$ より低い. 各 D_{A_i} は唯一の, 次数 $n(p-1)$ の項 $(-1)^n(x_1\cdots x_n)^{p-1}$ をもつ. H^* の次数は $n(p-1)$ より確かに小だから, これらの項の和は零になるはずであるが, それが可能なのは, $s\equiv 0 \pmod p$ のときに限る. これは定理 4 の主張するところである.

定理 3 は Warning の定理から出る, すなわち $p\geqslant 2$ だから, したがって, $s\neq 0$ と $s\equiv 0 \pmod p$ とから $s\geqslant 2$ である.

3. 素数を法とする 2 次形式 以上の結果を 2 次形式の場合に応用しよ

う．次の事実は Chevalley の定理から直ちに出る．

定 理 5. $f(x_1, \cdots, x_n)$ を整係数の2次形式とせよ．もし $n \geqslant 3$ ならば，合同式

$$f(x_1, \cdots, x_n) \equiv 0 \pmod{p}$$

は零でない解をもつ．

1変数の2次形式はつまらない（もし $a \not\equiv 0 \pmod{p}$ ならば，合同式 $ax^2 \equiv 0 \pmod{p}$ は零の解のみをもつ）．

残った場合として2変数の2次形式を考えよう．

ここで $p \neq 2$ と仮定する（$n=2, p=2$ の場合，すべての可能な2次形式を直接数え上げることが容易である）．この場合，この式は

$$f(x, y) = ax^2 + 2bxy + cy^2$$

の形に書ける．その行列式*) $ac-b^2$ を d で表わそう．

定 理 6. 合同式

$$f(x, y) \equiv 0 \pmod{p} \quad (p \neq 2) \tag{6}$$

が零でない解をもつのは，$-d$ が p で割れるか，または法 p の平方剰余であるとき，またそのときに限る．

証 明 明らかに，2つの2次形式 f と f_1 とが Z_p で同値**)（参照：補足 §1, **1**）であるなら，両式に対する合同式（6）は同時に零でない解を持つか，または同時にどちらももたない．さらにまた，同値な式に移るとき，行列式は Z_p の零でない元の平方が乗ぜられるので，定理6の証明では，f をこれと同値な任意のもので置き換えてよい．各2次形式は対角線型（補足 §1 定理3）に同値である；よって次のように考えてよい

$$f = ax^2 + cy^2, \qquad d = ac.$$

---

*) 通常は判別式というが，本書では判別式を別の意味で使用する機会がある．

**) 補足にあるように，変数の1次変換による同値であって，この節で定義された $f \sim f_1$ の意味の同値ではない．

もし $a\equiv 0$ かまたは $c\equiv 0\ (\mathrm{mod}\ p)$ ならば，定理は明らか．もし $ac\not\equiv 0\ (\mathrm{mod}\ p)$ で合同式（6）が零でない解 (x_0, y_0) をもつなら，合同式

$$ax_0{}^2+cy_0{}^2\equiv 0 \qquad (\mathrm{mod}\ p)$$

から

$$-ac\equiv\left(\frac{cy_0}{x_0}\right)^2 \qquad (\mathrm{mod}\ p)$$

を得る（分数 $w\equiv u/v\ (\mathrm{mod}\ p)$ の意味は，体 Z_p での商である，すなわち合同式 $vw\equiv u\ (\mathrm{mod}\ p)$ の解である）．かくて $(-d/p)=1$．逆に $(-d/p)=1$ なら $-ac\equiv u^2\ (\mathrm{mod}\ p)$ で $(x_0, y_0)=(u, a)$ とおけばよい．

問　　題

1.　単項式 x^k に p を法として同値な，簡約された多項式を求めよ．

2.　合同式

$$F(x_1, x_2, x_3)=0 \qquad (\mathrm{mod}\ 2)$$

が零の解のみをもつような3次形式 $F(x_1, x_2, x_3)$ を作れ．

3.　Warning の定理と同じ条件で，$p\neq 2$ なるとき，解 $A_i\ (i=1, \cdots, s)$ に対して次の合同式が成り立つことを示せ：

$$\sum_{i=1}^{s} a_1{}^{(i)}\equiv\cdots\equiv\sum_{i=1}^{s} a_n{}^{(i)}\equiv 0 \qquad (\mathrm{mod}\ p).$$

4.　定理4と問題3とを一般化して，同じ記号で合同式

$$\sum_{i=1}^{s}(a_1{}^{(i)})^k\equiv\cdots\equiv\sum_{i=1}^{s}(a_n{}^{(i)})^k\equiv 0 \qquad (\mathrm{mod}\ p)$$

が，すべての $k=0, 1, \cdots, p-2$ に対して成り立つことを示せ．

5.　もし $F_1(x_1, \cdots, x_n), \cdots, F_m(x_1, \cdots, x_n)$ が整係数の多項式で，次数 $r_1, \cdots, r_m$, $r_1+\cdots+r_m<n$ であり，かつ連立合同式

$$\left.\begin{array}{ll} F_1(x_1, \cdots, x_n)\equiv 0 & (\mathrm{mod}\ p), \\ \cdots\cdots\cdots\cdots\cdots\cdots & \\ F_m(x_1, \cdots, x_n)\equiv 0 & (\mathrm{mod}\ p), \end{array}\right\} \qquad (7)$$

が少なくとも1つの解をもつならば，2つ以上の解をもつことを示せ．

6.　問題5の条件が満足されるとして，系（7）の解の個数は p で割れることを示せ．

7.　もし f が体 Z_p における2次形式で階数 $\geqq 2$ かつ $a\not\equiv 0\ (\mathrm{mod}\ p)$ であれば，合同式

$$f \equiv a \pmod{p}$$

は可解なることを示せ.

8. 補足 §1 の定理 2 と 3 とを利用して Z_p $(p \neq 2)$ における 2 つの非退化 2 次形式が同値となるのは，その行列式の積が平方数であるとき，またそのときに限ることを示せ.

9. 体 Z_p, $p \neq 2$ における 2 次形式の Witt 類の群を定めよ.（参照：補足 §1 問題 5）

10. 合同式 $f(x, y) \equiv 0 \pmod{p}$——ただし $f(x, y)$ は 2 次形式で行列式 $d \not\equiv 0 \pmod{p}$ とする——の零でない解の個数は

$$(p-1)\left(1+\left(\frac{-d}{p}\right)\right)$$

であることを示せ.

11. 補足 §1 の定理 7 を利用して，$f(x_1, \cdots, x_n)$ が 2 次形式で行列式 $d \not\equiv 0 \pmod{p}$ かつ $p \neq 2$ であるならば，合同式 $f(x_1, \cdots, x_n) \equiv 0 \pmod{p}$ の解の個数は

$$p^{n-1}-1+(p-1)\left(\frac{(-1)^{n/2}d}{p}\right)p^{(n/2)-1} \qquad n \text{ が偶のとき}$$

$$p^{n-1}-1 \qquad n \text{ が奇のとき}$$

であることを示せ.

12. 問題11の仮定の下に，合同式

$$f(x_1, \cdots, x_n) \equiv a \pmod{p}$$

の解の個数を見出せ.

§2. 三角級数和

1. 合同式と三角級数和 この節においては（前節と同様に）また素数 p を法とする合同式を考えるが，多少異なった観点からする．§1の諸定理において合同式の解の個数についての，いくらかの結論が，多項式の次数と変数の個数とに関連して得られた．ここでは法となる素数 p の大きさが主役を演ずる．

この章の初めに述べたが，不定方程式 $F(x_1, \cdots, x_n)=0$ が可解なるために，すべての法 m についての合同式 $F \equiv 0 \pmod{m}$ が可解なることが必要である．しかし素数の法 m に制限して考えることにしても，それでも無限個の必要条件を扱うことになる．明らかなことだが，これらの条件が有効となるのは，その実際に確かめるための有限の（有限回の操作を用いる）手段が我々にあるときに限る．後にわかるが，1 つの非常に重要な多項式の類に対して，このよ

うな手段（しかもごく簡単な）が存在する．すなわち，与えられた，この種の整係数の多項式Fについて合同式 $F\equiv 0 \pmod p$ は，ある限界以上のpに対して自動的に解けてしまう．いま話題にした多項式を次の定義によって他から区別しよう．

定 義 有理係数の多項式 $F(x_1, \cdots, x_n)$ が**絶対既約**であるとは，有理数体上のどの拡大体においても，非自明な因子に分解されないときをいう．

次の基本的な定理が成り立つ：

定 理 A. もし $F(x_1, \cdots, x_n)$ が絶対既約な整係数の多項式であれば，合同式

$$F(x_1, \cdots, x_n)\equiv 0 \pmod p \qquad (1)$$

は，ある限界以上のすべての素数pに対して解ける，しかもその限界は多項式Fのみに関係する．

同次式Fを考える場合は，零でない解に対して同様な結果が成り立ち，さらに連立合同式に対しても成り立つ（絶対既約性の適当な解釈のもとに）．

$n=1$ のときには，定理A は自明である（すべての１変数の多項式で次数が１より高いものは複素数体で可約であり，１次式に対しては明らかである）．しかしすでに $n=2$ となると，その証明は代数幾何の深い方法の引用を必要とする．$n=2$ に対する定理 A の証明は Weil によって初めて得られた．(A. Weil: Sur les courbes algébriques et les variétés qui s'en déduisent, Act, Sci. Ind. **1041**, Paris Hermann, 1948.) この定理の現在ある別証の最良のものは次の書に見られる：S. Lang, "Abelian Varieties", Interscience Tracts, No. 7, New York, 1959 と A. Mattuck, J. Tate, On the inequality of Castelnuovo–Severi, *Abh. Math. Sem. Univ. Hamburg* **22**, 295–299 (1958)．$n=2$ から任意の場合への移行はかえってはるかに簡単である．これは次の書になされている：Ниснeвич Л. Б., О числе точек алгебраического многообазия в простом конечном поле,（有限素体上の 代数的多様体の点の 個数について） *Dokl. Akad. Nauk*

SSSR, **99** No, 1, 1954, 17–20 および S. Lang, A. Weil, Number of points of varieties in finite fields, *Amer. J. Math.*, **76**, No. 4, 1954, 819–827.

上述の諸著作において，実はさらに，定理Aに述べられたものより豊富な事実が証明されている．すなわち，そこで示されているのは，もし多項式Fを固定し，素数の法pを動かすと，合同式（1）の解の個数Nは，pが限りなく大きくなれば無限大となり，Nの増大の速さも評価されている．この結果を定理の形に述べると次のようになる：

定理 B. 合同式（1）の解の個数 $N(F, p)$ について次の不等式が成り立つ

$$|N(F, p)-p^{n-1}|<C(F)p^{n-1-(1/2)},$$

しかも定数 $C(F)$ はFにのみ関係しpには関係しない．

定理A の証明で，現在知られている唯一の方法は定理B から導くことである．しかし定理Bの証明には，相当複雑な代数的道具が必要であり，本書では利用できない．我々は定理AとBとの証明をここでは割愛するが，その代りの1つの方法を示そう，それによって両定理の特別な場合が得られる．さらに，この特別な場合の1つを抜き出そう．

我々の推論のよりどころとするのは，合同式（1）の解の個数に対して≪陽の公式≫，詳しくいえば，この個数を1のp乗根の適当な和で表わすことである．このような和を三角級数和とよぶ．

次のように記号の約束をしよう．複素数値の関数 $f(x)$ または $f(x_1, \cdots, x_n)$ が，整数 $x, x_1, \cdots, x_n$ の法pによる剰余類にのみ関係してその関数値が定まるとして，記号

$$\sum_x f(x) \quad と \sum_{x_1, \cdots, x_n} f(x_1, \cdots, x_n)$$

によって，法pの完全剰余系についてxおよび $x_1, \cdots, x_n$ を動かした和を表わす，また

$$\sum_x{}' f(x)$$

によって，xのすべての既約剰余類に渡る和を表わす．

ζ を1のある固定された原始 p 乗根とせよ．すると，容易にわかるように

$$\sum_x \zeta^{xy} = \begin{cases} p & y\equiv 0 \pmod{p} \text{ のとき}, \\ 0 & y\not\equiv 0 \pmod{p} \text{ のとき}. \end{cases} \tag{2}$$

これらの等式のおかげで，合同式（1）の解の個数に対する≪陽の公式≫を見出すことができる．

次の和を考えよう：

$$S=\sum_{x_1,\cdots,x_n}\sum_x \zeta^{xF(x_1,\cdots,x_n)}.$$

もし $x_1, \cdots, x_n$ の値が合同式（1）の解を与えるならば，（2）によって

$$\sum_x \zeta^{xF(x_1,\cdots,x_n)}=p.$$

S に含まれる，このような項の総和は，したがって，Np に等しい，ただし N は合同式（1）の解の個数．反対に $F(x_1, \cdots, x_n)\not\equiv 0 \pmod{p}$ ならば，公式（2）の第二のものから

$$\sum_x \zeta^{xF(x_1,\cdots,x_n)}=0.$$

S に含まれる，このような項の総和は零であり，$S=Np$ を得る．かくて次の定理が証明された．

定 理 1.　合同式（1）の解の個数 N に対して公式

$$N=\frac{1}{p}\sum_{x,x_1,\cdots,x_n}\zeta^{xF(x_1,\cdots,x_n)} \tag{3}$$

が成り立つ．

和（3）の項のうち，$x\equiv 0 \pmod{p}$ であるものをすべて取り出そう．この各項は1で，その個数は p^n に等しい（変数 $x_1, \cdots, x_n$ は互いに独立に p 個の値を取る）から，

$$N=p^{n-1}+\frac{1}{p}\sum_x{}'\sum_{x_1,\cdots,x_n}\zeta^{xF(x_1,\cdots,x_n)}. \tag{4}$$

この形でも N に対する式は，すでに定理Bを暗示している：個数 N から p^{n-1} の項が分離している．残っている証明は（しかし，この点にすべての困難さがあ

る！），p が増大するとき残りの項は，この主項に比較して絶対値がゆっくりと増大することである．

2. ベ キ 和　**1**で述べた一般的考察の応用として多項式Fが変数のベキ和に等しい場合，すなわち

$$F(x_1, \cdots, x_n)=a_1x_1^{r_1}+\cdots+a_nx_n^{r_n},\quad a_i\not\equiv 0 \pmod p$$

を考える．ここで $n\geqq 3$ と仮定しよう，というのは $n=1$ と $n=2$ のときは合同式 $F\equiv 0 \pmod p$ の解の個数は容易に得られる．

（4）式により，合同式 $a_1x_1^{r_1}+\cdots+a_nx_n^{r_n}\equiv 0 \pmod p$ の解の個数は，等式

$$N=p^{n-1}+\frac{1}{p}\sum_x{}'\sum_{x_1,\cdots,x_n}\zeta^{x(a_1x_1^{r_1}+\cdots+a_nx_n^{r_n})}$$

で表わされ，これを書き換えて

$$N=p^{n-1}+\frac{1}{p}\sum_x{}'\prod_{i=1}^{n}\sum_{x_i}\zeta^{a_ixx_i^{r_i}} \tag{5}$$

とすることができる．この式からみて，我々は，和

$$\sum_y\zeta^{ay^r}\qquad (a\not\equiv 0 \pmod p)$$

を研究しなければならなくなる．容易にわかるように

$$\sum_y\zeta^{ay^r}=\sum_x m(x)\zeta^{ax} \tag{6}$$

ただし $m(x)$ は合同式 $y^r\equiv x \pmod p$ の y に関する解の個数である．また明らかに $m(0)=1$ である．$x\not\equiv 0 \pmod p$ のとき $m(x)$ の具体的な形を見出そう．

もしgが法pの，ある原始根であるならば

$$x\equiv g^k \pmod p, \tag{7}$$

で指数 k は $p-1$ を法として一意的に定まる．$y\equiv g^u \pmod p$ とせよ．合同式 $y^r\equiv x \pmod p$ は明らかに合同式

$$ru\equiv k \pmod{p-1} \tag{8}$$

と同じ内容である．1次合同式の一般的定理により，合同式（8）は，k が $d=(r,\ p-1)$ で割れるか割れぬかに従って，u について d 個の解をもつか，または全然もたないか，どちらかである．したがって

$$m(x)=\begin{cases} d, & k\equiv 0 \pmod{p} \quad \text{のとき}, \\ 0, & k\not\equiv 0 \pmod{d} \quad \text{のとき}. \end{cases} \tag{9}$$

この $m(x)$ に対して，解析的にもっと便利な他の形を与えよう．そのため，1の原始 d 乗根 ε を選び，整数 x ―― p と互いに素な――の関数 χ_s $(s=0,1,\cdots,d-1)$ を定義しよう：

$$\chi_s(x)=\varepsilon^{ks} \tag{10}$$

ここに k は合同式（7）によって定められたものである（等式 $\varepsilon^{p-1}=1$ により ε^{ks} の値は k の選び方に関係しない）．もし $k\equiv 0 \pmod{d}$ ならば，すべての $s=0,1,\cdots,d-1$ に対して $\varepsilon^{ks}=1$ であり，したがって和

$$\sum_{s=0}^{d-1}\chi_s(x)$$

は d に等しい．もし $k\not\equiv 0 \pmod{d}$ ならば，$\varepsilon^k\neq 1$ であり，よって

$$\sum_{s=0}^{d-1}\varepsilon^{ks}=\frac{\varepsilon^{kd}-1}{\varepsilon^k-1}=0.$$

これを等式（9）と比較して（p で割れない x に対して）次式

$$m(x)=\sum_{s=0}^{d-1}\chi_s(x)$$

を得る．

この $m(x)$ の形から，等式（6）を

$$\sum_y \zeta^{ay^r}=1+\sum_x{}'\sum_{s=0}^{d-1}\chi_s(x)\zeta^{ax} \tag{11}$$

の形に書き換えることができる．

ここに導入された関数 χ_s は容易にわかるように

$$\chi_s(xy)=\chi_s(x)\chi_s(y) \tag{12}$$

という性質をもち，p を法とする**乗法的指標**とよばれる．x が p で割れるとき $\chi_s(x)=0$ とおくことにして，整数全体に対して拡張しよう．明らかに，この

ように定義を拡張しても，性質 (12) は保たれる．$p\nmid x$ なすべての x に対して値 1 を取る指標 χ_0 は**単位指標**とよばれる．

(11) の和の中から，単位指標 χ_0 に対応する項を抜き出そう．すると

$$1+\sum_x{}'\zeta^{ax}=\sum_x\zeta^{ax}=0,$$

であるから (11) は書き換えて

$$\sum_y\zeta^{ay^r}=\sum_{s=1}^{d-1}\sum_x\chi_s(x)\zeta^{ax} \tag{13}$$

とできる（ここで，x は法 p の剰余類の完全代表系全体を動くとしてよい，$x\equiv0\pmod p$ のときは $\chi_s(x)=0$ だから）．

χ を指標 χ_s の 1 つとし，a は整数とする．式

$$\sum_x\chi(x)\zeta^{ax}$$

は **Gauss の和** とよばれ $\tau_a(\chi)$ と表わされる．

式（5）と (13) とによって，次の定理を述べることができる．

定理 2. 合同式

$$a_1x_1^{r_1}+\cdots+a_nx_n^{r_n}\equiv0\pmod p,\quad a_i\not\equiv0\pmod p \tag{14}$$

の解の個数 N に対して次の式が成り立つ

$$N=p^{n-1}+\frac{1}{p}\sum_x{}'\prod_{i=1}^{n}\sum_{s=1}^{d_i-1}\tau_{a_ix}(\chi_{i,s}), \tag{15}$$

ここで $d_i=(r_i,p-1)$，また指標 $\chi_{i,s}$ は $d=d_i$ として等式 (10) によって定義される．

注意として，少なくとも 1 つの d_i が 1 に等しいとき，すなわち r_i が $p-1$ と素であるとき，式 (15) の対応する内部の和は零となり（項が零集合である和として），したがってこの場合，等式 $N=p^{n-1}$ を得る．しかしこの式は計算しなくても明らかである，すなわち任意の $x_1,\cdots,x_{i-1},x_{i+1},\cdots,x_n$ に対して唯一の値が x_i に対して見出されて，合同式 (14) が満足されるようにできるからである．

定理2が意味を持つのは Gauss の和の絶対値が正確に計算できるからである．すなわち，次の**3**で

$$a \not\equiv 0 \pmod{p} \text{ かつ } \chi \neq \chi_0 \text{ のとき } |\tau_a(\chi)| = \sqrt{p}$$

（参照：問題8）を示そう．

この事実と結びつけて定理2から何が出るか調べて見よう．式 (15) から

$$|N - p^{n-1}| \leqslant \frac{1}{p} \sum_x{}' \prod_{i=1}^{n} \sum_{s=1}^{d_i-1} |\tau_{a_i x}(\chi_{i,s})|$$
$$= \frac{1}{p}(p-1) \prod_{i=1}^{n} (d_i - 1) p^{1/2} = (p-1) p^{(n/2)-1} \prod_{i=1}^{n} (d_i - 1).$$

よって次の定理を得る．

定 理 3. 合同式

$$a_1 x_1^{r_1} + \cdots + a_n x_n^{r_n} \equiv 0 \qquad (\text{mod } p)$$

の解の個数Nは，$a_1, \cdots, a_n$ を割らぬすべての素数pに対して，次の不等式をみたす

$$|N - p^{n-1}| \leqslant C(p-1) p^{(n/2)-1} \tag{16}$$

ここで $C = (d_1 - 1) \cdots (d_n - 1)$, $d_i = (r_i, p-1)$.

定理3から，もし $n \geqslant 3$ なら（前に，これを仮定したが），いま考えている多項式に対して，容易に定理Bが出る．実際，

$$|N - p^{n-1}| \leqslant C p^{n/2} \leqslant C p^{n-1-(1/2)}$$

これは定理Bの主張するところである．

ついでながら，ここに得られた不等式 (16) は $n > 3$ なら，定理Bでの不等式よりはるかに正確なものであることがわかる．

注 意 定理3の証明のためには，（5）式を見れば，$\sum_x \zeta^{ax^r}$ の大きさを評価するだけで十分であろう．このような評価は可能で，しかもはるかに簡単であり，Gauss の和を使用していない（参照：問題9—12．この結果は N. M. Korobov に負っている）．我々は，Gauss の和に基づいて証明を行なったが，Gauss の和は整数論において他にも多くの応用をもつからである．

3. Gauss の和の絶対値 複素数値の関数 $f(x)$ で，整数 x について与えられ，条件 $x\equiv y \pmod p$ でありさえすれば $f(x)=f(y)$ を満たすようなもの全体 $\mathfrak{F}$ を考えよう．各関数 $f(x)\in\mathfrak{F}$ は法 p の完全剰余系の上の値で決定されるから，$\mathfrak{F}$ は複素数体上の p 次元線型空間である．空間 $\mathfrak{F}$ に Hermite 内積を導入して，

$$(f, g)=\frac{1}{p}\sum_x f(x)\overline{g(x)} \qquad (f, g\in\mathfrak{F}),$$

とおく．簡単に確かめられるが，導入された内積について p 個の関数

$$f_a(x)=\zeta^{-ax} \qquad (a \text{ は } \bmod p \text{ の剰余}) \tag{17}$$

は正規直交な基を形成する．実際，(2) により

$$(f_a, f_{a'})=\frac{1}{p}\sum_x \zeta^{(a'-a)x}=\begin{cases}1 & a\equiv a' \pmod p \text{ のとき},\\ 0 & a\not\equiv a' \pmod p \text{ のとき},\end{cases}$$

関数 (17) は，性質

$$f_a(x+y)=f_a(x)f_a(y)$$

をもち，法 p の**加法的指標**とよばれる．(17) を基として，乗法的指標 χ の座標を見出そう．

$$\chi=\sum_a \alpha_a f_a \tag{18}$$

とおけ．すると

$$\alpha_a=(\chi, f_a)=\frac{1}{p}\sum_x \chi(x)\zeta^{ax}=\frac{1}{p}\tau_a(\chi). \tag{19}$$

かくて Gauss の和 $\tau_a(\chi)$ は（乗数 $1/p$ は別として）乗法的指標 χ を加法的指標で展開したときの係数である．

係数 α_a の間にある重要な関係式（すなわち，Gauss の和 $\tau_a(\chi)$ の関係式）を見出すために，等式

$$\chi(x)=\sum_a \alpha_a f_a(x) \tag{20}$$

に $\chi(c)$—— ただし $c\not\equiv 0 \pmod p$——を乗じ，和の添え字 a を ac に換えると：

$$\chi(cx)=\sum_a \chi(c)\alpha_{ac}f_{ac}(x)=\sum_a \chi(c)\alpha_{ac}f_a(cx).$$

これを (20) と比較して，次の式を得る：

$$\alpha_a=\chi(c)\alpha_{ac}. \tag{21}$$

ここで $a=1$ とおき，$|\chi(c)|=1$ に注意して

$$|\alpha_c|=|\alpha_1| \quad ただし \quad c\not\equiv 0 \pmod p \tag{22}$$

を得る．さて今度は，χ を単位指標 χ_0 とは異なると仮定しよう．すると c (pと互いに素な) を $\chi(c)\neq 1$ となるように選び得て等式 (21) から，$a=0$ のとき

$$\alpha_0=0 \tag{23}$$

が得られる．

さて我々に必要な，Gauss の和の絶対値に関する結果を証明しよう．

定理 4. χ が法 p の乗法的指標で，単位指標 χ_0 とは異なり，a が p と互いに素な整数であるならば

$$|\tau_a(\chi)|=\sqrt{p}.$$

証明 空間 $\mathfrak{F}$ において内積 (χ,χ) を考えよう．$x\not\equiv 0 \pmod p$ のとき $|\chi(x)|=1$ だから，

$$(\chi,\chi)=\frac{1}{p}\sum_x \chi(x)\overline{\chi(x)}=\frac{p-1}{p}.$$

他方において，展開式 (18) を利用し，かつ (22) と (23) とを顧慮して次式を得る：

$$(\chi,\chi)=\sum_a |\alpha_a|^2=(p-1)|\alpha_c|^2.$$

両結果を合せて，等式

$$|\alpha_c|=\frac{1}{\sqrt{p}} \qquad (c\not\equiv 0 \pmod p)$$

を得て，(19) 式から定理の主張が出る．

問　　題

1. 多項式 $F=x^2+y^2$ に対して定理Aは成り立たぬ（零でない解について）が，一方 $F=x^2-y^2$ に対しては定理Bが成り立たぬことを示せ．両多項式は，もちろん，絶対既約でない．

2. 関数 $\varphi(x)$ は p と互いに素な整数 x 上に与えられ，零と異なる複素数値を取るとせよ．もし，$x\equiv y\ (\mathrm{mod}\ p)$ のとき $\varphi(x)=\varphi(y)$ でまた任意の x と y とに対して $\varphi(xy)=\varphi(x)\varphi(y)$ であるならば，この関数は，関数 $\chi_s(x)=\varepsilon^{ks}$ の1つと一致することを示せ，ただし ε は1の原始 $p-1$ 乗根である（k は合同式（7）で定義される）．

3. 整数変数の複素数値関数 $f(x)\neq 0$ で，法 p の剰余類のみに関係し，条件

$$f(x+y)=f(x)f(y)$$

をみたすものは，すべて $f(x)=\zeta^{tx}$ の形であることを示せ，ただし t は整数で ζ は固定された1の p 乗根である．

4. $p\neq 2$ とせよ．指標 $\chi=\chi_1$ が $d=2$（かつ $s=1$）のときの等式（10）によって定義されていると，これは Legendre の記号

$$\chi(x)=\left(\frac{x}{p}\right)$$

と一致することを示せ．（この指標は法 p の**2次指標**とよばれる）．

5. $ab\not\equiv 0\ (\mathrm{mod}\ p)$ で χ を法 $p\neq 2$ の2次指標とせよ．Gauss の和 $\tau_a(\chi)$ と $\tau_b(\chi)$ とについて関係

$$\tau_a(\chi)\tau_b(\chi)=\left(\frac{-ab}{p}\right)p$$

を示せ．

6. 同じ記号で

$$\sum_x{}'\tau_x(\chi)=0$$

を示せ．

7. 前節の問題10，11および12を定理2と問題5，6の結果とを用いて解け．

8. χ を素数 p を法とする任意の乗法的指標――ただし χ_0 とは異なる――とし，かつ $a\not\equiv 0\ (\mathrm{mod}\ p)$ とせよ．次式を証明せよ：

$$|\tau_a(\chi)|^2=\tau_a(\chi)\overline{\tau_a(\chi)}=p.$$

またこれから定理4の別証をなせ．

9. $f(x)$ を整係数の多項式，ζ を1の原始 m 乗根とせよ．$S_a=\sum\limits_{x \bmod m}\zeta^{af(x)}$ とおこう．次のことを示せ，

$$\sum_{a \bmod m}|S_a|^2=m\sum_{c \bmod m}N(c)^2,$$

ただし $N(c)$ は合同式 $f(x)\equiv c\ (\mathrm{mod}\ m)$ の解の個数を表わす．

10.　文字 ζ によって1の原始 p 乗根（pは素数）を表わし，$T_a=\sum_x \zeta^{ax^r}$ とおこう．次の式を示せ，

$$\sum_a{}' |T_a|^2=p(p-1)(d-1),$$

ただし $d=(r, p-1)$.

11.　同じ記号で，和 T_a, $a\not\equiv 0 \pmod p$ の全体はd組の互いに等しい $(p-1)/d$ 個に分かれることを示せ，これと問題10の結果とを用いて，さらに次のことを示せ，

$$|T_a|<d\sqrt{p}, \qquad a\not\equiv 0 \pmod p.$$

12.　$\sum_a{}' T_a=0$ なる事実に注意して，T_a に対する，より精密な評価

$$|T_a|\leqq(d-1)\sqrt{p} \qquad a\not\equiv 0 \pmod p$$

を導け．((5) 式によって，この評価は定理3の別証を与える)．

13.　合同式

$$3x^3+4y^3+5z^3\equiv 0 \qquad \pmod p$$

は任意の素数pに対して零でない解をもつことを示せ．

§3. p　進　数

1.　p 進整数　　今度は，素数ベキを法とする合同式に移ろう．まず例から始める．素数7のベキを法とする合同式

$$x^2\equiv 2 \qquad \pmod{7^n}$$

を考えよう．$n=1$ のとき合同式は2つの解

$$x_0\equiv\pm 3 \qquad \pmod 7 \tag{1}$$

をもつ．$n=2$ とする．

$$x^2\equiv 2 \qquad \pmod{7^2} \tag{2}$$

から $x^2\equiv 2 \pmod 7$ が出るから，合同式（2）の解は x_0+7t_1 の形から探さねばならない——ただし x_0 は合同式（1）によって定められた2つの数のうちの1つである．$x_1=3+7t_1$ の形の解を探すことにしよう．($-3+7t_1$ の形の解も全く同様に考えられる)．（2）式の x_1 にこれを代入して

$$(3+7t_1)^2\equiv 2 \qquad \pmod{7^2},$$

$$9+6\cdot 7t_1+7^2t_1^2\equiv 2 \qquad \pmod{7^2},$$

$$1+6t_1\equiv 0 \quad (\text{mod } 7),$$
$$t_1\equiv 1 \quad (\text{mod } 7).$$

かくて，解 $x_1\equiv 3+7\cdot 1 \ (\text{mod } 7^2)$ を得る．$n=3$ のときも同様に $x_2=x_1+7^2t_2$ を得て，合同式

$$(3+7+7^2t_2)^2\equiv 2 \quad (\text{mod } 7^3)$$

から $t_2\equiv 2 \ (\text{mod } 7)$ がわかり

$$x_2\equiv 3+7\cdot 1+7^2\cdot 2 \quad (\text{mod } 7^3).$$

この操作が無限に続けられることは容易にわかる．我々は数列

$$x_0, x_1, \cdots, x_n, \cdots \tag{3}$$

を得て，これは次の性質をもっている：

$$x_0\equiv 3 \quad (\text{mod } 7),$$
$$x_n\equiv x_{n-1} \quad (\text{mod } 7^n),$$
$$x_n^2\equiv 2 \quad (\text{mod } 7^{n+1}).$$

数列（3）を構成する過程は，2の平方根を求める過程を想起させる．実際，$\sqrt{2}$ の計算は，有理数列 $r_0, r_1, \cdots, r_n, \cdots$ を作り，その平方がいくらでも2に近く，たとえば

$$|r_n^2-2|<\frac{1}{10^n}$$

とすることにある．我々の場合においては整数列 $x_0, x_1, \cdots, x_n, \cdots$ が作られ，それに対して x_n^2-2 が 7^{n+1} で割れるようにしている．この類似性はさらに，もしも2つの整数が近い（詳しくいえば，p接近——pはある素数）ことを両者の差がpの十分大きいベキで割れることであると約束すれば，それはもっと明確になる．このような接近の概念を使っていえば，数列（3）の平方はnが増大するとき2にいくらでも7接近する．

数列 $\{r_n\}$ を与えることは実数 $\sqrt{2}$ を定義する．予想として数列（3）もまた，$\alpha^2=2$ となるような，ある新しい性質の数 α を定義するといえる．

次の現象に注意してみよう．有理数列 $\{r_n'\}$ がすべてのnについて $|r_n-r_n'|<1/10^n$ であれば，これの極限も $\sqrt{2}$ となる．当然な予想として，数列 $\{x_n'\}$

が $x_n \equiv x_n'$ (mod 7^{n+1}) であれば，これも同じ新しい数 $\boldsymbol{\alpha}$ を定義する（新しい数列 $\{x_n'\}$ に対しても，明らかに，$x_n'^2 \equiv 2$ (mod 7^{n+1}) かつ $x_n' \equiv x_{n-1}'$ (mod 7^n) が成り立つ）.

これらの注意により次の定義に到達する.

定 義 pをある素数とせよ．整数列

$$\{x_n\} = \{x_0, x_1, \cdots, x_n, \cdots\},$$

が，すべての $n \geqq 1$ に対して性質

$$x_n \equiv x_{n-1} \quad (\text{mod } p^n) \tag{4}$$

をもつとき，p進整数とよばれる新しい対象を定義する．2つの数列 $\{x_n\}$ と $\{x_n'\}$ とが同一のp進整数を定義するのは，すべての $n \geqq 0$ に対して

$$x_n \equiv x_n' \quad (\text{mod } p^{n+1})$$

となるとき，またそのときに限る.

数列 $\{x_n\}$ がp進整数 $\boldsymbol{\alpha}$ を定義することを

$$\{x_n\} \longrightarrow \boldsymbol{\alpha}$$

と書く．すべてのp進整数の集合を O_p で表わす．p進整数と区別して，従来の整数を有理整数とよぶ.

各有理整数 x に，数列 $\{x, x, \cdots, x, \cdots\}$ で定義されるp進整数を対応させる．有理整数xに対応するこのp進整数を同じ文字xで表わす．2つの相異なる有理整数xとyとは異なるp進整数を定義する．実際，p進整数として等しいことからは，すべてのnについて合同式 $x \equiv y$ (mod p^n) が成り立たなければならず，これは $x=y$ の時のみ可能である．これによって有理整数の集合Zをp進整数の集合 O_p の一部分と見なすことができるようになる.

集合 O_p をもっとわかりよくするために1つの方法を示そう，その方法によって，与えられたp進整数を定義するすべての数列の集合のうちから，1つの標準的なものを選び出すことができる.

p進整数が数列 $\{x_n\}$ によって与えられたとせよ．x_n と法 p^{n+1} で合同な最

小の非負整数を $\overline{x}_n$ で表わす：

$$x_n \equiv \overline{x}_n \pmod{p^{n+1}}, \tag{5}$$

$$0 \leqslant \overline{x}_n < p^{n+1}. \tag{6}$$

合同式（5）から

$$\overline{x}_n \equiv x_n \equiv x_{n-1} \equiv \overline{x}_{n-1} \pmod{p^n},$$

したがって数列 $\{\overline{x}_n\}$ はある p 進整数を表わし，（5）式により数列 $\{x_n\}$ と同一のものを表わす．すべての項が条件（4）と（6）とをみたすような数列を標準形とよぶ．したがって我々が示したことは，各 p 進整数は，ある標準形の数列によって定義されることである．

容易にわかるように，2つの相異なる標準形の数列は異なる p 進整数を定義する．実際，標準形の数列 $\{\overline{x}_n\}$ と $\{\overline{y}_n\}$ とが同一の p 進整数を定義するならば，合同式

$$\overline{x}_n \equiv \overline{y}_n \pmod{p^{n+1}}$$

と条件 $0 \leqslant \overline{x}_n < p^{n+1}$, $0 \leqslant \overline{y}_n < p^{n+1}$ とから，すべての n に対して $\overline{x}_n = \overline{y}_n$ を得る．かくて p 進整数は標準形の数列と 1 対 1 の対応をする．条件（4）から $\overline{x}_{n+1} = \overline{x}_n + a_{n+1} p^{n+1}$ が出るし，また $0 \leqslant \overline{x}_{n+1} < p^{n+2}$ かつ $0 \leqslant \overline{x}_n < p^{n+1}$ だから $0 \leqslant a_{n+1} < p$ である．したがって，すべての標準形の数列は

$$\{a_0,\ a_0 + a_1 p,\ a_0 + a_1 p + a_2 p^2,\ \cdots\},$$

の形をしている，ただし $0 \leqslant a_i < p$. 明らかに，逆にこのような数列はまた標準形の数列であり，ある p 進整数を定義している．このことから出発して，容易に証明できるように，標準形の数列の集合，したがってすべての p 進整数の集合は連続濃度をもつ．

2. p 進整数の環

定 義 数列 $\{x_n\}$ と $\{y_n\}$ とで定義された p 進整数 α と β との和および積とよばれるものは，それぞれ数列 $\{x_n + y_n\}$ および $\{x_n y_n\}$ で定義された p 進整数である．

この定義の正しさを確信するため，数列 $\{x_n+y_n\}$ および $\{x_n y_n\}$ がある p 進整数を定義することと，これらの数が α と β とにのみ関係し，その定義数列の選び方には関係しないことを示さなければならない．このどちらの性質も普通の方法で確かめられるから，ここでは省く．

同じくまた，いま定義された算法により，p 進整数は可換環をなし，有理整数環を部分環として含むことも容易にわかる．

p 進整数の可除性も任意の環と同様に定義される（参照：補足§4, **1**）：α が β で割れるとは，$\alpha=\beta\gamma$ となるような p 進整数 γ が存在することである．除法の性質の研究で大切なのは，どのような p 進整数に対して，逆の p 進整数が存在するかということである．このような数は補足§4, **1** により，単位元の因子または単数とよばれる．我々はまた，それらを ***p* 進単数** とよぼう．

定 理 1. 数列 $\{x_0, x_1, \cdots, x_n, \cdots\}$ によって定義された p 進整数 α が単数であるのは，$x_0 \not\equiv 0 \pmod{p}$ であるとき，またそのときに限る．

証 明 α を単数とせよ．すると p 進整数 β が存在して，$\alpha\beta=1$ となる．β が数列 $\{y_n\}$ で定義されているならば，条件 $\alpha\beta=1$ は

$$x_n y_n \equiv 1 \pmod{p^{n+1}} \tag{7}$$

を意味する．特に $x_0 y_0 \equiv 1 \pmod{p}$ すなわち $x_0 \not\equiv 0 \pmod{p}$．逆に $x_0 \not\equiv 0 \pmod{p}$ とせよ．条件（4）から，容易に

$$x_n \equiv x_{n-1} \equiv \cdots \equiv x_0 \pmod{p},$$

よって $x_n \not\equiv 0 \pmod{p}$．したがって，任意の n に対して，合同式（7）をみたすような y_n を見出すことができる．ここで，$x_n \equiv x_{n-1} \pmod{p^n}$ かつ $x_n y_n \equiv x_{n-1} y_{n-1} \pmod{p^n}$ だから $y_n \equiv y_{n-1} \pmod{p^n}$．すなわち数列 $\{y_n\}$ は，ある p 進整数 β を定義する．合同式（7）は $\alpha\beta=1$ を示し，α は単数である．

いま証明された定理から，有理整数 a が，環 O_p の元として考えられたとき，単数となるのは，$a \not\equiv 0 \pmod{p}$ のとき，またそのときに限る．この条件がみたされるとき，a^{-1} が O_p に含まれる．このことから，任意の有理整数 b は，O_p において上記の a により割り切れる．すなわち，任意の有理数 b/a

——ただし a, b は整数かつ $a \not\equiv 0 \pmod{p}$——は O_p に含まれる．このような形の有理数は **p 整数** とよばれる．これらは明らかに環をなす．これまでの結果を定式化すると：

系 p 進整数の環 O_p は部分環として，p 整な有理数の環に同型なものを含む．

定理 2. 零と異なるすべての p 進整数 α は一意的に

$$\alpha = p^m \varepsilon \tag{8}$$

の形に表わされる，ここに ε は環 O_p の単数である．

証明 もし α が単数ならば，等式（8）は $m=0$ として成り立つ．$\{x_n\} \to \alpha$ かつ α は単数でないとせよ，すると定理 1 により $x_0 \equiv 0 \pmod{p}$ である．$\alpha \neq 0$ であるから，合同式 $x_n \equiv 0 \pmod{p^{n+1}}$ がすべての n について成立することはない．mをできるだけ小さく取り，

$$x_m \not\equiv 0 \pmod{p^{m+1}} \tag{9}$$

ならしめよ．任意の $s \geqslant 0$ に対し

$$x_{m+s} \equiv x_{m-1} \equiv 0 \pmod{p^m},$$

よって $y_s = x_{m+s}/p^m$ は整数である．合同式

$$p^m y_s - p^m y_{s-1} = x_{m+s} - x_{m+s-1} \equiv 0 \pmod{p^{m+s}}$$

から，すべての $s \geqslant 0$ について

$$y_s \equiv y_{s-1} \pmod{p^s}.$$

数列 $\{y_s\}$ は，かくて，ある $\varepsilon \in O_p$ を定義する．一方 $y_0 = x_m/p^m \not\equiv 0 \pmod{p}$ であるから，定理 1 により，ε は単数である．最後に合同式

$$p^m y_s = x_{m+s} \equiv x_s \pmod{p^{s+1}}$$

から $p^m \varepsilon = \alpha$ すなわち（8）式が成り立つ．

さて α が他の表現：$\alpha = p^k \eta$——ただし $k \geqslant 0$, η は単数——をもつと仮定せよ．もし $\{z_s\} \to \eta$ ならば，すべての s に対して

$$p^m y_s \equiv p^k z_s \pmod{p^{s+1}}, \tag{10}$$

ここで，ε と η とが単数であるから，定理1によってすべての y_s と z_s とは p で割れない．合同式 (10) で $s=m$ とおくと，次式が成り立つ，

$$p^m y_m \equiv p^k z_m \not\equiv 0 \pmod{p^{m+1}},$$

これより不等式 $k \leqslant m$ が出る．対称性により，$m \leqslant k$ を得る，すなわち $k=m$．さて合同式 (10) で s を $s+m$ に代えて，p^m で割ろう．すると

$$y_{m+s} \equiv z_{m+s} \pmod{p^{s+1}}$$

を得て，条件式 (4) より $y_{m+s} \equiv y_s \pmod{p^{s+1}}$ かつ $z_{m+s} \equiv z_s \pmod{p^{s+1}}$ であるから，

$$y_s \equiv z_s \pmod{p^{s+1}}.$$

この合同式はすべての $s \geqslant 0$ に対して正しいから，$\varepsilon = \eta$．定理2の証明終り．

系 1. 数列 $\{x_n\}$ で定義される p 進整数 α が p^k で割れるのは，すべての $n=0, 1, \cdots, k-1$ について $x_n \equiv 0 \pmod{p^{n+1}}$ なるとき，またそのときに限る．

実際，分解式 (8) における指数 m の定め方は，(9) 式が成り立つ最小の指数を m としたのである．

系 2. 環 O_p は零因子をもたない．

実際，$\alpha \neq 0$ かつ $\beta \neq 0$ ならば，両数に対して表現

$$\alpha = p^m \varepsilon, \qquad \beta = p^k \eta,$$

がある，ただし ε と η とは単数である．(したがって，環 O_p において ε^{-1} と η^{-1} とが存在する)．もしも $\alpha\beta = 0$ なら，等式 $p^{m+k}\varepsilon\eta = 0$ に $\varepsilon^{-1}\eta^{-1}$ を乗じて，$p^{m+k} = 0$ を得る．これは矛盾．

定 義 零と異なる p 進整数 α の表現式 (8) における指数 m は α の p 指数とよばれ $\nu_p(\alpha)$ と書かれる．

どのような素数 p についての話しであるかが明瞭な場合は単に指数とよび，$\nu(\alpha)$ で表わす．関数 $\nu(\alpha)$ をすべての p 進整数に対して定義するため，拡張

定義して $\nu(0)=\infty$ とおこう．(このように，形式的に定義して良いことは，0 が p のいくらでも大きいベキで割り切れることから説明される)．

指数の次の性質は直接確かめられる：

$$\nu(\alpha\beta)=\nu(\alpha)+\nu(\beta) \tag{11}$$

$$\nu(\alpha+\beta)\geqslant\min(\nu(\alpha), \nu(\beta)), \tag{12}$$

$$\nu(\alpha+\beta)=\min(\nu(\alpha), \nu(\beta)),\quad \text{ただし } \nu(\alpha)\neq\nu(\beta) \tag{13}$$

指数という言葉により，全く簡単に，p 進整数の可除性が表現される．特に，定理2から直ちに

系 3. p 進整数 α が β で割れるのは，$\nu(\alpha)\geqslant\nu(\beta)$ なるとき，またそのときに限る．

かくて，環 O_p の算法は非常に簡単である：ここで唯一の（同伴性は別にして）素数は p である．そのベキと単数とによって O_p の零でないすべての数が表わされる．

終りに，環 O_p における合同式について寄り道しよう．ここでも数同志の合同性の定義は，整数や一般の環の元に対するのと同様である（参照：補足§4. 1)：$\alpha\equiv\beta \pmod{\gamma}$ の意味は，$\alpha-\beta$ が γ で割れることである．もし $\gamma=p^n\varepsilon$ ——ただし ε は単数——ならば，法 γ のすべての合同式は法 p^n による合同式と同値である．それゆえ合同式は，法 p^n のものにだけ限定してよい．

定 理 3. すべての p 進整数は法 p^n で有理数と合同である．2つの有理整数が法 p^n で環 O_p において合同となるのは，同じ法で環 Z において合同なるとき，またそのときに限る．

証 明　最初の主張を証明するために，次のことを示そう，もし α が p 進整数であり，$\{x_n\}$ がそれを定義する有理整数とするならば

$$\alpha\equiv x_{n-1} \qquad (\mathrm{mod}\ p^n). \tag{14}$$

x_{n-1} は数列 $\{x_{n-1}, x_{n-1}, \cdots\}$ で定義されるから，$\alpha-x_{n-1}$ を定義する数列は $\{x_0-x_{n-1}, x_1-x_{n-1}, \cdots\}$ である．p 進整数 $\alpha-x_{n-1}$ に定理2の系を適用しよ

う．すると，合同式 (14) は合同式

$$x_k - x_{n-1} \equiv 0 \pmod{p^{k+1}}, \qquad k=0, 1, \cdots, n-1,$$

と同値であり，この後者が正しいことは，p 進整数の定義における条件（4）から出る．

さて，今度は，2つの有理整数について環 O_p 内で法 p^n による合同性は環 Z 内で同じ法による合同性と同値であることを示そう．このために

$$x-y=p^m a, \qquad a \not\equiv 0 \pmod{p} \tag{15}$$

($x \neq y$ とする) とおこう．合同式

$$x \equiv y \pmod{p^n} \tag{16}$$

は環 Z において条件 $n \leqslant m$ と同値．他方 (15) 式は $x-y$ に対する表現である——a が p 進単数だから．したがって $\nu_p(x-y)=m$ と条件 $n \leqslant m$ とは書き換えて $\nu_p(x-y) \geqslant n$ とできる，これは O_p において(16)と同値である——$\nu(p^n)=n$ だから（参照：定理2，系3）．

系 O_p における法 p^n の剰余類の個数は p^n である．

3. p 進分数 環 O_p は零因子をもたないから（定理2，系2），整域の商体の構成法により，O_p を体の中に埋め込むことができる．いまの場合に適用すると，α/p^k の形の分数——ただし α はある p 進整数，$k \geqslant 0$——の考察へと導かれる．分数といっても，ここでは組 (α, p^k) の便利な書き方としてである．

定 義 α/p^k $(\alpha \in O_p, k \geqslant 0)$ なる分数は p 進分数——あるいは単に p 進数——を定義する．2つの分数 α/p^k と β/p^m とは，もし O_p において $\alpha p^m = \beta p^k$ であれば，同一の p 進数を定義する．

すべての p 進数の全体を R_p と書く．

p 進整数は R_p の元 $\alpha/1=\alpha/p^0$ を定義する．明らかに，相異なる p 進整数は R_p の異なる元を定義する．このことにより，我々は O_p を R_p の部分集合と見なす．

R_p における算法は次の規則で定義される：

$$\frac{\alpha}{p^k}+\frac{\beta}{p^m}=\frac{\alpha p^m+\beta p^k}{p^{k+m}}$$

$$\frac{\alpha}{p^k}\cdot\frac{\beta}{p^m}=\frac{\alpha\beta}{p^{k+m}}$$

容易に確かめられるように，算法の結果は R_p の元を定義する分数の形の選び方には関係しない，またこの算法に関して R_p は体 —— **p 進数体**—— をなす.*) 明らかに，体 R_p は標数 0 をもち，したがって有理数体を含む.

定 理 4. すべての p 進数 $\xi\neq 0$ は一意的に

$$\xi=p^m\varepsilon \tag{17}$$

と表わされる，ただし m は整数で ε は O_p の単数である.

証 明 $\xi=\alpha/p^k$, $\alpha\in O_p$ とおけ. 定理 2 によって，$\alpha=p^l\varepsilon$ と表わされる——ここで ε は O_p の単数である. よって $m=l-k$ として $\xi=p^m\varepsilon$ を得る. 表現 (17) の一意性は，定理 2 で示された p 進整数についての同様な主張から出る.

2 に導入された指数の概念は容易に任意の p 進数に拡張される. すなわち

$$\nu_p(\xi)=m$$

とおこう——m は表現 (17) での指数である. 容易にわかるが，指数の性質 (11), (12) および (13) は自動的に体 R_p に移される. 明らかに，p 進数 ξ が p 進整数となるのは $\nu_p(\xi)\geqslant 0$ のとき，またそのときに限る.

4. p 進数体での収束 **1** において p 進整数と実数との類似性について注意を促しておいた：すなわちどちらも，ある有理数列によって定義される.

よく知られているように，各実数はそれを定義している有理数列の極限であるから，同様なことがあるだろうと p 進数に対しても予想するのは自然である，ただしそれらに対しての収束の概念を正しく定義しさえすればの話であるが. 実数の極限の定義の基礎は本質的には近接の概念である：2 つの実数ある

*) p 進体ともいう.

いは有理数は，その差の絶対値が十分小さいときに，近いと考えられる．したがって，p進数体における収束を定義するために必要なこととして，どのような条件のとき，2つのp進数が近いと考えられるかを明らかにせねばならない．

本節の始めに例を考察したときに，2つのp進整数 x と y との p-接近について述べた，その内容は差 $x-y$ が p の十分大きいベキで割れることであった．すなわちこのような新しい近接の概念によって，すでに見たように，実数と p 進整数との定義の類似性が現われる．もし p-指数 ν_p の概念を利用するなら，x と y との p-接近は，明らかに，$\nu_p(x-y)$ の値によって特徴づけられる．このことが我々に暗示するのは，2つの任意のp進数 ξ と η とは（必ずしも整ではない），値 $\nu_p(\xi-\eta)$ が十分大きいとき，近いと考えられるべきである．換言すれば，≪小さい≫p進数は，その指数が大きいことによって特徴づけられねばならない．

このような予備的な注意をした後で，正確な定義に移ろう．

定　義　p進数列

$$\{\xi_n\}=\{\xi_0, \xi_1, \cdots, \xi_n, \cdots\}$$

がp進数 ξ に収束する（記号で $\lim\limits_{n\to\infty}\xi_n=\xi$ または $\{\xi_n\}\to\xi$）とは，

$$\lim_{n\to\infty}\nu_p(\xi_n-\xi)=\infty$$

なることである．

この定義の本質的な特異性（実数の収束に対する普通の定義と異なっている点）は，その定義において，収束 $\{\xi_n\}\to\xi$ が，限りなく大きくなる有理数列 $\nu_p(\xi_n-\xi)$ と結びつけられていることである．この定義にもっと見なれた形を与えるには，体 R_p 上の指数 ν_p の代わりに，実で非負な値を取る関数を考え，指数が無限大になるとき零に収束するようにする．すなわちある実数 ρ を条件 $0<\rho<1$ をみたすように選び，次のようにおく

$$\varphi_p(\xi)=\begin{cases}\rho^{\nu_p(\xi)} & \xi\neq 0 \text{ のとき,}\\ 0 & \xi=0 \text{ のとき.}\end{cases} \tag{18}$$

定　義　条件 (18) で定義された関数 $\varphi_p(\xi)$ $(\xi \in R_p)$ はp進付値とよばれる．値 $\varphi_p(\xi)$ はこの付値におけるp進数ξの大きさとよばれる．

指数のときと同様に，関数 φ_p を単に付値とよび，φ で表わすことがある．

指数の性質 (11) と (12) とから容易に付値の次の性質が出る：

$$\varphi(\xi\eta)=\varphi(\xi)\varphi(\eta), \tag{19}$$

$$\varphi(\xi+\eta)\leqslant\max(\varphi(\xi), \varphi(\eta)). \tag{20}$$

後者の不等式から，また

$$\varphi(\xi+\eta)\leqslant\varphi(\xi)+\varphi(\eta) \tag{21}$$

を得る．性質 (19) と (21)（ならびに，$\xi\neq0$ なら $\varphi(\xi)>0$ という性質）の指示するように，導入されたp進数に対する付値の概念は実数体における絶対値の概念の類推である（または複素数体の絶対値 (modulus) の）．

付値 φ_p なる言葉を使うと，体 R_p における収束は次の形を取る：数列 $\{\xi_n\}$ $(\xi_n\in R_p)$ は

$$\lim_{n\to\infty}\varphi_p(\xi_n-\xi)=0$$

のときp進数ξに収束する．

体 R_p に対して，解析学においてよく知られた，数列の極限に関する通常の諸定理を定式化して証明することは容易である．たとえば，もし $\{\xi_n\}\to\xi$ で $\xi\neq0$ ならば $\{1/\xi_n\}\to1/\xi$ を証明してみよう．何より第一に，ある所から始まって，すなわち $n\geqslant n_0$ なら $\nu(\xi_n-\xi)>\nu(\xi)$ が成り立ち，これから指数の性質(13)によって，$\nu(\xi_n)=\min(\nu(\xi_n-\xi), \nu(\xi))=\nu(\xi)$ を得る：特に $\nu(\xi_n)\neq\infty$，すなわち $\xi_n\neq0$，つまり $n\geqslant n_0$ のとき $1/\xi_n$ は意味をもつ．さらに，$n\to\infty$ のとき

$$\nu\left(\frac{1}{\xi_n}-\frac{1}{\xi}\right)=\nu(\xi-\xi_n)-\nu(\xi_n)-\nu(\xi)=\nu(\xi_n-\xi)-2\nu(\xi)\to\infty$$

Q.E.D.

定 理 5.　もしp進整数αが整数列 $\{x_n\}$ で定義されるならば，この数列はαに収束する．任意のp進数ξは有理数列の極限である．

証　明　合同式 (14) から，$\nu_p(x_n-\alpha)\geqslant n+1$ が出る．したがって，$n\to\infty$ のとき，$\nu(x_n-\alpha)\to\infty$，これは $\{x_n\}$ が α に収束することを意味する．さて p 進分数 $\xi=\alpha/p^k$ を考えよう．$n\to\infty$ のとき

$$\nu\left(\frac{x_n}{p^k}-\xi\right)=\nu\left(\frac{x_n-\alpha}{p^k}\right)=\nu(x_n-\alpha)-k\to\infty$$

であるから，ξ は有理数列 $\{x_n/p^k\}$ の極限である．証明終わり．

実数の任意の有界数列から，既知のように，収束する部分数列を選び出すことができる．同様な性質が p 進数に対しても成り立つ．

定　義　p 進数列 $\{\xi_n\}$ は，すべての値 $\varphi_p(\xi_n)$ が上に有界，または同じことだが，すべての $\nu_p(\xi_n)$ が下に有界なるとき，有界といわれる．

定 理 6.　p 進数のすべての有界数列（特に，すべての p 進整数列）から収束する部分列を選び出すことができる．

証　明　まず初めに，p 進整数列 $\{\alpha_n\}$ に対して定理を示そう．環 O_p において法 p の剰余類の個数は有限だから（定理 3 の系），数列 $\{\alpha_n\}$ の中には，p を法として同一の有理整数 x_0 に合同な項が無限個ある．これ等をすべて選び出して，数列 $\{\alpha_n^{(1)}\}$ とする，ここで各項は合同式

$$\alpha_n^{(1)}\equiv x_0 \pmod{p}$$

を満足している．同様にして，$n=2$ のときに定理 3 系を適用して $\{\alpha_n^{(1)}\}$ から数列 $\{\alpha_n^{(2)}\}$ を選出し，条件

$$\alpha_n^{(2)}\equiv x_1 \pmod{p^2}$$

を満足せしめる，ここに x_1 はある有理整数である，なお明らかに $x_1\equiv x_0 \pmod{p}$ である．この操作を無限に続けて，各 k について数列 $\{\alpha_n^{(k)}\}$ を得る，この数列は先行する数列 $\{\alpha_n^{(k-1)}\}$ の部分列であり，各項はある整数 x_{k-1} に対して合同式

$$\alpha_n^{(k)}\equiv x_{k-1} \pmod{p^k}$$

をみたす．$x_k\equiv\alpha_n^{(k+1)} \pmod{p^{k+1}}$ かつすべての $\alpha_n^{(k+1)}$ は $\alpha_n^{(k)}$ の中に見出されるから，すべての $k\geqslant 1$ について

$$x_k \equiv x_{k-1} \pmod{p^k}.$$

したがって数列 $\{x_n\}$ はある p 進整数 α を定義する．さて≪対角線≫数列 $\{\alpha_n^{(n)}\}$ を作ろう．明らかに，これは最初の数列 $\{\alpha_n\}$ の部分列である．$\{\alpha_n^{(n)}\} \to \alpha$ を示そう．実際 (14) により $\alpha \equiv x_{n-1} \pmod{p^n}$ を得，他方 $\alpha_n^{(n)} \equiv x_{n-1} \pmod{p^n}$ だから $\alpha_n^{(n)} \equiv \alpha \pmod{p^n}$ すなわち $\nu(\alpha_n^{(n)} - \alpha) \geqslant n$．これから，$n \to \infty$ のとき $\nu(\alpha_n^{(n)} - \alpha) \to \infty$ すなわち $\{\alpha_n^{(n)}\}$ は α に収束する．

一般の場合に定理の証明をしよう．もし p 進数列 $\{\xi_n\}$ に対して $\nu(\xi_n) \geqslant -k$ (k はある有理整数) であれば，$\alpha_n = \xi_n p^k$ に対して $\nu(\alpha_n) \geqslant 0$ が成り立つ．すでに証明したことにより p 進整数列 $\{\alpha_n\}$ から収束する部分列 $\{\alpha_{n_i}\}$ を選び出すことができる．すると数列 $\{\xi_{n_i}\} = \{\alpha_{n_i} p^{-k}\}$ は $\{\xi_n\}$ の収束部分列である．定理 6 は完全に証明された．

p 進数に対して Cauchy の収束判定条件も成り立つ：数列

$$\{\xi_n\}, \qquad \xi_n \in R_p, \tag{22}$$

が収束するのは，

$$\lim_{m, n \to \infty} \nu(\xi_m - \xi_n) = \infty \tag{23}$$

のとき，またそのときに限る．この条件が必要なことはすぐわかる．十分なことの証明のため，まず注意として，(23) から (22) の有界性が出る．実際，条件 (23) から，ある n_0 が存在して $\nu(\xi_m - \xi_{n_0}) \geqslant 0$ がすべての $m \geqslant n_0$ に対して成り立つ．すると (12) の性質より，この $m \geqslant n_0$ に対して不等式

$$\nu(\xi_m) = \nu((\xi_m - \xi_{n_0}) + \xi_{n_0}) \geqslant \min(0, \nu(\xi_{n_0}))$$

が成り立ち，(22) の有界性が出る．定理 6 により (22) から収束する部分列 $\{\xi_{n_i}\}$ を選出できて，その極限を，たとえば，ξ とする．数列 (22) 自身もこの ξ に収束することを示そう．M を適当に大きい任意の数とせよ．(23) と収束の定義とによって，ある自然数 N を選び出し，第一に $m, n \geqslant N$ のとき $\nu(\xi_m - \xi_n) \geqslant M$，第二に $n_i \geqslant N$ のとき $\nu(\xi_{n_i} - \xi) \geqslant M$ にすることができる．しかるとき，すべての $m \geqslant N$ について

$$\nu(\xi_m - \xi) \geqslant \min(\nu(\xi_m - \xi_{n_i}), \nu(\xi_{n_i} - \xi)) \geqslant M.$$

かくて $\lim_{m\to\infty}\nu(\xi_m-\xi)=\infty$ すなわち数列 (22) は収束する.

いま証明した収束判定条件に，p 進数体では，もっと他の強い形を与えることができる．もし数列 (22) が条件 (23) をみたすならば，明らかにまた

$$\lim_{n\to\infty}\nu(\xi_{n+1}-\xi_n)=\infty \tag{24}$$

が成り立つ．だがこの逆，すなわち条件 (24) から (23) が出ることもわかる．実際，すべての $n\geqslant N$ に対して $\nu(\xi_{n+1}-\xi_n)\geqslant M$ ならば，(12) によって等式

$$\xi_m-\xi_n=\sum_{i=1}^{m-1}(\xi_{i+1}-\xi_i),\qquad m>n\geqslant N$$

から

$$\nu(\xi_m-\xi_n)\geqslant\min_{i=n,\cdots,m-1}\nu(\xi_{i+1}-\xi_i)\geqslant M$$

が出る．すなわち $m,n\to\infty$ のとき $\nu(\xi_m-\xi_n)\to\infty$. かくて次を得る.

定 理 7. p 進数列 $\{\xi_n\}$ が収束するための必要かつ十分条件は $\lim_{n\to\infty}\nu(\xi_{n+1}-\xi_n)=\infty$ である.

体 R_p における収束概念の存在から，p 進変数上の連続な p 進関数について考えることができる．その定義は本質的に，普通のものと少しも違わない．すなわち関数 $F(\xi)$ が $\xi=\xi_0$ で連続であるとは，ξ_0 に収束するすべての数列 $\{\xi_n\}$ に対して関数値列 $\{F(\xi_n)\}$ が $F(\xi_0)$ に収束することである．多変数関数についても同様．実数の解析学におけると同様に，連続 p 進関数に対する算法についての定理が容易に証明される．特に p 進係数の任意個数変数の多項式が連続であることは容易にわかる．この簡単な事柄を後に（§5, **1**）で利用する.

この項の終りに p 進級数について少し注意を述べる.

定 義 p 進数を項とする級数

$$\sum_{i=0}^{\infty}\alpha_i=\alpha_0+\alpha_1+\cdots+\alpha_n+\cdots \tag{25}$$

の部分和 $S_n=\sum_{i=0}^{n}\alpha_i$ の数列が p 進数 α に収束するならば，この級数は収束し，

和は α であるという.

定理7から級数に対する次の収束条件が直ちに得られる.

定 理 8. 級数 (25) が収束するための必要十分条件はその一般項 α_n が 0 に収束すること, すなわち $n\to\infty$ のとき $\nu(\alpha_n)\to\infty$.

収束する級数は, 明らかに, 項ごとに加え, 引き, p 進数による定数倍ができる. また収束する p 進級数では "結合法則" が成り立つ (引き続く項をいくつかずつ括弧でくくって得られる級数ももとの和に収束する).

定 理 9. 収束する p 進級数の項の順序を置き換えても収束性に影響なく, 和も変らない.

この定理の証明は全く簡単だから読者に任す.

解析学のコースで証明されているように, 定理9に示された性質は, 実数項の級数へ適用したとき, 絶対収束級数を特徴づける. すべての収束する p 進級数は, すなわち, ≪絶対収束≫である. このことから容易に, p 進数体で普通の解析学の規則通りに収束級数の掛算ができる.

もし p 進整数 α が標準数列 $\{a_0, a_0+a_1p, a_0+a_1p+a_2p^2, \cdots\}$ (参照**1**) で定義されているならば, 定理5の最初の命題から α は収束級数

$$a_0+a_1p+a_2p^2+\cdots+a_np^n+\cdots \tag{26}$$

$$0\leqslant a_n\leqslant p-1 \quad (n=0, 1, \cdots)$$

の和に等しい. 相異なる標準数列は異なる p 進整数を定義するから, (26) の形の級数による α の表現は一意的である. 逆にまた, 明らかに, (26) の形のすべての級数はある p 進整数に収束する.

p 進整数を級数 (26) で表現することは実数の10進法による無限小数展開を想起させる.

もし, 任意の有理整数を係数とする級数

$$b_0+b_1p+\cdots+b_np^n+\cdots \tag{27}$$

を考えるならば, これは確かに収束 ($\nu(b_np^n)\geqslant n$ だから) であり, その和は

あるp進整数αに等しい．このαに対して表現（26）を得るには，容易にわかるように，順番に（27）の各係数をpで割った余りで置き換え，商を次の項の係数に加えねばならない．この注意は環O_pで算法を行なうとき意義がある．すなわち(26)の形の級数の加減乗法をベキ級数の法則に従って行なえば，(27)の形の級数を得るが，その係数は一般に法pの最小非負の剰余とはならない．これを（26）の形の級数に変えるには上述の操作を適用しさえすればよい．このp進整数に対する算法操作は，すぐ気付くように，実数が10進無限小数で書かれているときの操作と同様である．

定理1から容易に，(26) の形のp進整数がO_pで単数となるのは$a_0 \neq 0$のとき，またそのときに限る．定理4と一緒にして次の結果を得る．

定理 10. 零と異なる各p進数は一意的に

$$\xi = p^m(a_0 + a_1 p + \cdots + a_n p^n + \cdots) \tag{28}$$

と書かれる，ここに$m = \nu_p(\xi)$, $1 \leqslant a_0 \leqslant p-1$, $0 \leqslant a_n \leqslant p-1$ $(n=1, 2, \cdots)$.

問　題

1. $x_n = 1 + p + \cdots + p^{n-1}$とおけ．$p$進数体において，数列$\{x_n\}$は$1/(1-p)$に収束することを示せ．

2. $p \neq 2$かつcを法pの平方剰余とせよ．平方がcとなるようなp進数が2つ（相異なる）あることを示せ．

3. cをpで割れない有理整数とせよ．体R_pにおいて数列$\{c^{p^n}\}$は収束することを示せ．さらに，この極限をγとすると，$\gamma \equiv c \pmod{p}$かつ$\gamma^{p-1} = 1$が成り立つことを示せ．

4. 前問を利用して，R_pにおいて多項式$t^{p-1} - 1$は1次因数に完全分解することを示せ．

5. p進数体において，-1を級数（26）の形に表わせ．

6. 5進数体において，$-2/3$を級数（26）の形に表わせ．

7. $p \neq 2$のときp進数体において，1のp乗根で1と異なるものは存在しないことを示せ．

8. 次のことを証明せよ，有理数$\neq 0$を数体R_pにおいて（28）の形の級数で表わしたとき，週期的係数をもつ（ある項から始まって）；逆に (28) の形のすべての級数のうち，どの $k \geqslant k_0$ に対しても $a_{m+k}=a_k$ $(m>0)$ なる係数をもつものは有理数を表わす．

9. p 進数体上の多項式に対して Eisenstein の既約性判定条件を示せ：p 進整数を係数とする多項式 $f(x)=a_0x^n+a_1x^{n-1}+\cdots+a_n$ は，もし a_0 が p で割れず，残りの係数 $a_1, \cdots, a_n$ がすべて p で割れ，定数項 a_n は p で割れるが p^2 では割れないならば，体 R_p において既約である．

10. p 進数体上に任意次数の有限次拡大体が存在することを示せ．

11. 相異なる素数 p と q とに対して，体 R_p と R_q とは同型ではないことを示せ．またすべての数体 R_p は実数体に同型でないことを示せ．

12. p 進数体は，恒等なもの以外の自己同型対応をもたぬことを示せ．（同様な命題は実数体にも成り立つ）．

§4. p 進数体の公理的特徴づけ

p 進数体は整数論の基本的な道具の1つである．次の数節はある整数論的問題への応用と関連している．しかしいまは多少本章の主題からはずれて，p 進数体が一般の体論のなかでどんな位置を占めるかを明らかにしよう．

1. 付値づけられた体 我々はすでに何回か，p 進数体と実数体との類似性について言及した．この節において，この類似性にもっと正確な意味を与えよう．すなわち，ここでは体構成の1つの一般的方法を述べたいのであって，この方法は体構成の特別な場合として実数体並びに p 進数体を含んでいる．この方法は，実数体の場合には Cantor の方法——基本有理数列を用いて実数体を構成する——と一致する．

Cantor の方法を他の体にも移せる根拠は次の考察による．この方法を遂行するのに必要な概念と構成とは，有理数列の収束概念によって規定されている．さてこの収束概念は絶対値の概念に基づいている．（たとえば，有理数列 $\{r_n\}$ が有理数 r に収束するとは，差の絶対値 $|r_n-r|$ が0に近づくことである）．さらに注意として，到る所で，絶対値のいくつかの簡単な性質だけを利用している．それゆえ自然な予想として，任意の体においてこの体の元の関数

φ が定義され，実数値を取り，絶対値と同じ基本性質をもつならば，k においても収束が定義され，Cantor の方法を適用して，k から新しい体を作ることができるであろう．

定 義 k を任意の体とせよ．関数 φ が，体 k の元 $\boldsymbol{\alpha}$ 上に定義され実数値 $\varphi(\boldsymbol{\alpha})$ を取り，次の性質をもつならば，φ は体 k の付値とよばれる：

1° $\varphi(\boldsymbol{\alpha})>0$ $\boldsymbol{\alpha}\neq 0$ のとき； $\varphi(0)=0$

2° $\varphi(\boldsymbol{\alpha}+\boldsymbol{\beta})\leqslant\varphi(\boldsymbol{\alpha})+\varphi(\boldsymbol{\beta})$；

3° $\varphi(\boldsymbol{\alpha\beta})=\varphi(\boldsymbol{\alpha})\varphi(\boldsymbol{\beta})$.

体 k はその上に与えられた付値と一緒にして，付値づけられた体とよばれる（ときには (k,φ) と表わされる）．定義から容易に次の付値の性質が出る：

$$\varphi(\pm 1)=1;$$

$$\varphi(-\boldsymbol{\alpha})=\varphi(\boldsymbol{\alpha});$$

$$\varphi(\boldsymbol{\alpha}-\boldsymbol{\beta})\leqslant\varphi(\boldsymbol{\alpha})+\varphi(\boldsymbol{\beta});$$

$$\varphi(\boldsymbol{\alpha}\pm\boldsymbol{\beta})\geqslant|\varphi(\boldsymbol{\alpha})-\varphi(\boldsymbol{\beta})|;$$

$$\varphi\left(\frac{\boldsymbol{\alpha}}{\boldsymbol{\beta}}\right)=\frac{\varphi(\boldsymbol{\alpha})}{\varphi(\boldsymbol{\beta})} \qquad (\boldsymbol{\beta}\neq 0).$$

付値の例は：

1） 有理数体における絶対値；

2） 実数体における絶対値；

3） 複素数体における絶対値（modulus）；

4） p 進数体 R_p に対して§3 の **4** で定義された p 進付値 φ_p；

5） 任意の体 k 上で，$\varphi(0)=0$, $\varphi(\boldsymbol{\alpha})=1$ （$\boldsymbol{\alpha}\neq 0$）と定義された関数 $\varphi(\boldsymbol{\alpha})$. このようなものを自明な付値という．

数体 R_p の付値 φ_p を有理数に限って考えれば，有理数体に対する，ある新しい付値を得る．この付値を同じく φ_p と書き，体 R に対する p 進付値という．零でない有理数 $x=p^{\nu_p(x)}a/b$（a, b は p で割れない整数）に対する φ_p の値は，明らかに

$$\varphi_p(x)=\rho^{\nu_p(x)} \tag{1}$$

で与えられる，ここで ρ はある固定された実数で，条件 $0<\rho<1$ をみたす．下記において，p 進付値（絶対値の代わりに）をもつ有理数体に Cantor の構成法を適用すれば，p 進数体 R_p に到達することを見るであろう．

おのおのの付値づけられた体 (k, φ) において，収束の概念が定義できる：k の元の数列 $\{\alpha_n\}$ が元 $\alpha\in k$ に収束するとは，$n\to\infty$ のとき $\varphi(\alpha_n-\alpha)\to 0$ なることである．この場合にまた，α は $\{\alpha_n\}$ の極限とよばれ，$\{\alpha_n\}\to\alpha$ または $\alpha=\lim_{n\to\infty}\alpha_n$ と書く．

定　義　付値 φ をもつ付値づけられた体 k の元から成る数列 $\{\alpha_n\}$ が基本列であるとは，$n, m\to\infty$ のとき $\varphi(\alpha_n-\alpha_m)\to 0$ なることである．

明らかに，すべての収束数列は基本列である．実際，もし $\{\alpha_n\}\to\alpha$ ならば，不等式

$$\varphi(\alpha_n-\alpha_m)=\varphi(\alpha_n-\alpha+\alpha-\alpha_m)\leqslant\varphi(\alpha_n-\alpha)+\varphi(\alpha_m-\alpha),$$

から

$$\varphi(\alpha_n-\alpha_m)\to 0 \quad (\varphi(\alpha_n-\alpha)\to 0 \text{ かつ } \varphi(\alpha_m-\alpha)\to 0 \text{ だから}).$$

逆の命題は，ある体に対しては正しいが，付値づけられたすべての体に対してではない．実数体と p 進数体に対しては Cauchy の判定条件（§3，**4** 参照）により，この命題は正しい．同時に，有理数体 R については，どんな既知の付値——絶対値または p 進付値——をつけても，この命題は正しくない．

定　義　付値づけられた体が完備とは，その任意の基本列が収束することである．

Cantor の方法の内容は，完備でない有理数体（付値としては絶対値）を実数体という完備な体に埋め込むことである．このような埋め込みが任意の付値づけられた体にも可能であり，しかもこの命題の証明は Cantor の方法で行なわれたのをほとんど一語一語繰り返すだけでよいことがわかる．

次のように用語を定めよう．付値づけられた体 (k, φ) が付値づけられた体 (k_1, φ_1) の部分体であるというときは，包含 $k\subset k_1$ のほかに付値 φ_1 が部分体

k 上では φ と一致することも意味すると理解して欲しい．さらに，付値づけられた体の部分集合が k 内到る所稠密であるとは，k の任意の元がこの部分集合からの適当な収束数列の極限となることである．

次の定理が成り立つ．

定理 1. 任意の付値づけられた体 k に対して，完備な体 $\bar{k}$ が存在して，k を到る所稠密な部分体として含む．

次の定理を述べるために，もう１つの定義が必要である．

定　義　(k_1, φ_1) と (k_2, φ_2) とを２つの互いに同型な，付値づけられた体とせよ．同型 $\boldsymbol{\sigma}: k_1 \to k_2$ が両側連続または位相的とは，k_1 の元から成る任意の数列 $\{\alpha_n\}$ が付値 φ_1 について元 α に収束するとき，付値 φ_2 について数列 $\{\boldsymbol{\sigma}(\alpha_n)\}$ が $\boldsymbol{\sigma}(\alpha)$ に収束し逆も成り立つことである．

定理 2. 定理１における体 $\bar{k}$ は，体 k の元を動かさない位相同型対応を除いて，一意的に定義される．

定　義　定理１と２とによって，その存在と一意性が確立した体 $\bar{k}$ を，付値づけられた体 k の完備化という．

明らかに，絶対値で付値づけられた有理数体 R の完備化は実数体である．もし有理数体に p 進付値（1）をつければ，この付値づけられた体の完備化は p 進数体となるはずである．実際，§3 の定理 5 の第二の命題が示す所によれば，R は R_p 内到る所稠密であり，Cauchy の収束判定条件（§3定理７）は R_p の完備なことを保証する．このようにして，p 進数体の新しい公理的定義を得る：

p 進数体とは有理数体の p 進付値（1）による完備化である．

定理１と２との証明に移ろう．我々は両証明をスケッチするだけにし，実数の解析学の対応する論法を一語一語反復すればよい部分は省くことにする．

定理 1 の証明　付値づけられた体 (k, φ) の２つの基本列 $\{x_n\}$ と $\{y_n\}$ と

は，$\{x_n-y_n\}\to 0$ なるとき，同値であるとよぶ．互いに同値な基本列の全体を類とよび，類の集合全体を $\bar{k}$ で表わす．集合 $\bar{k}$ において，次のようにして加法と乗法とを定義する：もし $\boldsymbol{\alpha}$ と $\boldsymbol{\beta}$ が2つの類で $\{x_n\}\in\boldsymbol{\alpha}$ かつ $\{y_n\}\in\boldsymbol{\beta}$ をその各類に含まれる任意の基本列とするならば，類 $\boldsymbol{\alpha}$ と $\boldsymbol{\beta}$ との和（または積）とは，列 $\{x_n+y_n\}$（または $\{x_ny_n\}$）を含む類のことである．容易に示されるように，$\{x_n+y_n\}$ と $\{x_ny_n\}$ とは，実際，基本列であり，かつそれらの属する類は $\boldsymbol{\alpha}$ と $\boldsymbol{\beta}$ との両類から列 $\{x_n\}$ と $\{y_n\}$ とを選び出す方法には関係しない．

容易に，$\bar{k}$ は単位元をもつ環であることが確かめられる：零と単位元とは，それぞれ列 $\{0, 0, \cdots\}$ と $\{1, 1, \cdots\}$ とを含む類である．

$\bar{k}$ が体であることを示そう．もし $\boldsymbol{\alpha}$ が零と異なる類で，$\{x_n\}$ がそれに含まれる基本列とするならば，容易にわかるように，あるところから先のすべての x_n（たとえば $n\geqslant n_0$）は零でない．

次の条件で定義された列 $\{y_n\}$ を考えよう：

$$y_n=\begin{cases}1 & n<n_0 \text{ のとき,}\\ 1/x_n & n\geqslant n_0 \text{ のとき.}\end{cases}$$

簡単な確かめにより，列 $\{y_n\}$ は基本列であり，それが含まれる類は類 $\boldsymbol{\alpha}$ の逆元である．

さて今度は体 $\bar{k}$ に付値を導入しよう．このための注意として，容易に証明されるように，もし $\{x_n\}$ が体 k の元の基本列であるならば，$\{\varphi(x_n)\}$ は実数の基本列である．実数体の完備性により，この数列はある実数 ——これは，列 $\{x_n\}$を同値なもので置き換えても不変である——に収束する．$\varphi(\boldsymbol{\alpha})=\lim\limits_{n\to\infty}\varphi(x_n)$ とおく，ただし $\boldsymbol{\alpha}$ は列 $\{x_n\}$ を含む類とする．難なく証明できるように，このように定義された関数 $\varphi(\boldsymbol{\alpha})$ は，付値の公理にある全条件をみたし，したがって $\bar{k}$ を付値づけられた体たらしめる．

体 k の任意の元 a に，列 $\{a, a, \cdots\}$ を含む類を対応させる．よって体 k から $\bar{k}$ への写像を得て，この写像は容易にわかるように，付値づけられた体 k と体 $\bar{k}$ の部分体との，付値を不変に保つ同型を打ち立てる．以下我々は，体 k の元と対応する体 $\bar{k}$ の元とを区別せず，k が $\bar{k}$ に含まれると考える．明らかに，k

は $\overline{k}$ 内到る所稠密である；実際，α が基本列 $\{x_n\}$ を含む類であれば，$\{x_n\}\to\alpha$ である．

残った証明は，体 $\overline{k}$ の最後の性質——その完備性である．$\{\alpha_n\}$ を体 $\overline{k}$ の元の基本列とせよ．α_n は k の元による数列の極限であるから，適当な元 $x_n\in k$ が存在して $\varphi(\alpha_n-x_n)<1/n$ となる．

列 $\{\alpha_n\}$ の基本列であることから，直ちに，列 $\{x_n\}$——これは体 k の元から成り立っている——は基本列である．列 $\{x_n\}$ を含む類を α によって表わす．簡単に $\{\alpha_n\}\to\alpha$ が確かめられ，定理１の証明が終わる．

定理２の証明　$\overline{k}$ と $\overline{k}_1$ とを２つの完備な体で，k を到る所稠密な部分体として含むとする．我々は証明を限って，体 $\overline{k}$ と $\overline{k}_1$ との元の間に対応が定められることだけにする．その対応が，k の元を不動にする位相同型であることの確かめは読者に任せる．

α を体 $\overline{k}$ の元とせよ．条件により，$\{x_n\}\to\alpha$ となるような，k の元から成る列 $\{x_n\}$ がある．列 $\{x_n\}$ が $\overline{k}$ で収束するから基本列である．この性質はこれを体 $\overline{k}_1$ の元の列と見なしても保たれる．体 $\overline{k}_1$ の完備性から，列 $\{x_n\}$ は $\overline{k}_1$ において，ある極限に収束するから，これを α_1 と表わす．容易に，もし $\{y_n\}$ が体 $\overline{k}$ において，やはり α に収束する他の k の元の列であっても，体 $\overline{k}_1$ における $\{y_n\}$ の極限は同じ元 α_1 であることがわかる．かくて $\overline{k}_1$ の元 α_1 は $\overline{k}$ の元 α によって一意的に定義される．α を α_1 に写す対応が我々に必要な同型対応である．

2.　有理数体の付値　前項の結果と関連して自然にこんな問題が起こってくる：実数体と p 進数体（すべての素数 p に対して）とのほかに，有理数体 R の完備化はないであろうか？答えは否定的である：上述の体ですべて R の完備化は尽きている．この事実の証明が目下の目標である．

明らかに，いま提出された問題は体 R のすべての付値を数え上げることに帰する．

体 R に p 進付値 φ_p を定義するとき，ある実数 ρ を利用したが，この ρ への

条件は $0<\rho<1$ だけでよかった（参照：等式（1）および§3 (18)）．よって，与えられた素数 p と関連する無限個の付値を得る．しかし，それ等はすべて，明らかに，同一の収束性を R 上に定めるから，したがって同一の完備化—— p 進数体 R_p に導く．

次のことを示そう，絶対値 $|x|$ と並んで関数

$$\varphi(x)=|x|^\alpha \tag{2}$$

は，条件 $0<\boldsymbol{\alpha}\leqslant 1$ をみたす任意の実数 $\boldsymbol{\alpha}$ に対して，やはり R の付値である．実際，条件 1° と 3° とがみたされることは，付値の定義から明らかである．$|x|\geqslant|y|$, $x\neq 0$ とせよ．すると

$$|x+y|^\alpha=|x|^\alpha\left|1+\frac{y}{x}\right|^\alpha\leqslant|x|^\alpha\left(1+\left|\frac{y}{x}\right|\right)^\alpha$$

$$\leqslant|x|^\alpha\left(1+\left|\frac{y}{x}\right|\right)\leqslant|x|^\alpha 1+\left(\left|\frac{y}{x}\right|^\alpha\right)=|x|^\alpha+|y|^\alpha,$$

すなわち条件 2° もみたされる．

（2）の形の付値による R での収束性は明らかに，絶対値による収束性と一致するから，このような付値による完備化は，常に実数体へと導く．

定 理 3 (Ostrowski の定理)．（2）の形の付値とすべての素数による p 進付値（1）とによって有理数体 R の自明でない付値のすべてが尽くされる．

証 明　φ を有理数体に対する，任意の自明でない付値とせよ．2つの場合が可能である：少なくとも1つの自然数 $a>1$ があって，$\varphi(a)>1$ となるか，またはすべての自然数 n に対して $\varphi(n)\leqslant 1$．まず最初の場合を調べてみよう．

$$\varphi(n)=\varphi(1+\cdots+1)\leqslant\varphi(1)+\cdots+\varphi(1)=n, \tag{3}$$

であるから，

$$\varphi(a)=a^\alpha \tag{4}$$

とおくことができる，ここに実数 $\boldsymbol{\alpha}$ は条件 $0<\boldsymbol{\alpha}\leqslant 1$ をみたす．

任意の自然数 N を取り，a のベキに従って展開しよう：

$$N=x_0+x_1 a+\cdots+x_{k-1}a^{k-1},$$

ここで $0 \leqslant x_i \leqslant a-1$ $(0 \leqslant i \leqslant k-1)$, $x_{k-1} \geqslant 1$. よって N に対して不等式

$$a^{k-1} \leqslant N < a^k$$

が成り立つ. 付値の性質, (3) (4) 式から

$$\varphi(N) \leqslant (\varphi(x_0) + \varphi(x_1)\varphi(a) + \cdots + \varphi(x_{k-1})\varphi(a)^{k-1}$$

$$\leqslant (a-1)(1+a^{\alpha}+\cdots+a^{(k-1)\alpha})$$

$$=(a-1)\frac{a^{k\alpha}-1}{a^{\alpha}-1} < (a-1)\frac{a^{k\alpha}}{a^{\alpha}-1} = \frac{(a-1)a^{\alpha}}{a^{\alpha}-1}a^{(k-1)\alpha}$$

$$\leqslant \frac{(a-1)a^{\alpha}}{a^{\alpha}-1}N^{\alpha} = CN^{\alpha},$$

すなわち

$$\varphi(N) < CN^{\alpha}$$

を得る, ここで定数 C は N に関係しない. いま得られた結果において, N を N^m (mは自然数) と置き換える. すると

$$\varphi(N)^m = \varphi(N^m) < CN^{m\alpha}$$

よって

$$\varphi(N) < \sqrt[m]{C}\,N^{\alpha}.$$

ここで m を無限大にすると, 不等式

$$\varphi(N) \leqslant N^{\alpha} \tag{5}$$

に到達する. さて $N=a^k-b$, ただし $0<b \leqslant a^k-a^{k-1}$ とおこう. 2° によって

$$\varphi(N) \geqslant \varphi(a^k) - \varphi(b) = a^{\alpha k} - \varphi(b).$$

上に証明したことから

$$\varphi(b) \leqslant b^{\alpha} \leqslant (a^k - a^{k-1})^{\alpha},$$

よって

$$\varphi(N) \geqslant a^{\alpha k} - (a^k - a^{k-1})^{\alpha} = \left(1-\left(1-\frac{1}{a}\right)^{\alpha}\right)a^{\alpha k}$$

$$= C_1 a^{\alpha k} > C_1 N^{\alpha}$$

ここに定数 C_1 は N に関係しない. ふたたび, m を任意の自然数とせよ. 最後の不等式において N を N^m に代え,

$$\varphi(N)^m = \varphi(N^m) > C_1 N^{\alpha m}$$

よって

$$\varphi(N) > \sqrt[m]{C_1}\, N^\alpha,$$

これで，$m \to \infty$ とすると，

$$\varphi(N) \geqslant N^\alpha \tag{6}$$

が得られる．(5) と (6) とを比較して，任意の N に対して $\varphi(N) = N^\alpha$ なることを知る．さて $x = \pm N_1/N_2$ を零と異なる任意の有理数とせよ (N_1 と N_2 とは自然数)，すると

$$\varphi(x) = \varphi\left(\frac{N_1}{N_2}\right) = \frac{\varphi(N_1)}{\varphi(N_2)} = \frac{N_1{}^\alpha}{N_2{}^\alpha} = |x|^\alpha.$$

かくて，我々の証明したことは，もし少なくとも 1 つの自然数 a に対して $\varphi(a) > 1$ ならば，付値 φ は (2) の形をもつ．

次に，すべての自然数 n に対して

$$\varphi(n) \leqslant 1 \tag{7}$$

なる場合の考察に移ろう．もしも，すべての素数 p に対して $\varphi(p) = 1$ が成り立てば，性質 3° により，すべての自然数 n について $\varphi(n) = 1$ となり，したがって，すべての有理数 $x \neq 0$ に対して $\varphi(x) = 1$ となってしまう．これは付値 φ が自明でないことに矛盾する．よって，ある素数 p に対して $\varphi(p) < 1$ となる．他の素数 $q \neq p$ に対しても $\varphi(q) < 1$ であると仮定してみよう．指数 k と l とを選んで，不等式

$$\varphi(p)^k < \frac{1}{2}, \quad \varphi(q)^l < \frac{1}{2}$$

が成り立つようにする．p^k と q^l とは互いに素だから，ある有理整数 u, v に対して $up^k + vq^l = 1$ である．(7) によって $\varphi(u) \leqslant 1, \varphi(v) \leqslant 1$ だから

$$1 = \varphi(1) = \varphi(up^k + vq^l) \leqslant \varphi(u)\varphi(p)^k + \varphi(v)\varphi(q)^l < \frac{1}{2} + \frac{1}{2}.$$

ここに得られた矛盾から，ただ 1 つの素数 p が存在して

$$\varphi(p) = \rho < 1$$

が成り立つ．すべての他の素数 q に対して $\varphi(q) = 1$ だから，明らかに，p と

互いに素なすべての整数 a に対して $\varphi(a)=1$. さて $x=p^m a/b$ を零と異なる任意の有理数とせよ．（a と b とは p と互いに素な整数）．すると

$$\varphi(x)=\varphi(p^m)\frac{\varphi(a)}{\varphi(b)}=\varphi(p)^m=\rho^m.$$

かくて今度の場合，付値 φ は p 進付値（1）と一致する．

定理3の証明終わり．

問　　題

1. 有限体に対しては，唯一の付値――自明な――が存在するだけであることを示せ．

2. 同一の体 k 上に与えられた2つの付値 φ と ψ とが同値であるとは，それらが k 上同一の収束性を定義するときをいう，すなわち条件 $\varphi(x_n-x)\to 0$ と $\psi(x_n-x)\to 0$ とが同時に成り立つ．次のことを示せ，φ と ψ とが同値であるための必要かつ十分条件は条件 $\varphi(x)<1$ と $\psi(x)<1$ $(x\in k)$ とが同時に成り立つことである．

3. φ と ψ とが体 k の同値な付値であれば，すべての $x\in k$ について $\varphi(x)=(\psi(x))^\delta$ であることを示せ（δ はある実数）．

4. ある体 k 上に与えられた付値 φ が非 Archimedes 的とは，それが条件 2° をみたすのみならず，もっと強い条件

$$2^{\circ\circ}\qquad \varphi(\alpha+\beta)\leqslant\max(\varphi(\alpha),\ \varphi(\beta))$$

をみたすことをいう．（この強い条件がみたされないとき Archimedes 的という）．次のことを証明せよ，付値 φ が非 Archimedes 的であるのは，任意の自然数 n に対して $\varphi(n)\leqslant 1$ のとき，またそのときに限る（ここに自然数 n とは，もっと正確にいえば，体 k の単位元の自然数倍のこと）．

5. 標数 p の体のすべての付値は非 Archimedes 的であることを示せ．

6. k_0 を任意の体とし，$k=k_0(t)$ を k_0 上の有理関数体とせよ．零と異なる各有理関数は次の形に表わせる

$$u=t^m\frac{f(t)}{g(t)}\qquad (f(0)\neq 0,\ g(0)\neq 0),$$

ここに f と g とは多項式である．次のことを示せ，関数

$$\varphi(u)=\rho^m\qquad (0<\rho<1),\ \varphi(0)=0, \tag{8}$$

は体 k の付値である．

7. 体 $k=k_0(t)$ の付値（8）による完備化は，形式的ベキ級数体 $k_0\{t\}$ に同型である；ただしこの形式的ベキ級数とは

$$\sum_{n=m}^{\infty} a_n t^n \qquad (a_n \in k_0)$$

の形をし，ベキ級数に関する普通の算法に従う（数 m は正，負または零のこともあり得る）．

§5.　合同式と p 進整数

1.　環 O_p における合同式と方程式　§3の初めに，$n=1, 2, \cdots$ としたとき合同式 $x^2 \equiv 2 \pmod{7^n}$ の可解性について考えた，そしてこれによって p 進整数の概念に導かれた．p 進整数の定義（§3, **1**）そのものがすでに合同式との深いつながりを示している．このつながりは，より完全に次の定理によって暴露される．

定 理 1.　$F(x_1, \cdots, x_n)$ を有理整係数の多項式とせよ．合同式

$$F(x_1, \cdots, x_n) \equiv 0 \pmod{p^k} \tag{1}$$

が，任意の $k \geqq 1$ について可解となるのは，方程式

$$F(x_1, \cdots, x_n) = 0 \tag{2}$$

が p 進整数で解けるとき，またそのときに限る．

証 明　方程式（2）が p 進整数解 $(\alpha_1, \cdots, \alpha_n)$ をもつとせよ．すると任意の k に対して次のような有理整数 $x_1^{(k)}, \cdots, x_n^{(k)}$ が存在する，

$$\alpha_1 \equiv x_1^{(k)} \pmod{p^k}, \cdots, \alpha_n \equiv x_n^{(k)} \pmod{p^k}. \tag{3}$$

これから，

$$F(x_1^{(k)}, \cdots, x_n^{(k)}) \equiv F(\alpha_1, \cdots, \alpha_n) \equiv 0 \pmod{p^k},$$

すなわち $(x_1^{(k)}, \cdots, x_n^{(k)})$ は合同式（1）の解である．

さて，合同式（1）が任意の k に対して解 $(x_1^{(k)}, \cdots, x_n^{(k)})$ をもつと仮定しよう．有理整数列 $\{x_1^{(k)}\}$ から p 進的に収束する部分列 $\{x_1^{(k_i)}\}$ を選び出す（§3 定理6）．数列 $\{x_2^{(k_i)}\}$ から，ふたたび収束する部分列を選び出す．この操作を n 回繰り返して，次のような自然数の部分列 $\{l_1, l_2, \cdots\}$ に到達する；

数列 $\{x_i^{(l_1)}, x_i^{(l_2)}, \cdots\}$ のおのおのが p 進的に収束 $(i=1, 2, \cdots, n)$．さて

$$\lim_{m\to\infty} x_i^{(l_m)}=\alpha_i$$

とせよ．$(\alpha_1, \cdots, \alpha_n)$ が方程式（2）の解であることを示そう．多項式 $F(x_1, \cdots, x_n)$ は連続関数であるから，

$$F(\alpha_1, \cdots, \alpha_n)=\lim_{m\to\infty} F(x_1^{(l_m)}, \cdots, x_n^{(l_m)}).$$

他方，数列 $(x_1^{(k)}, \cdots, x_n^{(k)})$ の選び方から（(3) 参照）

$$F(x_1^{(l_m)}, \cdots, x_n^{(l_m)})\equiv 0 \pmod{p^{l_m}}$$

であるから，$\lim_{m\to\infty} F(x_1^{(l_m)}, \cdots, x_n^{(l_m)})=0$ となる．かくて，$F(\alpha_1, \cdots, \alpha_n)=0$ となり定理1は証明された．

こんどは，$F(x_1, \cdots, x_n)$ が有理整係数の同次式である場合を考えよう．方程式 $F(x_1, \cdots, x_n)=0$ が p 進整数の，零でない解 $(\bar{\alpha}_1, \cdots, \bar{\alpha}_n)$ をもつとしてみる．$m=\min(\nu_p(\bar{\alpha}_1), \cdots, \nu_p(\bar{\alpha}_n))$ とおけ．すると，すべての $\bar{\alpha}_i$ は次の形に表わされる

$$\bar{\alpha}_i=p^m\alpha_i \quad (i=1, \cdots, n),$$

ただし，すべての α_i は整であり，かつ少なくともそれらの1つは p で割れない．明らかに，$(\alpha_1, \cdots, \alpha_n)$ もまた方程式 $F(x_1, \cdots, x_n)=0$ の解である．条件（3）をみたす数の組 $(x_1^{(k)}, \cdots, x_n^{(k)})$ は，前と同様に，合同式（1）の解を与え，そのうちの少なくとも1つは p で割れない．

逆に，同次式 F についての合同式（1）が任意の k に対し解 $(x_1^{(k)}, \cdots, x_n^{(k)})$ をもち，その $x_i^{(k)}$ の少なくとも1つは p で割れないとせよ．明らかに，ある添え字 $i=i_0$ が存在して，無限個の m の値について，$x_{i_0}^{(m)}$ が p で割れない．それゆえ，数列 $\{l_1, l_2, \cdots\}$ を選ぶのに，すべての $x_{i_0}^{(l_m)}$ が p で割れないようにする．すると，等式 $\alpha_{i_0}=\lim x_{i_0}^{(l_m)}$ から α_{i_0} は p で割れない，すなわち，ましてや $\alpha_{i_0}\neq 0$ が出る．これによって次の定理が証明された．

定 理 2. $F(x_1, \cdots, x_n)$ を有理整係数の同次式とせよ．方程式 $F(x_1, \cdots, x_n)=0$ が環 O_p で非自明な解をもつための必要十分条件は，任意の自然数 m について合同式 $F(x_1, \cdots, x_n)\equiv 0 \pmod{p^m}$ に解が存在し，その少なくとも1つの

未知数は p で割れないことである.

明らかに，定理1と2とにおいて，F は p 進整係数の多項式としても，さしつかえない.

2. ある合同式の可解性 前項で証明された定理1によって，方程式(2)を p 進整数で解く問題は無限個の合同式（1）の可解性を確かめることに帰着する．どのようにして，これらの合同式のうちの有限個だけの考察に限るようにするかという問題は，一般的には，相当に複雑である．ここでは1つの特別な場合の考察に限定しよう.

定理 3. p 進整係数の多項式 $F(x_1, \cdots, x_n)$ と p 進整数 $\gamma_1, \cdots, \gamma_n$ とに対して，ある i $(1 \leqslant i \leqslant n)$ につき次の式が成り立つとせよ：

$$F(\gamma_1, \cdots, \gamma_n) \equiv 0 \pmod{p^{2\delta+1}},$$

$$\frac{\partial F}{\partial x_i}(\gamma_1, \cdots, \gamma_n) \equiv 0 \pmod{p^{\delta}},$$

$$\frac{\partial F}{\partial x_i}(\gamma_1, \cdots, \gamma_n) \not\equiv 0 \pmod{p^{\delta+1}}$$

(δ は負ではない有理整数)．すると，適当な p 進整数 $\theta_1, \cdots, \theta_n$ が存在して，

$$F(\theta_1, \cdots, \theta_n) = 0$$

かつ

$$\theta_1 \equiv \gamma_1 \pmod{p^{\delta+1}}, \cdots, \theta_n \equiv \gamma_n \pmod{p^{\delta+1}}$$

が成り立つ.

証明 多項式 $f(x) = F(\gamma_1, \cdots, \gamma_{i-1}, x, \gamma_{i+1}, \cdots, \gamma_n)$ を考えよう．次のことを確立すれば，この定理の証明に十分である；適当な p 進整数 α が存在して，$f(\alpha) = 0$ かつ $\alpha \equiv \gamma_i \pmod{p^{\delta+1}}$ となる（もし，このような α が見つかれば，$j \neq i$ には $\theta_j = \gamma_j$ とおき，かつ $\theta_i = \alpha$ とすればよい)．$\gamma_i = \gamma$ とおき，収束数列

$$\alpha_0, \alpha_1, \cdots, \alpha_m, \cdots \tag{3'}$$

を作ろう，ただしこれらは p 進整数で，法 $p^{\delta+1}$ により γ と合同であり，おのおのの $m\geqslant 0$ に対して

$$f(\alpha_m)\equiv 0 \pmod{p^{2\delta+1+m}} \qquad (4)$$

が成り立つように．$m=0$ については $\alpha_0=\gamma$ と取ればよい．そこで，ある $m\geqslant 1$ に対して要求された条件をみたすような p 進整数 $\alpha_0, \cdots, \alpha_{m-1}$ がすでに作られたと仮定しよう，したがって特に $\alpha_{m-1}\equiv\gamma \pmod{p^{\delta+1}}$ かつ $f(\alpha_{m-1})\equiv 0 \pmod{p^{2\delta+m}}$ である．$f(x)$ を $x-\alpha_{m-1}$ のベキに展開せよ：

$$f(x)=\beta_0+\beta_1(x-\alpha_{m-1})+\beta_2(x-\alpha_{m-1})^2+\cdots \quad (\beta_i\in O_p).$$

帰納法の仮定により，$\beta_0=f(\alpha_{m-1})=p^{2\delta+m}A$，ただし A は p 進整数．さらに，$\alpha_{m-1}\equiv\gamma \pmod{p^{\delta+1}}$ であるから，条件により $\beta_1=f'(\alpha_{m-1})=p^{\delta}B$ を得る，ここに B は O_p の数で p では割れない．$x=\alpha_{m-1}+\xi p^{m+\delta}$ とおくと，次式を得る

$$f(\alpha_{m-1}+\xi p^{m+\delta})=p^{2\delta+m}(A+B\xi)+\beta_2 p^{2\delta+2m}\xi^2+\cdots$$

さて，値 $\xi=\xi_0\in O_p$ を，$A+B\xi_0\equiv 0 \pmod{p}$ のように選ぶ（$B\not\equiv 0 \pmod{p}$ であるからには，この合同式 $A+B\xi\equiv 0 \pmod{p}$ は可解）．$k\geqslant 2$ について，$k\delta+km\geqslant 2\delta+1+m$ なることに注意すると，

$$f(\alpha_{m-1}+\xi_0 p^{m+\delta})\equiv 0 \pmod{p^{2\delta+1+m}}$$

を得る．したがって $\alpha_m=\alpha_{m-1}+\xi_0 p^{m+\delta}$ とおくことができる．$m+\delta\geqslant\delta+1$ だから，$\alpha_m\equiv\gamma \pmod{p^{\delta+1}}$．作り方から，$\nu_p(\alpha_m-\alpha_{m-1})\geqslant m+\delta$，よって選出された数列 (3′) は収束する．その極限を α で表わす．明らかに，$\alpha\equiv\gamma \pmod{p^{\delta+1}}$．(4)から $\lim_{m\to\infty}f(\alpha_m)=0$ が出る；他方において，多項式の連続性から $\lim_{m\to\infty}f(\alpha_m)=f(\alpha)$．これは $f(\alpha)=0$ なることを示す．

系　もし p 進整係数の多項式 $F(x_1, \cdots, x_n)$ と適当な p 進整数 $\gamma_1, \cdots, \gamma_n$ に対して，ある i $(1\leqslant i\leqslant n)$ につき

$$F(\gamma_1, \cdots, \gamma_n)\equiv 0 \pmod{p}$$
$$F_{x_i}'(\gamma_1, \cdots, \gamma_n)\not\equiv 0 \pmod{p}$$

が成り立てば，適当な p 進整数 $\theta_1, \cdots, \theta_n$ が存在して，

$$F(\theta_1, \cdots, \theta_n)=0$$

かつ

$$\theta_1 \equiv \gamma_1 \pmod p, \cdots, \theta_n \equiv \gamma_n \pmod p.$$

かくて，合同式 $F(x_1, \cdots, x_n) \equiv 0 \pmod p$ のすべての解 $(c_1, \cdots, c_n)$ は環 O_p における方程式 $F(x_1, \cdots, x_n)=0$ の解にまで接続できる．ただし，次のすべての合同式を満足するような解は除外することになろう：

$$\left.\begin{array}{ll} F_{x_1}'(c_1, \cdots, c_n) \equiv 0 & \pmod p, \\ \cdots\cdots\cdots\cdots\cdots\cdots & \\ F_{x_n}'(c_1, \cdots, c_n) \equiv 0 & \pmod p. \end{array}\right\}$$

この系には，§2の初めに述べた問題への重要な応用がある．そのところで注意したように，合同式

$$F(x_1, \cdots, x_n) \equiv 0 \pmod m$$

が，すべての法 m に対して可解かどうかを直接調べることは無限個の条件の調査につながっている．素数を法とする場合には，§2，**1** で定式化された両定理A，Bにより，この調査を実効的に行なう可能性が生じた――すなわち，この操作をただ有限個の素数に対して行なえばよいことがわかった．さて我々は任意の法についても，少々ばかり述べることができる．すでに注意したように，素数ベキの法を考えれば十分であるが，p^k $(k=1, 2, \cdots)$ の形の法に対しては合同式（1）の可解性は定理1により方程式 $F=0$ の，p 進整数環 O_p での可解性と同値である．

定式化された（証明はしなかった）§2，**1** の定理A，Bおよび本節の定理3に基づいて，次の結果を証明しよう．

定　理 C． もし $F(x_1, \cdots, x_n)$ が絶対既約な有理整係数の多項式ならば，ある限界以上のすべての素数 p について，p 進整数の環 O_p で方程式 $F(x_1, \cdots, x_n)=0$ は可解である．しかも，この限界は多項式 F に関係するだけである．

したがって有限個を除いたすべての素数 p に対して，合同式

$$F(x_1, \cdots, x_n) \equiv 0 \pmod{p^k} \qquad (5)$$

は任意の指数 k に対して可解である．

定理Cは，かくて，すべての合同式（5）の可解性についての問題を変形して，方程式 $F=0$ を有限個だけの素数 p について環 O_p で解く問題に帰着せしめる．ここでは，心残りながら，これらの例外的素数 p に対して，環 O_p において方程式 $F=0$ がいかにして解かれるかについては触れない（2次多項式の場合は§6に述べてある）．

定理 C の証明の着想は大へん簡単である：§2，定理 B に含まれる，合同式（1）の解の個数に関する評価を利用して，次のことを示そう：十分大きい p について，この合同式の解の個数は，連立合同式

$$\left.\begin{aligned} F(x_1, \cdots, x_n) &\equiv 0 \pmod{p}, \\ F_{x_n}'(x_1, \cdots, x_n) &\equiv 0 \pmod{p}, \end{aligned}\right\} \qquad (6)$$

の解の個数より大である．

このために，合同式の解の個数に対する評価を，も1つ利用しなければならなくなる．

補　題　もし多項式 $F(x_1, \cdots, x_n)$ の係数の少なくとも1つが p で割れないならば，合同式

$$F(x_1, \cdots, x_n) \equiv 0 \pmod{p} \qquad (7)$$

の解の個数 $N(p)$ は次の不等式を満足する

$$N(p) \leqslant Lp^{n-1}, \qquad (8)$$

ここに定数 L は多項式 F の総次数である．

補題の証明を n についての帰納法で行なう．$n=1$ に対しては，体 Z_p における零でない多項式の根の個数は，その次数を越えないことから出る．

もし $n>1$ なら，$F(x_1, \cdots, x_n)$ を $x_1, \cdots, x_{n-1}$ の多項式と考えよう，その係数は x_n の多項式である．$f(x_n)$ をこの係数の法 p での最大公約数とする．すると

$$F(x_1, \cdots, x_n) \equiv f(x_n) F_1(x_1, \cdots, x_n) \pmod{p},$$

ここで多項式 $F_1(x_1, \cdots, x_{n-1}, a)$ は，どんなaに対しても，法pにつき零と恒等的に合同とはならない．lとL_1とをそれぞれ多項式fとF_1との次数とせよ．明らかに，fとF_1とは条件 $l+L_1 \leqslant L$ をみたすように選出できる．さて合同式（7）の解 $(c_1, \cdots, c_n)$ の個数を評価しよう．この解における，x_n の値に注目しよう．まず，

$$f(c_n) \equiv 0 \pmod{p}, \qquad (9)$$

となるような解を考えよう．合同式（9）がみたされると，合同式（7）は任意の $c_1, \cdots, c_{n-1}$ について自動的にみたされる．条件（9）を満たす，法pでの c_n の値の個数はlを越えないから，合同式（7）の解のうち（9）も成り立つようなものの個数は lp^{n-1} を越えない．$f(c_n) \not\equiv 0 \pmod{p}$ となるような解 $(c_1, \cdots, c_n)$ を考えよう．明らかに，この解はすべて，合同式 $F_1(x_1, \cdots, x_n) \equiv 0 \pmod{p}$ をみたす．$F_1(x_1, \cdots, x_{n-1}, c_n)$ は法pにつき恒等的に零と合同とはならぬから，帰納法の仮定により，合同式 $F_1(x_1, \cdots, x_{n-1}, c_n) \equiv 0 \pmod{p}$ の解の個数 $N(p, c_n)$ は不等式 $N(p, c_n) \leqslant L_1 p^{n-2}$ をみたす．この際 c_n はp個より多くはないから，いま考えている解の個数は $L_1 p^{n-1}$ を越えぬ．かくて，（7）の解の個数は合計で $lp^{n-1} + L_1 p^{n-1} \leqslant Lp^{n-1}$ を越えぬ．　Q.E.D.

定理Cの証明　もちろん，多項式Fは変数 x_n と実質的に関係すると考えてよい．Fを x_n の多項式と考える，その係数は $x_1, \cdots, x_{n-1}$ の多項式である．すると，Fの絶対既約性から，x_n の多項式として，Fの判別式 $D_{x_n}(x_1, \cdots, x_{n-1})$ は $x_1, \cdots, x_{n-1}$ の多項式で，恒等的に零と合同なことはない，もしもそうならばFは，ある多項式の平方で割り切れることになる．素数pのうち，$D_{x_n}(x_1, \cdots, x_{n-1})$ の係数のすべては割らないものを考え，その素数について連立合同式（6）の解の個数 $N_1(p)$ を評価しよう．$(c_1, \cdots c_n)$ が系（6）の解とすると，c_n は法pで多項式 $F(c_1, \cdots, c_{n-1}, x_n)$ と $F_{x_n}'(c_1, \cdots, c_{n-1}, x_n)$ との共通根であるから

$$D_{x_n}(c_1, \cdots, c_{n-1}) \equiv 0 \pmod{p}.$$

補題によって，この合同式をみたす組 $(c_1, \cdots, c_{n-1})$ の個数は $K_1 p^{n-2}$ を越

えない——K_1 は多項式Fにのみ関係する定数である．$c_1, \cdots, c_{n-1}$ が与えられると，値 c_n は合同式

$$F(c_1, \cdots, c_{n-1}, x_n) \equiv 0 \pmod{p}$$

から定められるから，多項式 F の変数 x_n についての次数 m を越えない．かくて，系（6）の解の個数 $N_1(p)$ は Kp^{n-2} を越えない，ここに $K=mK_1$．

さて，合同式（7）の解の個数 $N(p)$ は，十分大きい p について，系（6）の解の個数 $N_1(p)$ より大なることを証明しよう．実際，定理Bから

$$N(p) > p^{n-1} - Cp^{n-1-(1/2)},$$

であるが，一方 $N_1(p) < Kp^{n-2}$ をいま証明したばかりである．よって

$$N(p) - N_1(p) > p^{n-1} - Cp^{n-1-(1/2)} - Kp^{n-2}$$
$$= p^{n-2}(p - Cp^{1/2} - K),$$

すなわち，十分大きい p について $N(p) > N_1(p)$ である．かくて十分大きい pにつき，合同式 $F \equiv 0 \pmod{p}$ は解（$\gamma_1, \cdots, \gamma_n$）をもち，しかも

$$\frac{\partial F}{\partial x_n}(\gamma_1, \cdots, \gamma_n) \not\equiv 0 \pmod{p}.$$

定理３の系により，このことから方程式 $F=0$ が，ある限界以上のすべての p に対して可解であることが出る．

問　　題

1. m と p とが互いに素ならば，p 進単数 ε で合同式 $\varepsilon \equiv 1 \pmod{p}$ を満足するものはすべて，R_p において m ベキであることを示せ．

2. $m = p^\delta m_0$, $(m_0, p) = 1$ かつ $\varepsilon \equiv 1 \pmod{p^{2\delta+1}}$ とせよ．そのときp 進単数 ε は，R_p において m ベキであることを示せ．

3. 次のことを示せ： $p \neq 2$ のとき，合同式 $\alpha x^p \equiv \beta \pmod{p^2}$ が，pで割れないp進整数 α と β とによって可解であることは，体 R_p において方程式 $\alpha x^p = \beta$ が可解なるための十分条件である．

4. 同次式 $G = \varepsilon_1 x_1^p + \cdots + \varepsilon_n x_n^p$ の係数 ε_i が p 進単数であると仮定せよ（$p \neq 2$）．次のことを示せ：もし合同式 $G \equiv 0 \pmod{p^2}$ が解をもち，その変数の少なくとも１つは pで割れないならば，そのとき体 R_p において方程式 $G=0$ は零でない解をもつ．

5. 同次式 $G = \alpha_1 x_1^p + \cdots + \alpha_n x_n^p$ のすべての係数が p 進整数であり，しかも p の多

くとも $p-1$ 乗ベキでしか割れないとせよ．すると，もし合同式 $G\equiv 0 \pmod{p^{p+2}}$ が解をもち，その変数の少なくとも 1 つは p で割れないならば，方程式 $G=0$ は体 R_p において零でない解をもつことを示せ（$p\neq 2$ の場合には合同式 $G\equiv 0 \pmod{p^{p+1}}$ の可解性を要求すれば十分である）．

6.　仮定として，2 次形式 $F=\alpha_1 x_1^2+\cdots+\alpha_n x_n^2$ は p 進整係数を持ち($p\neq 2$)，しかも p のたかだか 1 乗でしか割れないとする．次を証明せよ：もし合同式 $F\equiv 0 \pmod{p^2}$ が解をもち，しかもその変数の少なくとも 1 つは p で割れないならば，方程式 $F=0$ は体 R_p において零でない解を持つ．

7.　同次式 $F=\alpha_1 x_1^m+\cdots+\alpha_n x_n^m$——ここに α_i は零でない p 進整数——に対して，$r=\nu_p(m)$, $s=\max(\nu_p(\alpha_1), \cdots, \nu_p(\alpha_n))$ かつ $N=2(r+s)+1$ とおけ．次を証明せよ：方程式 $F=0$ が体 R_p で零でない解をもつのは，合同式 $F\equiv 0 \pmod{p^N}$ が解をもち，しかもその変数の少なくとも 1 つは p で割れないとき，またそのときに限る．

8.　同次式 $3x^3+4y^3+5z^3=0$ は任意の素数 p につき体 R_p において零を表わすことを示せ（参照：§2，問題13）．

9.　p 進整係数の多項式 $F(x_1, \cdots, x_n)$ に対して，c_m $(m\geqslant 0)$ によって合同式 $F(x_1, \cdots, x_n)\equiv 0 \pmod{p^m}$ の解の個数を表わし級数 $\varphi(t)=\sum_{m=0}^{\infty} c_m t^m$ を考えよう．予想として，多項式 F に対する級数 $\varphi(t)$——Poincaré 級数とよばれる——は t の有理関数を表わすだろう，がある．多項式 $F=\varepsilon_1 x_1^2+\cdots+\varepsilon_n x_n^2$——$\varepsilon_i$ は p 進単数——に対して Poincaré 級数 $\varphi(t)$ を見出せ．かつ関数 $\varphi(t)$ が有理であることを確かめよ．

10.　p 進整係数の多項式 $F(x_1, \cdots, x_n)$ に対する Poincaré 級数を見出せ，ただし合同式 $F\equiv 0 \pmod{p}$ のどの解についても $\partial F/\partial x_i\not\equiv 0 \pmod{p}$ となるような適当な $i=1, \cdots, n$ が存在するとせよ．

11.　多項式 $F(x, y)=x^2-y^3$ に対する Poincaré 級数を計算せよ．

§6.　p 進係数の 2 次形式

本節と次節とにおいて，いままでに展開した p 進数の理論を簡単な不定方程式の研究に応用しよう．すなわち，p 進数と有理数とを 2 次形式で表わす問題を考える．任意の体における 2 次形式の代数的知識のうち必要なものは，補足§1に述べてある．

1.　p 進数体における平方数　種々な体においての 2 次形式の研究では，体のどのような元が平方であるかを知ることは重要である．それゆえ，まず p

進数体 R_p での平方数の研究から始めよう．

既知のように（§3，定理 4），零でない各 p 進数 α は一意的に $\alpha=p^m\varepsilon$ の形に表わされる，ただし ε は p 進単数（すなわち，p 進整数環 O_p における単数）．もし α が，p 進数 $\gamma=p^k\varepsilon_0$ の平方であれば，$m=2k$ かつ $\varepsilon=\varepsilon_0{}^2$ である．したがって，体 R_p において，すべての平方数を記述するためには，O_p のどの単数が平方であるかを知れば十分である．

定理 1. $p\neq2$ とせよ．p 進単数

$$\varepsilon=c_0+c_1p+c_2p^2+\cdots \qquad (0\leqslant c_i<p,\ c_0\neq0) \qquad (1)$$

が平方であるための必要十分条件は，数 c_0 が法 p で平方剰余なることである．

証明　もし $\varepsilon=\eta^2$ かつ $\eta\equiv b\pmod p$（b は有理整数）ならば，$c_0\equiv b^2\pmod p$．逆に，もし $c_0\equiv b^2\pmod p$ ならば，多項式 $F(x)=x^2-\varepsilon$ を考えると，$F(b)\equiv0\pmod p$ かつ $F'(b)=2b\not\equiv0\pmod p$．§5定理 3 の系により適当な $\eta\in O_p$ が存在して $F(\eta)=0$ かつ $\eta\equiv b\pmod p$ である．かくて $\varepsilon=\eta^2$ となり定理は証明された．

系 1. $p\neq2$ のとき，すべての p 進単数のうち，法 p で1と合同なものは，R_p において平方数である．

系 2. $p\neq2$ のとき，p 進数の乗法群に対する，平方数が作る部分群の指数 $(R_p{}^*:R_p{}^{*2})$ は 4 に等しい．

実際，もし単数 ε が平方数でないとすると，$1, \varepsilon, p, p\varepsilon$ のうち，どの 2 数の商も R_p での平方数でない．このことと同時にまた，すべての零でない p 進数は，$1, \varepsilon, p, p\varepsilon$ のどれかと，適当な平方数との積で表わされる．　　Q. E. D.

$p\neq2$ のとき，単数（1）に対して

$$\left(\frac{\varepsilon}{p}\right)=\begin{cases}+1, & \varepsilon \text{ が } R_p \text{ で平方数なるとき，}\\ -1, & \text{そうでないとき，}\end{cases}$$

とおこう．定理 1 により

$$\left(\frac{\varepsilon}{p}\right)=\left(\frac{c_0}{p}\right)$$

である．ただし (c_0/p) は Legendre の記号．もし ε が有理整数で，pと互いに素ならば，上述の (ε/p) は，明らかに，Legendre の記号と一致する．容易に，p進単数 ε, η について次式を得る：

$$\left(\frac{\varepsilon\eta}{p}\right)=\left(\frac{\varepsilon}{p}\right)\left(\frac{\eta}{p}\right).$$

$p=2$ の場合にとりかかろう．

定 理 2. 体 R_2 において，２進単数 ε が平方数であるための必要十分条件は $\varepsilon\equiv1 \pmod 8$ である．

証 明 必要性は，奇数の平方が８を法として，つねに１に合同なことから出る．これが十分条件であることを示すために，多項式 $F(x)=x^2-\varepsilon$ を考え，これに §5，定理３を，$\delta=1$ かつ $\gamma=1$ として適用する．$F(1)\equiv0 \pmod 8)$，$F'(1)=2\not\equiv0 \pmod 4$ であるから，この定理により，$\eta\equiv1 \pmod 4$ なる数で $F(\eta)=0$ となるものが存在する，すなわち $\varepsilon=\eta^2$.

系 ２進数の乗法群において，平方数が作る部分群の指数 $(R_2{}^*:R_2{}^{*2})$ は８に等しい．

実際，法８の既約剰余系 1，3，5，7 は上述の定理により，２進単数群の平方数部分群による商群の剰余類代表である．これに積 $2\cdot1$，$2\cdot3$，$2\cdot5$，$2\cdot7$ を付加して，群 $R_2{}^*$ の部分群 $R_2{}^{*2}$ による商群の剰余類代表を得る．

2. p 進２次形式によって零を表わすこと 他の体におけると同様に R_p でも，非退化２次形式は１次変換によって

$$\alpha_1 x_1{}^2+\cdots+\alpha_n x_n{}^2 \qquad (\alpha_i\neq0)$$

の形に移される(参照：補足§1，**1**)．もし $\alpha_i=p^{2k_i}\varepsilon_i$ または $\alpha_i=p^{2k_i+1}\varepsilon_i$ (ε_i は O_p における単数）ならば，変換 $p^{k_i}x_i=y_i$ により移った２次形式の係数は，pのたかだか１乗べキでしか割れないp進整数である．かくて，体 R_p 上のす

べての非退化2次形式は次の形のものに同値である

$$F=F_0\dotplus pF_1=\varepsilon_1 x_1{}^2+\cdots+\varepsilon_r x_r{}^2+p(\varepsilon_{r+1}x_{r+1}{}^2+\cdots+\varepsilon_n x_n{}^2), \qquad (2)$$

ここに ε_i はp進単数.

零表現の存在問題を考えるとき，$r\geqslant n-r$ と仮定してよい．実際，2次形式 pF は，明らかに，$F_1\dotplus pF_0$ と同値である．F と pF とは同時に零を表現するから，$F_0\dotplus pF_1$ の代りに2次形式 $F_1\dotplus pF_0$ を採用してよい．

まず $p\neq 2$ の場合から始めよう．

定 理 3. $p\neq 2$ かつ $0<r<n$ とせよ．2次形式（2）が体 R_p で零を表わすのは，2次形式 F_0 または F_1 の少なくとも1つが零を表わすとき，またそのときに限る．

証 明 （2）式が零を表わすとせよ：

$$\varepsilon_1\xi_1{}^2+\cdots+\varepsilon_r\xi_r{}^2+p(\varepsilon_{r+1}\xi_{r+1}{}^2+\cdots+\varepsilon_n\xi_n{}^2)=0. \qquad (3)$$

明らかに，すべての ξ_i は整で少なくとも1つはpで割れないと考えてよい．もし $\xi_1,\cdots,\xi_r$ のどれかがpで割れない——たとえば $\xi_1\not\equiv 0 \pmod p$——とすると，等式（3）を法$p$で考えて，

$$F_0(\xi_1,\cdots,\xi_r)\equiv 0 \pmod p;$$

$$\frac{\partial F_0}{\partial x_1}(\xi_1,\cdots,\xi_r)=2\varepsilon_1\xi_1\not\equiv 0 \pmod p,$$

を得る．§5，定理3の系により，2次形式 F_0 は零を表わす．さて今度は，$\xi_1,\cdots,\xi_r$ はすべてpで割れるとせよ，したがって $\varepsilon_1\xi_1{}^2+\cdots+\varepsilon_r\xi_r{}^2\equiv 0 \pmod{p^2}$．等式（3）において，法 p^2 の合同式に移ろう．この合同式をpで割り，

$$F_1(\xi_{r+1},\cdots,\xi_n)\equiv 0 \pmod p,$$

を得る，ただし $\xi_{r+1},\cdots,\xi_n$ の少なくとも1つはpで割れない．ふたたび§5，定理3の系を適用して，この場合は2次形式 F_1 が零を表わすと結論できる．条件の十分性は明白である以上，これで定理3は証明された．ついでに，次の命題も得られた：

系 1.　もし $\varepsilon_1, \cdots, \varepsilon_r$ が p 進単数ならば，$p \neq 2$ について，2次形式 $f = \varepsilon_1 x_1^2 + \cdots + \varepsilon_r x_r^2$ が R_p で零を表わすのは，合同式 $f(x_1, \cdots, x_r) \equiv 0 \pmod{p}$ が O_p で非自明な解をもつとき，またそのときに限る．

系 2.　もし同様な仮定でさらに $r \geqq 3$ ならば，2次形式 $f(x_1, \cdots, x_r)$ はつねに R_p で零を表わす．

実際，§1，定理5により合同式 $f(x_1, \cdots, x_r) \equiv 0 \pmod{p}$ は非自明な解をもつ．　Q.E.D.

定理3の証明の際，等式（3）は事実上使用されなかった：我々はただ合同式 $F \equiv 0 \pmod{p}$ と $F \equiv 0 \pmod{p^2}$ とを取り扱ったにすぎない．つまり，この後者の合同式だけの可解性から，F_0 または F_1 が，したがって F が零を表わすことが出る．よって次が成り立つ：

系 3.　$p \neq 2$ のとき，2次形式(2)が零を表わすのは，合同式 $F \equiv 0 \pmod{p^2}$ が解をもち，その不定元の少なくとも1つは p で割れないとき，またそのときに限る．

2進数体における2次形式の考察に移ろう．この場合，定理3とそのすべての系は成り立たない．たとえば，2次形式 $f = x_1^2 + x_2^2 + x_3^2 + x_4^2$ に対して $f = 0$ は R_2 で非自明な解をもたない（理由は：合同式 $f \equiv 0 \pmod{8}$ でさえ，少なくとも1つが奇数であるような解をもたないから）．そうかと思うとまた，2次形式 $f \dot{+} 2x_5^2$ は R_2 で零を表わす（定理5）．

定理 4.　2進数体において2次形式（2）（$p=2$ とする）が零を表わすのは，合同式 $F \equiv 0 \pmod{16}$ が解をもち，その少なくとも1つの不定文字の値が奇数であるとき，またそのときに限る．

証明　$F(\xi_1, \cdots, \xi_n) \equiv 0 \pmod{16}$ とせよ．ここで2進整数 ξ_i の少なくとも1つは2で割れない．まず初めに，$\xi_i \not\equiv 0 \pmod{2}$ が少なくとも1つの $i \leqq r$，たとえば，($\xi_1 \not\equiv 0 \pmod{2}$ と仮定しよう．$F(\xi_1, \cdots, \xi_n) \equiv 0 \pmod{8}$ かつ

$(\partial F/\partial x_1)(\xi_1, \cdots, \xi_n)=2\varepsilon_1\xi_1\not\equiv 0 \pmod 4$ だから，§5，定理３（$\delta=1$ として）により，形式Fは零を表わす．今度は $\xi_1, \cdots, \xi_r$ がすべて２で割れるとせよ，すなわち η_i を２進整数として $\xi_i=2\eta_i$ $(1\leqslant i\leqslant r)$．合同式

$$4\sum_{i=1}^{r}\varepsilon_i\eta_i^2+2\sum_{i=r+1}^{n}\varepsilon_i\xi_i^2\equiv 0 \pmod{16}$$

を２で約して，

$$\sum_{i=r+1}^{n}\varepsilon_i\xi_i^2+2\sum_{i=1}^{r}\varepsilon_i\eta_i^2\equiv 0 \pmod 8,$$

ただし $\xi_{r+1}, \cdots, \xi_n$ の少なくとも１つは２で割れない．上述と同様にして，この合同式から，形式 F_1+2F_0 は零を表わす．すると，これと同値な形式 $2F$ も零を表わす，条件の十分性は証明された．逆の命題については明らかである．

定理４の証明の際，次の系も得られている．

系 もし２次形式（２）（$p=2$ として）に対して，合同式 $F\equiv 0 \pmod 8$ が解をもち，少なくとも１つの不定文字 $x_1, \cdots, x_r$ が奇であれば*)，F は体 R_2 で零を表わす．

定 理 5. p 進数体 R_p において，５元以上のすべての非退化２次形式は零を表わす．

証 明 与えられた２次形式が（２）の形をもち，しかも $r\geqslant n-r$ と仮定してもさしつかえない．$n\geqslant 5$ であるから，$r\geqslant 3$ である．$p\neq 2$ とせよ；この場合は定理３の系２により２次形式 F_0 は零を表わす．F_0 と同時に F も零を表わすから，$p\neq 2$ に対しては定理は証明された．

次に $p=2$ とせよ．もし $n-r>0$ ならば，我々は ≪部分≫ ２次形式 $f=\varepsilon_1x_1^2+\varepsilon_2x_2^2+\varepsilon_3x_3^2+2\varepsilon_nx_n^2$ を考えてみよう．このような形式は常に R_2 で零を表わす．実際，$\varepsilon_1+\varepsilon_2=2\alpha$（$\alpha$は２進整数）であるから，

$$\varepsilon_1+\varepsilon_2+2\varepsilon_n\alpha^2\equiv 2\alpha+2\alpha^2=2\alpha(1+\alpha)\equiv 0 \pmod 4,$$

すなわち β を２進整数として $\varepsilon_1+\varepsilon_2+2\varepsilon_n\alpha^2=4\beta$．$x_1=x_2=1$, $x_3=2\beta$, $x_n=\alpha$

*) 変数全体 $x_1, \cdots, x_n$ ではないことに注意．

とおけば,

$$\varepsilon_1\cdot 1^2+\varepsilon_2\cdot 1^2+\varepsilon_3(2\beta)^2+2\varepsilon_n\alpha^2\equiv 4\beta+4\beta^2\equiv 0 \pmod 8$$

定理 4 の系により形式 f は零を表わす．しかし，そのとき F もまた零を表わす．$n=r$ のときは≪部分≫形式として，$f=\varepsilon_1x_1^2+\varepsilon_2x_2^2+\varepsilon_3x_3^2+\varepsilon_4x_4^2+\varepsilon_5x_5^2$ を取ろう．もし $\varepsilon_1+\varepsilon_2\equiv\varepsilon_3+\varepsilon_4\equiv 2 \pmod 4$ ならば $x_1=x_2=x_3=x_4=1$ とおこう，また，たとえば $\varepsilon_1+\varepsilon_2\equiv 0 \pmod 4$ ならば，$x_1=x_2=1$, $x_3=x_4=0$．どちらの場合でも，γ を 2 進整数として $\varepsilon_1x_1^2+\varepsilon_2x_2^2+\varepsilon_3x_3^2+\varepsilon_4x_4^2=4\gamma$．そこで $x_5=2\gamma$ とおけば,

$$f\equiv 4\gamma+4\gamma^2\equiv 0 \pmod 8.$$

定理 4 の系を適用すれば，この場合も証明が終わる．定理 5 は完全に証明された．

補足 §1 定理 6 により上述の定理 5 から次が出る：

系 1. 体 R_p において，すべての 4 元以上の非退化 2 次形式はすべての p 進数を表わす*).

系 2. $F(x_1,\cdots,x_n)$ を有理整係数の非退化 2 次形式とせよ．もし $n\geqslant 5$ ならば，任意の法 m について合同式 $F(x_1,\cdots,x_n)\equiv 0 \pmod m$ は非自明な解をもつ．

実際，形式 F は R_p において零を表わすから，任意の自然数 $s\geqslant 1$ について，合同式 $F\equiv 0 \pmod{p^s}$ は解をもち，その不定文字の少なくとも 1 つは p で割れない．

3. 2 元 2 次形式 一般論の重要な一例は 2 元 2 次形式の場合である．本項において，次の形の

$$x^2-\alpha y^2,\qquad \alpha\neq 0,\quad \alpha\in R_p \tag{4}$$

2 元 2 次形式によって R_p の数を表わす問題を考察しよう．(明らかに，1 般

---

*) もちろん零を除く．零は別扱いの約束であった．

の非退化2元2次形式は，変数変換とあるp進数を式全体に乗ずることとによって，この形に帰着せしめられる).

零でないすべてのp進数のうち，(4)式で表わされるものの全体を H_α と書こう．この全体は，面白いことに，乗法に関して常に群をなすのである．実際，もし $\beta=x^2-\alpha y^2$, $\beta_1=x_1^2-\alpha y_1^2$ ならば，簡単な計算によって

$$\beta\beta_1=(xx_1+\alpha yy_1)^2-\alpha(xy_1+yx_1)^2,$$
$$\beta^{-1}=\left(\frac{x}{\beta}\right)^2-\alpha\left(\frac{y}{\beta}\right)^2.$$

この事実の別証を紹介しよう，それは R_p の2次拡大体 $R_p(\sqrt{\alpha})$ の考察に基づく(ただし α は R_p において平方ではないとする)．等式 $\beta=x^2-\alpha y^2$ は $R_p(\sqrt{\alpha})$ の数 $\xi=x+y\sqrt{\alpha}$ のノルムが β であることと同義である．しかるに，$\beta=N(\xi)$ かつ $\beta_1=N(\xi_1)$ ならば $\beta\beta_1=N(\xi\xi_1)$ かつ $\beta^{-1}=N(\xi^{-1})$.

もし α が R_p で平方数ならば，形式(4)は零を表わす，すなわち，また R_p のすべての数も表わす．したがって，この場合 H_α は R_p の乗法群 $R_p{}^*$ 全体と一致する．

形式(4)は，明らかに，体 R_p の平方数すべてを表わすから($y=0$ として)，$R_p{}^{*2}\subset H_\alpha$．しかるに，定理1と2との系により指数 $(R_p{}^*:R_p{}^{*2})$ は有限である．それゆえ，もちろん群 H_α は $R_p{}^*$ において有限指数をもつ．

定理 6.　もし $\alpha\in R_p{}^*$ が平方数でないならば，$(R_p{}^*:H_\alpha)=2$ である．

証明　まず第一に注意することは，形式(4)がβを表わすのは，形式

$$\alpha x^2+\beta y^2-z^2 \tag{5}$$

が零を表わすとき，またそのときに限る(補足§1 定理6)．さらに(5)式による零表現の条件は，明らかに，α と β とを平方数倍しても変らない．よって群 $R_p{}^*$ の平方数部分群による商群の剰余類代表を固定しておいて，その中から，α, β を取るとしてよい．

初めに，$p\neq 2$ の場合を考えよう．$H_\alpha\neq R_p{}^{*2}$ を証明しよう．もし $-\alpha$ が平方数でないならば，このことは明らかに成り立つ($-\alpha\in H_\alpha$ だから)．またもし，$-\alpha$ が平方数ならば，形式 $x^2-\alpha y^2$ は形式 x^2+y^2 に同値である．この

後者はすべての p 進単数を表わす（定理 3 の系 2）；すなわち H_α はこの場合も R_p^{*2} と一致しない．さらに，H_α は R_p^* とも一致しない（もちろん，$\alpha \notin R_p^{*2}$ と仮定して）．実際，p 進単数 ε を平方数でないように選び，α の値を ε, p および $p\varepsilon$ と限ってよい．すると，定理 3（かつ補足 §1 定理10）により，$\alpha=\varepsilon$, $\beta=p$ のとき，および $\alpha=p$, $p\varepsilon$, $\beta=\varepsilon$ のときに，（5）式は零を表わさない．よって実際に $H_\alpha \neq R_p^*$ である．さて，定理 1 の系 2 を適用しよう．$R_p^* \supset H_\alpha \supset R_p^{*2}$ だから，指数 $(R_p^*:H_\alpha)$ は指数 $(R_p^*:R_p^{*2})=4$ の約数でなければならぬが，上に示したことにより，4 または 1 ではあり得ない．よって $(R_p^*:H_\alpha)=2$, 定理 6 は $p\neq 2$ の場合に証明された．

さて $p=2$ とせよ．この場合は R_2^* の R_2^{*2} による商群は 8 個の剰余類をもち，代表として，1, 3, 5, 7, 2·1, 2·3, 2·5, 2·7 を取ることができる．それゆえ,（5）式における α と β とが，これらの値と一致すると考えよう．そしてどの場合に，この 2 次形式が R_2 において零を表わすかを明らかにしよう．答えは，下記の表に記入してあるが，記号＋の意味は，それの真横の α, 真上の β の値に対して，（5）式が R_2 で零を表わすことを示し，空欄は零を表わさない 2 次形式に対応する．

α \ β	1	3	5	7	2·1	2·3	2·5	2·7
1	+	+	+	+	+	+	+	+
3	+		+			+		+
5	+	+	+	+				
7	+		+		+		+	
2·1	+			+	+			+
2·3	+	+					+	+
2·5	+			+		+	+	
2·7	+	+			+	+		

（（5）式において α, β は対称なので，表の記号も対角線——左上から右下

へ到る—— に関して対称である). これを見れば, 各行には, 第1行を別にして, 記号+がちょうど4個所ずつあることがわかる. これは任意の平方数でない $\alpha\in R_2^*$ に対して, (4) 式で表わされる剰余類——R_2^{*2} による——がちょうど4個あることを意味する. かくて, $(H_\alpha : R_2^{*2})=4$ であり, $(R_2^* : R_2^{*2})=8$ (定理2の系) だから $(R_2^*:H_\alpha)=2$.

表を確かめるには, **2** の結果に基づくのがよい. $\alpha=2\varepsilon$, $\beta=2\eta$——ここで ε と η とは2進単数——かつ

$$2\varepsilon x^2+2\eta y^2-z^2=0 \qquad (6)$$

とせよ. x, y, z の値を, ここでは整で, 同時に2で割れることはないと仮定してさしつかえない. 明らかに, $z\equiv 0 \pmod 2$, さらに x と y とは, どちらも2で割れない (そうでないときは, (6) 式の左辺は4で割れなくなる). $z=2t$ とおき, 等式 (6) を変形して

$$\varepsilon x^2+\eta y^2-2t^2=0$$

とする: この等式は, 定理4の系により, 法8の合同式 (奇数の x, y) と同値である. $x^2\equiv y^2\equiv 1 \pmod 8$ かつ $2t^2\equiv 2 \pmod 8$ または $2t^2\equiv 0 \pmod 8$ だから, 方程式 (6) の可解性は, 次の合同式の少なくとも一方がみたされることと同値である:

$$\varepsilon+\eta\equiv 2 \pmod 8, \quad \varepsilon+\eta\equiv 0 \pmod 8.$$

さて $\alpha=2\varepsilon$, $\beta=\eta$ とせよ. 等式 $2\varepsilon x^2+\eta y^2-z^2=0$ (x, y, z は2進整数で同時には2で割れない) において, 上と同じ論法で, $y\not\equiv 0 \pmod 2$ かつ $z\not\equiv 0 \pmod 2$ を得る. したがって, この等式がみたされることは (同じく定理4の系によって) 次の合同式の少なくとも1つがみたされることである:

$$2\varepsilon+\eta\equiv 1 \pmod 8, \quad \eta\equiv 1 \pmod 8, \qquad (7)$$

ただし, それぞれ $2\nmid x$ と $2|x$ との場合に対応している.

残ったのは, $\alpha=\varepsilon$, $\beta=\eta$ なる場合の考察である. もし等式 $\varepsilon x^2+\eta y^2-z^2=0$ において2進整数 x, y および z の少なくとも1つが2で割れないならば, ただ1つだけが2で割れて, 残りの2つは2で割れない. $z\equiv 0 \pmod 2$ ならば, $\varepsilon x^2+\eta y^2\equiv\varepsilon+\eta\equiv 0 \pmod 4$, よってこれから $\varepsilon\equiv 1 \pmod 4$ または $\eta\equiv 1$ (mod

4) が出る．また $z\not\equiv 0 \pmod 2$ とすると，$\varepsilon x^2+\eta y^2\equiv 1 \pmod 4$ であり，かつ x, y のうちどちらか一方だけが2で割れるから，この場合も次の合同式の少なくとも1つがみたされる

$$\varepsilon\equiv 1 \pmod 4,\quad \eta\equiv 1 \pmod 4. \tag{8}$$

逆に，たとえば $\varepsilon\equiv 1 \pmod 4$ と仮定してみよう．すると合同式 $\varepsilon x^2+\eta y^2-z^2\equiv 0 \pmod 8$ をみたす解として，$\varepsilon\equiv 1 \pmod 8$ のときは，$x=1, y=0, z=1$; $\varepsilon\equiv 5 \pmod 8$ のときは $x=1, y=2, z=1$ がある，すなわち形式 $\varepsilon x^2+\eta y^2-z^2$ は零を表わす．

表の検証をすませた以上は，定理6の証明も終ったわけである．

定理6から，平方数でない p 進数 $\alpha\neq 0$ に対して，商群 R_p^*/H_α は位数2の巡回群であることが出る．それゆえ，1の2乗根の群 $\{1, -1\}$ とこの商群との同型対応を定めることができる．R_p^*/H_α と $\{1, -1\}$ との間の唯一の同型対応は H_α に $+1$ を，剰余類 βH_α——H_α と異なる——に -1 を対応させるものである．しかし，もっと便利なのは，乗法群 R_p^* から群 $\{1, -1\}$ への準同型 ——核が H_α—— を考えることである，すると，R_p^* 上の（商群 R_p^*/H_α 上ではなく）関数を取り扱うことになるからである．

定　義　p 進数 $\alpha\neq 0$ と $\beta\neq 0$ とに対して，記号 (α, β) を，2次形式 $\alpha x^2+\beta y^2-z^2$ が R_p で零を表わすか，表わさないかに従って，$+1$ または -1 に等しいと定める．記号 (α, β) は **Hilbert の記号** とよばれる．

定義からただちに，α が平方数ならば，すべての β について $(\alpha, \beta)=1$ が出る．もし $\alpha\notin R_p^{*2}$ ならば，$(\alpha, \beta)=1$ となるのは $\beta\in H_\alpha$ なるとき，またそのときに限る．このことから容易に得られるように，任意の $\alpha\neq 0$ について対応 $\beta\to(\alpha, \beta)$ は群 R_p^* から群 $\{1, -1\}$ への準同型対応で H_α を核としている．換言すると，次式が成り立つ

$$(\alpha, \beta_1\beta_2)=(\alpha, \beta_1)(\alpha, \beta_2). \tag{9}$$

さらに，記号 (α, β) の値は方程式（5）の可解性に関係するのだから，（5）が α, β について対称である以上

$$(\beta, \alpha) = (\alpha, \beta), \tag{10}$$

よって（9）よりまた

$$(\alpha_1\alpha_2, \beta) = (\alpha_1, \beta)(\alpha_2, \beta). \tag{11}$$

なお，注意すべきは，

$$(\alpha, -\alpha) = 1 \tag{12}$$

が任意の $\alpha \in R_p{}^*$ に対して成り立つ．(方程式 $\alpha x^2 - \alpha y^2 - z^2 = 0$ は解 $x = y = 1$, $z = 0$ をもつから)，すなわち，（9）より

$$(\alpha, \alpha) = (\alpha, -1).$$

公式（9）—(13) に基づいて，一般の場合の記号 (α, β) の計算は (p, ε) と (ε, η) との値の計算に帰着される——ここに ε と η とは p 進単数である．実際，もし $\alpha = p^k\varepsilon$, $\beta = p^l\eta$ とすると，これらの公式から

$$(p^k\varepsilon, p^l\eta) = (p, p)^{kl}(\varepsilon, p)^l(p, \eta)^k(\varepsilon, \eta) = (p, \varepsilon^l\eta^k(-1)^{kl})(\varepsilon, \eta).$$

記号 (p, ε) と (ε, η) との値の計算に取りかかろう．もし $p \neq 2$ ならば，定理3により形式 $px^2 + \varepsilon y^2 - z^2$ が零を表わすのは，$\varepsilon y^2 - z^2$ が零を表わすとき——すなわち単数 ε が平方数のとき——，またそのときに限る．かくて，$p \neq 2$ のとき $(p, \varepsilon) = (\varepsilon/p)$ である（参照：**1**）．さらに定理3の系2により，形式 $\varepsilon x^2 + \eta y^2 - z^2$ はつねに零を表わす．すなわち任意の p 進単数 ε, η に対して $(\varepsilon, \eta) = +1$ である $(p \neq 2)$.

$p = 2$ の場合における2進単数 ε, η に対する記号 $(2, \eta)$ と (ε, η) との値は，すでに本質的に，定理6の証明でわかっている．実際，（7）により（$\varepsilon = 1$ について）2次形式 $2x^2 + \eta y^2 - z^2$ が零を表わすのは，$\eta \equiv \pm 1 \pmod 8$ のとき，またそのときに限る．したがって，$(2, \eta) = (-1)^{\frac{\eta^2-1}{8}}$．さらに，すでにわかったように，形式 $\varepsilon x^2 + \eta y^2 - z^2$ が零を表わすのは，合同式（8）のうち少なくとも1つがみたされるとき，またそのときに限る．したがって，$(\varepsilon, \eta) = (-1)^{\frac{\varepsilon-1}{2}\cdot\frac{\eta-1}{2}}$.

以上の結果を定式化しよう．

定 理 7. p 進単数 ε, η に対する Hilbert の記号 (p, ε) および (ε, η) の

値は次式によって与えられる：

$$p\neq 2 \text{ のとき；}\quad (p,\varepsilon)=\left(\frac{\varepsilon}{p}\right),\qquad (\varepsilon,\eta)=1$$

$$p=2 \text{ のとき；}\quad (2,\varepsilon)=(-1)^{\frac{\varepsilon^2-1}{8}},\quad (\varepsilon,\eta)=(-1)^{\frac{\varepsilon-1}{2}\cdot\frac{\eta-1}{2}}.$$

4.　2元2次形式の同値　Hilbert の記号のおかげで，R_p における2つの非退化2元2次形式が同値となるための条件を具体的に書き上げることができる．$f(x,y)$ と $g(x,y)$ とを R_p の数を係数とする2つの非退化2元2次形式とし，$\delta(f)$，$\delta(g)$ をその行列式とせよ．f と g とが同値であるために，$\delta(f)$ と $\delta(g)$ とが R_p^{*2} からの乗数だけで異なっていることは必要条件である（参照：補足 §1 定理1）．同値であるための，も1つの必要条件を述べるために，次の事実を証明しなければならない（この必要条件と上述のものと合わせれば，それでもう十分条件になる）．

定理 8.　行列式 $\delta\neq 0$ をもつ，2元2次形式 f によって表わされるすべての p 進数 $\alpha\neq 0$ に対して，Hilbert 記号 $(\alpha,-\delta)$ は同一の値を取る．

証明　α と α' とを，f によって表わされる2つの零でない p 進数とせよ．補足 §1 定理2により形式 f は $\alpha x^2+\beta y^2$ なる形の2次形式 f_1 に同値である．α' は形式 f_1 によっても表わされるから，$\alpha'=\alpha x_0^2+\beta y_0^2$，よって $\alpha\alpha'-\alpha\beta y_0^2-(\alpha x_0)^2=0$．この等式は $\alpha\alpha' x^2-\alpha\beta y^2-z^2$ が零を表わすことを意味し，したがって，$(\alpha\alpha',-\alpha\beta)=1$．しかるに，$\alpha\beta$ は δ と平方因子だけ異なっているのだから，また $(\alpha\alpha',-\delta)=1$ が成り立つ，すなわち性質（11）により $(\alpha,-\delta)=(\alpha',-\delta)$，　Q.E.D.

定理8によれば，2元2次形式 f に対して，次式によって新しい不変量を導入することができる：

$$e(f)=(\alpha,-\delta(f)),$$

ここに α は零でない任意の p 進数で，2次形式 f によって表わされる数である．

定 理 9. R_p における非退化2元2次形式 f と g とが同値となるための必要十分条件は，次の2条件

1) $\delta(f)=\delta(g)\gamma^2, \qquad \gamma\in R_p{}^*;$

2) $e(f)=e(g),$

がみたされることである．

証 明 両条件の必要性は明らかである．十分なことを証明するために，まず，定理の両条件がみたされるとき f と g とが表わす p 進数全体が一致することを示そう．$\gamma\in R_p{}^*$ が形式 g によって表わされるとせよ．f は $\alpha x^2+\beta y^2$ なる形に変換されていると仮定すると，次式を得る：

$$(\alpha, -\alpha\beta)=e(f)=e(g)=(\gamma, -\delta(g))=(\gamma, -\alpha\beta)$$

よって

$$(\gamma\alpha^{-1}, -\alpha\beta)=1.$$

Hilbert 記号の定義から，この式の意味は

$$\gamma\alpha^{-1}x^2-\alpha\beta y^2-z^2=0$$

が，零でない x, y, z によって解けることである*)．そうすると

$$\gamma=\alpha\left(\frac{z}{x}\right)^2+\beta\left(\frac{\alpha y}{x}\right)^2,$$

すなわち，γ は f によって表わされる．ここまでくると，f と g との同値性は補足 §1 定理11から出る．

5. 高次形式についての注意 R_p における2次形式についての上述の定理5は整数論においてよく出会う次のタイプの事実の1つである：≪変数が十分大きい所では，万事うまく行く≫．我々の場合で≪うまく≫の意味は，2次形式が p 進体で零を表わすことであり，また≪十分大きい≫の意味は，変数の個数が5以上ということである．この現象をさらに推進して，p 進数体上の任意次数形式（同次式）に対して追究してみるのも多大の興味があろう．

---

*) $xyz\neq 0$ としてよい，補足 §1 定理 8 参照．

問題を正確に述べると次のようになる．任意の自然数 r に対して，できる限り小さい数 $N(r)$ を見出して，p 進数体上の任意の r 次形式が，変数の個数が $N(r)$ より大ならば，零を表わすようにすること．注意しなければならないことは，このような有限数 $N(r)$ の存在すら，アプリオリには明らかでない．我々が取り扱った $r=2$ の場合や幾多の高次形式の例によって，$N(r)=r^2$——すなわち次の予想は非常に可能性がある：

p 進係数の任意の r 次形式は，変数の個数が r^2 より大なるとき，零を表わす．

この予想に沿った一般的結果については，少ししか知られていない．第一は，Brauer が $N(r)$ の有限性を示したが，彼の証明から得られた評価は予想された r^2 よりはるかに大きいものであった (R. Brauer, "A note on systems of homogeneous algebraic equations", *Bull. Amer. Math. Soc.* **51**, 1945, 749–755)．$r=2$ に対して予想が正しいことは定理 5 によって確立されている．$r=3$ の場合は，V. B. Demjanov と Lewis とにより示された：彼等は，p 進数体上の10元以上の3次形式は零を表わすことを証明した (Демьянов В. Б., О куьических формах в дискретно нормированных полях, (離散的ノルムをもつ体における 3 次形式について) Докл. АН СССР **74**, No. 5, 1950, 889–891; D. J. Lewis, "Cubic homogeneous polynomials over p-adic number fields", *Ann. Math.* **56**, No. 3, 1952, 473–478)*⁾．なお，Lang は，すべての r に対して予想が正しいならば，もっと強い次の結果が成り立つことを示した：

連立方程式

$$\left.\begin{array}{l} F_1(x_1, \cdots, x_m)=0, \\ \cdots\cdots\cdots\cdots\cdots\cdots \\ F_k(x_1, \cdots, x_m)=0, \end{array}\right\} \qquad (14)$$

——ただし $F_1, \cdots, F_k$ は p 進係数の，次数 $r_1, \cdots, r_k$ の形式——は，もし変数の個数 m が $r_1^2+\cdots+r_k^2$ より大ならば，零でない解をもつ．(S. Lang, "On quasi algebraic closure", *Ann. Math.* **55**, No. 2, 1952, 373–390)．

*⁾ 新結果について独訳本74頁参照．なお英訳本58頁も参照のこと．

2つの2次形式の場合に対しては，したがって $m \geqslant 9$ として，系 (14) の可解性が V. B. Demjanov により示された（この Demjanov の簡単な証明は次の論文にある：B. J. Birch, D. J. Lewis, T. G. Murphy, "Simultaneous quadratic forms", *Amer. J. Math.* **84**, No. 1, 1962, 110–115).

最後に，予想数 $N(r)=r^2$ が最良のものであること，すなわち任意の r に対して r^2 元の r 次形式が存在して，p 進数体で零を表わさないこと，を示すのは困難ではない．この実例を作ってみよう．このために，以前に本章 §1，**2** において，次のような n 元 n 次形式 $F(x_1, \cdots, x_n)$ を作ったのを思い出してほしい；この $F(x_1, \cdots, x_n)$ については合同式

$$F(x_1, \cdots, x_n) \equiv 0 \pmod p$$

が唯一の解

$$x_1 \equiv 0 \pmod p, \ \cdots, \ x_n \equiv 0 \pmod p \tag{15}$$

をもっている．そこで

$$\begin{aligned}&\Phi(x_1, \cdots, x_{n^2})\\&=F(x_1, \cdots, x_n)+pF(x_{n+1}, \cdots, x_{2n})+\cdots+p^{n-1}F(x_{n^2-n+1}, \cdots, x_{n^2})\end{aligned}$$

とおいて，Φ が p 進数体で零を表わさないことを示そう．背理法で，方程式

$$\Phi(x_1, \cdots, x_{n^2})=0 \tag{16}$$

が零でない解をもつと仮定せよ．Φ が同次式であることから，すべての不定元は整数値であり，少なくとも1つは p で割れないとしてもよい．(16) を法 p の合同式と考えると，$F(x_1, \cdots, x_n) \equiv 0 \pmod p$ を得て，(15) によって $x_1 = px_1', \cdots, x_n = px_n'$ が出る．等式 (16) は

$$\begin{aligned}p^nF(x_1', \cdots, x_n')+pF(x_{n+1}, \cdots, x_{2n})+\cdots&\\ \cdots+p^{n-1}F(x_{n^2-n+1}, \cdots, x_{n^2})&=0\end{aligned}$$

という形になるが，p で約して

$$\begin{aligned}F(x_{n+1}, \cdots, x_{2n})+\cdots+p^{n-2}F(x_{n^2-n+1}, \cdots, x_{n^2})&\\ +p^{n-1}F(x_1', \cdots, x_n')&=0.\end{aligned}$$

証明の次の段階として，$x_{n+1}, \cdots, x_{2n}$ が p で割れることを得る．この論法を n

回繰り返すと，すべての $x_1, \cdots, x_{n^2}$ が p で割れることが示される，これは仮定に矛盾する．

問　　題

1. Hilbert 記号の次の性質を示せ：

1)　$(\alpha, 1-\alpha)=+1, \quad \alpha\neq 1;$

2)　$(\alpha, \beta)=(\gamma, -\alpha\beta), \quad \gamma=\alpha\xi^2+\beta\eta^2\neq 0;$

3)　$(\alpha\gamma, \beta\gamma)=(\alpha, \beta)(\gamma, -\alpha\beta).$

2. 2 次形式 $f=\alpha_1 x_1^2+\cdots+\alpha_n x_n^2$ $(\alpha_i\in R_p{}^*)$ に対して，式

$$c_p(f)=(-1, -1)\prod_{1\leqslant i\leqslant j\leqslant n}(\alpha_i, \alpha_j)$$

は Hasse 記号とよばれる．次のことを示せ

$$c_p(\alpha x^2\dot{+}f)=c_p(f)(\alpha, -\delta),$$

$$c_p(\alpha x^2\dot{+}\beta y^2\dot{+}f)=c_p(f)(\alpha\beta, -\delta)(\alpha, \beta)$$

(δ は 2 次形式 f の行列式)．

3. p 進係数の 2 次形式 $f=\alpha_1 x_1^2+\cdots+\alpha_n x_n^2$ が R_p の数 $\gamma\neq 0$ を表わすとせよ．次のことを示せ，γ に対して適当な表現 $\gamma=\alpha_1\xi_1^2+\cdots+\alpha_n\xi_n^2$ $(\xi_i\in R_p)$ を見出して，すべての≪切片≫ $\gamma_k=\alpha_1\xi_1^2+\cdots+\alpha_k\xi_k^2$ $(1\leqslant k\leqslant n)$ が零でないようにできる（補足 §1 定理 5 と 8 とを利用せよ）．

4. 同じ記号で，f が，対角型の 2 次形式 $g=\gamma y_1+\beta_2 y_2^2+\cdots+\beta_n y_n^2$ で $c_p(g)=c_p(f)$ となるようなものに同値であることを示せ．（あらかじめ，2 次形式 $\alpha x^2+\beta y^2$ は変換 $x=\mu X-\nu\beta Y;\ y=\nu X+\mu\alpha Y$ $(\alpha\mu^2+\beta\nu^2=\gamma\neq 0)$ により $\gamma X^2+\alpha\beta\gamma Y^2$ の形に移り，$(\alpha, \beta)=(\gamma, \alpha\beta\gamma)$ であることを示せ）．

5. 変数の個数についての帰納法により，R_p 上の同値な非退化対角型 2 次形式は同一の値 Hasse の記号をもつことを示せ（補足 §1 定理 4 を利用せよ）．そこで Hasse 記号は任意の非退化 2 次形式に対して定義される：もし 2 次形式 f が対角型 f_0 に同値ならば，$c_p(f)=c_p(f_0)$ とおく．

6. f_1 と f_2 とを 2 つの R_p 上の 2 次形式とし，その行列式を $\delta_1\neq 0$, $\delta_2\neq 0$ とせよ．次のことを示せ

$$c_p(f_1\dot{+}f_2)=c_p(f_1)c_p(f_2)(-1, -1)(\delta_1, \delta_2).$$

7. f を体 R_p 上の非退化 2 次形式とし，δ をその行列式かつ α を R_p の零でない数とせよ．次のことを示せ：

$$c_p(\alpha f)=\begin{cases}c_p(f)(\alpha, (-1)^{(n+1)/2}), & n\text{が奇のとき},\\ c_p(f)(\alpha, (-1)^{n/2}\delta), & n\text{が偶のとき}.\end{cases}$$

8. 体 R_p 上の3元非退化2次形式が零を表わすのは $c_p(f)=+1$ のとき，またそのときに限ることを示せ.

9. f を体 R_p 上の4元非退化2次形式とし，δ をその行列式とせよ. 次のことを示せ：f が R_p で零を表わさないのは，δ が R_p の平方数でかつ $c_p(f)=-1$ のとき，またそのときに限る.

10. f を R_p 上の n 元非退化2次形式とし，δ をその行列式とせよ. 次のことを示せ；f が p 進数 $\alpha\neq 0$ を表わすのは，次の諸条件の1つがみたされるとき，またそのときに限る：

1) $n=1$ かつ $\alpha\delta$ が R_p で平方数;
2) $n=2$ かつ $c_p(f)=(-\alpha, -\delta)$;
3) $n=3$, $-\alpha\delta$ が R_p 内で平方かつ $c_p(f)=1$;
4) $n=3$ かつ $-\alpha\delta$ が R_p 内で平方でない;
5) $n\geqslant 4$.

11. 体 R_p 上の非退化2次形式が零を表わさないで（非自明な解），他のすべての p 進数を表わすための条件を明らかにせよ.

12. 形式 $2x^2-15y^2+14z^2$ はどのような p 進数体で零を表わさないか？

13. 形式 $2x^2+5y^2$ は，どのような5進数を表わすか？

14. f と f' とを体 R_p 上の n 元非退化2次形式とし，δ と δ' とをその行列式とせよ. 次のことを示せ，f と f' とが同値となるのは，$c_p(f)=c_p(f')$ かつ $\delta=\delta'\alpha^2(\alpha\in R_p)$ であるとき，またそのときに限る.

§7. 有理2次形式

1. Minkowski-Hasse の定理 本節で，整数論における最も美しい結果の1つ ——いわゆる Minkowski-Hasse の定理—— を証明しよう，この定理についてはすでに本章の初めに言及してある.

定 理 1 (**Minkowski-Hasse**). 有理係数の2次形式が有理数体で零を表わすのは，それが，実数体およびすべての p 進数体（すべての素数 p に対して）で零を表わすとき，またそのときに限る.

本定理の証明は2次形式の変数の個数 n と本質的に関係する. $n=1$ のとき,

定理の主張は自明である．$n=2$ の場合，証明の遂行は簡単である：もし行列式 $d\neq 0$ なる有理2元2次形式 f が実数体で零を表わせば $-d>0$（参照：補足，§1，定理10）；したがって，$-d=p_1^{k_1}\cdots p_s^{k_s}$，ただし p_i は互いに異なる素数．もし f が体 R_{p_i} で零を表わすならば，$-d$ が R_{p_i} で平方数となるから，指数 k_i は偶数でなければならない $(i=1, \cdots, s)$．しかし，この場合には $-d$ が有理数体 R でも平方数となり，したがって，f は R で零を表わす．

$n\geqslant 3$ のときの定理の証明はかなり複雑である．種々の場合が生ずるが，それを以下の諸項に分けることにする．いまは少しばかり注意をしておこう．

いま考えている2次形式 $f(x_1, \cdots, x_n)$ の係数は有理整数としよう（もしそうでないなら，係数の共通分母を乗ずる）．明らかに，方程式

$$f(x_1, \cdots, x_n)=0 \tag{1}$$

の有理数体 R または p 進数体 R_p における可解性は——同次式であることから——それぞれ有理整数環 Z または p 進整数環 O_p での可解性と同値である．（1）の実数体での可解性については，f が不定符号形式であることと同値となる．このことと §5 定理2により，Minkowski-Hasse の定理に次の形を与えることができる：

不定方程式（1）が有理整数で解けるための必要かつ十分条件は f が不定符号でかつ任意の素数ベキ p^m を法とする合同式

$$f(x_1, \cdots, x_n)\equiv 0 \pmod{p^m}$$

が解をもち，その少なくとも1つの不定元の値は p で割れないことである．§6 定理5によれば，p 進数体において，5元以上のすべての2次形式は常に零を表わす．したがって，このような2次形式に対しては Minkowski-Hasse の定理は次の形を取る：

$n\geqslant 5$ 元非退化有理2次形式が有理数体で零を表わすための必要十分条件は，不定符号なることである．

このようにして，p 進体での可解性は，実際上，$n=3$ と4とを検証すればよい．この n の値に対しては，Minkowski-Hasse の定理は方程式（1）の可解

性に対する実質的な条件を与える．実際，もし形式 f が平方和 $f=\sum a_i x_i^2$ に変換されていれば，奇素数 p で係数 a_i を割らぬものに対しては，§6 定理3，系2に基づいて，$n\geqq 3$ なる形式 f はつねに零を表わす．したがって，実際の検証は有限個の素数 p だけでよい．このおのおのの p に対する体 R_p での形式 f の零表現問題は前節の諸定理で解かれる．

補足 §1 定理6により，定理1から次の主張がでる．

系． 有理係数の非退化2次形式が有理数 a を表わすための必要十分条件は，実数体およびすべての p 進数体 R_p において a を表わすことである．

2. 3元2次形式 Minkowski-Hasse の証明に取りかかろう．本項においては $n=3$ の場合を研究しよう．3元2次形式についての定理1は Legendre によっても（少しいい回しが違うが）証明されている．Legendre による定式化は問題1で紹介してある．

2次形式が平方和 $a_1x^2+a_2y^2+a_3z^2$ の形に変換されているとせよ．不定符号形式であることは，a_1, a_2, a_3 が同符号ではないことを意味する．必要なら -1 を乗ずることにして，2つの係数は正で1つは負の場合にたどり着く．さらにまた明らかに，a_1, a_2, a_3 は平方因子がなく，全体として互いに素（共通因数で割ることができるから）な整数であると考えてよい．も1つ，もしも，たとえば，a_1 と a_2 とが共通素因子 p をもてば，形式に p を乗じ，px と py とを新しい変数に取ると，係数 $a_1/p, a_2/p, pa_3$ をもつ形式を得る．これを何回か繰り返して，問題の形式を

$$ax^2+by^2-cz^2 \qquad (2)$$

の形に変える，ここで係数 a, b, c は正の整数で互いに素（かつ平方因子なし）である．

p を c の奇素因数のどれか1つとせよ．条件により形式（2）は R_p で零を表わすのだから，§6 定理3とその系1とにより合同式 $ax^2+by^2\equiv 0 \pmod{p}$ は非自明な解をもつ，たとえば (x_0, y_0) とせよ．すると形式 ax^2+by^2 は法 p

で1次因子の積に分解される：

$$ax^2+by^2 \equiv a y_0^{-2}(xy_0+yx_0)(xy_0-yx_0) \pmod{p}.$$

この事柄は，確かに，形式（2）にも真であるから，合同式

$$ax^2+by^2-cz^2 \equiv L^{(p)}(x, y, z)M^{(p)}(x, y, z) \pmod{p} \qquad (3)$$

が成り立つ，ここに $L^{(p)}$ と $M^{(p)}$ とは整係数の1次形式である．同様な合同式が係数 a, b の奇素因数に対して成り立つが，なお

$$ax^2+by^2-cz^2 \equiv (ax+by-cz)^2 \pmod{2}$$

だから $p=2$ にも成り立つ．さて適当な1次形式 $L(x, y, z)$, $M(x, y, z)$ を見出して，

$$L(x, y, z) \equiv L^{(p)}(x, y, z) \pmod{p},$$
$$M(x, y, z) \equiv M^{(p)}(x, y, z) \pmod{p}$$

がすべての素因数——係数 a, b, c の——について成り立つようにしておく．合同式（3）は，このとき

$$ax^2+by^2-cz^2 \equiv L(x, y, z)M(x, y, z) \pmod{abc} \qquad (4)$$

を示している．

変数 x, y, z に次の条件をみたす整数値を与えよう：

$$0 \leqslant x < \sqrt{bc}, \quad 0 \leqslant y < \sqrt{ac}, \quad 0 \leqslant z < \sqrt{ab}. \qquad (5)$$

もし，$a=b=c=1$ の場合を考察外とすれば（$x^2+y^2-z^2$ に対しては定理の主張は明らか：これは任意の体で零を表わす），a, b, c を互いに素としたのだから，$\sqrt{bc}$, $\sqrt{ac}$ および $\sqrt{ab}$ の少なくとも1つは整でない．それゆえ，容易に，条件（5）をみたす数の3つ組 (x, y, z) の個数は $\sqrt{ab}\cdot\sqrt{bc}\cdot\sqrt{ca}=abc$ よりも確かに多い．これらの値について，1次形式 $L(x, y, z)$ の取る値を考えてみよう．条件（5）の3つ組 (x, y, z) の個数が法 abc の剰余類の個数より多いから，ある2つの異なる3つ組 (x_1, y_1, z_1) と (x_2, y_2, z_2) とに対して，合同式

$$L(x_1, y_1, z_1) \equiv L(x_2, y_2, z_2) \pmod{abc}$$

が成り立つ．形式Lが1次であることから

$$L(x_0, y_0, z_0)\equiv 0 \pmod{abc}$$

が

$$x_0=x_1-x_2,\quad y_0=y_1-y_2,\quad z_0=z_1-z_2$$

に対して成り立つ．よって合同式（4）から

$$ax_0^2+by_0^2-cz_0^2\equiv 0 \pmod{abc}. \tag{6}$$

3つ組 (x_1, y_1, z_1), (x_2, y_2, z_2) に対して条件（5）がみたされるから，

$$|x_0|<\sqrt{bc},\quad |y_0|<\sqrt{ac},\quad |z_0|<\sqrt{ab},$$

すなわち

$$-abc<ax_0^2+by_0^2-cz_0^2<2abc. \tag{7}$$

不等式（7）が合同式（6）と矛盾しないためには，

$$ax_0^2+by_0^2-cz_0^2=0 \tag{8}$$

または

$$ax_0^2+by_0^2-cz_0^2=abc \tag{9}$$

のときに限る．第1の場合には形式（2）の非自明解による零表現を得たわけだから，我々の目的は達せられている．第2の場合には次の補題によって同じ結果に到達する．

補 題 1. もし形式（2）が abc を表わすならば，零も表わす．

x_0, y_0, z_0 が等式（9）をみたすとせよ．容易にわかるように，

$$a(x_0z_0+by_0)^2+b(y_0z_0-ax_0)^2-c(z_0^2+ab)^2=0. \tag{10}$$

もし $z_0^2+ab\neq 0$ ならば補題の証明は終る．仮に $-ab=z_0^2$ ならば，形式 ax^2+by^2 は零を表わす（参照：補足，§1，定理10）．そのときは形式（2）も零を表わすから，この場合にも補題は正しい．

補題1で紹介した証明は非常に簡単だが，これは等式（10）と関連した計算に基づいている．もっと一般的な考え方を利用する別証を与えよう．もし bc が平方数ならば，形式 by^2-cz^2 は——したがって形式（2）も——零を表わす．bc は平方数でないと仮定しておこう．この場合にわかることは，形式（2）が零を表わすことと，ac が体 $R(\sqrt{bc})$ でのある数のノルムとなることとは

同値である．実際，等式（8）から（この式で $x_0\neq 0$ としてよい）

$$ac=\left(\frac{cz_0}{x_0}\right)^2-bc\left(\frac{y_0}{x_0}\right)^2=N\left(\frac{cz_0}{x_0}+\frac{y_0}{x_0}\sqrt{bc}\right).$$

逆にもし $ac=N(u+v\sqrt{bc})$ ならば，

$$ac^2+b(cv)^2-cu^2=0.$$

さて等式（9）が成り立つと仮定しよう．両辺を c 倍し，次の形に書く

$$ac(x_0{}^2-bc)=(cz_0)^2-bcy_0{}^2$$

または

$$acN(\alpha)=N(\beta),$$

ここで $\alpha=x_0+\sqrt{bc}$, $\beta=cz_0+y_0\sqrt{bc}$ である．そのとき

$$ac=N(\gamma) \qquad \gamma=\frac{\beta}{\alpha}\in R(\sqrt{bc}).$$

これはすなわち，我々がすでに知っているように，形式（2）がRで零を表わすことを意味している．Q.E.D.

次の現象に注意しよう．3変数の場合での定理1の上述の証明において，方程式（2）が2進数体で可解であることはどこにも利用しなかった．したがって，方程式（2）が，実数体とすべての奇素数pについての R_p とにおいて可解であれば R_2 でも可解となる．同じような現象が，他の体 R_q についても起こることが判明するのである．すなわち，もし有理3元2次形式が実数体とすべての体 R_p――ただし R_q は除外してもよい――とにおいて零を表わすならば，体 R_q においても零を表わす（結局，証明済みのことから，有理数体Rでも零を表わす）．

この現象の原因を明らかにしてみたい．このため，

$$ax^2+by^2-z^2 \tag{11}$$

なる2次形式が，すべての R_p と実数体とで零を表わす条件を考えてみよう（ここでaとbとは任意の有理数で零ではないとする；明らかに，すべての非退化有理3元2次形式は，変数変換と適当に定数を乗じてやれば（11）の形に帰着できる）．§6, **3** により，形式（11）がp進数体で零を表わすことは

$$\left(\frac{a,b}{p}\right)=1 \tag{12}$$

と書ける，ここに $\left(\frac{a,b}{p}\right)$ は体 R_p における Hilbert の記号である．ただし，有理数 a, b のときの Hilbert 記号 (a,b) の代りに記号 $\left(\frac{a,b}{p}\right)$ を使って，問題にしている p 進数体を指示することにした．このように記号を変えなければならないのは，このあとすぐに，Hilbert 記号を各種の R_p において同時に考察する必要があることによる．

実数体に関して，形式（11）が実数体で零を表わすのは，明らかに，a, b のうち少なくとも1つが正なるとき，またそのときに限る．この条件を（12）に似た形の等式に書くために，§6, **3** の結果をすっかり実数体に引き写そう．あらかじめ，次の記号を約束しておく．すべての p 進数体 R_p と実数体とは，どれも有理数体 R の完備化（§4, **2**）である．この際，体 R_p は一意的に有理素数 p と対応する．この対応に実数体も含めるため，記号 ∞ を導入し，無限素数とよぶことがよくある，そうして実数体は無限素数 ∞ に対応する完備化であると称する．通常の素数 p を，新しく導入した記号 ∞ と区別して，有限素数という．p 進数体への記号 R_p と対応して，実数体を R_∞ と記す．

体 R_∞ の乗法群 $R_\infty{}^*$ からの任意の数 α に対して形式

$$x^2-\alpha y^2 \tag{13}$$

を考え，この2次形式で表わされる $\beta\in R_\infty{}^*$ の全体を H_α で表わす．もし $\alpha>0$，すなわち $\alpha\in R_\infty{}^{*2}$ ならば形式（13）はすべての実数を表わし，$H_\alpha=R_\infty{}^*$ である．もし $\alpha<0$，すなわち α は平方数でないとすれば，形式（13）は正の数のみを表わす．それゆえ §6 定理6と同様に，

$$(R_\infty{}^*:H_\alpha)=2. \tag{14}$$

これより，$R_\infty{}^*$ の数 α, β に対して (α, β) を，形式（13）が β を表わすか表わさないかに従って $+1$ または -1 と定義してやると，記号 (α, β) に対して §6（9）～(13) の性質が成り立つ．§6 定理7——この定理によって，p 進数体の Hilbert 記号の計算が行なわれる——と同じ結果は，もっと簡単な関係である：

$$\left.\begin{array}{l}\alpha>0 \text{ または } \beta>0 \text{ のとき，} (\alpha,\beta)=+1,\\ \alpha<0 \text{ かつ } \beta<0 \text{ のとき，} (\alpha,\beta)=-1.\end{array}\right\} \quad (15)$$

a と b とが有理数なる場合は，体 R_∞ に導入された値 (a, b) は $\left(\dfrac{a,b}{\infty}\right)$ によって表わす.

記号 $\left(\dfrac{a,b}{p}\right)$ を利用して，3元2次形式に対する定理1を次のように書き換えることができる：

a, b を零でない有理数として，形式 $ax^2+by^2-z^2$ が有理数体で零を表わすのは，すべての p ($p=\infty$ も含めて) について等式

$$\left(\frac{a,b}{p}\right)=1 \quad (16)$$

がみたされるとき，またそのときに限る.

零ではない任意の有理数 a, b に対して，記号 $\left(\dfrac{a,b}{p}\right)$ が $+1$ とならないのは，有限個の p に対してだけである．実際，p が2および∞と異なるとし，また a と b との素因数分解に現われない（すなわち，a，b は p 進単数）ならば，§6 定理3の系2により，形式 (11) は R_p において零を表わす．したがって，このような素数すべてに対して記号 $\left(\dfrac{a,b}{p}\right)$ は $+1$ に等しい．この条件のほかに，記号 $\left(\dfrac{a,b}{p}\right)$ の値は，a，b を固定したとき，1つの必要条件をみたすことがわかるのである．すなわち，$\left(\dfrac{a,b}{p}\right)=-1$ となるような素数 ($p=\infty$ も含めて) の個数はつねに偶数である．この事実を表現をかえて，次のように書くことができる：

$$\prod_p\left(\frac{a,b}{p}\right)=1, \quad (17)$$

ここに p はすべての素数と記号 ∞ とを動く．実際，見掛け上無限積である左辺は，$+1$ と異なる因子は有限個であり，また積自身が1に等しいことは，$\left(\dfrac{a,b}{p}\right)=-1$ となるような p の個数が偶であることと同値である.

関係 (17) を証明しよう．a と b とを素因数分解し§6 (9)～(13) 式（すで

に注意したように $p=\infty$ についても成り立つ）を利用すれば，任意の a, b に対して (17) 式を証明する代わりに次の特別な場合だけ示せばよい．

1)　$a=-1,\ b=-1$;

2)　$a=q,\quad b=-1$　(q は素数);

3)　$a=q,\quad b=q'$　(q と q' は素数で，$q\neq q'$).

§6 定理 7 と本節の等式 (15) とより，次式が成り立つ：

$$\prod_p\left(\frac{-1,-1}{p}\right)=\left(\frac{-1,-1}{2}\right)\left(\frac{-1,-1}{\infty}\right)=(-1)\cdot(-1)=1;$$

$$\prod_p\left(\frac{2,-1}{p}\right)=\left(\frac{2,-1}{2}\right)\left(\frac{2,-1}{\infty}\right)=1\cdot 1=1;$$

$$\prod_p\left(\frac{q,-1}{p}\right)=\left(\frac{q,-1}{q}\right)\left(\frac{q,-1}{2}\right)=\left(\frac{-1}{q}\right)(-1)^{\frac{q-1}{2}\cdot\frac{-1-1}{2}}=1;$$

$$\prod_p\left(\frac{2,q}{p}\right)=\left(\frac{2,q}{q}\right)\left(\frac{2,q}{2}\right)=\left(\frac{2}{q}\right)(-1)^{\frac{q^2-1}{8}}=1;$$

$$\prod_p\left(\frac{q,q'}{p}\right)=\left(\frac{q,q'}{q}\right)\left(\frac{q,q'}{q'}\right)\left(\frac{q,q'}{2}\right)=\left(\frac{q'}{q}\right)\left(\frac{q}{q'}\right)(-1)^{\frac{q'-1}{2}\cdot\frac{q-1}{2}}=1.$$

上述の計算において，q と q' とは相異なる奇素数を表わしている．(17) の証明終り．

ただし，この (17) の証明において，Gauss の（平方剰余）相互法則を利用していることを注意しよう．容易にわかるように，逆に，Hilbert 記号 $\left(\frac{a,b}{p}\right)$ の具体的な表現（§6 定理 7）を知れば，(17) 式から相互法則ならびに 2 つの補充則を導くことができる．かくて，関係式 (17) は Gauss の相互法則と同値である．

さて，2 次形式 (11) がすべての体 R_p で零を表わすと仮定しよう，ただし体 R_q ではわからないとして．等式 (17) とすべての $p\neq q$ について $\left(\frac{a,b}{p}\right)=1$ とから $\left(\frac{a,b}{q}\right)=1$ も出る．換言すれば，次の命題が成り立つ．

補 題 2. 有理 3 元 2 次形式がすべての体 R_p（p はすべての素数と記号 ∞ とを動く）で零を表わすが，R_q だけでは わからないとするとき，この R_q でもまた零を表わす.

3. 4元2次形式 問題の2次形式が

$$a_1x_1^2+a_2x_2^2+a_3x_3^2+a_4x_4^2 \tag{18}$$

の形であるとしよう，ここで a_i は整数かつ平方因子なしとする．不定符号であるという仮定から，明らかに，$a_1>0$ かつ $a_4<0$ としてよい．(18) 式と一緒に，また

$$g=a_1x_1^2+a_2x_2^2 \quad と \quad h=-a_3x_3^2-a_4x_4^2$$

を考察する．4元の場合についての Minkowski-Hasse 定理の証明の着想は次の通りである．(18) 式が体 R_p で零を表わすことから，適当な有理整数 $a\neq0$ が存在して2つの形式 g, h によって同時に有理的に表わされることを証明する．これができれば，(18) 式が零を有理的に表わすことになる.

$p_1, \cdots, p_s$ を係数 a_1, a_2, a_3, a_4 に含まれる相異なる奇素因数のすべてとせよ．$p_1, \cdots, p_s$ の1つに等しい各 p と $p=2$ とに対して，体 R_p において零の表現

$$a_1\xi_1^2+a_2\xi_2^2+a_3\xi_3^2+a_4\xi_4^2=0$$

を選んで，すべての $\xi_i\neq0$ とする（参照：補足 §1 定理 8）；また

$$b_p=a_1\xi_1^2+a_2\xi_2^2=-a_3\xi_3^2-a_4\xi_4^2$$

とおけ．容易にわかるように，b_p を適当に選び，おのおのの $b_p\neq0$ が p 進整数で，p の平方以上のベキでは割れないようにできる（もし $b_p=0$ なら，両形式 g と h とは R_p で零を表わし，したがって，補足 §1 定理5により，両形式は R_p のすべての数を表わす）.

連立合同式

$$\left.\begin{aligned} &a\equiv b_2 \pmod{16},\\ &a\equiv b_{p_1} \pmod{p_1^2},\\ &\cdots\cdots\cdots\cdots\cdots\cdots\\ &a\equiv b_{p_s} \pmod{p_s^2} \end{aligned}\right\} \tag{19}$$

を考えよう．この連立合同式をみたす整数 a は，$m=16p_1^2\cdots p_s^2$ を法として一

意的に定まる．b_{p_i} はたかだか p_i の1乗ベキでしか割れないから，$b_{p_i}a^{-1}$ は p 進単数であり，しかも

$$b_{p_i}a^{-1}\equiv 1 \pmod{p_i}$$

をみたす．§6定理1の系1により，比 $b_{p_i}a^{-1}$ は体 R_{p_i} で平方数である．同様にまた，b_2 も2のたかだか1乗ベキでしか割れない以上，$b_2a^{-1}\equiv 1 \pmod 8$ が成り立ち，それゆえ（§6 定理2）b_2a^{-1} は R_2 で平方数である．

b_p と a とは R_p で平方因数しか違わないから，すべての $p=2, p_1, \cdots, p_s$ について

$$-ax_0^2\dot{+}g \quad と \quad -ax_0^2\dot{+}h \tag{20}$$

は R_p において零を表わす．もし a を正に選べば，$a_1>0$ かつ $-a_4>0$ なる条件から，(20) は実数体でも零を表わす．最後に，p が $2, p_1, \cdots, p_s$ と異なり，a の素因子でもない——すなわち (20) 式の係数を割らない奇素数 p ——ならば，両形式は §6 定理3系2により R_p で零を表わす．もしも係数 a の素因子として，$2, p_1, \cdots, p_s$ のどれか以外に1つ素因数 q があるだけならば，(20) 式に補題2を適用して，2次形式 (20) が有理数体で零を表わすことを結論できる（3元の場合の Minkowski-Hasse の定理）であろう．もしそうなれば，有理数による a の表現

$$a=a_1c_1^2+a_2c_2^2 \qquad a=-a_3c_3^2-a_4c_4^2$$

を得て，

$$a_1c_1^2+a_2c_2^2+a_3c_3^2+a_4c_4^2=0$$

となり，4元の場合の Minkowski-Hasse 定理が証明されてしまう．あとでわかるが，連立合同式 (19) を満足しかつ上述の性質をもつ $a>0$ がつねに見出し得るのである．そのためには，我々は算術級数中の素数に関する Dirichlet の定理——第5章 §3, **2** で証明する——を援用しなければならない．Dirichlet の定理の主張することは，無限算術級数の公差と初項とが互いに素であれば，この算術級数は無限個の素数を含むというのである．$a^*>0$ を合同式 (19) をみたす a のどれか1つの値とせよ．a^* と m との最大公約数を d で表わす．a^*/d と m/d とは互いに素だから，Dirichlet の定理によって，整数 $k>0$ が存在し

て，$a^*/d+km/d=q$ は素数となる．a として

$$a=a^*+km=dq$$

を取ろう．d の素因子は $2, p_1, \cdots, p_s$ のどれかである以上，この a の値は，上に示したように，4元の場合の定理1の証明を完結させる．

4. 5元以上の2次形式 不定符号有理5元2次形式が平方和

$$a_1x_1^2+a_2x_2^2+a_3x_3^2+a_4x_4^2+a_5x_5^2 \tag{21}$$

に変換されているとせよ，ここにすべての a_i は整で，平方因子をもたない．また $a_1>0$ かつ $a_5<0$ と考えてよい．

$$g=a_1x_1^2+a_2x_2^2, \qquad h=-a_3x_3^2-a_4x_4^2-a_5x_5^2$$

とおけ．$n=4$ の場合とすっかり同様に論じ，やはり Dirichlet の定理を援用して，有理整数 $a>0$ を見出し，1つの R_q を除いてすべての体 R_p と実数体で両形式 g, h が a を表わすようにできる．この q は奇素数であり係数 a_i の素因子ではない．そうすると，この体 R_q でも a は g と h とによって表わされるのである．このことは，g については上述と同様に，補題2を利用して成り立つ．h については，g は R_q で零を表わす（§6 定理3 系2）から，したがってすべての q 進数を表わす（参照：補足 §1 定理5）．Minkowski-Hasse 定理の系（参照：**1** の末尾）——2元，3元の場合にはすでに証明されている——により，g と h とは有理数体においても a を表わす．このことから，前と同様容易に，形式 (21) は零の有理表現を許す．

$n>5$ の場合に，定理1を証明するには，次の注意で足りる，すべての不定符号2次形式は，平方和に変換されたとき，$f=f_0\dot{+}f_1$ の形に書ける，ここで f_0 は不定符号5元2次形式である．上に証明したことから，f_0，よって同時に f も，有理数体で零を表わす．Minkowski-Hasse 定理は完全に証明された．

5. 有理同値 この Minkowski-Hasse 定理のおかげで，有理2次形式に関する他の重要な問題——その同値性——を解くことができる．

定 理 2. 2つの有理係数の非退化2次形式が有理数体上で同値であるための必要十分な条件は，実数体および各p進数体R_pで同値なることである．

証 明 必要性は明らか．十分なことを示すため，変数の個数nに関する帰納法を用いる．$n=1$とせよ．2つの形式ax^2とbx^2とがある体で同値であることは，a/bがこの体で平方数であることを意味する．しかるに，もしa/bが実数体および各p進数体R_pで平方数であれば，**1**で見たように，a/bは有理数体Rでも平方数である．かくて，$n=1$のときは定理2は正しい．

さて$n>1$とせよ．形式fが表わす（有理数体R上）有理数$a\neq 0$を1つ選べ．同値な形式は同一の値を表わすから，形式gはaを，実数体および各p進数体R_pで表わす．すると，Minkowski-Hasse定理の系により，形式gは有理数体Rでもaを表わす．補足§1 定理2を適用して

$$f\sim ax^2\dot{+}f_1,\qquad g\sim ax^2\dot{+}g_1$$

を得る，ここでf_1とg_1とは$n-1$変数の体R上の2次形式である（記号$\sim$はここではR上の同値を表わしている）．形式$ax^2\dot{+}f_1$と$ax^2\dot{+}g_1$とが実数体および各R_pで同値なことから，これらの体でf_1とg_1とも同値なことが出る（参照：補足§1 定理4）．帰納法の仮定により，f_1とg_1とは有理数体R上で同値である．それならば，fとgとはR上でも同値となって，定理2の証明が終わる．

例として，2元2次形式の同値を考えてみよう．

非退化有理2次形式の行列式$d(f)$は一意的に

$$d(f)=d_0(f)c^2,$$

の形に書ける，ここで$d_0(f)$は整で平方因子なし．補足§1 定理1により，同値な形式に移行しても$d_0(f)$は不変である，すなわちこれは2次形式の有理同値類の不変量である．

aを，2元2次形式fが表わす零でない任意の有理数とせよ．各素数pに対して（$p=\infty$も含む）

$$e_p(f)=\left(\frac{a,-d(f)}{p}\right)$$

とおけ．§6 定理8により（これは実数体 R_∞ に対しても成り立つ），$e_p(f)$ は a の選び方とは無関係である．よって，これもまた有理同値に関する形式 f の不変量である．

定理2を §6 定理9（R_∞ に対しても成り立つ）と結びつけて，2元2次形式の有理同値に関する次の判定条件を得る．

定理 3. 2つの2元2次形式 f と g とが有理数体で同値であるのは，

$$d_0(f)=d_0(g) \quad \text{かつ} \quad e_p(f)=e_p(g) \qquad (\text{すべての}\ p\ \text{に対して})$$

が成り立つとき，またそのときに限る．

注意として，外見上は無限個の不変量 $e_p(f)$ によって同値が判定されているが，実際は，$e_p(f)$ が $+1$ でないのは有限個の p についてだけなので，この不変量は有限個である．

6. 高次形式についての注意 §6定理5と関連しての p 進係数2次形式に関する結果の類推として，大いに興味があるのは，Minkowski-Hasse 定理と $n\geqslant 5$ に対する特別な場合とを，より高次の形式に対しても一連の一般的な結果に含められないか，または少なくとも予想だけでもできないだろうかである．

第一に自然に浮ぶ問題は，任意次数の形式に対しても Minkowski-Hasse 定理——すなわち，すべての有理係数の形式が各 p 進数体および実数体で零を表わせば，有理数体でも零を表わす——が成り立つだろうか？これを否定する例を作るのは容易である．たとえば，q, l, q', l' を適当な相異なる素数で，$(l/q)=-1$, $(l'/q')=-1$, かつ $x^2+qy^2-lz^2$ が2進数体で零を表わすとせよ，すると4次形式

$$(x^2+qy^2-lz^2)(x^2+q'y^2-l'z^2) \tag{22}$$

はすべての体 R_p と実数体とで零を表わすが，同時にまた有理数体では零を表わさない．実際，体 R_2 では条件により第1因子が零を表わす．奇素数 p が q, l と異なっていれば，§6 定理3系2により，体 R_p において第1因子が零

を表わす．R_q と R_l とに関しては，第2因子が零を表わすのは同じ理由による．しかるに，有理数体Rでは両因子とも零を表わさない．何となれば第1因子は R_q で零を表わさないし，第2因子は $R_{q'}$ でだめである（$\because$ $(l/q)=-1$, $(l'/q')=-1$）．(22) 式の数字例は

$$(x^2+3y^2-17z^2)(x^2+5y^2-7z^2).$$

上述の例は多少不適切であるようにも見える，というのは形式 (22) は可約であり，そこのところにこそ全原因が隠されているのではないかという印象を受ける．Selmer はもっと簡単で，しかもこの欠点をもたない例を示した．(E. S. Selmer, The Diophantine equation $ax^3+by^3+cz^3=0$, *Acta Math.* **85**, No. 3-4, 1951, 203-362)．すなわち，3次形式 $3x^3+4y^3+5z^3$ は任意のp進数体R_pと実数体とで零を表わすが，有理数体では零を表わさないことを明らかにした．この形式がすべての R_p で零を表わすことは簡単に証明できる（§5 問題8)．しかし有理数体で零を表わさないことについては少々頭をひねらなければならない（参照：第3章 §7 問題23)．

変数の個数が十分大きくなったときでさえ，高次形式に対する Minkowski-Hasse 定理の類推は正しくない．たとえば，形式

$$(x_1^2+\cdots+x_n^2)^2-2(y_1^2+\cdots+y_n^2)^2$$

は $n\geqslant 5$ のとき，p進数体と実数体とで零を表わすが，有理数体ではどんなnについても零を表わさない．同様なことが形式

$$3(x_1^2+\cdots+x_n^2)^3+4(y_1^2+\cdots+y_n^2)^3-5(z_1^2+\cdots+z_n^2)^3$$

についても成り立つ，しかも後者は前者と違って絶対既約である．

上述の両例は偶数次である．奇数次の形式の同様な例は現在の所発見されていない．これと関連して，次の予想ができる．変数の個数が十分大きいとき，奇数次の形式に対して Minkowski-Hasse 定理の類推が成り立つのではなかろうか．既述の Brauer の定理——十分大きい個数の変数の形式はすべてのp進数体で零を表わす（これについては §6, **5** で触れた)——を思い出すと，次の予想に到達する：十分大きい個数の変数の奇数次有理形式は有理数体で零を表わす．もっと正確な予想は Artin によるものである：n元r（奇数）次有理形

式は $n>r^2$ でありさえすれば，有理数体で零を表わす．

現在までに知られている，偶数次の形式で Artin の予想に従わないものは，すべて同一の方法 ——1つの形式を他の形式に代入する—— によるものである．だから，偶数次形式に対しても，このような型やその積となっているものさえ除外すれば，Artin の予想が成り立つ可能性がある．

Artin 予想の方向で唯一の一般的結果は Birch によるものである (B.J. Brich, "Homogeneous forms of odd degree in a large number of variables", *Mathematika* **4**, No. 8, 1957, 102–105)，その内容は，奇数次形式が，もしその変数の個数が次数に比較して十分大ならば，有理数体で零を表わすというものである．Artin の予想は，どの個々の r についても未証明である ($r=2$ を除いて)．最も簡単な場合は $r=3$ で，したがって内容は，10元3次形式は有理数体で零を表わすということになる．

問　題

1. 次の Legendre の定理を示せ：もし a, b, c が互いに素な有理整数で，平方因子がなく，同一符号でないならば，不定方程式

$$ax^2+by^2+cz^2=0$$

が有理数体で可解となるのは，3つの合同式

$$x^2\equiv -bc \pmod{a},$$
$$x^2\equiv -ca \pmod{b},$$
$$x^2\equiv -ab \pmod{c}$$

がすべて解けるとき，またそのときに限る．

2. 両形式 $3x^2+5y^2-7z^2$ と $3x^2-5y^2-7z^2$ とは有理数体で零を表わすか？

3. どのような有理素数が形式 x^2+y^2, x^2+5y^2, x^2-5y^2 によって表わされるか？

4. 形式 $2x^2-5y^2$ によって表わされる，すべての有理数を書き上げよ．

5. どのような有理数が形式 $2x^2-6y^2+15z^2$ によって表わされるか？

6. f を有理数体上の非退化2次形式とし，その変数の個数は4に等しくないとする．次のことを示せ：f がすべての有理数 ($\neq 0$) を表わすのは，それが零を表わすとき，またそのときに限る．

7. どのような有理整数 a について，形式 $x^2+2y^2-az^2$ は有理数体で零を表わすか？

8. 方程式 $x^2+y^2-2z^2=0$ のすべての有理数解を見出せ.

9. 下記の3つの形式

$$x^2-2y^2+5z^2,\quad x^2-y^2+10z^2,\quad 3x^2-y^2+30z^2$$

のうち，有理数体で互いに同値となるものはどれか？

10. 形式 $ax^2+by^2-z^2$ が——整係数 a, b は平方因子がなく，かつ $|a|>|b|$——すべての p 進数体で零を表わすとせよ．そのとき次のことを示せ：適当な整数 a_1 と c とを見出して

$$aa_1=c^2-b,\qquad |a_1|<|a|$$

となるようにできる.（等式 $aa_1+b-c^2=0$ は，形式 $aa_1x^2+by^2-z^2$ が有理的に零を表わすことを示している).

11. $ax^2+by^2-z^2$ の形の2次形式——a, b は整で平方因子なし——を考察して，3変数の場合の Minkowski-Hasse 定理の別証を，$m=\max(|a|, |b|)$ についての帰納法により遂行せよ（問題10と補足§1問題3とを利用せよ).

第 2 章

分解形式による数の表現

前章において，不定方程式に対する有理数解の存在と計算とについて研究した．本章においては，その問題に関連してはいるが，今度は整数解について考える．簡単な例で，その内容を説明しよう．

問題は次の通り；不定方程式

$$x^2-2y^2=7 \tag{1}$$

のすべての整数解を見出すこと．$x>0$，$y>0$ なる解に制限しよう（他の解は符号を変えて得られる）．この方程式は解（3，1）と（5，3）とをもっている．この２つの解から無限個の他の解が得られることは次の注意に基づく：もし (x, y) が方程式（１）の解ならば，$(3x+4y, 2x+3y)$ も解であることは代入してみればわかる．よって，解 $(x_0, y_0)=(3, 1)$ から始めて，順次

$$\left.\begin{array}{l} x_{n+1}=3x_n+4y_n \\ y_{n+1}=2x_n+3y_n \end{array}\right\} \tag{2}$$

なる漸化式によって，無限組の解 (x_n, y_n) を得る．他の解 $(x_0', y_0')=(5, 3)$ から始めて，もう１組の無限個の解 (x_n', y_n') を得る．（１）の解で，$x>0$，$y>0$ なるものは，この２組で尽くされることを証明できる．

方程式（１）のこの全く初等的な解は計算と公式に基づいている．これを，ある一般的な概念と結びつけて，その先の一般化への地ならしとしよう．

そのための注意として，形式 x^2-2y^2 は有理数体 R では既約であるが，拡

大体 $R(\sqrt{2})$ では一次因数 $(x+y\sqrt{2})(x-y\sqrt{2})$ に分解可能である．拡大 $R(\sqrt{2})/R$ に対するノルムの概念（参照：補足，§2, **2**）を利用すると，方程式（1）は書き換えて

$$N(\xi)=N(x+y\sqrt{2})=7 \tag{3}$$

の形にできる．このように，問題は変形されて，数体 $R(\sqrt{2})$ における数 $\xi=x+y\sqrt{2}$ —— x, y は有理整数——を適当に定めて，そのノルムが7に等しくすることに帰着する．もし，数 $\varepsilon=u+v\sqrt{2}$ （u, v は有理整数）のノルムが1ならば，ノルムの乗法性から，ξ と同時に $\xi\varepsilon^n$ も方程式（3）を満足する． $N(3+2\sqrt{2})=1$ であるから，この ε として $3+2\sqrt{2}$ を取ることができる．ξ から $\xi\varepsilon$ に移行すれば，容易にわかるように，解 (x, y) から解 $(3x+4y, 2x+3y)$ へ移ることになる．漸化式（2）によって述べられた，2組の解の無限列は次の形を取る．

$$\left.\begin{aligned} x_n+y_n\sqrt{2}&=(3+\sqrt{2})(3+2\sqrt{2})^n, \\ x_n'+y_n'\sqrt{2}&=(5+3\sqrt{2})(3+2\sqrt{2})^n, \end{aligned}\right\} n\geqq 0.$$

方程式（1）の1つの解から他の無限個の解が得られることの基礎は，結局のところ，整なる u, v をもつ数 $\varepsilon=u+v\sqrt{2}$ で $N(\varepsilon)=1$ となるものが存在することにある．ところで，このような ε は，すぐ次に示すように，代数的数の算法の基本概念と関連している．このために，$x+y\sqrt{2}$ ——ここに x, y は任意の整数——なる形の数全体を考えよう．この数の全体は，容易にわかるように，環をなしている．それを $\mathfrak{O}$ と書こう．この環における算法の研究で重要な役割を演ずるものは，当然，単数——すなわち $\alpha\in\mathfrak{O}$ で，$\alpha^{-1}\in\mathfrak{O}$ も成り位つような数——である．非常に簡単な証明で，数 α が環 $\mathfrak{O}$ の単数であるのは，$N(\alpha)=\pm1$ のとき，またそのときに限ることが示される．これにより，ノルムが1となる数 $\varepsilon\in\mathfrak{O}$ がいかに，より重要な意味をもつかがわかる；この全体と，ノルムが -1 である数全体とで環 $\mathfrak{O}$ のすべての単数が尽くされているのであるが．

本章においては，一般的な理論を考察しよう；方程式（1）はその簡単な一例に過ぎない．方程式（1）の解の成功は，次の情況のおかげである：形式

x^2-2y^2 が有理数体では既約であるけれども，体 $R(\sqrt{2})$ では1次式に因数分解され，それによってこの方程式が（3）の形に書けた．我々の一般論において考える形式も，有理数体の適当な拡大において1次式に因数分解される．

便宜上，有理係数をもつ形式という一般的な場合を考察するが，我々の根本的な目標は，係数も変数の値も整数であるような不定方程式の研究である．一般論でも変数の値だけは整と仮定する．

§1. 分 解 形 式

1. 形式の整数的同値

定 義 有理係数で同じ次数 n の2つの形式 $F(x_1, \cdots, x_m)$ と $G(y_1, \cdots, y_l)$ とが**整数的に同値**であるとは，おのおのが他から変数の整係数線形変換によって得られることである．

たとえば，$x^2+7y^2+z^2-6xy-2xz+6yz$ と $2u^2-v^2$ とは，線形変換

$$\left.\begin{aligned} x&=3v,\\ y&=u+v,\\ z&=-u+v, \end{aligned}\right\} \qquad \left.\begin{aligned} u&=-x+2y+z,\\ v&=x-y-z \end{aligned}\right\}$$

によって互いに移れるから，同値である．特別な場合として，同一個数の変数の形式に対しては，この同値条件は，結局，変数のユニモジュラな正方行列——その行列式の値が ±1——の線形変換によって，互いに移れることである．

もし形式 F と G とが同値とすると，方程式 $F=a$ のすべての整数解を知れば，方程式 $G=a$ のすべての整数解が容易に得られるし，また逆も同じ．かくて，方程式 $F=a$ の整数解に関する研究には，F の代わりにそれと同値な任意の形式を取ることができる．

補 題 1. 各 n 次形式は，1つの変数の n ベキ項が零と異なる係数をもつような n 次形式に同値である．

証　明　$F(x_1, \cdots, x_m)$ を n 次形式とせよ．まず，適当な有理整数 $a_2, \cdots, a_m$ が存在して

$$F(1, a_2, \cdots, a_m) \neq 0$$

となることを示そう．m についての帰納法で証明する．$m=1$ のときは，形式 F は Ax_1^n―― ここで $A\neq 0$ ――なる形をしているから $F(1)\neq 0$. $m-1$ 変数 $(m\geqslant 2)$ の形式に対しては証明されたと仮定せよ．F を

$$F=G_0x_m^n+G_1x_m^{n-1}+\cdots+G_n,$$

の形に表わそう，ここに $G_k(0\leqslant k\leqslant n)$ は零であるか，または変数 $x_1, \cdots, x_{m-1}$ の k 次形式（零次の形式とは零と異なる定数のこと）．すべての G_k が零ばかりではない，何となれば，F が n 次形式だから少なくとも1つは零でない係数があるから．帰納法の仮定により，適当な数 $a_2, \cdots, a_{m-1}$ が存在して，$G_k(1, a_2, \cdots, a_{m-1})\neq 0$ が少なくとも1つの k について成り立つ．1変数 x_m の多項式 $F(1, a_2, \cdots, a_{m-1}, x_m)$ は恒等的に零ではないから，根とは異なる任意の整数を a_m として取れば，

$F(1, a_2, \cdots, a_m)\neq 0$ を得る．

さて，ここで次の線形変換を行なう：

$$\left.\begin{aligned} x&=y_1, \\ x_2&=a_2y_1+y_2 \\ &\cdots\cdots\cdots\cdots\cdots\cdots \\ x_m&=a_my_1+y_m. \end{aligned}\right\}$$

この変換により F は

$$G(y_1, \cdots, y_m)=F(y_1, a_2y_1+y_2, \cdots, a_my_1+y_m)$$

なる形式に移る．上記の変換行列の成分は整数であり，その行列式は1であるから，両形式 F と G とは同値である，ここで y_1^n の係数は

$$G(1, 0, \cdots, 0)=F(1, a_2, \cdots, a_m)$$

に等しいから零ではない．補題1の証明終り．

2. 分解形式の構成法

定 義　有理数体 R からの係数を持つ形式 $F(x_1, \cdots, x_m)$ が**分解する**とは，ある拡大体 Ω/R で1次因数の積に表わされることである.

分解する形式の一例は，2変数の形式

$$F(x,y)=a_0x^n+a_1x^{n-1}y+\cdots+a_ny^n \qquad (a_0\neq 0)$$

である．実際，Ωが多項式$F(x, 1)$ の分解体で，$\alpha_1, \cdots, \alpha_n$ をその根とすれば，Ωにおいて次のように分解される

$$F(x, y)=a_0(x-\alpha_1y)\cdots(x-\alpha_ny).$$

第1章で考察した非退化2次形式のうちで，分解するものは1元と2元との2次形式だけである（問1）.

明らかに，形式Fと共に，それに同値な形式もまた分解する.

分解形式の定義において，この形式が1次因数に分解する体がどのようなものであるかには言及しなかった．すぐ後で証明するが，この Ω として，いつも，有理数体 R のある有限次拡大体を取ることができる．これと関連して，我々がこれから利用しようとする基本的な代数的道具は，有限次拡大体の理論である．我々に必要な有限次拡大体の性質は補足 §2 に述べてある.

定 義　有理数体の有限次拡大体は**代数的数体**とよばれ，その元は**代数的数**とよばれる.

定 理 1.　分解する有理形式のどれも，ある代数的数体で既に1次因数に分解する.

証 明　補題1により，分解形式の考察を制限して

$$F=(\alpha_{11}x_1+\cdots+\alpha_{1m}x_m)\cdots(\alpha_{n1}x_1+\cdots+\alpha_{nm}x_m),\ \alpha_{ij}\in\Omega$$

において，$x_1{}^n$ の係数は零でないとしてよい．この場合は，係数 $\alpha_{i1}(1\leqslant i\leqslant n)$ が零でないから，書き換えて

$$F=A(x_1+\beta_{12}x_2+\cdots+\beta_{1m}x_m)\cdots$$
$$\cdots(x_1+\beta_{n2}x_2+\cdots+\beta_{nm}x_m), \qquad (1)$$

ここで $A=\alpha_{11}\cdots\alpha_{n1}$ かつ $\beta_{ij}=\alpha_{ij}\alpha_{i1}{}^{-1}$. 数Aは $x_1{}^n$ の係数だから，有理数で

ある．固定された $j(2\leqslant j\leqslant m)$ に対して，（1）式で $x_j=1$ とおき，x_1 以外の変数には零を代入しよう．すると，

$$F(x_1, 0, \cdots, 1, \cdots, 0)=A(x_1+\beta_{1j})\cdots(x_1+\beta_{nj}).$$

この式の左辺は有理係数の多項式（次数 n）だから，したがって，β_{ij} は代数的数である．Ω の部分体で，R に β_{ij} のすべてを添加して得られる体を L とせよ．拡大体 L/R は明らかに有限次である（参照：補足 §2, **1**），すなわち L は代数的数体である．Q. E. D.

以下において，考察を限って，有理数体で既約な分解形式を扱う；つまり，この形式によって有理数を整数表現する問題が特に興味深いからである．既約な分解形式の構成法を説明しよう．

任意の n 次代数的数体 K を考え，K のある原始元 θ（R 上）——すなわち $K=R(\theta)$ となる——を考えよう（参照：補足 §2, **3**），R 上 θ の最小多項式は次数 n をもつ．K 上の拡大体 L を作り，$\varphi(t)$ を L で1次因子に完全分解せしめる：

$$\varphi(t)=(t-\theta^{(1)})\cdots(t-\theta^{(n)}),\qquad \theta^{(1)}=\theta$$

（ここで $L=R(\theta^{(1)}, \cdots, \theta^{(n)})$ と考えてよい）．各数 $\alpha=f(\theta)\in K$（$f(t)$ は有理係数の多項式）に対して，

$$\alpha^{(i)}=f(\theta^{(i)})\in R(\theta^{(i)})\subset L$$

とおけ．すると α のノルム $N(\alpha)=N_{K/R}(\alpha)$ に対して

$$N(\alpha)=\alpha^{(1)}\alpha^{(2)}\cdots\alpha^{(n)}$$

が成り立つ（参照：補足 §2, **3**）．

さて $\mu_1, \cdots, \mu_m$ を体 K の零ではない数の任意の組とせよ．この組により，形式

$$F(x_1, \cdots, x_m)=\prod_{i=1}^{n}(x_1\mu_1^{(i)}+\cdots+x_m\mu_m^{(i)}) \qquad (2)$$

が定義される．$\mu_k^{(i)}=f_k(\theta^{(i)})$ $(1\leqslant k\leqslant m,\ f_k(t)$ は有理係数の多項式）だから，形式（2）の係数は $\theta^{(1)}, \cdots, \theta^{(n)}$ の対称関数であり，多項式 $\varphi(t)$ の係数によって有理的に表わされる．このことは，形式（2）が有理係数をもつことを示す．変数 $x_1, \cdots, x_m$ の代わりに任意の有理数を代入すると，

$$x_1\mu_1^{(i)}+\cdots+x_m\mu_m^{(i)}=(x_1\mu_1+\cdots+x_m\mu_m)^{(i)}$$

である以上，積（2）は数 $x_1\mu_1+\cdots+x_m\mu_m$ のノルムとなる（拡大 K/R に関して）．このことに基づくという条件つきで，形式（2）を次の形に書く

$$F(x_1,\cdots,x_m)=N(x_1\mu_1+\cdots+x_m\mu_m). \qquad (3)$$

（2）の形の形式がいつも既約だとは限らない．たとえば，もし体 $R(\sqrt{2},\sqrt{3})$ において，$\mu_1=\sqrt{2}$，$\mu_2=\sqrt{3}$ を取れば，そのとき対応する形式は $(2x_1^2-3x_2^2)^2$ となる．しかし次の定理が成り立つ．

定 理 2. もし，数 $\mu_2,\cdots,\mu_m$ が K を生成する，すなわち $K=R(\mu_2,\cdots,\mu_m)$ ならば，形式

$$F(x_1,\cdots,x_m)=N(x_1+x_2\mu_2+\cdots+x_m\mu_m) \qquad (4)$$

は既約である（有理数体上）．逆に，各既約な分解形式は，定数倍を除いて，（4）の形の形式に同値である．

証 明 仮りに，

$$F=GH$$

だとせよ，ここに因数 G と H とは有理係数をもつ．m 変数の多項式環において，既約因数への分解は一意的（定数因数を除いて）だから，各1次形式

$$L_i=x_1+x_2\mu_2^{(i)}+\cdots+x_m\mu_m^{(i)}$$

は G または H の因数でなければならない．$L_1=x_1+x_2\mu_2+\cdots+x_m\mu_m$ を G の因数とせよ，すなわち

$$G=L_1M_1.$$

この等式で，すべての係数を共役――体 $K=R(\theta)$ から体 $R(\theta^{(i)})$ の上への同型対応 $\alpha\to\alpha^{(i)}$ による像――で置き換える．形式 G の係数は有理数だから，この置き換えで不変であり，等式

$$G=L_iM_i$$

を得るが，その意味する所は，G が任意の $L_i(i=1,\cdots,n;\ n=(K:R))$ で割れることである．さて，同型対応 $\alpha\to\alpha^{(i)}$，$\alpha\in R(\mu_2,\cdots,\mu_m)$ は $\mu_2,\cdots,\mu_m$ の像 $\mu_2^{(i)},\cdots,\mu_m^{(i)}$ を与えると完全に定まることに注意せよ．これより，数の組

$\mu_2^{(i)}, \cdots, \mu_m^{(i)}$ $(1 \leqslant i \leqslant n)$ は互いに異なる（何となれば，同型対応 $\alpha \rightarrow \alpha^{(i)}$ は互いに異なるから），すなわち形式 $L_1, \cdots, L_n$ も互いに異なる．x_1 の係数はすべての L_i において1だから，この諸形式は比例もしない．ふたたび，分解の一意性を用いて，結局，G は積 $L_1, \cdots, L_n$ で割れる，よって F で割れる．因数 H は，したがって，定数であり定理の第1の主張は証明できた．

第2の主張を証明しよう．$F^*(x_1, \cdots, x_m)$ を既約な n 次の分解形式とせよ．補題1により，x_1^n の係数は零でないとしてよい，すると F^* に対して，(1) のような分解を得る，ここに β_{ij} は，ある代数的数である．$\beta_{1j} = \mu_j (2 \leqslant j \leqslant m)$ と置き，体 $K = R(\mu_2, \cdots, \mu_m)$ を考えよう，その次数を r とする．上に証明したことから形式

$$F = N(x_1 + x_2\mu_2 + \cdots + x_m\mu_m)$$

は既約である，ここで，この形式の1次因数の1つ，$L_1 = x_1 + x_2\mu_2 + \cdots + x_m\mu_m$ は形式 F^* の因数である．等式 $F^* = L_1 M_1$ のすべての係数に同型対応 $\alpha \rightarrow \alpha^{(i)}$ $(\alpha \in K, 1 \leqslant i \leqslant r)$ を施せば，分解 $F^* = L_i M_i$ を得る．形式 $L_1, \cdots, L_r$ は既知のように，互いに比例しないから，F^* はその積 $L_1 \cdots L_r = F$ で割れる．F^* の既約性から $F^* = AF$ が出る，ここに A は定数．定理2は完全に証明された．（証明の過程中で $r = n$ も得られた．）

3.　加群 (module)　明らかに，形式 (3) に対する，不定方程式 $F(x_1, \cdots, x_m) = a$ の整数解問題は体 K の数 ξ を探すことに帰着され，その ξ は有理整係数 $x_1, \cdots, x_m$ により，

$$\xi = x_1\mu_1 + \cdots + x_m\mu_m \tag{5}$$

の形に表わされ $N(\xi) = a$ であればよい．この考察から自然に，(5) の形をした数全体の研究に注意が向く．

定　義　K を代数的数体とし，$\mu_1, \cdots, \mu_m$ を任意の有限個のKの数とせよ．有理整係数 $c_i (1 \leqslant i \leqslant m)$ の，すべての1次結合

$$c_1\mu_1 + \cdots + c_m\mu_m$$

の全体 M は体 K における**加群** (module) とよばれる．さらに $\mu_1, \cdots, \mu_m$ 自身は加群 M の**生成系**とよばれる．

もちろん，同一の M が異なる生成系で与えられることがある．$\mu_1, \cdots, \mu_m$ が M の生成系であるとき，$M=\{\mu_1, \cdots, \mu_m\}$ と書く．

さて，もし $\mu_1, \cdots, \mu_m$ の代わりに M の他の生成系 $\rho_1, \cdots, \rho_l$ を取れば，形式 (3) がどのように変化するだろうか考えてみよう．このとき，

$$\rho_j=\sum_{k=1}^{m} c_{jk}\mu_k \qquad (1\leqq j\leqq l)$$

が有理整係数 c_{jk} で成り立つ．次の式を作れ，

$$G(y_1, \cdots, y_l)=N(y_1\rho_1+\cdots+y_l\rho_l).$$

すると

$$\sum_{j=1}^{l} y_j\rho_j=\sum_{k=1}^{m}\left(\sum_{j=1}^{l} c_{jk}y_j\right)\mu_k$$

だから，線形変換

$$x_k=\sum_{j=1}^{l} c_{jk}y_j \qquad (1\leqq k\leqq m)$$

により形式 F は形式 G に移行する．M の生成係 μ_k と ρ_j とが対称な役割を演ずる以上，G を F に移す同様な整係数線形変換が存在する．以上をまとめて，M の異なる生成系には同値な形式が対応する，すなわち K における各加群 M と分解形式の，ある同値類とが対応づけられている．

各加群 $M=\{\mu_1, \cdots, \mu_m\}$ と数 $\alpha\in K$ とに対して，記号 αM は，ξ が M の元すべてを動くとき，積 $\alpha\xi$ の全体を表わす．明らかに，αM は $\alpha\mu_1, \cdots, \alpha\mu_m$ の1次結合全体と一致する，すなわち $\alpha M=\{\alpha\mu_1, \cdots, \alpha\mu_m\}$．

定　義　代数的数体 K の2つの加群 M と M_1 とが**相似**であるとは，K のある数 $\alpha\neq 0$ について $M_1=\alpha M$ となること．

相似な加群 M と αM とに関する両形式は定数因数 $N(\alpha)$ だけで異なっている．それゆえ，定数因数だけを除いて形式を考察する場合には，加群 M の

代わりに，それと相似な任意の加群を取ることができるから，したがって加群の生成数の1つ，たとえば μ_1 は1に等しいとしてよい．

上述のことにより，既約な分解形式による数の表現問題に次の定式化を与えることができる．もし形式Fが

$$F(x_1, \cdots, x_m)=AN(x_1\mu_1+\cdots+x_m\mu_m)$$

（体 K は適当に選ぶとする）と表わされていれば，不定方程式 $F(x_1, \cdots, x_m)=a$ を整数で解くことは加群 $M=\{\mu_1, \cdots, \mu_m\}$ において数 α を求め，そのノルム $N(\alpha)$ が有理数 a/A に等しくなるようなものすべてを見出すことと同値である．このことがわかった以上，今後の我々の課題は，与えられた加群において，与えられたノルムをもつ数を見出すことである．既述のように，この課題は，また，相似な加群 μM においてノルム $N(\mu)a/A$ をもつ数を見出す問題と同値である．このことにより，与えられた加群の代わりに，もし好都合ならば，それに相似な任意の加群を考察することができる．

代数的数体 K の次数が n に等しいとき，体 K の各加群 M には n 個より多い1次独立（R 上）な数は含まれない．

定　義　もし，n 次代数的数体 K における加群 M が n 個の1次独立（有理数体上）な数を含むならば，M は完全とよばれる．そうでないとき不完全とよばれる．M と対応づけられた形式も，それぞれ完全または不完全とよばれる．

たとえば，有理整数 d が立方数でなければ，1，$\sqrt[3]{d}$，$\sqrt[3]{d^2}$ は体 $R(\sqrt[3]{d})$ の基（R 上の）となるから，形式

$$N(x+y\sqrt[3]{d}+z\sqrt[3]{d^2})=x^3+dy^3+d^2z^3-3dxyz$$

は完全である．不完全な形式の例として

$$N(x+y\sqrt[3]{d})=x^3+dy^3.$$

もし $\{1, \mu_2, \cdots, \mu_m\}$ が体 K 上の完全加群ならば，明らかに $K=R(\mu_2, \cdots, \mu_m)$ である．それゆえ，定理2によって，容易に，各完全形式はいつも既約なことが出る．

不完全な既約形式による数の表現問題は非常に複雑であって，ある程度満足できるような一般的な理論は，現在までには存在しない．特別な場合を第4章で考察しよう．

完全形式による有理数の表現問題はかなり簡単で，徹底的に解かれている．本章ではそれに取り組もう．この問題は，すでに注意したように，代数的数体 K で1つの完全な加群を固定しておいて，与えられたノルムをもつような，すべての数を見出す問題と同値である．

問　　題

1. 有理2次形式が分解するのは，その階数 $\leqslant 2$ のとき，またそのときに限ることを示せ．

2. 代数的数体 K の任意の加群と対応づけられた形式は既約な形式のベキであることを示せ．

3. 有理数体 R において，各加群は aZ の形をもつことを示せ，ただし $a \in R$ (Zは有理整数環である)．

§2.　完全加群とその乗数環

1.　加群の基

定　義　加群 M の生成系 $\alpha_1, \cdots, \alpha_m$ が，基であるとは，整数環上1次独立なること，すなわち

$$a_1\alpha_1 + \cdots + a_m\alpha_m = 0, \quad a_i \in Z$$

が成り立つのは係数 a_i がすべて零のときに限ることである．

明らかに，$\alpha_1, \cdots, \alpha_m$ が加群 M の基ならば，任意の数 $\alpha \in M$ は必らず一意的に，次の形に書ける．

$$\alpha = c_1\alpha_1 + \cdots + c_m\alpha_m, \quad c_i \in Z. \qquad (1)$$

任意の加群が基をもつことを，すぐ後に証明する．証明は一般的であり，加

群が代数的数体の数から成り立っていることを，実際は使わない．本質的なことはただ，加法に関して加群がアーベル群をなし，有限位数の元がなく，各元がある有限個の元により整係数で1次的に表わされること(有限生成系の存在)である．それゆえ，我々の必要とする結果を，アーベル群に関する定理として証明しよう．この際次の用語を利用する．アーベル群 M（算法は加法的に書く）に属する元の組 $\alpha_1, \cdots, \alpha_m$ が生成系であるとは，任意の元 $\alpha \in M$ が（1）の形に表わされることである．このとき，次のように書く：$M=\{\alpha_1, \cdots, \alpha_m\}$．もしも系 $\alpha_1, \cdots, \alpha_m$ がさらに上述の定義をみたすときに，群 M の基という．

定理 1.　有限位数の元を含まぬアーベル群が有限生成系をもてば，基をもつ．

証明　$\alpha_1, \cdots, \alpha_s$ が群 M の任意の生成系とせよ．何よりまず注意したいことは，生成系の1つの元に，他の元の任意整数倍を加えたとき，この新しい元の組も生成系となる．たとえば，$\alpha_1'=\alpha_1+k\alpha_2$ とせよ．すると，任意の $\alpha \in M$ に対して

$$\alpha=c_1\alpha_1+c_2\alpha_2+\cdots+c_s\alpha_s=c_1\alpha_1'+(c_2-kc_1)\alpha_2+\cdots+c_s\alpha_s$$

が成り立つ，ここですべての係数は整数であるから $M=\{\alpha_1', \alpha_2, \cdots, \alpha_s\}$．

もし，元 $\alpha_1, \cdots, \alpha_s$ が1次独立ならば，これらは M の基をなす．では，従属であるとしてみよう．すなわち

$$c_1\alpha_1+c_2\alpha_2+\cdots+c_s\alpha_s=0 \qquad (2)$$

が同時には零でない整数 c_i について成り立つ．零でない係数 c_i のうちで絶対値最小のものを取り出せ．それが，たとえば c_1 としよう．すべての係数を c_1 で割り，少なくとも1つ割り切れないものがあると仮定せよ；たとえばそれを $c_2=c_1q+c'$，ただし $0<c'<|c_1|$．ここで新しい生成系

$$\alpha_1'=\alpha_1+q\alpha_2, \alpha_2, \cdots, \alpha_s$$

に移ると，関係式（2）は次の形を取る

$$c_1\alpha_1'+c'\alpha_2+\cdots+c_s\alpha_s=0,$$

この式で係数 $c'>0$ があり，$|c_1|$ より小である．以上のようにして，もし生

成系 $\boldsymbol{\alpha}_1, \cdots, \boldsymbol{\alpha}_s$ が自明でない関係（2）をもち，その絶対値最小の零でない係数が他の係数すべての約数とはならないならば，他の生成系を作ることができて，やはり自明でない整係数の従属関係式をもち，新しい関係式の，絶対値最小で零でない係数は前の関係式の同種の係数より絶対値が小である．このような変換を有限回行なって，結局，ある生成系 $\boldsymbol{\beta}_1, \cdots, \boldsymbol{\beta}_s$ に到達し，従属関係式

$$k_1\boldsymbol{\beta}_1+k_2\boldsymbol{\beta}_2+\cdots+k_s\boldsymbol{\beta}_s=0 \tag{3}$$

は整係数をもち，1つの係数，たとえば k_1 は残りのすべての係数の約数となっている．関係式（3）を k_1 で割り（これが可能なのは，仮定により M に零と異なる有限位数の元が存在しないからである），

$$\boldsymbol{\beta}_1+l_2\boldsymbol{\beta}_2+\cdots+l_s\boldsymbol{\beta}_s=0 \tag{4}$$

を得る，係数 $l_2, \cdots, l_s$ は整．（4）式より，$\boldsymbol{\beta}_1$ は我々が作った生成系から除外することができるから，$M=\{\boldsymbol{\beta}_2, \cdots, \boldsymbol{\beta}_s\}$，

以上証明したのは，M の，ある生成系が1次従属ならば，元の個数が1つ少ない新しい生成系を構成し得ることである．この論法を何回か繰り返せば，結局1次独立な生成系を得て，それが群 M の基となる．

系 代数的数体 K のすべての加群は基をもつ．

加群 M の1つの基に現われる元の個数 m は，明らかに，M の元のうち1次独位（R 上）なものの最大個数に等しい．したがって，この数 m は，すべての基に対して同一である．これを M の階数とよぶ．加群が零元だけから成り立っているときは，階数0と考える．

加群 M の階数を m とし，$\omega_1, \cdots, \omega_m$ と $\omega_1', \cdots, \omega_m'$ とを，その2つの基とせよ．第1の基から第2の基への転移行列 C は（各成分が）整である．対称性により，第2から第1への転移行列，すなわち C^{-1} も整である．したがって，$\det C=\pm 1$．かくて，階数 m の加群 M において，1つの基から他の基へ移るときの行列は，m 次のユニモジュラな行列である．

もし体 K の R 上の次数が n ならば，K の各加群の階数は n を越えない．明らかに，加群の階数が n に等しいのは，この加群が完全なとき，また

そのときに限る．不完全な加群は，したがって，その階数が体次数 n より小さなことによって特徴づけられる．

階数が m なる加群の任意の生成系は m 個以上の元を含む．このことから，この加群と対応づけられた形式のうちに，m 変数の形式は存在するが，m より少ない変数の形式は存在しない．したがって，n 次完全形式の定義を，既約な分解形式であって次数 n より小な個数の変数をもつ形式に同値とはならぬもの，としてよい．

定 理 2.　有限位数の元をもたないアーベル群 M に，有限生成系があるならば，各部分群はやはり有限生成系をもつ，したがって，基ももつ．この際，群 M の任意の基 $\omega_1, \cdots, \omega_m$（番号は適当につけかえて）に対して，$N$ の，次のような基が存在する：

$$\left.\begin{array}{l}\eta_1 = c_{11}\omega_1 + c_{12}\omega_2 + \cdots + c_{1k}\omega_k + \cdots + c_{1m}\omega_m, \\ \eta_2 = \qquad\quad c_{22}\omega_2 + \cdots + c_{2k}\omega_k + \cdots + c_{2m}\omega_m, \\ \cdots\cdots\cdots\cdots\cdots\cdots\cdots\cdots\cdots\cdots\cdots\cdots \\ \eta_k = \qquad\qquad\qquad\qquad c_{kk}\omega_k + \cdots + c_{km}\omega_m,\end{array}\right\}$$

ここに c_{ij} は整で $c_{ii}>0$, $k\leqslant m$.

証 明　M の階数 m——すなわち，基に含まれる元の個数——についての帰納法で証明する．$m=0$ のときは，定理の主張は自明である．$m\geqslant 1$ とせよ．もし N が零だけを含むならば，$k=0$ であって定理は成り立つ．もし $\alpha\in N$, $\alpha\neq 0$ ならば

$$\alpha = c_1\omega_1 + \cdots + c_m\omega_m, \tag{5}$$

ここに少なくとも1つの係数 c_i は零でない．必要があれば，基の元の添え字をつけ換えて，$c_1\neq 0$ としてよい．もし $c_1<0$ なら，$-\alpha$ を選べば係数 c_1 は正である．部分群 N の元の中から

$$\eta_1 = c_{11}\omega_1 + c_{12}\omega_2 + \cdots + c_{1m}\omega_m$$

を選び，ω_1 の係数 $c_{11}>0$ が最小となるようにせよ．すると任意の $\alpha\in N$ に対し，係数 c_1 は c_{11} で割れる．実際，もし $c_1=c_{11}q+c'$, $0\leqslant c'<c_{11}$（q は整）

ならば $\alpha-q\eta_1$ に対しては

$$\alpha-q\eta_1=c'\omega_1+c_2'\omega_2+\cdots+c_m'\omega_m$$

となり，c_{11} の最小性から，$c'=0$ が出る．M において，部分群 $M_0=\{\omega_2, \cdots, \omega_m\}$ を考えよう．共通集合 $N\cap M_0$ は M_0 の部分群だから帰納法の仮定により，$N\cap M_0$ には次の形の基が存在する．

$$\left.\begin{array}{l}\eta_2=c_{22}\omega_2+c_{23}\omega_3+\cdots+c_{2k}\omega_k+\cdots+c_{2m}\omega_m,\\ \eta_3=\qquad\quad c_{33}\omega_3+\cdots+c_{3k}\omega_k+\cdots+c_{3m}\omega_m,\\ \cdots\cdots\cdots\cdots\cdots\cdots\cdots\cdots\cdots\cdots\cdots\cdots\\ \eta_k=\qquad\qquad\qquad\quad c_{kk}\omega_k+\cdots+c_{km}\omega_m,\end{array}\right\}$$

ここに c_{ij} は整で，$c_{ii}>0$, $k-1\leqq m-1$ ($\omega_2, \cdots, \omega_m$ の添え字は適当につけ換えて)．さて，N が $\eta_1, \eta_2, \cdots, \eta_k$ の整係数１次結合全体と一致することを確認しよう．α を N の任意の元とせよ．もし α を（5）の形に書けば，証明済みのことから $c_1=c_{11}q_1$——q_1 は整——となって

$$\alpha-q_1\eta_1=c_2'\omega_2+\cdots+c_m'\omega_m$$

は共通集合 $M_0\cap N$ に属す．帰納法の仮定により，

$$\alpha-q_1\eta_1=q_2\eta_2+\cdots+q_k\eta_k$$

が整数 q_i で成り立つ，よって．$\alpha=q_1\eta_1+\cdots+q_k\eta_k$．これで $N=\{\eta_1, \eta_2, \cdots, \eta_k\}$ が証明された．生成系 $\eta_1, \cdots, \eta_k$ は，容易にわかるように，Z 上独立であり，すなわち N の，求むる形の基である．

定理２の上述の証明は，本質的には，Gauss の方法を再生したものであって，連立１次方程式の未知数消去法である．差違は，我々の場合，係数が体ではなく整数環に属することにある．

系 代数的数体 K において，加群 M の各部分群 N もまた加群である（加群 M の部分加群）．

2. 乗数環

定　義 [] 代数的数体 K の数 α が K の完全加群 M の乗数であると

は，$\alpha M \subset M$ すなわち任意の $\xi \in M$ に対して積 $\alpha\xi$ がまた M に属することである．

加群 M のすべての乗数の全体 $\mathfrak{O}_M$ は環である．実際，もし α と β とが $\mathfrak{O}_M$ に属すれば，任意の $\xi \in M$ に対して，$(\alpha-\beta)\xi=\alpha\xi-\beta\xi \in M$ かつ $(\alpha\beta)\xi=\alpha(\beta\xi) \in M$ が成り立つ，よって $\alpha-\beta \in \mathfrak{O}_M$ かつ $\alpha\beta \in \mathfrak{O}_M$ である．環 $\mathfrak{O}_M$ は完全加群 M の乗数環とよばれる．$1 \in \mathfrak{O}_M$ だから，$\mathfrak{O}_M$ は単位元をもつ環である．

与えられた数 $\alpha \in K$ が環 $\mathfrak{O}_M$ に属することを確認するためには，すべての $\xi \in M$ について積 $\alpha\xi$ がに属するかを確かめる必要はない．単に加群 M の，ある基を選び，その数 $\mu_1, \cdots, \mu_n$ に対してだけ試みればよい．実際，もし $\alpha\mu_i \in M$ がすべての $i=1, \cdots, n$ で成り立てば，任意の $\xi=c_1\mu_1+\cdots+c_n\mu_n \in M$ に対して

$$\alpha\xi=c_1(\alpha\mu_1)+\cdots+c_n(\alpha\mu_n) \in M$$

が成り立つ．

さて乗数環 $\mathfrak{O}_M$ が K の完全加群であることを証明しよう．γ を M の任意の数で，零ではないとせよ．任意の $\alpha \in \mathfrak{O}_M$ について，$\alpha\gamma \in M$ だから，$\gamma\mathfrak{O}_M \subset M$. 数の集合 $\gamma\mathfrak{O}_M$ は，明らかに，加法に関して群をなすから，定理2の系により，$\gamma\mathfrak{O}_M$ は加群である．そうなると，$\mathfrak{O}_M=\gamma^{-1}(\gamma\mathfrak{O}_M)$ もまた加群である．残った証明は，この加群が完全なことである．K から任意の，零でない数 α をとり，展開式

$$\alpha\mu_i=\sum_{j=1}^{n} a_{ij}\mu_j \qquad (1 \leqslant i \leqslant n) \tag{6}$$

を作り，c を全有理係数 a_{ij} の共通分母とせよ．積 ca_{ij} は整であるから，$c\alpha\mu_i \in M$, すなわち，$c\alpha \in \mathfrak{O}_M$．そこで，体 K の任意の基 $\alpha_1, \cdots, \alpha_n$ を選ぶと，いま証明したばかりのことから，適当な有理整数 $c_1, \cdots, c_n$ があって，積 $c_1\alpha_1, \cdots, c_n\alpha_n$ は $\mathfrak{O}_M$ に含まれる．かくて，$\mathfrak{O}_M$ には n 個の1次独立な数が存在することがわかったが，これはすなわち $\mathfrak{O}_M$ が完全加群なることを意味する．

定　義　代数的数体 K において，完全加群が数1を含み，環であるとき，K の整環（英 Order，独 Ordnung）とよばれる．

この定義を使うと，以上の結果を次のように定式化できる．

定 理 3.　代数的数体 K の任意の完全加群に対する乗数環はこの体の整環である．

この逆の命題も正しい：体 K の各整環 $\mathfrak{O}$ はある完全加群——たとえば自分自身——の乗数環である（$1\in\mathfrak{O}$ だから，包含関係 $\alpha\mathfrak{O}\subset\mathfrak{O}$ と $\alpha\in\mathfrak{O}$ とは同値である）．

K の任意の数 $\gamma\neq 0$ に対して，条件 $\alpha\xi\in M$ は条件 $\alpha(\gamma\xi)\in\gamma M$ と同値である（ここで $\xi\in M$）．このことから，相似な両加群 M と γM とは同一の乗数環をもつ：

$$\mathfrak{O}_{\gamma M}=\mathfrak{O}_M.$$

$\mu_1,\cdots,\mu_n$ を加群 M の基とし，$\omega_1,\cdots,\omega_n$ をその乗数環 $\mathfrak{O}_M$ の基とせよ．各々の $i=1,\cdots,n$ に対して

$$\mu_i=\sum_{j=1}^{n} b_{ij}\omega_j$$

が成り立つ，ここに b_{ij} は有理数である．もし b が全係数 b_{ij} の共通分母であれば，すべての $b\mu_i$ は，整環 $\mathfrak{O}_M$ の基により整係数で表わされてしまう，すなわち $\mathfrak{O}_M$ に属す．加群 bM に対しては，したがって，包含関係 $bM\subset\mathfrak{O}_M$ が成り立つ．

以上の結果をまとめて：

補 題 1.　相似な完全加群の乗数環は一致する．各完全加群に対して，それと相似でかつ，その乗数環に含まれるものが存在する．

3. 単　　数　完全な分解形式を用いて，有理数を整数的に表わす問題へもどることにしよう．§1, **3** でわかったように，この問題が帰着するところは，完全加群 M において，ある数 μ を探し

$$N(\mu)=a \tag{7}$$

ならしめることである．乗数環 $\mathfrak{O}=\mathfrak{O}_M$ の任意の数 ω に対して，積 $\omega\mu$ は M に属する，そこでノルムの乗法性により

$$N(\omega\mu)=N(\omega)a.$$

もし $N(\omega)=1$ ならば，μ と共に積 $\omega\mu$ も方程式（7）の解となる．このようにして，ノルムが1に等しい乗数 ω により，いま考えている方程式（7）の1つの解から新しい解のまるまる1族が得られる．この現象は方程式（7）の解法の基礎となるものであって，以下にその方法を説明するつもりである．

さて次のことを示そう，乗数 $\omega\in\mathfrak{O}$ で，条件 $N(\omega)=1$ を満たすものは，環 $\mathfrak{O}$ の数 ε のうちで ε^{-1} も $\mathfrak{O}$ に属するようなものから探すべきである．補足 §4，**1** の定義と関連して，このような数 ε は環 $\mathfrak{O}$ の単数とよばれる．包含関係 $\varepsilon M\subset M$ かつ $\varepsilon^{-1}M\subset M$ は等式 $\varepsilon M=M$ と同値であるから，環 $\mathfrak{O}=\mathfrak{O}_M$ の単数とは $\alpha\in K$ なる数でかつ $\alpha M=M$ なることによっても特徴づけられる．

補 題 2.　もし数 α が整環 $\mathfrak{O}$ に属するならば，その特性多項式，したがって，最小多項式は整係数をもつ．特に，ノルム $N(\alpha)=N_{K/R}(\alpha)$ と跡（英 trace，独 Spur）$\mathrm{Sp}(\alpha)=\mathrm{Sp}_{K/R}(\alpha)$ とは有理整数である．

証　明　整環 $\mathfrak{O}$ を加群 $M=\{\mu_1,\cdots,\mu_n\}$ の乗数環とせよ（たとえば $M=\mathfrak{O}$ と取ってもよい）．もし $\alpha\in\mathfrak{O}$ ならば，等式（6）において係数 a_{ij} は整であり，したがって，α の特性多項式（拡大 K/R に関して）は整係数をもつ．この補題の残りの命題は，もはや明らかである．

定 理 4.　$\mathfrak{O}$ を代数的数体 K の任意の整環とせよ．数 $\varepsilon\in\mathfrak{O}$ が環 $\mathfrak{O}$ の単数なるための必要十分条件は $N(\varepsilon)=\pm1$ なることである．

証　明　まず，$\mathfrak{O}$ の各数 $\alpha\neq0$ に対して，そのノルム $N(\alpha)$ が（環 $\mathfrak{O}$ において）α で割れることを示そう．補題2により α の特性多項式 $\varphi(t)=t^n+c_1t^{n-1}+\cdots+c_n$ は整係数を持っている．$\varphi(\alpha)=0$ だから，

$$\frac{N(\alpha)}{\alpha}=\frac{(-1)^n c_n}{\alpha}=(-1)^{n-1}(\alpha^{n-1}+c_1\alpha^{n-2}+\cdots+c_{n-1}).$$

商 $N(\alpha)/\alpha$ は，だから，環 $\mathfrak{O}$ に属し，$N(\alpha)$ は α で割れる．

もし $N(\alpha)=\pm 1$ ならば，1 が α で割れ，α は環 $\mathfrak{O}$ の単数である．逆に，ε が環 $\mathfrak{O}$ の単数であれば，ある $\varepsilon'\in\mathfrak{O}$ について $\varepsilon\varepsilon'=1$ となり，$N(\varepsilon)$ と $N(\varepsilon')$ とは整である以上，等式 $N(\varepsilon)N(\varepsilon')=1$ から $N(\varepsilon)=\pm 1$ が出る．定理 4 の証明終り．

$N(\omega)=1$ となる乗数 $\omega\in\mathfrak{O}$ を見出そうとすれば，いきおい，環 $\mathfrak{O}$ のすべての単数を求めた後，その中からノルム $+1$ なるものを選別しなければならない．

完全加群 M の数 μ_1, μ_2 が同伴であるとは，その比 $\mu_1/\mu_2=\varepsilon$ が乗数環 $\mathfrak{O}=\mathfrak{O}_M$ の単数なることとする．あきらかに，$M=\mathfrak{O}$ の場合には，上述の同伴の概念は普通の同伴性——単位元をもつ可換環に属する元の間の——と一致する（参照：補足 §4, **1**)．容易にわかるようにまた，この同伴性に対して，方程式（7）の解にのみ応用したとき，通常の同値関係が成り立つ，よって方程式（7）のすべての解は同伴解の類に分かれる．もし μ_1 と μ_2 とが 2 つの同伴解ならば——すなわち ε を $\mathfrak{O}$ の単数として $\mu_1=\mu_2\varepsilon$ ならば —— $N(\varepsilon)=1$ である．逆に，$\mathfrak{O}$ に属しノルム $+1$ なる各単数 ε に対して，解 μ と共に積 $\mu\varepsilon$ は同伴な解となる．かくて，ある同伴解の類に属するすべての解は 1 つのものから，ノルム 1 の単数を乗じて得られる．さて，解のこのような類の個数は有限なることを示そう．

定 理 5. 整環 $\mathfrak{O}$ の数で与えられたノルムをもつもののうち，互いに同伴でないものは有限個しかない．

証 明 $\omega_1, \cdots, \omega_n$ を整環 $\mathfrak{O}$ の基とし，かつ $c>1$ を任意の自然数とせよ．補足 §4, **1** の一般的な定義と対応して，次のようにいう；$\mathfrak{O}$ の 2 数 α, β の差 $\alpha-\beta$ が c で割れる（環 $\mathfrak{O}$ において）とき 2 数は法 c で合同である．明らかに，各 $\alpha\in\mathfrak{O}$ は法 c で次の数のただ 1 つと合同である

$$x_1\omega_1+\cdots+x_n\omega_n,\quad 0\leqslant x_i<c\quad (1\leqslant i\leqslant n).$$

$\mathfrak{O}$ のすべての数は，したがって，法 c の c^n 個の合同類にわかれる．さて，α, β が同一の類に属し，かつ $|N(\alpha)|=|N(\beta)|=c$ だとせよ．等式 $\alpha-\beta=c\gamma$, $\gamma\in\mathfrak{O}$ から，$\alpha/\beta=1\pm\gamma N(\beta)/\beta\in\mathfrak{O}$（$\because N(\beta)/\beta\in\mathfrak{O}$．参照：定理4の証明の初め）が出て，また同様に $\beta/\alpha=1\pm\gamma N(\alpha)/\alpha\in\mathfrak{O}$．かくて，$\alpha, \beta$ は互いに割れる，すなわち，環 $\mathfrak{O}$ において両数は同伴である．以上によって証明されたのは，$\mathfrak{O}$ において，与えられた c に等しいノルムの絶対値をもち，互いに同伴でない数は有限個（c^n を越えない）しかないことである．

系　体 K の完全加群 M の数で，与えられたノルムをもち互いに同伴でないものは，有限個しかない．

実際，もし $\mathfrak{O}$ が加群 M の乗数環ならば，ある自然数 b により bM は $\mathfrak{O}$ に含まれる．もし $\gamma_1, \cdots, \gamma_k$ が M に属し，ノルムが c で，互いに同伴でないならば，数 $b\gamma_1, \cdots, b\gamma_k$ は $\mathfrak{O}$ に属し，ノルム b^nc であり $\mathfrak{O}$ において同伴でない．したがって，個数 k はいくらでも大きくはなれない．

注　意　定理5の証明に示したことによれば，環 $\mathfrak{O}$ において（同時に加群 M において）ノルム c を持つ数の適当な有限集合があって，同じノルム c を持つ $\mathfrak{O}$（または M）の各数はその集合の数のどれか1つと同伴になる．しかしながら，この証明は実効性がない，すなわちこの方法はこれらの数を実際に見出す可能性を与えない，ただし個数の実効的な限界を示しはするが．

さて方程式（7）のすべての解を見出す基本問題は次の2つに分かれる：

1）乗数環 $\mathfrak{O}_M$ において，$N(\varepsilon)=1$ となるすべての単数 ε を見出すこと．

2）加群 M において，ノルム a をもつ数 $\mu_1, \cdots, \mu_k$ を求め次のようにならしめる，それらは互いに同伴でなく，同時にまた，ノルム a をもつ各 $\mu\in M$ はこれらの1つと同伴，すなわち $\mu=\mu_i\varepsilon$ が成り立つ，ただし $1\leqslant i\leqslant k$ かつ ε は乗数環 $\mathfrak{O}_M$ の単数である．

もしこの両問題が解ければ，有理数を完全な分解形式によって整数表現する問題も解けるわけである．

4.　極大整環

2 において整環の概念にぶつかった以上，同一の代数的数

体 K の中で種々の整環の相互関係の問題を考えることは自然である．本項において，体Kの整環のうちで極大なものが存在し，他の整環をすべて含むことを示そう．補題2により任意の整環に属する数の最小多項式は整係数をもっている．あとでわかるが（定理6），代数的数体Kの極大整環は，Kの数のうち整係数最小多項式をもつようなもの全体 $\tilde{\mathfrak{O}}$ と一致する．初めに次の補題を示そう．

補 題 3. もし $\alpha\in\tilde{\mathfrak{O}}$，すなわち α の最小多項式 $t^m+c_1t^{m-1}+\cdots+c_m$ が整係数をもつならば，加群 $M=\{1,\alpha,\cdots,\alpha^{m-1}\}$ は環である．

証 明 明らかに，証明すべきは，α の各ベキ $\alpha^k(k\geqslant 0)$ が M に属することでよい．$k\leqslant m-1$ については，M の定義から成り立つ．さらに $\alpha^m=-c_1\alpha^{m-1}-\cdots-c_m$ は整係数 c_i をもつから，$\alpha^m\in M$．$k>m$ とし，$\alpha^{k-1}\in M$——すなわち整係数 a_i で $\alpha^{k-1}=a_1\alpha^{m-1}+\cdots+a_m$——まで示されたとせよ．すると

$$\alpha^k=\alpha\alpha^{k-1}=a_1\alpha^m+a_2\alpha^{m-1}+\cdots+a_m\alpha.$$

右辺の各項は M に属するから，α^k も M に属する．補題3の証明終り．

補 題 4. もし $\mathfrak{O}$ を体 K の任意の整環とし，$\alpha\in\tilde{\mathfrak{O}}$ とすれば，環 $\mathfrak{O}[\alpha]$——$\mathfrak{O}$ の数を係数とする α の多項式の全体——はまた体 K の整環である．

証 明 $\mathfrak{O}\subset\mathfrak{O}[\alpha]$ だから，環 $\mathfrak{O}[\alpha]$ には $n=(K:R)$ 個の，R 上1次独立な数がある．したがって，$\mathfrak{O}[\alpha]$ が加群であることを示すだけでよい（すなわち，有限の生成系をもつこと）．$\omega_1,\cdots,\omega_n$ を整環 $\mathfrak{O}$ の基とせよ．補題3により，各ベキ $\alpha^k(k\geqslant 0)$ は，有理整係数 a_i を用いて $a_0+a_1\alpha+\cdots+a_{m-1}\alpha^{m-1}$ の形に表わされる，ただし m は α の最小多項式の次数である．このことから容易に，$\mathfrak{O}[\alpha]$ の各数は積 $\omega_i\alpha^j$ の，整係数の1次結合で表わされる（$1\leqslant i\leqslant n$, $0\leqslant j\leqslant m-1$）ことがでる，すなわち $\mathfrak{O}[\alpha]$ は加群である．

くりかえし補題4を応用して次を得．

系 もし $\mathfrak{O}$ が整環で $\alpha_1,\cdots,\alpha_p$ が $\tilde{\mathfrak{O}}$ の数であれば，$\mathfrak{O}$ からの係数をも

つ $\alpha_1, \cdots, \alpha_p$ の多項式の環 $\mathfrak{O}[\alpha_1, \cdots, \alpha_p]$ はまた整環である．

定 理 6. 代数的数体 K の数で，最小多項式の係数が有理整数なるもの全体は K の極大整環をなす．

証 明 $\mathfrak{O}$ を体 K の任意の整環とし，かつ α と β とを $\tilde{\mathfrak{O}}$ に属する任意の数とせよ．補題4の系により環 $\mathfrak{O}[\alpha, \beta]$ は整環であり，すなわちこれは $\tilde{\mathfrak{O}}$ に含まれる（補題2）．すると，差 $\alpha-\beta$ と積 $\alpha\beta$ はまた $\tilde{\mathfrak{O}}$ に属する．よって $\tilde{\mathfrak{O}}$ は環である．$\mathfrak{O}\subset\tilde{\mathfrak{O}}$ であるから，$\tilde{\mathfrak{O}}$ は n 個の1次独立な数を含む．残った証明は，$\tilde{\mathfrak{O}}$ が加群なることである．

整環 $\mathfrak{O}$ において，どれか任意に基 $\omega_1, \cdots, \omega_n$ を選び出し，体 K における，その相補基 $\omega_1^*, \cdots, \omega_n^*$ を作れ（参照：補足 §2, **3**）．環 $\tilde{\mathfrak{O}}$ は加群 $\mathfrak{O}^*=\{\omega_1^*, \cdots, \omega_n^*\}$ に含まれることを示そう．α を任意の，$\tilde{\mathfrak{O}}$ の数とせよ．それを，有理係数 c_i をもつ

$$\alpha=c_1\omega_1^*+\cdots+c_n\omega_n^*$$

の形に書こう．この等式に ω_i を乗じ，跡に移れば

$$c_i=\mathrm{Sp}\,\alpha\omega_i \quad (1\leqslant i\leqslant n)$$

を得（この計算で，$\mathrm{Sp}\,\omega_i\omega_i^*=1$，$i\neq j$ のとき $\mathrm{Sp}\,\omega_i\omega_j^*=0$ なることを利用した）．すべての積 $\alpha\omega_i$ は整環 $\mathfrak{O}[\alpha]$ に含まれるから，補題2によりすべての数 c_i は整である，すなわち $\alpha\in\mathfrak{O}^*$．かくて．$\tilde{\mathfrak{O}}\subset\mathfrak{O}^*$ さて定理2の系を応用して，$\tilde{\mathfrak{O}}$ は加群であると結論づけられる，定理6は証明された．

上述において，$\tilde{\mathfrak{O}}$ が環であることを証明したが，その方法は一般的な性格をもち，（大した変更もせずに）一般論で零因子を持たぬ可換環においても有効である．一般の場合における対応する概念は補足 §4 に述べてある．そこに導入された術語を使えば，代数的数体 K の極大整環は有理整数環 Z の K における整閉包であるということができる．この関係で，極大整環 $\tilde{\mathfrak{O}}$ の数は，しばしば体 K の整数とよばれる．整環 $\tilde{\mathfrak{O}}$ 自身は K の整数環ともよばれる．

極大数環 $\widetilde{\mathfrak{O}}$ の単数はまた，代数的数体 K の単数とよばれる．

5.　完全加群の判別式　$\mu_1, \cdots, \mu_n$ と $\mu_1', \cdots, \mu_n'$ とを代数的数体 K における完全加群 M の2つの基とせよ．既知のように（参照：**1**），第1の基から第2の基への移行行列はユニモジュラ（すなわち，成分が整で行列式が ± 1）である．このことから，2つの基の判別式 $D(\mu_1, \cdots, \mu_n)$ と $D(\mu_1', \cdots, \mu_n')$ とは等しい（参照：補足 §2, **3**, 公式 (12)）．加群 M のすべての基は，かくて，同一の判別式をもつ．加群 M のすべての基の，この共通の値——明らかに有理数であるが——をこの**加群 M の判別式**という．

体 K の各整環は K における完全加群である．それゆえ，いろいろの整環の判別式について語ることができる．整環のどの数の跡も整数だから，整環の判別式はつねに有理整数である（このことは，確かに，$\widetilde{\mathfrak{O}}$ に含まれるすべての完全加群についても成り立つ）．

代数的数体 K の極大整環 $\widetilde{\mathfrak{O}}$ の基は，しばしばこの体の**最小基**とよばれる，その判別式は**体 K の判別式**とよばれる．代数的数体の判別式はその重要な整数論的特性数で，以下において多くの問題に本質的な役割を演ずる．

問　　題

1．$\omega_1, \omega_2, \omega_3$ を代数的数体 K の1次独立な数とせよ．次のことを示せ，$a\omega_1+b\omega_2+c\omega_3$ なる形の数全体——ただし，a, b, c は有理整数でかつ $2a+3b+5c=0$ の関係がある——は K の加群をなす．またその基を見出せ．

2．体 $R(\sqrt{2})$ における加群 $\{2, \sqrt{2}/2\}$ の乗数環を見出せ．さらに，体 $R(\sqrt{2})$ において加群 $\{1, \sqrt{2}\}$ は極大整環であることを示せ．

3．有理数体 R においての唯一の整環がすべての有理整数のなす環であることを示せ．

4．体 $R(\sqrt[3]{2})$ の整環 $\{1, \sqrt[3]{2}, \sqrt[3]{4}\}$ において，ノルムが2である数はすべて $\sqrt[3]{2}$ と同伴であることを示せ．

5．2つの完全加群の共通集合も完全加群であることを示せ．

6．代数的数体の加群が環であれば，これはすべて，極大整環に含まれることを示せ．

7．$M=\{\alpha_1, \cdots, \alpha_n\}$ と $N=\{\beta_1, \cdots, \beta_n\}$ とを体 K の2つの完全加群とせよ．積

$\alpha_i\beta_j(1\leqq i, j\leqq n)$ によって生成される加群は基 α_i と β_j との選び方には関係しない．これは加群 M と N との積とよばれ MN と書かれる．次のことを示せ，加群 M と N との乗数環はどちらも積 MN の乗数環に含まれる．

8. 代数的数体 K の極大整環 $\widetilde{\mathfrak{O}}$ に含まれる，ある完全加群を M とする．次のことを示せ，加群 M の判別式が整数 $\neq 1$ の平方で割れないならば M は $\widetilde{\mathfrak{O}}$ と一致する．

9. θ を n 次代数的数体 K の原始元で極大整環に含まれるとせよ．次のことを示せ，もし θ の最小多項式の判別式が平方数で割れないならば，$1, \theta, \cdots, \theta^{n-1}$ は体 K の最小基をなす．

10. 体 $R(\sqrt[3]{2})$ の最小基と判別式とを見出せ．

11. ρ を方程式 $x^3-x-1=0$ の根とするとき，体 $R(\rho)$ の最小基と判別式とを見出せ．

12. Mを代数的数体 K の完全加群とせよ．次のことを示せ，$\xi\in K$ ですべての $\alpha\in M$ につき $\mathrm{Sp}\,\alpha\xi\in Z$ となるような ξ の全体 M^* はまた K の完全加群である．M^* は M に対して相補であるといわれる．そこで，もし $\mu_1, \cdots, \mu_n$ が M の基なら，体 K における相補基（R に関して）$\mu_1^*, \cdots, \mu_n^*$ は M^* の基であることを示せ．

13. $(M^*)^*=M$, すなわち M^* の相補加群は M と一致することを示せ．

14. 相補な加群 M と M^* とは同一の乗数環をもつことを示せ．

15. 完全加群 M_1 と M_2 とに対して，包含関係 $M_1\subset M_2$ と $M_1^*\supset M_2^*$ とは同値であることを示せ．

16. θ を n 次代数的数体 K の原始元とし，かつ極大整環 $\widetilde{\mathfrak{O}}$ に属し，その R 上の最小多項式を $f(t)$ とせよ．次のことを示せ，加群 $M=\{1, \theta, \cdots, \theta^{n-1}\}$（明らかに，整環でもある）の相補加群 M^* は $(1/f'(\theta))M$ と一致する．

17. M を K の完全加群とし，$\mathfrak{O}$ をその乗数環とせよ．積 MM^*（参照：問題7）は $\mathfrak{O}^*$ と一致することを示せ．

18. 次のことを示せ，体 $R(\theta)$. $\theta^3=2$, において，加群 $M=\{4, \theta, \theta^2\}$ の乗数環は整環 $\{1, 2\theta, 2\theta^2\}$ であるが，加群 $M^2=\{2, 2\theta, \theta^2\}$ のそれは極大整環 $\{1, \theta, \theta^2\}$ である．

19. 有理整係数の多項式 $t^n+a_1t^{n-1}+\cdots+a_n$ が素数 p に関して Eisenstein 多項式であるとは，すべての係数 $a_1, \cdots, a_n$ が p で割れ，定数項 a_n は p で割れるが p^2 では割れないことである．次のことを示せ，n 次代数的数体 K の整原始元 θ が，p に関する Eisenstein 多項式の根であれば，

$$N(c_0+c_1\theta+\cdots+c_{n-1}\theta^{n-1})\equiv c_0^n \pmod{p}$$

が任意の有理整数 $c_0, c_1, \cdots, c_{n-1}$ について成り立つ．

20. θが n 次代数的数体 K の原始元なるとき，整環 $\{1, \theta, \cdots, \theta^{n-1}\}$ の極大整環における*) 指数をまた θ の指数ともいう．もし θ が素数 p に関する Eisenstein 多項式の根

*) もちろん θ は整とする．

ならば，p は θ の指数に現われないことを示せ．

21. 次のことを示せ，下記の3つの3次体

$$K_1=R(\theta),\quad \theta^3-18\theta-6=0,$$
$$K_2=R(\theta),\quad \theta^3-36\theta-78=0,$$
$$K_3=R(\theta),\quad \theta^3-54\theta-150=0,$$

の最小基はベキ基 $1, \theta, \theta^2$ である．さらに，これらの体はすべて同一の判別式 $22356=23\cdot2^2\cdot3^5$ をもつことを確かめよ．(体 K_1, K_2, K_3 は，第3章，§7，問題14からわかるように，相異なる．)

22. 3次体 $R(\theta)$，$\theta^3-\theta-4=0$ の最小基は $1, \theta, (\theta+\theta^2)/2$ であることを示せ．

23. a と b とを互いに素な自然数で，平方因子をもたぬとせよ．$a^2-b^2\equiv0 \pmod 9$ のとき $k=ab$, $a^2-b^2\not\equiv0 \pmod 9$ のとき $k=3ab$ とおけ．体 ($\sqrt[3]{ab^2}$) は判別式が $D=-3k^2$ であることを示せ．

24. $1, \sqrt[3]{6}$, $(\sqrt[3]{6})^2$ は体 ($R\sqrt[3]{6}$) の最小基をなすことを示せ．

§3. 幾何学的方法

§2, **3** の末尾に述べられた2つの問題（完全な分解形式によって数を表わす問題がこれらに帰着された）の解法には，幾何学的な性格の新考察法を導入しなければならない．この考察の基本をなすのは，n 次元空間の点によって代数的数を表示する方法である；これは，Cauchy 平面上に複素数を表示する，熟知された方法の類推である．

1. 代数的数の幾何学的表示　代数的数体 K が有理数体 R 上 n 次なるとき，複素数体 C への異なる同型がちょうど n 個ある（参照：補足 §2, **3**）．

定　義　同型 $\sigma: K\to C$ による K の像が実数体に含まれるとき，この同型 σ は**実**であるという；またそうでないとき**虚**であるという．

たとえば，3次体 $K=R(\theta)$, $\theta^3=2$ に対して，同型 $R(\theta)\to R(\sqrt[3]{2})$——ただし $\theta\to\sqrt[3]{2}$——は実である（$\sqrt[3]{2}$ はここでは根の実数値を表わすと解する）．他の2つの同型 $R(\theta)\to R(\varepsilon\sqrt[3]{2})$ と $R(\theta)\to R(\varepsilon^2\sqrt[3]{2})$（ただし $\varepsilon=\cos(2\pi/3)+i\sin(2\pi/3)$ は虚である．もし d が有理数で，平方でないならば，

体 $R(\theta)$, $\theta^2=d$ は $d>0$ のときどちらも実で，$d<0$ のときどちらも虚である．一般に，任意の代数的数体 K において，原始元 θ を選び，それが R 上既約な多項式 $\varphi(t)$ の根であるとし，さらに $\theta_1,\cdots,\theta_n$ が体 C での $\varphi(t)$ のすべての根ならば，同型

$$K=R(\theta)\to R(\theta_i)\subset C, \qquad \theta\to\theta_i \tag{1}$$

は，根 θ_i が実のとき実であり，そうでないとき虚である．

記号の約束を，次のように定める：任意の複素数 $\gamma=x+yi$（x と y とは実）に対して $\bar{\gamma}$ は共役複素数 $x-yi$ を表わす．

$\sigma: K\to C$ を虚同型とせよ．明らかに，写像 $\bar{\sigma}: K\to C$ が等式

$$\bar{\sigma}(\alpha)=\overline{\sigma(\alpha)}, \qquad \alpha\in K$$

で定義されていると，これも K から C への虚同型となる．この同型 $\bar{\sigma}$ は σ に共役といわれる．$\bar{\sigma}\neq\sigma$ かつ $\bar{\bar{\sigma}}=\sigma$ であるから，したがって，K から C へのすべての虚同型は1組ずつ共役なものに分かれる．特に，虚同型の個数はつねに偶である．（1）の形の虚同型の2つが互いに共役となるのは，それに対応する根 θ_i と θ_j とが共役な複素数であるとき，またそのときに限る．

K から C への同型のうち，s 個 $\sigma_1,\cdots,\sigma_s$ が実で，$2t$ 個が虚であり，したがって $s+2t=n=(K:R)$ と仮定しておく．各1組の共役な虚同型からどちらか1つづつ選ぶとしよう．こうしてできた虚同型の組を $\sigma_{s+1},\cdots,\sigma_{s+t}$ で表わす．すると，K から C へのすべての同型は次の形に書ける：

$$\sigma_1,\cdots,\sigma_s,\sigma_{s+1},\bar{\sigma}_{s+1},\cdots,\sigma_{s+t},\bar{\sigma}_{s+t}.$$

同型の，この記法は，以下においてつねに仮定されているとする．もちろん，ある体では実の同型がなく（$s=0$），あるいはまた反対に，すべての同型が実のこともある（$t=0$）．

次の形の有限数列

$$x=(x_1,\cdots,x_s;\ x_{s+1},\cdots,x_{s+t}) \tag{2}$$

の全体 $\mathfrak{L}^{s,t}$ を考えよう，ただし初めの s 個の成分 $x_1,\cdots,x_s$ は実であり残りの $x_{s+1},\cdots,x_{s+t}$ は任意の複素数である．これらの有限数列の加法と乗法および実数倍とを成分ごとに行なうと定義する．明らかに，この算法により $\mathfrak{L}^{s,t}$ は

単位元 $(1,\cdots,1)$ をもつ可換環であり，かつまた実線形空間でもある．有限数列（2）を空間 $\mathfrak{L}^{s,t}$ のベクトルまたは点とよぶ．

$\mathfrak{L}^{s,t}$ の基（実数体上の）として，明らかに次のベクトル

$$\left.\begin{array}{l}\left.\begin{array}{l}(1,\cdots,0;\ 0,\cdots,0)\\ \cdots\cdots\cdots\cdots\\ (0,\cdots,1;\ 0,\cdots,0)\end{array}\right\} s,\\ \left.\begin{array}{l}(0,\cdots,0;\ 1,\cdots,0)\\ (0,\cdots,0;\ i,\cdots,0)\\ \cdots\cdots\cdots\cdots\\ (0,\cdots,0;\ 0,\cdots,1)\\ (0,\cdots,0;\ 0,\cdots,i)\end{array}\right\} 2t\end{array}\right\} \tag{3}$$

を取ることができる．実空間 $\mathfrak{L}^{s,t}$ の次元は，したがって，$n=s+2t$ に等しい．もし

$$x_{s+j}=y_j+iz_j \qquad (j=1,\cdots,t)$$

とおけば，ベクトル（2）は基（3）によって座標

$$(x_1,\cdots,x_s;\ y_1,z_1,\cdots,y_t,z_t) \tag{4}$$

をもつ．

$\mathfrak{L}^{s,t}$ を単に，n 次元実線形空間と見なすときは，$\mathfrak{R}^n$ と書くこともある．

$\mathfrak{L}^{s,t}$ において，ある点 x を固定しよう．写像 $x'\to xx'$ $(x'\in\mathfrak{L}^{s,t})$，すなわち $\mathfrak{L}^{s,t}$ の任意の点を x 倍することは，明らかに，実空間 $\mathfrak{L}^{s,t}=\mathfrak{R}^n$ の線形変換である．基(3)によるこの変換行列は，容易にわかるように，次の形をしている：

$$\begin{pmatrix} x_1 & & & & & & & \\ & \ddots & & & & & & \\ & & x_s & & & & & \\ & & & y_1 & -z_1 & & & \\ & & & z_1 & y_1 & & & \\ & & & & & \ddots & & \\ & & & & & & y_t & -z_t \\ & & & & & & z_t & y_t \end{pmatrix}$$

ここで書かれていない元は零である．この行列の行列式は

$$x_1\cdots x_s(y_1^2+z_1^2)\cdots(y_t^2+z_t^2)=x_1\cdots x_s|x_{s+1}|^2\cdots|x_{s+t}|^2.$$

これは次の定義を暗示している：任意の点 $x=(x_1,\cdots,x_{s+t})\in\mathfrak{L}^{s,t}$ の**ノルム**とは次の式であると約束する，

$$N(x)=x_1\cdots x_s|x_{s+1}|^2\cdots|x_{s+t}|^2.$$

いま済ませたばかりの計算によれば，点xのノルム $N(x)$ は線形変換 $x'\to x'x$ の行列の行列式であるとも定義できる．

上述のノルムの概念は，明らかに，乗法性をもつ：

$$N(xx')=N(x)N(x').$$

さてここで，体 K の数を空間 $\mathfrak{L}^{s,t}$ の点で表示することに移ろう．Kの各数 $\boldsymbol{\alpha}$ に $\mathfrak{L}^{s,t}$ の点

$$x(\boldsymbol{\alpha})=(\boldsymbol{\sigma}_1(\boldsymbol{\alpha}),\cdots,\boldsymbol{\sigma}_s(\boldsymbol{\alpha});\boldsymbol{\sigma}_{s+1}(\boldsymbol{\alpha}),\cdots,\boldsymbol{\sigma}_{s+t}(\boldsymbol{\alpha}))\tag{5}$$

を対応させる．この点が数 $\boldsymbol{\alpha}$ の幾何学的表示である．

もし $\boldsymbol{\alpha}$ と $\boldsymbol{\beta}$ とがKの異なる数であれば，任意の $k=1,\cdots,s+t$ について $\boldsymbol{\sigma}_k(\boldsymbol{\alpha})$ と $\boldsymbol{\sigma}_k(\boldsymbol{\beta})$ とは異なる数である，すなわち $x(\boldsymbol{\alpha})\neq x(\boldsymbol{\beta})$．かくて，写像

$$\boldsymbol{\alpha}\to x(\boldsymbol{\alpha}),\qquad \boldsymbol{\alpha}\in K$$

は1対1である．(もちろん，これは≪上への≫写像ではない，すなわち$\mathfrak{L}^{s,t}$のすべての点が体Kの数の像とは限らない)．

$\boldsymbol{\sigma}_k(\boldsymbol{\alpha}+\boldsymbol{\beta})=\boldsymbol{\sigma}_k(\boldsymbol{\alpha})+\boldsymbol{\sigma}_k(\boldsymbol{\beta})$ かつ $\boldsymbol{\sigma}_k(\boldsymbol{\alpha}\boldsymbol{\beta})=\boldsymbol{\sigma}_k(\boldsymbol{\alpha})\boldsymbol{\sigma}_k(\boldsymbol{\beta})$ であるから，

$$x(\boldsymbol{\alpha}+\boldsymbol{\beta})=x(\boldsymbol{\alpha})+x(\boldsymbol{\beta}),\tag{6}$$

$$x(\boldsymbol{\alpha}\boldsymbol{\beta})=x(\boldsymbol{\alpha})x(\boldsymbol{\beta}),\tag{7}$$

すなわちKの数の加法，乗法に際し対応点も加え乗ぜられる．さらに，もしaが有理数ならば，$\boldsymbol{\sigma}_k(a\boldsymbol{\alpha})=\boldsymbol{\sigma}_k(a)\boldsymbol{\sigma}_k(\boldsymbol{\alpha})=a\boldsymbol{\sigma}_k(\boldsymbol{\alpha})$，だから

$$x(a\boldsymbol{\alpha})=ax(\boldsymbol{\alpha}).\tag{8}$$

補足 §2 (**3**項) により

$$\begin{aligned}N(\boldsymbol{\alpha})&=N_{K/R}(\boldsymbol{\alpha})\\&=\boldsymbol{\sigma}_1(\boldsymbol{\alpha})\cdots\boldsymbol{\sigma}_s(\boldsymbol{\alpha})\boldsymbol{\sigma}_{s+1}(\boldsymbol{\alpha})\bar{\boldsymbol{\sigma}}_{s+1}(\boldsymbol{\alpha})\cdots\boldsymbol{\sigma}_{s+t}(\boldsymbol{\alpha})\bar{\boldsymbol{\sigma}}_{s+t}(\boldsymbol{\alpha})\\&=\boldsymbol{\sigma}_1(\boldsymbol{\alpha})\cdots\boldsymbol{\sigma}_s(\boldsymbol{\alpha})|\boldsymbol{\sigma}_{s+1}(\boldsymbol{\alpha})|^2\cdots|\boldsymbol{\sigma}_{s+t}(\boldsymbol{\alpha})|^2,\end{aligned}$$

であるから，点 $x(\boldsymbol{\alpha})$ のノルム $N(x(\boldsymbol{\alpha}))$ は数 $\boldsymbol{\alpha}$ のノルムと一致する：

$$N(x(\boldsymbol{\alpha}))=N(\boldsymbol{\alpha}),\qquad \boldsymbol{\alpha}\in K.$$

2つの簡単な例を考察しよう．もしdが正の有理数で，平方でないならば，実2次体 $R(\theta)$, $\theta^2=d$ に対して，$\alpha=a+b\theta$ (a, b は有理数）の幾何学的表示は点 $x(\alpha)=(a+b\sqrt{d}, a-b\sqrt{d})$ である．虚の2次体 $R(\eta)$, $\eta^2=-d$ の場合には，$\beta=a+b\eta$ の表示は複素平面上の座標 $(a, b\sqrt{d})$ なる点である（基（3）はこの場合 1, i から成る）．

次のことを示そう，体Kの任意の基（R上）$\alpha_1, \cdots, \alpha_n$ に対して，$\mathfrak{L}^{s,t}=\mathfrak{R}^n$ の対応ベクトル $x(\alpha_1), \cdots, x(\alpha_n)$ は1次独立である（スカラーを実数としての意味で）．そのため

$$\sigma_k(\alpha_l)=x_k^{(l)}, \qquad 1\leqq k\leqq s,$$

$$\sigma_{s+j}(\alpha_l)=y_j^{(l)}+iz_j^{(l)}, \qquad 1\leqq j\leqq t$$

とおけ．すると，ベクトル

$$x(\alpha_l)=(x_1^{(l)}, \cdots, x_s^{(l)}; y_1^{(l)}+iz_1^{(l)}, \cdots, y_t^{(l)}+iz_t^{(l)})$$

の基（3）における座標は

$$(x_1^{(l)}, \cdots, x_s^{(l)}, y_1^{(l)}, z_1^{(l)}, \cdots, y_t^{(l)}, z_t^{(l)})$$

であるから，我々の主張を証明するためには，ただ，行列式

$$d=\begin{vmatrix} x_1^{(1)} \cdots x_s^{(1)} & y_1^{(1)} & z_1^{(1)} \cdots y_t^{(1)} & z_t^{(1)} \\ \cdots\cdots & \cdots\cdots & \cdots\cdots & \cdots\cdots \\ x_1^{(n)} \cdots x_s^{(n)} & y_1^{(n)} & z_1^{(n)} \cdots y_t^{(n)} & z_t^{(n)} \end{vmatrix}$$

が零でないことを確かめればよい．dの代わりに他の行列式を考えよう：

$$d^*=\begin{vmatrix} x_1^{(1)} \cdots x_s^{(1)} & y_1^{(1)}+iz_1^{(1)} & y_1^{(1)}-iz_1^{(1)} \cdots \\ \cdots\cdots & \cdots\cdots & \cdots\cdots \\ x_1^{(n)} \cdots x_s^{(n)} & y_1^{(n)}+iz_1^{(n)} & y_1^{(n)}-iz_1^{(n)} \cdots \end{vmatrix},$$

これはまた次の形にも書ける

$$d^*=\begin{vmatrix} \sigma_1(\alpha_1) \cdots \sigma_s(\alpha_1) & \sigma_{s+1}(\alpha_1) & \bar{\sigma}_{s+1}(\alpha_1) \cdots \\ \cdots\cdots & \cdots\cdots & \cdots\cdots \\ \sigma_1(\alpha_n) \cdots \sigma_s(\alpha_n) & \sigma_{s+1}(\alpha_n) & \bar{\sigma}_{s+1}(\alpha_n) \cdots \end{vmatrix}.$$

行列式 d^* において第 $s+1$ 列に次の列を加え，2を外へくくり出す．この新しい第 $s+1$ 列を次の列から引いて $-i$ を外へくくり出す．この操作を，その隣りの2列にも順次繰り返し行なうと，結局等式

$$d^* = (-2i)^t d \qquad (9)$$

にたどり着く．補足 §2, **3** において

$$d^{*2} = D \qquad (10)$$

が示された，ただし $D = D(\boldsymbol{\alpha}_1, \cdots, \boldsymbol{\alpha}_n)$ は基 $\boldsymbol{\alpha}_1, \cdots, \boldsymbol{\alpha}_n$ の判別式（拡大 K/R に関する）である．$D \neq 0$ だから，(9), (10) から d も零でないことが出る．

さて，$\boldsymbol{\alpha}_1, \cdots, \boldsymbol{\alpha}_n$ を体 K の完全加群 M の基とせよ．(6) と (8) とにより，M のすべての数 $\boldsymbol{\alpha} = a_1\boldsymbol{\alpha}_1 + \cdots + a_n\boldsymbol{\alpha}_n$ ($a_1, \cdots, a_n$ は有理整数) に対して，その $\mathfrak{R}^n$ 内の幾何学的表示はベクトル $x(\boldsymbol{\alpha}) = a_1 x(\boldsymbol{\alpha}_1) + \cdots + a_n x(\boldsymbol{\alpha}_n)$ である．かくて次の結果を得る：

定理 1. $n = s + 2t$ 次の体 K の数を $\mathfrak{R}^n$ の点によって幾何学的に表示するとき，完全加群 $M = \{\boldsymbol{\alpha}_1, \cdots, \boldsymbol{\alpha}_n\}$ の数を表示するベクトルの全体は，n 個の1次独立（空間 $\mathfrak{R}^n$ において）なベクトル $x(\boldsymbol{\alpha}_1), \cdots, x(\boldsymbol{\alpha}_n)$ の整係数1次結合の全体と一致する．

2. 格　子　完全加群の幾何学的研究の基礎は，定理1に確立された性質にある．それゆえ，$\mathfrak{R}^n$ において，タイプは同様でありながら，それが完全加群の数の像であるかないかとは無関係なベクトルの集合を考えよう．

定　義　$e_1, \cdots, e_m$, $m \leqq n$ を空間 $\mathfrak{R}^n$ の1次独立系とせよ．次の形のベクトルの全体 $\mathfrak{M}$

$$a_1 e_1 + \cdots + a_m e_m,$$

——ここに a_i は互いに独立にすべての有理整数を動く——を $\mathfrak{R}^n$ の m 次元**格子**とよび，ベクトル $e_1, \cdots, e_m$ をこの格子の基とよぶ．もし $m = n$ ならば，この格子を**完全**といい，そうでないとき**不完全**という．

定理1の内容は，したがって，いい換えると，完全加群の数はある完全格子のベクトルによって幾何学的に表示される，ということになる．

容易にわかるように，2組の1次独立なベクトル系 $e_1, \cdots, e_m$ と $f_1, \cdots, f_m$

とが同一の格子を定義するのは，それらが互いにユニモジュラな変換によって結ばれているとき，またそのときに限る；すなわち (c_{ij}) を行列式 ± 1 なる整数行列として

$$f_i=\sum_{j=1}^{m} c_{ij}e_j \qquad (1\leqq i\leqq m),$$

なるときである．

より詳しい，格子の研究は，空間 $\mathfrak{R}^n$ に距離を導入することに基づく．ベクトル（3）が正規直交基をなすことを考慮しながら，$\mathfrak{L}^{s,t}=\mathfrak{R}^n$ にスカラー積を導入する．もしベクトル x, x' が基（3）において，それぞれ座標 $(x_1, \cdots, x_n)$, $(x_1', \cdots, x_n')$ をもてば，スカラー積としては，それゆえ，

$$(x, x')=x_1x_1'+\cdots+x_nx_n'$$

が成り立つ．ベクトル x の長さを $\|x\|$ で表わす．

r を正の実数とせよ．座標 $(x_1, \cdots, x_n)$ の点 x（基（3）において）で

$$\|x\|=\sqrt{x_1^2+\cdots+x_n^2}<r$$

が成り立つようなもの全体を $U(r)$ と書く．この集合 $U(r)$ を原点を中心とする半径 r の（開）球とよぶ．

$\mathfrak{R}^n$ の点集合が**有界**であるとは，それがある $U(r)$ に含まれることである．

空間 $\mathfrak{R}^n$ の点集合が**離散的**であるとは，任意の $r>0$ に対して，球 $U(r)$ 内に，この集合の有限個の点だけが含まれることである．

補 題 1. 任意の格子の点から成る集合は $\mathfrak{R}^n$ において離散的である．

証 明 各不完全格子は完全格子に埋め込まれる（種々の方法で）から，証明は完全格子について行なえば十分である．$\mathfrak{M}$ の中に，勝手に基 $e_1, \cdots, e_n$ を選べ．条件

$$(x, e_2)=0, \cdots, (x, e_n)=0$$

は $n-1$ 個連立の n 元1次同次方程式である．この連立方程式に零でない解があるから，ベクトル $e_2, \cdots, e_n$ に垂直な，零でないベクトル x がある．もしも，さらに $(x, e_1)=0$ ならば，ベクトル x は空間 $\mathfrak{R}^n$ の全ベクトルに垂直となるが，これは不可能である．したがって，$(x, e_1)\neq 0$．ベクトル $f_1=(1/(x, e_1))x$

は，またすべてのベクトル $e_2, \cdots, e_n$ に垂直であり，かつ $(f_1, e_1)=1$．かくて，おのおのの i $(1 \leqslant i \leqslant n)$ に対して，ベクトル f_i を見出して，

$$(f_i, e_j)=\begin{cases}1 & j=i \text{ のとき}, \\ 0 & j \neq i \text{ のとき}, \end{cases}$$

となるようにできる．

さて $\mathfrak{M}$ のベクトル $z=a_1e_1+\cdots+a_ne_n$ (a_i は有理整数) が球 $U(r)$ に属する，すなわち $\|z\|<r$ とせよ．$a_k=(z, f_k)$ であるから，Cauchy-Bunjakovskiĭ の不等式*) によって

$$|a_k|=|(z, f_k)| \leqslant \|z\| \cdot \|f_k\| < r\|f_k\|,$$

ここに $r\|f_k\|$ は z に関係しない．かくて，整数 a_k に対して有限個の可能性しかあり得ない，すなわち $z \in \mathfrak{M}$ で $\|z\|<r$ となるものは有限個である．補題1は証明された．

X を空間 $\mathfrak{R}^n$ のある点集合とし，z を $\mathfrak{R}^n$ の点とせよ．x が X のすべての点を動くとき，$x+z$ の形の点全体は集合 X をベクトル z だけ平行移動したものとよび，$X+z$ と書く．

定　義　$e_1, \cdots, e_m$ を格子 $\mathfrak{M}$ のどれか1つの基とせよ．次の形の点の集合 T

$$\alpha_1 e_1+\cdots+\alpha_m e_m,$$

——ただし $\alpha_1, \cdots, \alpha_m$ は $0 \leqslant \alpha_i < 1$ なる条件をみたしながら互いに独立に動く実数とする——を格子 $\mathfrak{M}$ の**基本平行体**とよぶ．

基本平行体は，したがって，その格子によって一意的に定まるわけではない：基の選び方に関係する．

補　題 2.　もし T が完全格子 $\mathfrak{M}$ の基本平行体ならば，集合

$$T_z=T+z,$$

——ただし z は $\mathfrak{M}$ のすべての点を動く——は互いに交わらずに全空間 $\mathfrak{R}^n$ を満たす．

*) Schwarz の不等式ともよばれる．

証　明　$e_1, \cdots, e_n$ を格子 $\mathfrak{M}$ の基とし，この上に平行体 T が作られているとせよ．証明せねばならないのは，$\mathfrak{R}^n$ の各点 $x=x_1e_1+\cdots+x_ne_n$ がただ1つの集合 T_z に属することである．おのおのの i に対して，実数 x_i を $x_i=k_i+\alpha_i$ の形——ここに k_i は整数で，α_i は条件 $0\leqq\alpha_i<1$ をみたす——に表わそう．そこで，$z=k_1e_1+\cdots+k_ne_n$ かつ $u=\alpha_1e_1+\cdots+\alpha_ne_n$ とおけば，

$$x=u+z \qquad (u\in T,\ z\in\mathfrak{M}),$$

が成り立つが，これは $x\in T_z$ を意味する．もしさらに $x\in T_{z'}$，すなわち $x=u'+z'$ $(u'\in T, z'\in\mathfrak{M})$ とすれば，等式 $u+z=u'+z'$ における e_i の係数を比較して容易に $z=z'$ を得る．補題2はこれで証明された．

補　題 3.　任意の実数 $r>0$ は対して，球 $U(r)$ と交わるような T_z（記号については補題2参照）は有限個しかない．

証　明　$e_1, \cdots, e_n$ を格子 $\mathfrak{M}$ の基とし，その上に平行体 T が作られているとせよ．もし $d=\|e_1\|+\cdots+\|e_n\|$ とおけば，任意のベクトル $u=\alpha_1e_1+\cdots+\alpha_ne_n\in T$ に対して

$$\|u\|\leqq\|\alpha_1e_1\|+\cdots+\|\alpha_ne_n\|=\alpha_1\|e_1\|+\cdots+\alpha_n\|e_n\|<d$$

が成り立つ．

さて，集合 T_z $(z\in\mathfrak{M})$ が $U(r)$ と交わるとせよ．この意味は，あるベクトル $x=u+z$，ただし $u\in T, z\in\mathfrak{M}$ に対して $\|x\|<r$ となることである．$z=x-u$ だから

$$\|z\|\leqq\|x\|+\|-u\|<r+d,$$

すなわち点 z は球 $U(r+d)$ に含まれる．補題1により，このような $z\in\mathfrak{M}$ は有限個しかない，よって補題3は証明された．

明らかに，格子のベクトルはベクトル加法に関して群をなす．換言すれば，各格子は加法群 $\mathfrak{R}^n$ の部分群である．しかし，補題1の示す所によれば，格子はごく特別な部分群である．次に，この補題によって確立された性質が群 $\mathfrak{R}^n$ の全部分群中で格子を特徴づけるものであることを示そう．

補　題 4.　群 $\mathfrak{R}^n$ の部分群 $\mathfrak{M}$ が，離散集合ならば，格子である．

証　明　記号 $\mathfrak{S}$ によって，空間 $\mathfrak{R}^n$ の $\mathfrak{M}$ を含む最小の線形部分空間を表わし，m を $\mathfrak{S}$ の次元とする．すると，$\mathfrak{M}$ から m 個のベクトル $e_1, \cdots, e_m$ を選び，部分空間 $\mathfrak{S}$ の基を成すようにできる．$e_1, \cdots, e_m$ を基とする格子を $\mathfrak{M}_0$ とする．明らかに，$\mathfrak{M}_0 \subset \mathfrak{M}$．指数 $(\mathfrak{M}:\mathfrak{M}_0)$ が有限であることを示そう．実際，$\mathfrak{M}$ の任意のベクトル x ($\mathfrak{S}$ のベクトルもそうだが) は次の形に書ける：

$$x = u + z, \tag{11}$$

ここに $z \in \mathfrak{M}_0$，かつ u は基 $e_1, \cdots, e_m$ 上の格子 $\mathfrak{M}_0$ の基本平行体 T に属する．条件 $x \in \mathfrak{M}$, $z \in \mathfrak{M}_0 \subset \mathfrak{M}$, さらに $\mathfrak{M}$ が群であるから，$u \in \mathfrak{M}$．ところが，T は有界集合で，$\mathfrak{M}$ が離散的だから，T に属する $\mathfrak{M}$ のベクトルは有限個である．このことは，任意の $x \in \mathfrak{M}$ に対して分解 (11) で得られるベクトル u は有限個であることを示すが，これはすなわち指数 $(\mathfrak{M}:\mathfrak{M}_0)$ の有限なることを意味する．$(\mathfrak{M}:\mathfrak{M}_0)=j$ とおけ．商群 $\mathfrak{M}/\mathfrak{M}_0$ の各元の位数は j の約数だから，任意の $x \in \mathfrak{M}$ に対して $jx \in \mathfrak{M}_0$，すなわち x は $(1/j)e_1, \cdots, (1/j)e_m$ の整係数1次結合によって書き表わされる．群 $\mathfrak{M}$ は，したがって，$(1/j)e_1, \cdots, (1/j)e_m$ を基とする格子 $\mathfrak{M}^*$ に含まれる．さて，§2 の定理2を適用して，群 $\mathfrak{M}^*$ の部分群 $\mathfrak{M}$ は，$l \leqslant m$ 個のベクトル $f_1, \cdots, f_l$ から成る基をもたねばならないことがわかる．$\mathfrak{M}$ が格子であることを確認するためには，あとはただ，ベクトル $f_1, \cdots, f_l$ が実数体上で1次独立なことを確かめればよい．しかしこれは，これらのベクトルによって $\mathfrak{R}^n$ の m 個の1次独立なベクトル $e_1, \cdots, e_m$ が ($\mathfrak{M}_0 \subset \mathfrak{M}$ だから) 表わされていることから出る．補題4は証明された．

3.　対数空間　上記において，代数的数体 K の数を幾何学的に表示して，数の加法を $\mathfrak{R}^n$ でのベクトル加法として説明したが，それと並んで，他の幾何学的表示が必要であって，今度は数の乗法がまた，簡単に説明できるのである．

代数的数体 K から複素数体 C への同型のうちで，s 個は実で $2t$ 個は虚とせよ．かつ，それらは**1**で示したように番号づけられているとする．

$s+t$ 次元の実線形空間 $\mathfrak{R}^{s+t}$ を考えよう，これは実成分の数列 $(\lambda_1, \cdots, \lambda_{s+t})$ から成り立っている．(2) の形の点 $x \in \mathfrak{L}^{s,t}$ で，そのすべての成分が零でないものに対して，

$$\left.\begin{array}{lll} k=1, \cdots, s & \text{のとき,} & l_k(x)=\ln|x_k| \\ j=1, \cdots, t & \text{のとき,} & l_{s+j}(x)=\ln|x_{s+j}|^2 \end{array}\right\} \quad (12)$$

とおけ．さらに，$\mathfrak{L}^{s,t}$ の上記のような各点 x に $\mathfrak{R}^{s+t}$ のベクトル

$$l(x)=(l_1(x), \cdots, l_{s+t}(x)) \quad (13)$$

を対応させよう．$\mathfrak{L}^{s,t}$ の零でない成分をもつ任意の点 x, x' に対して，明らかに

$$l_k(xx')=l_k(x)+l_k(x'), \qquad 1 \leqslant k \leqslant s+t$$

が成り立つから，よって

$$l(xx')=l(x)+l(x'). \quad (14)$$

零でない成分をもつような，(2) の形のすべての点 $x \in \mathfrak{L}^{s,t}$ (すなわち $N(x) \neq 0$ が成り立つ) は成分ごとの乗法について群をなしている．等式 (14) の意味は，写像 $x \to l(x)$ がこの乗法群から空間 $\mathfrak{R}^{s+t}$ のベクトル加法群の上への準同型なることである．

点 $x \in \mathfrak{L}^{s,t}$ のノルム $N(x)$ の定義と等式 (12) とを比較すれば，容易に，ベクトル $l(x)$ の成分和に対する式

$$\sum_{k=1}^{s+t} l_k(x)=\ln|N(x)| \quad (15)$$

を得る．

さて，α を体 K の零でない数とし，

$$l(\alpha)=l(x(\alpha))$$

とおけ，ただし $x(\alpha)$ は **1** で示された，数 α の空間 $\mathfrak{L}^{s,t}$ への表示である．(5), (12), (13) よりベクトル $l(\alpha)$ を詳しく書けば

$$l(\alpha)=(\ln|\sigma_1(\alpha)|, \cdots, \ln|\sigma_s(\alpha)|, \ln|\sigma_{s+1}(\alpha)|^2, \cdots, \ln|\sigma_{s+t}(\alpha)|^2).$$

ベクトル $l(\alpha) \in \mathfrak{R}^{s+t}$ を，K の数 $\alpha \neq 0$ の**対数表示**とよび，空間 $\mathfrak{R}^{s+t}$ 自身を体 K の**対数空間**とよぶ．

（7）と（14）とから，

$$l(\alpha\beta)=l(\alpha)+l(\beta) \qquad (\alpha\neq 0,\ \beta\neq 0). \tag{16}$$

写像 $\alpha\to l(\alpha)$ は，かくて，体 K の乗法群から空間 $\mathfrak{R}^{s+t}$ のベクトル群の中への準同型である．ここから特に，

$$l(\alpha^{-1})=-l(\alpha), \qquad \alpha\neq 0$$

が出る．

ベクトル $l(\alpha)$ の成分

$$l_k(\alpha)=l_k(x(\alpha)), \qquad 1\leqslant k\leqslant s+t,$$

の和に対して次の式が成り立つ：

$$\sum_{k=1}^{s+t} l_k(\alpha)=\ln|N(\alpha)|. \tag{17}$$

実際，左辺の和は，積

$$\sigma_1(\alpha)\cdots\sigma_s(\alpha)\sigma_{s+1}(\alpha)\overline{\sigma_{s+1}(\alpha)}\cdots\sigma_{s+t}(\alpha)\overline{\sigma_{s+t}(\alpha)}$$

の絶対値を作り，その対数に等しい，がこの積は，補足 §2, **3** により，$N(\alpha)$ に等しい（拡大 K/R に関して）．

（17）式（等式（15）を参照するまでもなく）のこの証明により，次のことが理解されよう；ベクトル $l(x)$ の成分 $l_k(x)$ を等式（12）によって定義したとき，実と虚の同型に対応する成分をなぜ区別したか：成分 $l_{s+j}(x)$ は1つではなく2つの互いに共役な虚同型 σ_{s+j} と $\bar{\sigma}_{s+j}$ とに対応しているのである．

4.　単数の幾何学的表示　　さて $\mathfrak{D}$ を体 K の，ある固定された整環とせよ．対数空間 $\mathfrak{R}^{s+t}$ において，環 $\mathfrak{D}$ のすべての単数 ε に対するベクトル $l(\varepsilon)$ を考察しよう．写像 $\varepsilon\to l(\varepsilon)$ は1対1ではない．実際，もし $\eta\in\mathfrak{D}$ が1のベキ根——すなわち適当な自然数 m により $\eta^m=1$——であれば，すべての $k=1,\dots,s+t$ につき $|\sigma_k(\eta)|=1$ だから，$l(\eta)$ はしたがって零ベクトルである．かくて，1のすべてのベキ根（整環 $\mathfrak{D}$ には少なくとも2つ，$+1$ と -1 とがある）は同一の（零）ベクトルによって表示される．準同型 $\varepsilon\to l(\varepsilon)$ を用いて，整環 $\mathfrak{D}$ の単数群の構造を解明しようとするならば，次の2つの問題に解答を与えねばならない：

1) どの単数 $\varepsilon\in\mathfrak{O}$ が零ベクトルによって表示されるか？

2) ベクトル $l(\varepsilon)$ の全体はいかなる集合か？

第1の問題から始めよう．W によってすべての $\alpha\in\mathfrak{O}$ で $l(\alpha)=0$ となるものの全体を表わそう．(16)により，W に属する2つの積はまた W に属する．条件 $l(\alpha)=0$ は等式

$$|\sigma_k(\alpha)|=1 \qquad (1\leqslant k\leqslant s+t)$$

と同値であるから，すべての $\alpha\in W$ に対する点 $x(\alpha)\in\mathfrak{R}^n=\mathfrak{L}^{s,t}$ の集合は有界である，すなわちある球 $U(r)$ に含まれる．補題1を適用して，W の数全体は有限個である．任意の $\alpha\in W$ に対して，そのベキ $1, \alpha, \cdots, \alpha^k, \cdots$ を考えよう．これらベキのすべては W に含まれるから，その中には等しいものがある，たとえば $\alpha^k=\alpha^l$, $l>k$. すると，$l-k=m$ とおいて $\alpha^m=1$ を得る．かくて，W のすべての数は1のベキ根である．すなわち W は環 $\mathfrak{O}$ の単数群に含まれる有限群である．

群 W が位数2の部分群（$+1$ と -1 とから成る）を含む以上，Wは偶位数をもつ．さらに，体の乗法群のすべての有限群は巡回的である(参照：補足§3)から，Wも巡回群である．

かくて，第1の問題に対して，次の解答を得た：

定 理 2. 整環 $\mathfrak{O}$ の単数 ε で $l(\varepsilon)$ が零ベクトルなるものは，偶位数の有限巡回群をなす．この群の元はすべて $\mathfrak{O}$ に含まれるベキ根であり，またそれらだけである．

さて第2の問題に移ろう，すなわち ε が環 $\mathfrak{O}$ のすべての単数を動くとき，ベクトル $l(\varepsilon)$ 全体が作る，$\mathfrak{R}^{s+t}$ 内の集合 $\mathfrak{E}$ の構造を明らかにしよう．

§2 定理4により，$\mathfrak{O}$ の各単数 ε のノルムは ±1 に等しいから，$\ln|N(\varepsilon)|=0$ である．したがって，等式 (17) により次の式を得る：

$$\sum_{k=1}^{s+t} l_k(\varepsilon)=0. \tag{18}$$

この式の意味は，すべての点 $l(\varepsilon)$ が空間 $\mathfrak{R}^{s+t}$ 内の，$\lambda_1+\cdots+\lambda_{s+t}=0$ である

ような点 $(\lambda_1, \cdots, \lambda_{s+t}) \in \mathfrak{R}^{s+t}$ から成る部分空間 $\mathfrak{L}$ 中にある．部分空間 $\mathfrak{L}$ の次元は，明らかに，$s+t-1$ に等しい．

この $\mathfrak{E}$ が格子なることを示そう．$\mathfrak{E}$ は，明らかに，空間 $\mathfrak{R}^{s+t}$ のベクトル加法群の部分群であるから，補題4により，点集合 $\mathfrak{E}$ が離散的なことを確かめればよい．($\mathfrak{R}^{s+t}$ の正規直交基としては，もちろん，1つの成分が1で，他は零であるようなベクトルを取る)．r を任意の正の実数とし，かつ $\|l(\varepsilon)\|<r$ とせよ．$l_k(\varepsilon) \leqslant |l_k(\varepsilon)| \leqslant \|l(\varepsilon)\|$ であるから，$l_k(\varepsilon)<r$ $(1 \leqslant k \leqslant s+t)$，すなわち，

$$|\sigma_k(\varepsilon)|<e^r, \qquad k=1, \cdots, s,$$

$$|\sigma_{s+j}(\varepsilon)|^2<e^r, \qquad j=1, \cdots, t.$$

したがって，$\|l(\varepsilon)\|<r$ であるような単数 $\varepsilon \in \mathfrak{O}$ に対して，$\mathfrak{R}^n$ に属する諸点 $x(\varepsilon)$ は有界である．しかし，すべての $\alpha \in \mathfrak{O}$ に対してベクトル $x(\alpha) \in \mathfrak{R}^n$ は格子をなす（定理1）から，補題1によりこのような単数 ε の個数は有限である．よって，$\|l(\varepsilon)\|<r$ なるベクトル $l(\varepsilon)$ の個数もまた有限である，これすなわち集合 $\mathfrak{E}$ が離散的なことを意味する．

格子 $\mathfrak{E}$ は部分空間 $\mathfrak{L}$ に含まれるから，その次元は $s+t-1$ を越えない．

以上によって次の事実が証明された．

定 理 3. 整環 $\mathfrak{O}$ の単数を，対数空間 $\mathfrak{R}^{s+t}$ の点 $l(\varepsilon)$ によって幾何学的に表示したとき，これら表示は次元 $r \leqslant s+t-1$ の格子 $\mathfrak{E}$ をなす．

5. 単数群に関する第1の知見　定理2および3——まったく簡単な幾何学的考察により導かれた——は，はやばやと，任意の整環 $\mathfrak{O}$ の単数群の構造に関する重要な情報を含んでいる．すなわち，両定理から容易に，$\mathfrak{O}$ の中に適当な単数 $\varepsilon_1, \cdots, \varepsilon_r$, $r \leqslant s+t-1$，が存在して，各単数 $\varepsilon \in \mathfrak{O}$ は一意的に

$$\varepsilon=\zeta \varepsilon_1{}^{a_1} \cdots \varepsilon_r{}^{a_r} \tag{19}$$

の形に書き表わせる，ただし $a_1, \cdots, a_r$ は有理整数で，ζ は $\mathfrak{O}$ に含まれる1のあるベキ根である．換言すれば，整環 $\mathfrak{O}$ の単数群は1つの有限巡回群と r

個の無限巡回群との積で表わされる.

この命題を証明するため，格子 $\mathfrak{E}$ の中に，どれか基を，たとえば $l(\varepsilon_1),\cdots,$ $l(\varepsilon_r)$ を選び，単数 $\varepsilon_1,\cdots,\varepsilon_r$ が必要な性質をもつことを示そう．ε を環 $\mathfrak{O}$ の任意の単数とせよ．$l(\varepsilon)\in\mathfrak{E}$ だから

$$l(\varepsilon)=a_1l(\varepsilon_1)+\cdots+a_rl(\varepsilon_r),$$

ここで a_i は有理整数である．単数

$$\zeta=\varepsilon\varepsilon_1^{-a_1}\cdots\varepsilon_r^{-a_r}$$

を考えよう．(16) 式によって，この単数に対して $l(\zeta)=l(\varepsilon)-a_1l(\varepsilon_1)-\cdots-a_rl(\varepsilon_r)=0$ が成り立つ，すなわち定理2により ζ は1のベキ根である．よって，ε に対する表現 (19) を得た．あとは，その一意性だけ証明すればよい．ε に対して他の表現：$\varepsilon=\zeta'\varepsilon_1^{b_1}\cdots\varepsilon_r^{b_r}$ があるとせよ．ベクトル $l(\varepsilon_1),\cdots,l(\varepsilon_r)$ の1次独立性により，等式 $l(\varepsilon)=b_1l(\varepsilon_1)+\cdots+b_rl(\varepsilon_r)$ から $a_1=b_1,\cdots,a_r=b_r$ が出る．するとまた $\zeta=\zeta'$ を得て，我々の主張は完全に証明された．

上述の証明において，なお，r の正確な値についての重大な問題が残っている，その r については $s+t-1$ を越えないことだけがわかった．次節において，実際に $r=s+t-1$ であることを示そう．しかしながら，いままでの所で展開した方法だけでは不等式 $r>0$ を保証することさえできない（もちろん，$s+t-1>0$ としての話しだが)．等式 $r=s+t-1$ は，本質的には，存在定理である：この等式により $s+t-1$ 個の独立な単数の存在が確立される．それゆえ，当然，その証明のためある新しい考察法を導入しなければならないのも，不思議ではない．

証明すべき命題を，定理3により変形すれば，格子 $\mathfrak{E}$——整環 $\mathfrak{O}$ の単数の対数空間における表示—— の次元がきっちり $s+t-1$ に等しいことと同値になる．

問　　題

1. 次のことを示せ，n 次代数的数体 K の数 α の表示 $x(\alpha)\in\mathfrak{R}^n$ 全体は空間 $\mathfrak{R}^n$ の到る所稠密な部分集合をなす．

2. 次のことを示せ，もし $s\neq 0$ ならば——すなわち体Kの複素数体への同型のうちに少なくとも1つ実なるものがあれば——，Kに含まれる1のベキ根の作る群は2つの単数 $+1$ と -1 とだけから成る．(体Kの次数が奇であれば，この情況はつねに起こる)．

3. 4次の代数的数体に含まれ得る，1のベキ根のすべてを決定せよ．

4. 体 $R(\sqrt{3})$ の単数すべてを見出せ．

5. 体 $R(\sqrt[3]{2})$ において，すべての単数は $\pm(1-\sqrt[3]{2})^k$ の形であることを示せ．

6. 代数的数体 K に1の虚ベキ根が含まれているとせよ．そのとき，K のすべての数 $\alpha\neq 0$ のノルムは正であることを示せ．

§4. 単 数 群

1. 格子の完全性判定条件 本節において，代数的数体の整環における単数群の構造を徹底して研究する．いま解かなければならない基本問題は前節の末尾で論述した．それは次の命題の証明にある：格子$\mathfrak{E}$——そのベクトルは整環 $\mathfrak{O}$ の単数を対数表示したもの——が次元 $s+t-1$ をもつこと（本節では前節の記法をすべてそのまま使う）．

格子 $\mathfrak{E}$ は空間 $\mathfrak{R}^{s+t}$ 内にあって，その線形部分空間 $\mathfrak{L}$ ——条件式 $\lambda_1+\cdots+\lambda_{s+t}=0$ をみたす点 $(\lambda_1, \cdots, \lambda_{s+t})$ から成り立つ—— に含まれている．$\mathfrak{L}$ の次元は $s+t-1$ だから，我々の問題は，$\mathfrak{E}$ が $\mathfrak{L}$ の完全格子であることの証明と同値である．これを**3**に証明するが，そのとき次の，格子の完全性判定条件を使う．

定 理 1. 線形空間 $\mathfrak{L}$ の格子 $\mathfrak{M}$ が完全であるのは，$\mathfrak{L}$ に適当な有界集合 U が存在して，$\mathfrak{M}$ のすべてのベクトルによる，U の平行移動が全空間 $\mathfrak{L}$ を完全に被覆する（交わりがあってもよい）とき，またそのときに限る．

証 明 もし格子 $\mathfrak{M}$ が完全であれば，Uとして，その基本平行体のどれかを取ることができる：§3 補題2により，基本平行体の，完全格子のベクトル全体による平行移動は全空間を被覆する（基本平行体の有界性は明らか)．さて格子 $\mathfrak{M}$ が不完全だとし，かつ U を空間 $\mathfrak{L}$ の任意の有界集合とせよ．次の

ことを証明しよう，この場合集合 U の，$\mathfrak{M}$ のベクトルによる平行移動全体は全空間 $\mathfrak{L}$ を被覆できない．U の有界性により，適当な実数 $r>0$ が存在して，すべての $u \in U$ について $\|u\|<r$ が成り立つ．記号 $\mathfrak{L}'$ によって，格子 $\mathfrak{M}$ の全ベクトルによって生成された部分空間を表わそう．格子 $\mathfrak{M}$ は不完全だから，$\mathfrak{L}'$ は真部分空間である，よって $\mathfrak{L}$ 内に，長さは好きなだけ大でかつ部分空間 $\mathfrak{L}'$ に垂直なベクトル y が存在する（したがってまた $\mathfrak{M}$ のすべてのベクトルにも垂直）．$\|y\| \geqslant r$ なる，上記のベクトル y はどれも，U の，$\mathfrak{M}$ のベクトルによる平行移動では被覆されないことを確かめよう．実際，もしベクトル y が（$\mathfrak{L}'$ に垂直）ある平行移動に含まれていれば，$y=u+z$ なる形をもつことを意味する——ここで $u \in U$, $z \in \mathfrak{M}$．そうすると，Cauchy-Bunjakovskiǐ の不等式により

$$\|y\|^2=(y, y)=(y, u) \leqslant \|y\|\|u\|<r\|y\|$$

が成り立つ，これより $\|y\|<r$．定理１は，かくて証明された．（幾何学的な本証明の意味は次の通り：不完全な格子のベクトルによる集合 U の平行移動はすべて，部分空間 $\mathfrak{L}'$ から r 以下の距離にある点全体から成る層にはいっている）．

注　意　位相の言葉を使うと，格子 $\mathfrak{M}$ が空間 $\mathfrak{L}$ で完全であることは，容易にわかるように，商群 $\mathfrak{L}/\mathfrak{M}$ がコンパクトなることと同値である（ただし $\mathfrak{L}$ を加法に関する位相群と見なす）．

2.　Minkowski の補題　我々の，$s+t-1$ 個の独立な単数が存在することの証明は，ある簡単な幾何学的命題に基づくが，この命題は整数論で特に多く応用されている．この命題の定式化と証明（定理３）は n 次元空間内の体積の概念とそのいくらかの性質を利用している．

n 次元空間 $\mathfrak{R}^n$ 内の集合 X の体積 $v(X)$ は重積分によって定義される：

$$v(X)=\int_{(X)}\cdots\int dx_1 dx_2 \cdots dx_n ,$$

ただし積分範囲は集合 X 全体である．（ここで，§3（４）の記号と少しずれる

が，点 $x\in\Re^n$ を $(x_1, \cdots, x_n)$ の形に書く）．体積の存在条件を研究することには手をつけないでおこう．いまの我々の場合では，集合Xはいくつかの不等式で与えられ，その式は非常に簡単な関数を含むだけなので，体積の存在問題は初等的に解決される．体積の簡単な性質について，少しばかり注意しておこう，積分の性質から容易に得られるものばかりであるが（命題中の体積はすべて存在すると仮定する）．

1） もし X が X' に含まれれば，

$$v(X)\leqslant v(X').$$

2） もし集合 X と X' とが交わらなければ，

$$v(X\cup X')=v(X)+v(X').$$

3） 平行移動によってその体積は不変，すなわち

$$v(X+z)=v(X).$$

4） α を正の実数とせよ．記号 αX によって，x が X のすべての点を動くとき αx の形の点全体を表わす．（αX は X の α 倍拡大とよばれる）．そのとき

$$v(\alpha X)=\alpha^n v(X).$$

$\Re^n$ における完全格子 $\mathfrak{M}$ の1つの基 $e_1, \cdots, e_n$ 上に作られた基本平行体Tの体積を計算しよう．

$$e_j=(a_{1j}, \cdots, a_{nj}) \qquad (1\leqslant j\leqslant n)$$

とせよ．ここで

$$v(T)=|\det(a_{ij})| \tag{1}$$

を証明しておく．積分

$$v(T)=\int\cdots\int_{(T)} dx_1\cdots dx_n$$

において，変数変換

$$x_i=\sum_{j=1}^{n} a_{ij}x_j' \qquad (1\leqslant i\leqslant n)$$

を行なう．この変換のヤコビアンは，明らかに，行列式 $\det(a_{ij})$ に等しい，——この値は，ベクトル $e_1, \cdots, e_n$ が1次独立なことから零ではない．この変

換によって，集合 T が移る集合 T_0 は，容易にわかるように，条件 $0 \leqslant x_i' < 1$ $(i=1, \cdots, n)$ をみたす点 $(x_1', \cdots, x_n')$ から構成されるから，

$$v(T) = \int_{(T_0)} \cdots \int |\det(a_{ij})| \, dx_1' \cdots dx_n'$$

$$= |\det(a_{ij})| \int_0^1 \cdots \int_0^1 dx_1' \cdots dx_n' = |\det(a_{ij})|$$

となり，(1) 式は証明された．

空間 $\mathfrak{R}^n$ に，1つの非特異な線形変換 $x \to x'$ を施してみる．格子 $\mathfrak{M}$ は，この変換により，ある（明らかに，完全な）格子 $\mathfrak{M}'$ に移るが，その基本平行体 T も格子 $\mathfrak{M}'$ の基本平行体 T' に移る．明らかに，平行体 T' は，基ベクトル $e_1, \cdots, e_n$ の像 $e_1', \cdots, e_n'$ の上に作られている．もし $e_j' = (b_{1j}, \cdots, b_{nj})$ $(1 \leqslant j \leqslant n)$ とすると，先の証明により体積 $v(T')$ は $|\det(b_{ij})|$ に等しい．$C = (c_{ij})$ によって，基 $e_1, \cdots, e_n$ における線形変換 $x \to x'$ の行列を表わせば，

$$e_j' = \sum_{j=1}^{n} c_{ij} e_i \qquad (1 \leqslant j \leqslant n).$$

容易にわかるように，$b_{ij} = \sum_{s=1}^{n} a_{is} c_{sj}$ すなわち行列 (b_{ij}) は (a_{ij}) と (c_{ij}) との積である，つまり次式が成り立つ

$$v(T') = v(T) \cdot |\det C| \tag{2}$$

さて，$e_1, \cdots, e_n$ と $e_1', \cdots, e_n'$ とを同一な格子 $\mathfrak{M}$ の2つの基と仮定せよ．これらの基は互いにユニモジュラな変換（行列式が ± 1 なる整数行列 C をもつ）によって関係づけられているから，(2) により $v(T') = v(T)$ を得る．よって次のことが証明された，格子の基の基本平行体の体積は格子自身にのみ関係して，その基の選択には関係しない．

(1) 式を §3 の等式 (9)，(10) と比較すれば，§3 の定理1を次のように精密化できる：

定 理 2. 次数 $n = s + 2t$ の体 K の数を，空間 $\mathfrak{L}^{s,t} = \mathfrak{R}^n$ の点によって幾何学的に表示するとき，判別式 D をもつ完全加群 $\mathfrak{M}$ の点を表示する点全体は完全格子をなし，その基本平行体の体積は $2^{-t}\sqrt{|D|}$ に等しい．

本項における基本命題の定式化のためには，さらに2つの幾何学的概念が必要である．

集合 $X \subset \mathfrak{R}^n$ が**原点対称**であるとは，この集合の任意の点xと同時に，それと原点対称な $-x$ もこの集合に含まれることである．

集合Xが凸であるとは，任意の2点 $x \in X, x' \in X$ に対して $\alpha x+(1-\alpha)x'$ なる形のすべての点——ただし α は実で条件 $0 \leqslant \alpha \leqslant 1$ をみたす——もこの集合に含まれることである．換言すれば，集合Xが凸であるとは，Xの2点を結ぶ線分すべてが，すっかりこの集合に含まれることである．

定　理 3.（凸集合に関する Minkowski の補題）．n次元実空間 $\mathfrak{R}^n$ において，完全格子 $\mathfrak{M}$ が与えられ，その基本平行体の体積が Δ に等しいとせよ，また，別に有界原点対称な凸集合が与えられ，その体積を $v(X)$ とせよ．もし $v(X)>2^n\Delta$ ならば，集合 X は，原点とは異なった，格子 $\mathfrak{M}$ の点を少なくとも1つ含む．

証　明　我々の根拠とするのは次の，直観的に明らかな命題である：もし有界点集合 $Y \subset \mathfrak{R}^n$ の，ベクトル $z \in \mathfrak{M}$ による平行移動 $Y_z=Y+z$ のすべてが互いに交わらないならば $v(Y) \leqslant \Delta$ である．これの証明のために，格子 $\mathfrak{M}$ の，ある基本平行体 T を選び，交わり $Y \cap T_{-z}$——すなわち集合 Y と平行体 T の平行移動 $T_{-z}=T-z$ との交わり——のすべてを考察しよう．明らかに

$$v(Y)=\sum_{z \in \mathfrak{M}} v(Y \cap T_{-z})$$

である（この外観上の無限和において，零でないものは有限個にすぎない，何となれば有界集合 Y は有限個の T_{-z} と交わり得るだけだから；§3 補題3）．ベクトルzによる，集合 $Y \cap T_{-z}$ の平行移動は明らかに，$Y_z \cap T$ に等しい，それゆえ $v(Y \cap T_{-z})=v(Y_z \cap T)$，すなわち

$$v(Y)=\sum_{z \in \mathfrak{M}} v(Y_z \cap T).$$

さて，平行移動 Y_z が互いに交わらなければ，交わり $Y_z \cap T$ もまた互いに交わらぬ；しかるに，それらはすべてTに含まれるから最後の等式の右辺におけ

る和は $v(T)$ より大にならない．したがって，$v(Y)\leqslant v(T)$ となり，我々の直観的命題が証明された．

さて今度は，集合 $(1/2)X$ を考えよう（X を半分に縮少したもの）．定理の条件から $v((1/2)X)=(1/2^n)v(X)>\Delta$．もしも，ベクトル $z\in\mathfrak{M}$ による平行移動 $(1/2)X+z$ がすべて互いに交わらないとすると，上に証明したことから $v((1/2)X)\leqslant\Delta$ となってしまい，実際と矛盾する．したがって，$\mathfrak{M}$ の相異なる2ベクトル z_1, z_2 があって，$(1/2)X+z_1$ と $(1/2)X+z_2$ とは共通点をもつ：

$$\frac{1}{2}x'+z_1=\frac{1}{2}x''+z_2 \qquad (x', x''\in X).$$

この等式を書き直して，次の形にする

$$z_1-z_2=\frac{1}{2}x''-\frac{1}{2}x'.$$

集合 X は原点対称だから，$-x'\in X$ であり，またその凸であることから

$$\frac{1}{2}x''-\frac{1}{2}x'=\frac{1}{2}x''+\frac{1}{2}(-x')\in X.$$

かくて，$\mathfrak{M}$ の点で，原点とは異なる z_1-z_2 が X に属する．Q.E.D.

定理3の証明の最初の部分から，また容易に次の，かなり自明な命題が出る（§5 でこれが必要になる）．

補 題 1. もし集合 Y の，$\mathfrak{M}$ のベクトルによる平行移動全体が完全に空間 $\mathfrak{R}^n$ を被覆するならば，$v(Y)\geqslant\Delta$ である．

実際，この場合は交わり $Y_z\cap T$ が完全に基本平行体 T を被覆する（交わりがあってもよい）から，よって

$$v(Y)=\sum_{z\in\mathfrak{M}} v(Y_z\cap T)\geqslant v(T)=\Delta.$$

単数群の研究のとき，Minkowski の補題を適用する対象は空間 $\mathfrak{L}^{s,t}$ における格子と集合 X——§3，（2）式の形をした点で，条件

$$|x_1|<c_1, \cdots, |x_s|<c_s;\ |x_{s+1}|^2<c_{s+1}, \cdots, |x_{s+t}|^2<c_{s+t}$$

（$c_1, \cdots, c_{s+t}$ は正の実数）をみたすようなもの全体から成る——とである．この

集合 X の凸なことと原点対称なこととは明らかである．その体積を計算しよう．点 x の座標として §3,（4）の記号を利用して次を得る

$$v(X)=\int_{-c_1}^{c_1}dx_1\cdots\int_{-c_s}^{c_s}dx_s\iint_{y_1^2+z_1^2<c_{s+1}}dy_1dz_1\cdots$$

$$\cdots\iint_{y_t^2+z_t^2<c_{s+t}}dy_tdz_t=2^s\pi^t\prod_{i=1}^{s+t}c_i\,.$$

上記の集合 X に，Minkowski の補題を適用して次の結果を得る（ということは将来これを参照するのである）．

定 理 4.　もし空間 $\mathfrak{L}^{s,t}$ における完全格子 $\mathfrak{M}$ の基本平行体の体積が Δ に等しく，かつ正の実数 $c_1, \cdots, c_{s+t}$ が $\prod_{i=1}^{s+t}c_i>\left(\frac{4}{\pi}\right)^t\Delta$ をみたすならば，格子 $\mathfrak{M}$ に零でない適当なベクトル $x=(x_1, \cdots, x_{s+t})$ が存在して，

$$|x_1|<c_1, \cdots, |x_s|<c_s;\ |x_{s+1}|^2<c_{s+1}, \cdots, |x_{s+t}|^2<c_{s+t} \tag{3}$$

が成り立つ．

3.　単数群の構造　　さてここになって我々は，任意の整環に属する単数群の構造に関する問題のかたを付けることができる．

定 理 5（Dirichlet の定理）．　次数 $n=s+2t$ の代数的数体 K の任意の整環 $\mathfrak{O}$ において，適当な単数 $\varepsilon_1, \cdots, \varepsilon_r$, $r=s+t-1$ が存在して，各単数 $\varepsilon\in\mathfrak{O}$ は一意的に次の形に表わされる

$$\varepsilon=\zeta\varepsilon_1^{a_1}\cdots\varepsilon_r^{a_r},$$

ただし $a_1, \cdots, a_r$ は有理整数で，ζ は $\mathfrak{O}$ に含まれる，1のベキ根のどれかである．

証　明　前節の末尾と本節の初頭において言及したように，整環 $\mathfrak{O}$ の単数を表示している格子 $\mathfrak{E}$ が，空間 $\mathfrak{L}$ 内で完全なることを確立すればよい（$\mathfrak{L}$ の次元は $s+t-1$ に等しい）．このためどうするかといえば，定理1を用いて，$\mathfrak{L}$ 内に適当な有界部分集合 U が存在しその $\mathfrak{E}$ のベクトルによる平行移動全体

が空間 $\mathfrak{L}$ を被覆することを確かめればよい．このことを空間 $\mathfrak{L}^{s,t}$ の言葉にいい換えることにする．

明らかに，$\mathfrak{L}$（$\mathfrak{R}^{s+t}$ でも）の各点 $(\lambda_1, \cdots, \lambda_{s+t})$ は，写像 $x \to l(x)$ による $\mathfrak{L}^{s,t}$ の，ある点 x の像である．さらに，§3 (15) 式から明らかなことであるが，点 $x \in \mathfrak{L}^{s,t}$（その成分は零でない）に対して，対数空間 $\mathfrak{R}^{s+t}$ における，その像 $l(x)$ が部分空間 $\mathfrak{L}$ に属するのは，$|N(x)|=1$ のとき，またそのときに限る．

$|N(x)|=1$ となるような点 $x \in \mathfrak{L}^{s,t}$ の全体を S で表わす．もし X_0 が集合 S の任意の有界部分集合であるとすれば，空間 $\mathfrak{L}$ における，その像 $l(X_0)$ もまた有界である．実際，ノルムが ± 1 である点 $x=(x_1, \cdots, x_{s+t})$ に対して

$$|x_k|<C \quad (1 \leqslant k \leqslant s), \qquad |x_{s+j}|^2<C \quad (1 \leqslant j \leqslant t)$$

が成り立つとしてみよ．するとすべての $k=1, \cdots, s+t$ について $l_k(x)<\ln C$ であるのみならず

$$l_k(x) = -\sum_{i \neq k} l_i(x) > -(s+t-1)\ln C$$

となり，すなわち $l(X_0)$ の有界性が確立した．ノルムの乗法性から，点 $x \in S$ と部分集合 $X_0 \subset S$ との積 $X_0 x$ も S に含まれる；特に，整環 $\mathfrak{O}$ の各単数 ε に対して $X_0 x(\varepsilon) \subset S$ である $(N(x(\varepsilon))=N(\varepsilon)=\pm 1$ だから）．仮りに，すべての単数 ε による積 $X_0 x(\varepsilon)$ 全体が S を完全に被覆するならば，平行移動 $l(X_0)+l(\varepsilon)$ は，明らかに，空間 $\mathfrak{L}$ 全体を被覆するであろう．すなわち明らかになったことは，定理5の証明には，S 内に有界部分集合 X_0 を見出して，点 $x(\varepsilon)$ による≪乗法的平行移動≫ $X_0 x(\varepsilon)$ の全体が S を被覆することを示せば十分である．

y を S の任意の点とし，$\mathfrak{M}$ を $\mathfrak{L}^{s,t}$ の格子で，整環 $\mathfrak{O}$ の数を表示しているとせよ．空間 $\mathfrak{L}^{s,t}$ に線形変換 $x \to yx$ $(x \in \mathfrak{L}^{s,t})$ を施そう．§3, **1** で見たように，この変換行列の行列式は $N(y)$，すなわち ± 1 に等しい，よって（2）式から $\mathfrak{M}$ と $y\mathfrak{M}$ との基本平行体の体積は同一である．それを Δ と書こう．

さて，正の実数 $c_1, \cdots, c_{s+t}$ を選んで

$$Q=c_1\cdots c_{s+t}>\left(\frac{4}{\pi}\right)^t\Delta$$

ならしめ，また X によって，不等式（3）をみたすような点 $x\in\mathfrak{L}^{s,t}$ の全体を表わす．定理4により，格子 $y\mathfrak{M}$ には零でない点 $x=yx(\boldsymbol{\alpha})$（$\boldsymbol{\alpha}\in\mathfrak{O}$, $\boldsymbol{\alpha}\neq 0$）で X に含まれるものがある．ここで，$N(x)=N(y)N(\boldsymbol{\alpha})=\pm N(\boldsymbol{\alpha})$ かつ $|N(x)|<c_1\cdots c_{s+t}=Q$ であるから，$|N(\boldsymbol{\alpha})|<Q$．§2 定理5により，整環 $\mathfrak{O}$ において，互いに同伴でない数のうち，そのノルムが絶対値で Q より小なものは有限個しか存在しない．$\mathfrak{O}$ から零でない数で次の性質をもつ $\boldsymbol{\alpha}_1, \cdots, \boldsymbol{\alpha}_N$ をどれか1組固定する，すなわち $\mathfrak{O}$ の零でない各数でノルムが Q より小なものは，これらのどれか1つと同伴であるように．すると，ある i（$1\leqslant i\leqslant N$）に対して $\boldsymbol{\alpha\varepsilon}=\boldsymbol{\alpha}_i$ ——$\boldsymbol{\varepsilon}$ は $\mathfrak{O}$ の単数——が成り立つ．点 y は，そこで，次の形に表わされる

$$y=xx(\boldsymbol{\alpha}_i^{-1})x(\boldsymbol{\varepsilon}). \tag{4}$$

さて

$$X_0=S\cap(\bigcup_{i=1}^{N}Xx(\boldsymbol{\alpha}_i^{-1})) \tag{5}$$

とおけ．X の有界性から，集合 $Xx(\boldsymbol{\alpha}_i^{-1})$ もすべて有界である．それらと共に，X_0 も有界である．さらに，集合 X を定義する数 $c_1, \cdots, c_{s+t}$ の選び方と組 $\boldsymbol{\alpha}_1, \cdots, \boldsymbol{\alpha}_N$ の選び方とは，明らかに，点 y に関係しない，それゆえ，集合（5）は完全に整環 $\mathfrak{O}$ によって定まる．y と $x(\boldsymbol{\varepsilon})$ とは S に属するから，（4）式より点 $xx(\boldsymbol{\alpha}_i^{-1})$ もまた S に属する，すなわちこれは X_0 に属する．（4）式の意味する所は，したがって，S の点 y（任意に選んである）が集合 $X_0x(\boldsymbol{\varepsilon})$ に含まれることである．かくて，これらの集合全体（すべての単数 $\boldsymbol{\varepsilon}$ に対して）が S を被覆する．すでに述べたように，これで定理5の証明は完了する．

§3, **5** ですでに注意したように，Dirichlet 定理は次のことを示している，次数 $n=s+2t$ の代数的数体における各整環 $\mathfrak{O}$ の単数群は1つの有限巡回群と $s+t-1$ 個の無限巡回群との直積の形に表わされる．

もし $s+t=1$（これは有理数体と虚2次体とにだけ起こる）ならば，$r=0$ で

ある．この場合，格子 $\mathfrak{E}$ は零ベクトルのみから成り，整環 $\mathfrak{O}$ の単数群は1のベキ根から成る有限群で尽くされる．

Dirichlet 定理によって存在が確立した単数の組 $\varepsilon_1, \cdots, \varepsilon_r$ は整環 $\mathfrak{O}$ の**基本単数系**とよばれる．§3, **5** で展開した議論より，明らかに，単数系 $\varepsilon_1, \cdots, \varepsilon_r$ が基本的となるのは，ベクトル $l(\varepsilon_1), \cdots, l(\varepsilon_r)$ が格子 $\mathfrak{E}$ の基をなすとき，またそのときに限る．これよりまた，容易に次が出る，単数系

$$\varepsilon_i' = \zeta_i \varepsilon_1^{a_{i1}} \cdots \varepsilon_r^{a_{ir}} \qquad (1 \leqslant i \leqslant r)$$

（ここに ζ_i は $\mathfrak{O}$ に含まれる，1の任意のベキ根）が基本的となるのは整数行列 (a_{ij}) がユニモジュラなるとき，またそのときに限る．

注　意　Dirichlet 定理の上述の証明は次の意味で実効的とはいえない，すなわち整環 $\mathfrak{O}$ の基本単数系のどれか1つを探し出す算法さえも与えてくれない．この非実効性の由来は，上述の議論に，ノルムが，ある数 Q を越えない非同伴な数の完全系 $\alpha_1, \cdots, \alpha_N$ が参加していることである．このような数の組が存在することを非実効的に——これについては既述の通り——証明した（§2, 定理5）．実効性の問題には，次節で立ちもどることにしよう．

Dirichlet 定理（§3, 定理2もそうであったが）は，確かに，体 K の極大整環 $\tilde{\mathfrak{O}}$ に対しても成り立つ．極大整環 $\tilde{\mathfrak{O}}$ の基本単数系を**代数的数体 $\boldsymbol{K}$ の基本単数系**とよぶ．

4.　単数基準　§3の**3**および**4**の構成法により，次数 $n=s+2t$ なる代数的数体 K の各整環 $\mathfrak{O}$ と部分空間 $\mathfrak{L} \subset \mathfrak{R}^{s+t}$ における次元 $r=s+t-1$ の格子 $\mathfrak{E}$ とが対応づけられている．この格子の基本平行体の体積 v は基の選び方には関係なく，すなわち $\mathfrak{O}$ 自身によって完全に定まる．この体積を計算しよう．T_0 を格子 $\mathfrak{E}$ の基本平行体とし，これは基 $l(\varepsilon_1), \cdots, l(\varepsilon_r)$ 上（ここで $\varepsilon_1, \cdots, \varepsilon_r$ は整環 $\mathfrak{O}$ の基本単数系）に作られている．ベクトル $l_0 = (1/\sqrt{s+t})(1, \cdots, 1) \in \mathfrak{R}^{s+t}$ は，明らかに，部分空間 $\mathfrak{L}$ に垂直で長さ1である．明らかに，r 次元体積 $v=v(T_0)$ はベクトル $l_0, l(\varepsilon_1), \cdots, l(\varepsilon_r)$ 上に構成された平行体 T の $s+t$ 次元的体積と等しい．それゆえ，（1）式により体積 v は行列式——その

各行はこれらのベクトルの成分からなる——の絶対値に等しい．もし，この行列式において，すべての列を第 i 列に加え，§3の（18）式を用いたのち，この列で展開すれば

$$v=\sqrt{s+t}\,R,$$

を得る，ここでRは次のマトリクス

$$\begin{pmatrix} l_1(\varepsilon_1) & \cdots & l_{s+t}(\varepsilon_1) \\ \cdots & \cdots & \cdots \\ l_1(\varepsilon_r) & \cdots & l_{s+t}(\varepsilon_r) \end{pmatrix} \tag{6}$$

の r 次小行列式のどれか任意の１つの絶対値である．我々の議論から，特に次のことが出る，上記の行列（６）の r 次小行列式はすべて絶対値では互いに等しく，また基本単数系 $\varepsilon_1, \cdots, \varepsilon_r$ の選び方には関係しない．数 R（また v も）は，したがって，$\mathfrak{O}$ に関係するだけである．これを整環 $\mathfrak{O}$ の**単数基準**とよぶ．

極大整環の単数基準はまた**代数的数体 K の単数基準**ともよばれる．（有理数体と虚２次体に対して，単数基準は，定義により，１に等しい）．

問　　題

1.　次のことを示せ，Minkowski の補題における不等式 $v(X)>2^n\Delta$ はより弱いものと置き換えることはできない．これを証明するため，体積 $v(X)=2^n\Delta$ なる有界凸原点対称な集合Xで，原点以外に他のどの格子点をも含まないものを作れ．

2.　aを正の実数とせよ．次のことを示せ，条件

$$|x_1|+\cdots+|x_s|+2\sqrt{y_1{}^2+z_1{}^2}+\cdots+2\sqrt{y_t{}^2+z_t{}^2}<a$$

（§3（４）の座標において）をみたす点xの全体 $X\subset\mathfrak{L}^{s,t}$ の体積は

$$v(X)=2^s\left(\frac{\pi}{2}\right)^t\frac{1}{n!}a^n$$

に等しい．さらに集合Xは有界で，原点対称かつ凸であることを確かめよ．

3.　a, b を自然数で，平方数ではないとせよ．次のことを示せ，体 $R(\sqrt{a})$ の整環 $\{1, \sqrt{a}\}$ の基本単数はまた，体 $R(\sqrt{a}, \sqrt{-b})$ の整環 $\{1, \sqrt{a}, \sqrt{-b}, \sqrt{a}\sqrt{-b}\}$ の基本単数である．

4.　次のことを示せ，任意の整環 $\widetilde{\mathfrak{O}}$ の単数群は極大整環 $\widetilde{\mathfrak{O}}$ の単数群に含まれ，指数有

限の部分群をなす.

5. 整環 $\mathfrak{O}$ の単数 $\eta_1, \cdots, \eta_r$ $(r=s+t-1)$ が与えられ, ベクトル $l(\eta_1), \cdots, l(\eta_r)$ が1次独立であるとせよ. 次のことを示せ. このとき c_i を有理整数として, $\eta_1^{c_1}\cdots\eta_r^{c_r}$ の形の単数から成る群は整環 $\mathfrak{O}$ の全単数から成る群における指数有限の部分群である.

6. $c_1, \cdots, c_n$ を正の実数とし, (a_{ij}) を非特異な n 次の実行列とせよ. 次のことを示せ, もし $c_1\cdots c_n>d=|\det(a_{ij})|$ ならば同時には零とならぬ適当な有理整数 $x_1, \cdots, x_n$ が存在して

$$\left|\sum_{j=1}^{n} a_{ij}x_j\right|<c_i \qquad (i=1, \cdots, n)$$

が成り立つ.

ヒント. 次のことを確かめよ, 空間 $\mathfrak{R}^n$ において, 上記の不等式をみたす点 $(x_1, \cdots, x_n)$ 全体の集合は有界, 原点対称, 凸かつ体積が $2^n c_1\cdots c_n/d$. そこで凸集合に関する Minkowski 補題を適用する.

7. a_{ij} $(1\leqslant i\leqslant k, 1\leqslant j\leqslant n)$ を有理整数, m_i $(1\leqslant i\leqslant k)$ を自然数とせよ. 次のことを示せ, 空間 $\mathfrak{R}^n$ において, 整数点 $(x_1, \cdots, x_n)$ であって条件

$$\sum_{j=1}^{n} a_{ij}x_j\equiv 0 \pmod{m_i} \qquad (1\leqslant i\leqslant k)$$

をみたすもの全体は完全格子をなし, その基本平行体の体積は $\leqslant m_1\cdots m_k$.

8. a, b, c を零ではない有理整数で, 互いに素かつ平方因子をもたないとせよ, そして $|abc|=2^\lambda p_1\cdots p_s$ (p_i は奇素数, λ は0または1に等しい). さらに, 形式 $ax^2+by^2+cz^2$ がすべての p 進数体で零を表わすと仮定せよ. 次のことを示せ, このとき適当な整係数の3元1次形式 $L_1, \cdots, L_s, L', L''$ が存在して, もし整数 u, v, w に対して

$$\left.\begin{aligned} &L_i(u, v, w)\equiv 0 \pmod{p_i}, \quad 1\leqslant i\leqslant s\\ &L'(u, v, w)\equiv 0 \pmod{2^{1+\lambda}},\\ &L''(u, v, w)\equiv 0 \pmod{2} \end{aligned}\right\} \qquad (*)$$

が成り立ちさえすれば, 合同式

$$au^2+bv^2+cw^2\equiv 0 \pmod{4|abc|}$$

がみたされる.

9. 条件は前問のままとし, 合同式 (*) を満足する整数点 $(u, v, w)\in\mathfrak{R}^3$ のなす格子を $\mathfrak{M}$ で表わす. 問題7により, 格子 $\mathfrak{M}$ の基本平行体の体積は $4|abc|$ を越えない. さらに X によって楕円体

$$|a|x^2+|b|y^2+|c|z^2<4|abc|$$

を表わす, この体積は容易に計算できるように $\dfrac{32}{3}\pi|abc|$ に等しい. 格子 $\mathfrak{M}$ と楕円体 X とに凸集合についての Minkowski 補題を適用して, 形式 $ax^2+by^2+cz^2$ が有理的に零を表わすことを証明せよ. (3元2次形式に対する Minkowski-Hasse 定理のこの証明においては, 形式の不定符号という事実は使用されていない).

§5. 完全な分解形式による有理数表現問題の解

1. ノルムが +1 なる単数　§2, **3** でわかったように，ある完全な加群において，与えられたノルムをもつ数を見出す問題を解くときに，その乗数環 $\mathfrak{O}$ の単数 ε のうち，$N(\varepsilon)=+1$ となるものだけが意味をもつ．このような単数は，明らかに，また群をなす．この群の構造を研究してみよう．

まず最初は，体 K の次数 n が奇だと仮定する．この場合環 $\mathfrak{O}$ において，1のベキ根は2つだけ，すなわち ±1 だけである（§3 問題 2）．もしある単数 $\varepsilon\in\mathfrak{O}$ に対して $N(\varepsilon)=-1$ ならば，

$$N(-\varepsilon)=N(-1)N(\varepsilon)=(-1)^n(-1)=1.$$

$\varepsilon_1, \cdots, \varepsilon_r$ $(r=s+t-1)$ を環 $\mathfrak{O}$ の任意の基本単数系とせよ．場合によっては，ε_i のうちでノルムが -1 となる単数があり得る．このような単数 ε_i をすべて $-\varepsilon_i$ で置き換えると，明らかに，新しい基本単数系 $\eta_1, \cdots, \eta_r$ を得て，すべての $i=1, \cdots, r$ について $N(\eta_i)=1$ となってしまっている．任意の単数 $\varepsilon=\pm\eta_1^{a_1}\cdots\eta_r^{a_r}$ のノルムは，このとき，$N(\pm1)=(\pm1)^n=\pm1$．したがって，$\varepsilon\in\mathfrak{O}$ の単数で $N(\varepsilon)=1$ となるものは

$$\varepsilon=\eta_1^{a_1}\cdots\eta_r^{a_r} \qquad (a_i\in Z)$$

の形をもつ．

さて今度は n を偶とせよ．この場合 K に含まれる1の各ベキ根はノルムが +1 であることを示そう．ベキ根 ±1 については明らか．K に1のベキ根 ζ が含まれていれば，$s=0$ であり，すなわち，K から複素数体への同型はすべて互いに共役な虚同型の組に分かれる，その1組 σ と $\bar{\sigma}$ とに対して $\sigma(\zeta)\bar{\sigma}(\zeta)=|\sigma(\zeta)|^2=1$ が成り立つ．補足 §2, **3** での証明により，したがって，$N(\zeta)=1$ を得て，我々の主張は証明された．

ふたたび $\varepsilon_1, \cdots, \varepsilon_r$ を環 $\mathfrak{O}$ の任意の基本単数系とせよ．もし $N(\varepsilon_i)=1$ がすべての $i=1, \cdots, r$ につき成り立てば，この場合各単数 $\varepsilon\in\mathfrak{O}$ のノルムは +1 に等しい．さて今度は，

$$N(\varepsilon_1)=1, \cdots, N(\varepsilon_k)=1, \quad N(\varepsilon_{k+1})=-1, \cdots, N(\varepsilon_r)=-1$$

と仮定してみよう，ただし $k<r$.

$$\eta_1=\varepsilon_1, \cdots, \eta_k=\varepsilon_k, \quad \eta_{k+1}=\varepsilon_{k+1}\varepsilon_r, \cdots, \eta_{r-1}=\varepsilon_{r-1}\varepsilon_r$$

とおけば，新しい基本単数系 $\eta_1, \cdots, \eta_{r-1}, \varepsilon_r$ を得て，これでは $N(\eta_i)=1$ $(1\leqq i \leqq r-1)$. どんな条件で $\varepsilon=\zeta\eta_1{}^{a_1}\cdots\eta_{r-1}{}^{a_{r-1}}\varepsilon_r{}^b$ $(a_1, \cdots, a_{r-1}, b\in Z)$ のノルムが $+1$ になるか調べてみよう. $N(\varepsilon)=(-1)^b$ だから $N(\varepsilon)=+1$ となるのは，指数 b が偶，すなわち $b=2a_r$ のとき，またそのときに限る. かくて，n が偶なるときは，ノルムが $+1$ となる単数 $\varepsilon\in\mathfrak{O}$ は

$$\varepsilon=\zeta\eta_1{}^{a_1}\cdots\eta_{r-1}{}^{a_{r-1}}\eta_r{}^{a_r} \qquad (a_i\in Z)$$

の形であることを得る，ただし $\eta_r=\varepsilon_r{}^2$ かつ ζ は $\mathfrak{O}$ に含まれる任意の，1 のベキ根である.

よって，もし整環 $\mathfrak{O}$ において基本単数系が知られているならば，ノルムが $+1$ となるすべての単数もまた求められる.

2. 方程式 $N(\mu)=a$ の解の一般形 **1** の結果と §2 定理 5 の系とをあわせると，次の定理に到達し，§2 方程式 (7) の解全体の完全な表現を与えてくれる.

定 理 1. M を，次数 $n=s+2t$ の代数的数体 K の完全加群とし，$\mathfrak{O}$ をその乗数環，a を零ではない有理数とせよ. 整環 $\mathfrak{O}$ に適当な単数 $\eta_1, \cdots, \eta_r$ $(r=s+t-1)$ でノルムが $+1$ なるものが存在し，また M にも適当な有限個（空集合であるかもしれぬ）の数 $\mu_1, \cdots, \mu_k$ でノルムが a なるものが存在して，方程式

$$N(\mu)=a \tag{1}$$

のすべての解 $\mu\in M$ は一意的に

n が奇のとき $\quad \mu=\mu_i\eta_1{}^{a_1}\cdots\eta_r{}^{a_r}$

n が偶のとき $\quad \mu=\mu_i\zeta\eta_1{}^{a_1}\cdots\eta_r{}^{a_r}$

の形に表わされる.

ここに μ_i は $\mu_1, \cdots, \mu_k$ のどれか1つ，ζ は1のベキ根，$a_1, \cdots, a_r$ は有理整数である．

n が偶のとき，すべての積 $\mu_i\zeta$ を新しい，数の組 μ_i として取れば，この場合も，n が奇のときと同じような形の，解の表現を得る．

虚2次体の各整環には，単数が有限個しかない（$r=s+t-1=0$ であるから）．したがって，この場合，方程式（1）は有限個の解しかもたない．もし K が虚2次体と異なる（もちろん，有理数体とも異なる）ならば，$r>0$ であり，したがって，方程式（1）は解をもたないか，または無限個の解をもつ．

注　意　定理1によって，方程式（1）の解集合がどういうものかがわかるけれども，しかし実際にこの解をすべて見出す方法はこれではわからない．方程式（1）を実際に解くためには，整環 $\mathfrak{O}$ の基本単数系を見出す方法，および加群 M において与えられたノルムをもつ数のうち互いに同伴でない $\mu_1, \cdots, \mu_k$ を完全に選び出す方法の実効性あるものを我々は必要とする．以下の諸項において，この両問題が実際に有限段階の操作で解かれ得ることを示そう．しかしながら，あらかじめ断っておかなければならぬが，**3**と**4**との両項に述べてある，基本単数と，加群の中で与えられたノルムをもつ数との実効的な構成法は，残念ながら，その必要な計算が，あまりにもかさばるために，実際に用いるには少ししか役に立たない．我々の目的はただ，有限段階で構成を遂行することが原則的に可能であることを証明するにある．いくつかの具体的な例において，補足的な考え方や与えられた特別な場合での特徴を顧慮することによって，大抵は，より簡単な道を見出し得る．そこで，次節において，例として2次体の場合についてのこの問題の，十分簡単な解法を述べる．

3.　基本単数系の実効性ある構成法

$\sigma_1, \cdots, \sigma_n$ によって，代数的数体 K の複素数体への同型のすべてを表わすことにして，予備的に次の補題を示そう．

補　題 1.　$c_1, \cdots, c_n$ を任意の正の実数とせよ．体 K の各完全加群 M にお

いて，有限個の数 α だけが，不等式

$$|\sigma_1(\alpha)|<c_1, \cdots, |\sigma_n(\alpha)|<c_n \qquad (2)$$

をみたし，かつこれらの α は実効的に数え尽すことができる．

証明 M にどれか1つ基 $\alpha_1, \cdots, \alpha_n$ を選ぶ（もし加群 M が，基ではない生成系で与えられているときは，§2 定理1の証明に従って，有限段階で M の基を構成することができる）．M の各数 α は，有理整数 a_j によって

$$\alpha=a_1\alpha_1+\cdots+a_n\alpha_n \qquad (3)$$

の形に表わされる．基 $\alpha_1, \cdots, \alpha_n$ に対して体 K での相補基 $\alpha_1^*, \cdots, \alpha_n^*$（参照：補足 §2, **3**）を作り，適当な実数 $A>0$ を見出して，条件

$$|\sigma_i(\alpha_j^*)|\leqslant A \qquad (4)$$

がすべての i と j とについて成り立つようにする．（3）に α_j^* を乗じ跡に移ると，

$$a_j=\mathrm{Sp}\,\alpha\alpha_j^*=\sum_{i=1}^{n}\sigma_i(\alpha)\sigma_i(\alpha_j^*).$$

さて，$\alpha\in M$ が条件（2）をみたすならば，（4）式から係数 a_j に対する評価式を得る：

$$|a_j|\leqslant A\sum_{i=1}^{n}|\sigma_i(\alpha)|<A\sum_{i=1}^{n}c_i. \qquad (5)$$

整数 a_j は，したがって，有限個の値のみが可能である．（5）の条件つきで（3）の形のすべての数を書き上げれば，その中から，容易に，不等式（2）をみたすものを選別できる．

以下この節の終りまで，前2節と同じ概念および記号を利用しよう．

代数的数体の任意の整環における基本単数系の実効的な構成法が可能なのは，次の定理に基づく．

定理 2. 代数的数体 K の各整環 $\mathfrak{O}$ に対して，次のような実数 $\rho>0$ を指定することができる；対数空間 $\mathfrak{R}^{s+t}$ の半径 ρ の球内に必らず，$\mathfrak{E}$ の（整環 $\mathfrak{O}$ の単数の表示）少なくとも1つの基が含まれる．

まずこの定理が実際に，整環$\mathfrak{D}$の基本単数の構成法を与えることを示そう．もし単数 $\varepsilon\in\mathfrak{D}$ の対数表示 $l(\varepsilon)$ が半径 ρ の球に含まれるならば，

$$|\sigma_k(\varepsilon)|<e^{\rho}\quad(1\leqslant k\leqslant s),\qquad |\sigma_{s+j}(\varepsilon)|<e^{\rho/2}\quad(1\leqslant j\leqslant t). \tag{6}$$

補題1により，単数 $\varepsilon\in\mathfrak{D}$ でこの条件をみたすものの個数は有限であるし，またこれらすべては実際に書き上げることができる（整環 $\mathfrak{D}$ の数の中から単数を選別するには，当然 §2 定理4を利用することになる）．求められた単数の中から，あらゆる可能な組 $\varepsilon_1, \cdots, \varepsilon_r$ を，ベクトル $l(\varepsilon_1), \cdots, l(\varepsilon_r)$ が1次独立であるような $r=s+t-1$ 個ずつの単数ごとに作れ．定理2によって，これらの組の少なくとも1つは整環 $\mathfrak{D}$ の基本単数系となる．そのどれであるかを知るためには，当然，各組 $\varepsilon_1, \cdots, \varepsilon_r$ に対して，ベクトル $l(\varepsilon_1), \cdots, l(\varepsilon_r)$ 上に作られた平行体の体積を計算することになる．この体積が最小となる組が，明らかに，基本単数系である．

定理2の証明は，下記の，格子 $\mathfrak{E}$ に関する2つの補題から容易に出る．補題の証明に際して，思い出さねばならないのは，与えられた有界集合内にあるこの格子点すべてを数え上げることはいつも可能だということである．このため注意しておくが，点 $l(\varepsilon)$ の座標を制限すると単数 ε に対しては（6）の形の限界が与えられ，このような単数のすべては，補題1によって数え上げることができる．一般的ないい方として，格子 $\mathfrak{M}$ が実効的に与えられているとは，与えられた有界集合内にある格子の点をすべて数え上げる算法が既知なることである．

補 題 2.　もし完全格子 $\mathfrak{M}$ が m 次元空間 $\mathfrak{R}^m$ 内に実効的に与えられ，さらにまた，その基本平行体の体積 Δ が既知であるならば，次のような数 ρ を指定することができる，ベクトル $x\in\mathfrak{M}$ で半径 ρ の球内にあるもののうちに，格子 $\mathfrak{M}$ の基が見出される．

証　明　$m=1$ のときは，$\rho=2\Delta$ とおけばよい．一般の場合の補題の証明は m に関する帰納法で行なう．$\mathfrak{R}^m$ 内にどれか1つ有界集合を，原点対称，凸でかつ，その体積が $2^m\Delta$ より大に選ぶ．Minkowski の補題（§4, **2**）により，

この集合内に格子 $\mathfrak{M}$ のベクトルで零でないものが存在する．その中から，ベクトル u を，どの $x \in \mathfrak{M}$ とどの整数 $n>1$ についても $u \neq nx$ となるように選ぶ．$\mathfrak{L}'$ によって，u に垂直な部分空間を表わし，$\mathfrak{M}'$ によって格子 $\mathfrak{M}$ の $\mathfrak{L}'$ 上への射影とする．もし $x' \in \mathfrak{M}'$ なら，ある $x \in \mathfrak{M}$ につき $x=\xi u+x'$ が，ある実数 ξ により，成り立つ．任意の整数 k に対してベクトル $x-ku$ も $\mathfrak{M}$ に属するから，$\mathfrak{M}$ のベクトル x（与えられた射影 x' をもつ）を，$|\xi| \leqslant 1/2$ となるように選ぶことができる．このような x に対して

$$\|x\|^2=\xi^2\|u\|^2+\|x'\|^2 \leqslant \frac{1}{4}\|u\|^2+\|x'\|^2.$$

この不等式により，すべてのベクトル $x' \in \mathfrak{M}$ のうち有界領域にあるものは，有界領域にあるベクトル $x \in \mathfrak{M}$ の射影である，すなわち $\mathfrak{M}$ と共に格子 $\mathfrak{M}'$ も実効的に与えられている．もし $u_2, \cdots, u_m$ が $\mathfrak{M}$ のベクトルで，その射影 $u_2', \cdots, u_m'$ が $\mathfrak{M}'$ の基をなすならば，ベクトル系 $u, u_2, \cdots, u_m$ は，容易にわかるように，$\mathfrak{M}$ の基となる．このことから，格子 $\mathfrak{M}'$ の基本平行体の体積は $\Delta/\|u\|$ に等しい，すなわち既知となる．帰納法の仮定により適当な数 ρ' を見出して，$\mathfrak{M}'$ 内に基 $u_2', \cdots, u_m'$ があって，$\|u_i'\|<\rho'$ $(i=2, \cdots, m)$ が成り立つ．すでに証明済みのことから，$\mathfrak{M}$ のベクトル $u_2, \cdots, u_m$ を，

$$\|u_i\|<\left(\frac{1}{4}\|u\|^2+\rho'^2\right)^{1/2}$$

となるように選ぶことができる．かくて，半径

$$\rho=\max\left(\|u\|+1, \left(\frac{1}{4}\|u\|^2+\rho'^2\right)^{1/2}\right)$$

の球内に，格子 $\mathfrak{M}$ の基 $u, u_2, \cdots, u_m$ が存在する，これで補題 2 の主張は確かめられた．

さて，定理 2 の証明のためには，ただ，格子 $\mathfrak{E}$ の基本平行体の体積を上から評価すれば十分である．

補 題 3. 格子 $\mathfrak{E}$ の基本平行体の体積 v は次の不等式を満足する

$$v \leqslant C(\ln Q)^{s+t-1} N \leqslant C(\ln Q)^{s+t-1} \sum_{a=1}^{[Q]} a^n,$$

ここで $Q=(2/\pi)^t\sqrt{|D|}+1$ (D は整環 $\mathfrak{O}$ の判別式)，N は整環 $\mathfrak{O}$ の数 α で $|N(\alpha)|\leqslant Q$ を みたすもののうち互いに同伴でないものの個数，C は $s+t$ にのみ関係する定数である．

証　明　ここで，§4 定理5の記号を利用する．実数 $c_1, \cdots, c_{s+t}$ にここでは

$$c_1\cdots c_{s+t}=\left(\frac{4}{\pi}\right)^t\Delta+1=\left(\frac{2}{\pi}\right)^t\sqrt{|D|}+1=Q$$

という条件をつける．

集合 $l(X_0)$ を格子 $\mathfrak{E}$ のベクトルだけ平行移動したものすべては $\mathfrak{L}$ を被覆するから，§4 補題1により

$$v\leqslant v(l(X_0)).$$

記号 U_i $(i=1, \cdots, N)$ により，集合 $l(X)-l(\alpha_i)$ と部分空間 $\mathfrak{L}$ との交わりを表わす．§4 (5) により，集合 U_i 全体が $l(X_0)$ を被覆するから，したがって

$$v\leqslant\sum_{i=1}^{N}v(U_i). \tag{7}$$

体積 $v(U_i)$ の計算にとりかかろう．集合 $l(X)-l(\alpha)$ と部分空間 $\mathfrak{L}$ との交わり U は，明らかに，次のような点 $(\lambda_1, \cdots, \lambda_{s+t})\in\mathfrak{R}^{s+t}$ から成り立っている：

$$\lambda_1+\cdots+\lambda_{s+t}=0, \tag{8}$$
$$\lambda_k<\ln c_k-l_k(\alpha) \qquad (1\leqslant k\leqslant s+t).$$

$|N(\alpha)|=a$ とおこう ($\sum l_k(\alpha)=\ln a$ となる)，また集合 U をベクトル $(\lambda_1{}^*, \cdots, \lambda_{s+t}{}^*)\in\mathfrak{L}$ だけ平行移動する，ただしこのベクトル成分は

$$\lambda_k{}^*=-\ln c_k+l_k(\alpha)+\frac{1}{s+t}\ln\frac{Q}{a}.$$

この平行移動によって，集合 U は同じ体積の集合 U^* に移るが，この U^*は条件 (8) のほかに

$$\lambda_k<\frac{1}{s+t}\ln\frac{Q}{a} \qquad (1\leqslant k\leqslant s+t)$$

によって定義されている．記号 U_0 によって，不等式

$$\lambda_k<1 \qquad (1\leqslant k\leqslant s+t)$$

で定義される $\mathfrak{L}$ 内の集合を表わす，また C_0 によりこの集合の体積を表わす．明らかに，定数 C_0 はただ $s+t$ にだけ関係する．U^* は，U_0 を $\dfrac{\ln(Q/a)}{(s+t)}$ 倍して得られるから，

$$v(U^*)=\left(\frac{1}{s+t}\ln\frac{Q}{a}\right)^{s+t-1}v(U_0)$$

となり，すなわち，

$$v(U)=C_0\left(\frac{1}{s+t}\ln\frac{Q}{a}\right)^{s+t-1}. \qquad (9)$$

不等式（7）へもどろう．各 $i=1,\cdots,N$ に対して，ノルム $N(\alpha_i)$ は不等式 $1\leqslant|N(\alpha_i)|\leqslant[Q]$ をみたす．さらに，§2 定理5の証明に際して，環 $\mathfrak{O}$ 内にノルムが絶対値で a に等しい互いに同伴でない数が a^n 個を越えないことを知った．この事実を不等式（7）および等式（9）と比較して，v に対する，補題文中の評価を得る．

4. 与えられたノルムをもつ，加群の数　さてここでは，加群において，与えられたノルムをもち互いに同伴でない数の完全系を，実効的に構成する問題にとり組もう．

完全加群 M の乗数環 $\mathfrak{O}$ において，基本単数系のどれか1つ $\varepsilon_1,\cdots,\varepsilon_r$ を固定しよう．ベクトル $l(\varepsilon_1),\cdots,l(\varepsilon_r)$ はベクトル $l_0=(1,\cdots,1)$ と共に対数空間 $\mathfrak{R}^{s+t}$ の基をなすから，すべての $\mu\in M$ に対してベクトル $l(\mu)$ は実係数 ξ, $\xi_1,\cdots,\xi_r$ をもつ次の形に書ける

$$l(\mu)=\xi l_0+\sum_{i=1}^{r}\xi_i l(\varepsilon_i). \qquad (10)$$

§3 (17), (18) の両式により，係数 ξ について

$$\xi=\frac{1}{s+t}\ln|N(\mu)|.$$

各実数 ξ_i は $\xi_i=k_i+\gamma_i$ の形に書ける——ここで k_i は整，かつ $|\gamma_i|\leqslant 1/2$. μ と同伴な数 $\mu'=\mu\varepsilon_1^{-k_1}\cdots\varepsilon_r^{-k_r}$ に対して，分解 (10) は

$$l(\mu')=\frac{\ln a}{s+t}l_0+\gamma_1 l(\varepsilon_1)+\cdots+\gamma_r l(\varepsilon_r)$$

の形となる，ただし $a=|N(\mu)|=|N(\mu')|$. 以上を要約して，$\mathfrak{R}^{s+t}$ に次の性質をもつ有界集合が存在する，すなわち $|N(\mu)|=a$ なるすべての $\mu\in M$ に対して，これと同伴な適当な数 μ' が存在して，それの対数的表示がこの集合に含まれる．数 μ' に対しては，したがって，(2) の形の評価式が成り立つ．補題1により，M の数でこの評価式をみたすものはすべて数え上げることができる．その中から，与えられたノルム $N(\mu')$ をもつものを選別し，そのうち同伴なものは1つだけ代表として残せば，目標とする，M の数の組 $\mu_1, \cdots, \mu_k$ ——すなわち互いに同伴でなく，与えられたノルムをもち，他の $\mu\in M$ で同じノルムをもつものはすべて，このうちのどれか1つと同伴である——を得る．

本節の結果により，有限回の操作で，完全加群内に，与えられたノルムをもつすべての数を見出す（またはそれがないことを確かめる）方法がわかった．これによってまた，完全な分解形式による有理数の整数表現問題もすっかり解けてしまった．

問　題

1. 平方因子がない有理整数dに，少なくとも1つ $4k+3$ の形の素数因子ありとせよ．次のことを示せ，体 $R(\sqrt{d})$ の整環 $\{1, \sqrt{d}\}$ に属する各単数のノルムは $+1$ に等しい．

2. 次のことを示せ，$5+2\sqrt{6}$ は体 $R(\sqrt{6})$ における極大整環の基本単数である．

3. 不定方程式

$$3x^2-4y^2=11,$$

のすべての整数解を見出せ．

4. 次のことを示せ，3次体 $R(\theta)$, $\theta^3=6$ において，数 $\varepsilon=1-6\theta+3\theta^2$ は基本単数である．

§6. 加 群 の 類

我々の問題を考察する際，加群という概念が演ずる役割と関連して，与えられた代数的数体Kに属するすべての完全加群の集合について，より完全な記述をなすことは重要である．明らかに，このような加群の個数は無限である．しかし，そのうちで互いに，かなり似かよった性質の加群がある．これは，§1，**3**に定義されている相似な加群である．既知のように，相似な加群は同一の乗数環をもつ（§2 補題1），また与えられたノルムをもつ数を見出す問題は，相似な加群においては同値である（§1，**3**）．このことから，すべての相似加群を1つの類にまとめ，相似加群類の集合を研究することは自然である．本節において，次のことを示そう，代数的数体 K において与えられた整環 $\mathfrak{O}$ を乗数環としてもつ加群の相似類は有限個しか存在しない．この結果は Dirichlet の単数定理と共に代数的整数論の最も基本的な事柄に属する．その証明は，単数定理の証明と同様に，Minkowski の凸集合に関する補題に基づく．もう1つ重要な補助手段は加群のノルムなる概念である．

1. 加群のノルム　n 次の代数的数体 K において，任意の完全加群 M を考え，$\mathfrak{O}$ によりその乗数環を表わす．$\mathfrak{O}$ のどれか1つの基 $\omega_1, \cdots, \omega_n$ と M の基 $\mu_1, \cdots, \mu_n$ とを選ぶ．前者から後者への移行行列 $A=(a_{ij})$，すなわち等式

$$\mu_j=\sum_{i=1}^{n} a_{ij}\omega_i \qquad (1\leqslant j\leqslant n,\ a_{ij}\in R) \qquad (1)$$

によって定義された行列は，もちろん，加群 M に関係するだけでなく，基 ω_i と μ_i との選び方にも関係する．$\omega_1', \cdots, \omega_n'$ と $\mu_1', \cdots, \mu_n'$ とをそれぞれ加群 $\mathfrak{O}$ と M との他の基とし，$\mu_j'=\sum_{i=1}^{n} a_{ij}'\omega_i'$ $(a_{ij}'\in R)$ とせよ．行列 $A_1=(a_{ij}')$ は行列Aと次の関係にある

$$A_1=CAD, \qquad (2)$$

ただし $C=(c_{ij})$ と $D=(d_{ij})$ は整のユニモジュラ行列で，等式

$$\omega_j=\sum_{i=1}^{n}c_{ij}\omega_i',\quad \mu_j'=\sum_{i=1}^{n}d_{ij}\mu_i \qquad (c_{ij},\ d_{ij}\in R)$$

により定義されている（加群の１つの基から他の基への移行行列は，既知のように，常にユニモジュラである）．かくて，加群 M の不変量は，（２）式によって A を A_1 に替えても，不変であるような，A の成分による式なのである．このような不変量の完全系は，有理数成分の行列 A の，いわゆる単因子である．我々は，そのうちの最も簡単な，行列式 $\det A$ の絶対値を考察しよう．この不変性は明らかである：

$$|\det A_1|=|\det C|\cdot|\det A|\cdot|\det D|=|\det A|.$$

定　義　M を K における完全加群とし，$\mathfrak{O}$ をその乗数環とせよ．環 $\mathfrak{O}$ の基から加群 M の基への移行行列の行列式の絶対値は**加群 M のノルム**とよばれ，$N(M)$ と書かれる．

補足 §2 (12) 式により基 μ_i，ω_i の判別式 $D=D(\mu_1,\cdots,\mu_n)$，$D_0=D(\omega_1,\cdots,\omega_n)$（すなわち加群 M と $\mathfrak{O}$ との判別式，参照：§2, **5**）は互いに関係 $D=D_0(\det A)^2$ によって結ばれている．いま定義したノルムの概念により，この式を次の形に書くことができる

$$D=D_0N(M)^2. \qquad (3)$$

自分の乗数環に含まれる加群に対しては，（１）式によって定義される行列 (a_{ij}) は，明らかに，整であるから，このような加群のノルムは整数である．この場合，加群のノルムの意味は次の定理によって明らかになる．

定 理 1.　もし加群 M がその乗数環 $\mathfrak{O}$ に含まれるならば，そのノルム $N(M)$ は指数 $(\mathfrak{O}:M)$ に等しい．

この定理は次の命題の特別な場合である．

補 題 1.　もし M_0 は階数 n で，有限位数の元がないアーベル群であり，M は同じ階数 n の部分群であれば，指数 $(M_0:M)$ は有限でまた，これは

M_0 のどれかの基から M の任意な基への移行行列 A に対する行列式の絶対値に等しい.

証 明 $\omega_1, \cdots, \omega_n$ を M_0 の任意の基とせよ. §2 定理 2 により, 部分群 M に次の形の基が存在する,

$$\left.\begin{array}{l} \eta_1 = c_{11}\omega_1 + c_{12}\omega_2 + \cdots + c_{1n}\omega_n, \\ \eta_2 = \qquad\quad c_{22}\omega_2 + \cdots + c_{2n}\omega_n, \\ \cdots\cdots\cdots\cdots\cdots\cdots\cdots\cdots\cdots \\ \eta_n = \qquad\qquad\qquad\qquad c_{nn}\omega_n, \end{array}\right\}$$

ここに c_{ij} は有理整数で $c_{ii}>0$ $(1\leqslant i\leqslant n)$ である. 明らかに, $|\det A|$ は M_0 と M との基の選び方には関係しないから,

$$|\det A| = c_{11}c_{22}\cdots c_{nn}.$$

次の形の元を考えよう

$$x_1\omega_1 + \cdots + x_n\omega_n, \quad 0\leqslant x_i < c_{ii} \qquad (1\leqslant i\leqslant n) \tag{4}$$

そして, 群 M_0 の部分群 M による剰余類の完全代表系がこれらの元によって形成されることを証明しよう. $\alpha = a_1\omega_1 + \cdots + a_n\omega_n$ を M_0 の任意の元とせよ. a_1 を c_{11} で割り算して: $a_1 = c_{11}q_1 + x_1$, $0\leqslant x_1 < c_{11}$. すると

$$\alpha - q_1\eta_1 - x_1\omega_1 = a_2'\omega_2 + \cdots + a_n'\omega_n.$$

さて, もし a_2' を c_{22} で割り算して: $a_2' = c_{22}q_2 + x_2$, $0\leqslant x_2 < c_{22}$ とすると, 次の式を得る

$$\alpha - q_1\eta_1 - q_2\eta_2 - x_1\omega_1 - x_2\omega_2 = a_3''\omega_3 + \cdots + a_n''\omega_n.$$

この操作を n 回繰り返すと, 結局等式

$$\alpha - q_1\eta_1 - \cdots - q_n\eta_n - x_1\omega_1 - \cdots - x_n\omega_n = 0$$

に達する, ただし q_i と x_i とは有理整数で, $0\leqslant x_i < c_{ii}$. $q_1\eta_1 + \cdots + q_n\eta_n$ は M に属するから, この最後の式の意味は, α と (4) の形の元 $x_1\omega_1 + \cdots + x_n\omega_n$ とが, 部分群 M による同一の剰余類に属することである. 以上で証明されたのは, M による M_0 の各剰余類には (4) の形の代表が含まれることである. まだ残っている証明は, (4) の異なる元が異なる剰余類に属することである.

そうでないと仮定して，（4）からの2つの元 $x_1\omega_1+\cdots+x_n\omega_n$ と $x_1'\omega_1+\cdots+x_n'\omega_n$ との差が M に属するとしよう．$x_s\neq x_s'$ となるような最小の添え字を s $(1\leqslant s\leqslant n)$ としよう．すると

$$(x_s-x_s')\omega_s+\cdots+(x_n-x_n')\omega_n=b_1\eta_1+\cdots+b_n\eta_n$$

が整数 b_i で成り立つ．$\eta_1,\cdots,\eta_n$ の所へ ω_i で表わした式を代入し，両辺の ω_i の係数を比較すれば，容易に $b_1=0,\cdots,b_{s-1}=0$ なることが順次にわかり，さらにまた $c_{ss}b_s=x_s-x_s'$ である．この等式は，しかし，$0<|x_s-x_s'|<c_{ss}$ だから，整な b_s では不可能である．よって，（4）の元は実際に，M による M_0 の剰余類の完全代表系をなす．その個数は有限で $c_{11}c_{22}\cdots c_{nn}=|\det A|$ に等しいから，補題1と同時にまた定理1も証明された．

定理 2. 相似な加群 M と αM とのノルムは互いに

$$N(\alpha M)=|N(\alpha)|N(M)$$

で関係づけられている．

特に，整環 $\mathfrak{O}$ に相似な加群に対しては

$$N(\alpha\mathfrak{O})=|N(\alpha)|.$$

証明　$\mu_1,\cdots,\mu_n$ を M の基とするとき，αM の基としては，$\alpha\mu_1,\cdots,\alpha\mu_n$ をとることができる．α のノルム $N(\alpha)$ は基 μ_i から基 $\alpha\mu_i$ への移行行列 C の行列式である（参照：補足 §2, **2**）．§2, 補題1により，両加群 M と αM とは同一の乗数環をもつ．A と A_1 とによって，環 $\mathfrak{O}$ の基から，それぞれ基 μ_i と $\alpha\mu_i$ とへの移行行列を表わすと，$A_1=AC$ となり

$$N(\alpha M)=|\det A_1|=|\det A|\cdot|\det C|=N(M)|N(\alpha)|$$

を得る．定理の第2の命題は，$N(\mathfrak{O})=1$ なることから出る．

2. 類数の有限性　さて本節の基本定理の証明に移ろう．これは2つの補題に基づく．

補題 2. 体 K における，任意の完全加群 M_1 と，その任意の完全部分加

群 M_2 とに対して，中間加群 M（すなわち，条件 $M_1 \supset M \supset M_2$ をみたす加群）は有限個しかない.

証明 部分群 M_2 による M_1 の剰余類に，どれか任意に代表系 $\xi_1, \cdots, \xi_s$, $s=(M_1:M_2)$ を選べ．もし $\alpha_1, \cdots, \alpha_n$ が M_2 の基であれば，各元 $\theta \in M_1$ は一意的に $\theta=\xi_k+c_1\alpha_1+\cdots+c_n\alpha_n$ の形に表わされる，ここに ξ_k は代表のどれか1つで，$c_1, \cdots, c_n$ は有理整数である．$\theta_1, \cdots, \theta_n$ を中間加群 M の基とせよ．各 θ_j に対して c_{ij} を整数として表現 $\theta_j=\xi_{k_j}+c_{1j}\alpha_1+\cdots+c_{nj}\alpha_n$ が成り立つ．よって

$$M=\{\theta_1, \cdots, \theta_n\}=\{\theta_1, \cdots, \theta_n, \alpha_1, \cdots, \alpha_n\}$$
$$=\{\xi_{k_1}, \cdots, \xi_{k_n}, \alpha_1, \cdots, \alpha_n\}.$$

ところが，代表 $\xi_{k_1}, \cdots, \xi_{k_n}$ の選び方は，有限個の可能性しかあり得ないから，したがって，中間加群 M の個数は有限である.

系 任意の完全加群 $M_0 \subset K$ と任意の自然数 r とに対して，体 K の加群 M で M_0 を含み $(M:M_0)=r$ なるものは有限個しかない.

実際，商群 M/M_0 の有限性から，$rM \subset M_0$ が成り立ち，したがって，$(1/r)M_0 \supset M \supset M_0$.

補題 3. $n=s+2t$ 次の代数的数体 K に属する，判別式 D なる完全加群 M において，零と異なる数 α で，そのノルムが不等式

$$|N(\alpha)| \leqq \left(\frac{2}{\pi}\right)^t \sqrt{|D|} \tag{5}$$

をみたすものが存在する.

証明 正の実数 $c_1, \cdots, c_{s+t}$ を選んで，

$$c_1 \cdots c_{s+t}=\left(\frac{2}{\pi}\right)^t \sqrt{|D|}+\varepsilon \tag{6}$$

ならしめる，ここに ε は任意の正の実数である．§4 の定理2と4とから，加群 M に適当な数 α が存在して条件

$$|\sigma_k(\alpha)|<c_k \quad (1\leqslant k\leqslant s), \quad |\sigma_{s+j}(\alpha)|^2<c_{s+j} \quad (1\leqslant j\leqslant t)$$

をみたす．このような数のノルム

$$N(\alpha)=\sigma_1(\alpha)\cdots\sigma_s(\alpha)|\sigma_{s+1}(\alpha)|^2\cdots|\sigma_{s+j}(\alpha)|^2$$

は，明らかに，絶対値で積（6）を越えない．このことは，いくら ε を小さくしても成り立つから，M には，$\alpha\neq 0$ で不等式（5）をみたす数も存在する．

定 理 3.　代数的数体 K の各整環 $\mathfrak{O}$ に対して，$\mathfrak{O}$ を乗数環とする加群の相似類は有限個しかない．

証　明　M を，その乗数環が $\mathfrak{O}$ である任意の加群とせよ．D を加群 M の判別式とし，D_0 を整環 $\mathfrak{O}$ の判別式とせよ．加群 M 内に，条件（5）をみたす数 $\alpha\neq 0$ を選べ．（3）式により，条件（5）は書き換えて

$$|N(\alpha)|\leqslant\left(\frac{2}{\pi}\right)^t N(M)\sqrt{|D_0|}.$$

$\alpha\mathfrak{O}\subset M$ であるから，$\mathfrak{O}\subset(1/\alpha)M$．その上また，補題1と加群のノルムの定義とにより

$$\left(\frac{1}{\alpha}M:\mathfrak{O}\right)=N\left(\frac{1}{\alpha}M\right)^{-1}=\frac{|N(\alpha)|}{N(M)}\leqslant\left(\frac{2}{\pi}\right)^t\sqrt{|D_0|}$$

が成り立つ．以上で証明されたのは，乗数環 $\mathfrak{O}$ をもつ加群の各相似類には，次式をみたす加群 M' がある；

$$M'\supset\mathfrak{O}, \quad (M':\mathfrak{O})\leqslant\left(\frac{2}{\pi}\right)^t\sqrt{|D_0|}. \tag{7}$$

補題2の系により，体 K には条件（7）をみたす加群 M' は，常に，有限個しかない．したがって，乗数環 $\mathfrak{O}$ をもつ加群の相似類の個数も有限個である，定理3の証明終り．

注　意　代数的数体 K の2つの任意の完全加群 M_1 と M_2 とに対して，それらが相似であるかどうかの問題を，完全に実効的に解くことができる．このため，何よりまず，その乗数環を求める．もしそれらが異なるとわかれば，M_1 と M_2 とは相似でない．さて M_1 と M_2 とが同一の乗数環をもつとせよ．必要ならば，どちらか一方の加群をその相似なもので置き換えると，包含関係

$M_1 \supset M_2$ が成り立つようにできる*). 指数 $(M_1 : M_2) = a$ を計算する. もし $\alpha M_1 = M_2$ ならば, $\alpha \in \mathfrak{O}$ で $|N(\alpha)| = a$ である. それゆえ, 環 $\mathfrak{O}$ 内に, ノルムの絶対値が a に等しく, 互いに同伴でない数の完全系 $\alpha_1, \cdots, \alpha_k$ を見出しておく (§5, **4** により, このような数の組は実効的に見出せる). もし α が環 $\mathfrak{O}$ の任意の数で, $|N(\alpha)| = a$ であるならば, どれかの α_i と同伴であり, それゆえ $\alpha M_1 = \alpha_i M_1$ である. このあと, 加群 M_1 と M_2 との相似性の問題を解くのに必要なのは, したがって, 加群 M_2 と加群 $\alpha_i M_1$ $(1 \leqslant i \leqslant k)$ とを比較することである. 加群 M_1 と M_2 とが相似となるのは, M_2 がどれかの $\alpha_i M_1$ と一致するとき, またそのときに限る.

問　　題

1. 次のことを示せ, 有理数体と異なる, 任意の代数的数体には, 無限個の整環が存在する. (したがって, あらゆる可能な整環に属する, 相似類すべては無限個ある).

2. §4 の問題 2 を利用して, 次のことを示せ, 判別式 D の完全加群 M に, $\alpha \neq 0$ で条件

$$|N(\alpha)| \leqslant \left(\frac{4}{\pi}\right)^t \frac{n!}{n^n} \sqrt{|D|}$$

をみたすものがある ($n = s + 2t$ は, この代数的数体の次数).

3. 次数 $n = s + 2t$ の代数的数体 K の極大整環に, 問題 2 を適用しかつ Stirling の公式

$$n! = \sqrt{2\pi n}\left(\frac{n}{e}\right)^n e^{\theta/12n}, \qquad 0 < \theta < 1$$

を利用して, 次のことを示せ, 体 K の判別式 D_0 は不等式

$$|D_0| > \left(\frac{\pi}{4}\right)^{2t} \frac{1}{2\pi n} e^{2n-(1/6n)}$$

をみたす. かくて, 次数 n が増大するとき, 代数的数体の判別式は絶対値が無限大になる.

4. 次のことを示せ, 次数 $n > 1$ の, あらゆる代数的数体の判別式は ± 1 と異なる (Minkowski の定理).

5. 次のことを示せ, 与えられた値の判別式をもつ代数的数体は有限個しかない (Hermite の定理).

ヒント. 問題 3 により, 次のことを示せば十分である ; 体 K の次数 $n = s + 2t$ を固定

*) 定理 3 および補題 2 系の両証明参照.

したとき，与えられた判別式 D_0 をもつ体Kが有限個しかない．空間 $\mathfrak{R}^n$（点 $(x_1,\cdots,x_s,$ $y_1,z_1,\cdots,y_t,z_t)$ からなる）において，次のような集合 X を考察せよ；Xは $s>0$ のとき条件

$$|x_1|<\sqrt{|D_0|+1},\quad |x_k|<1\ (2\leqslant k\leqslant s),\quad y_j^2+z_j^2<1\ (1\leqslant j\leqslant t)$$

によって定義され，$s=0$ のときは条件

$$|y_1|<\frac{1}{2},\quad |z_1|<\sqrt{|D_0|+1},\quad y_j^2+z_j^2<1\ (2\leqslant j\leqslant t)$$

によって定義される．集合 X と，極大整環$\widetilde{\mathfrak{O}}$の数を表示する格子とに，Minkowski の凸集合に関する補題を適用して，次のことを示せ，K内に適当な原始元 $\theta\in\widetilde{\mathfrak{O}}$ が存在して，その特性多項式が有界な係数をもつ．

§7.　2元2次形式による数の表現

本節では，2元2次形式の場合について本章の問題を少し詳細に研究してみよう．すべての既約な有理形式 $ax^2+bxy+cy^2$ は，ある2次体で1次因数に分解するから，我々の問題は2次体における完全加群とその乗数環との研究に関係してくる．

1.　2次　　体　　2次体とは有理数体Rの各2次拡大のことである．まず初めに，この，代数的数体としてはごく簡単なものの叙述にとりかかろう．

$d\neq1$ を平方因子のない有理整数とせよ（正 または 負）．多項式 t^2-d は有理数体上既約だから $R(\theta)$——この多項式の根 θ をRに添加した体——はR上2次，すなわち2次体である．以下これを $R(\sqrt{d})$ と書こう．

容易にわかるように，逆にまた各2次体は今述べたような方法で得られる．これを証明してみよう．もし α が K に属し有理数でないならば，明らかに，$K=R(\alpha)$．α の，R 上の最小多項式は2次だから，ある有理数 p, q により $\alpha^2+p\alpha+q=0$．$\beta=\alpha+(p/2)$ とおけ；すると $\beta^2=(p^2/4)-q$．有理数 $(p^2/4)-q$ は c^2d の形に表わされる，ただし d は平方因数のない整数．明らかに，$d\neq1$ である，何となれば，もし $d=1$ とすると β は α ともども有理数となってしまう．さて $\theta=\beta/c$ とおけば，$\theta^2=d$ で $K=R(\theta)$，すなわち $K=R(\sqrt{d})$．

次のことを示そう，相異なるd（1とは異なり，平方因子をもたぬ）に対して体 $R(\sqrt{d})$ は異なる．実際，もし $R(\sqrt{d'})=R(\sqrt{d})$ ならば

$$\sqrt{d'}=x+y\sqrt{d}$$

が，ある有理数 x, y で成り立つ，よって

$$d'=x^2+dy^2+2xy\sqrt{d},$$

したがって

$$d'=x^2+dy^2,\quad 2xy=0.$$

もし $y=0$ ならば，$d'=x^2$ となるが，これはあり得ない．もし $x=0$ なら $d'=dy^2$ で，すなわち $d'=d$ である．

かくて次のことが証明された，すべての2次体はすべての有理数 $d\neq1$ で平方因子をもたないものと1対1に対応する．

2.　2次体における整環　体 $R(\sqrt{d})$ の数は

$$\alpha=x+y\sqrt{d}$$

の形をもつ，ただしxとyとは有理数．α の特性多項式は

$$t^2-2xt+x^2-dy^2$$

であるから，α が体 $R(\sqrt{d})$ の極大整環 $\tilde{\mathfrak{O}}$ に属するのは，$2x=\mathrm{Sp}(\alpha)$ と $x^2-dy^2=N(\alpha)$ とが有理整数であるとき，またそのときに限る．$2x=m$ とおけ．$(m^2/4)-dy^2$ が整でなければならぬし，またdは平方因数をもたぬから，有理数yの分母（既約分数の形で）は2だけが可能，すなわちnを整数として $y=n/2$．明らかに，$N(\alpha)=(m^2/4)-(dn^2/4)$ が整となるのは，条件

$$m^2-dn^2\equiv0 \pmod 4 \qquad (1)$$

が成り立つときに限る．この合同式の解は，明らかにdに関係する，詳しくは4を法としたdの値による．dは平方因数をもたぬ以上，$d\not\equiv0 \pmod 4$ であり，3つの場合だけ可能：

$$d\equiv1 \pmod 4;\quad d\equiv2 \pmod 4;\quad d\equiv3 \pmod 4.$$

もし $d\equiv1 \pmod 4$ なら，合同式（1）は $m^2\equiv n^2 \pmod 4$ となり，これ

は条件 $m\equiv n \pmod 2$ と同値，すなわち $m=n+2l$ で次式を得る

$$\alpha=\frac{m}{2}+\frac{n}{2}\sqrt{d}=l+n\frac{1+\sqrt{d}}{2},$$

ただし l と n とは整．かくて，この場合には極大整環 $\widetilde{\mathfrak{O}}$ の基として（すなわち体 $R(\sqrt{d})$ の最小基，§2 末尾を参照）1 と $\omega=(1+\sqrt{d})/2$ をとることができる．

さて次に，$d\equiv 2$ または $3 \pmod 4$ とせよ．もしも合同式（1）が奇数の n なる解をもつならば，$d\equiv m^2 \pmod 4$ からの帰結として，m が偶なら $d\equiv 0 \pmod 4$，m が奇なら $d\equiv 1 \pmod 4$ ということになる．しかしながら，これは初めの仮定に反する．そこで n が偶とすると，合同式 $m^2\equiv 0 \pmod 4$ から，m が偶なることを得る．かくていま考えている場合では，$x+y\sqrt{d}$ が体 $R(\sqrt{d})$ の極大整環 $\widetilde{\mathfrak{O}}$ に属するのは，整数 $x=m/2$, $y=n/2$ のときに限る．したがって，整環 $\widetilde{\mathfrak{O}}$ の基として，1 と $\omega=\sqrt{d}$ とをとることができる．

以下において，体 $R(\sqrt{d})$ の極大整環の基としては，常に 1, ω を考えることにする，ここで ω は $d\equiv 1 \pmod 4$ のとき $\omega=(1+\sqrt{d})/2$ で $d\equiv 2, 3 \pmod 4$ のときは $\omega=\sqrt{d}$.

今度は，体 $R(\sqrt{d})$ の任意の整環 $\mathfrak{O}$ を考えよう．$\mathfrak{O}$ は極大整環 $\widetilde{\mathfrak{O}}$ に含まれる（参照：§2, **4**）から，$\mathfrak{O}$ の各数は $x+y\omega$ ――x, y は有理整数―― の形をもつ．これらのうち係数 y が正の最小値なるものを選べ．それが $a+f\omega$ であるとせよ．a は，有理整数なるため $\mathfrak{O}$ に含まれるから，$f\omega\in\mathfrak{O}$．さて明らかに，$\mathfrak{O}$ のすべての $x+y\omega$ に対して，その係数 y は f で割れるから，$\mathfrak{O}=\{1, f\omega\}$ である．逆に，§2 補題 3 により，任意の自然数 f につき加群 $\{1, f\omega\}$ は環となる，すなわち体 $R(\sqrt{d})$ の整環である．相異なる自然数 f に対して整環 $\{1, f\omega\}$ も異なるから，我々は次の結果を得た：2 次体の整環のすべては，自然数のすべてと 1 対 1 に対応する．

以下において，整環 $\{1, f\omega\}$ を $\mathfrak{O}_f$ で表わす*)．容易にわかるように，数 f は整環 $\mathfrak{O}_f$ の極大整環 $\widetilde{\mathfrak{O}}=\mathfrak{O}_1=\{1, \omega\}$ における指数に等しい．かくて，2 次

*) f を $\mathfrak{O}_f$ の導手ともいう．高木［2］参照．

体の各整環は極大整環におけるその指数によって完全に定まる.

整環 $\mathfrak{O}_f$ の判別式 D_f を計算してみよう. 初めに, $d\equiv 1 \pmod 4$ と仮定しよう. $\mathrm{Sp}\sqrt{d}=0$ だから

$$\mathrm{Sp}\,\omega=\mathrm{Sp}\left(\frac{1+\sqrt{d}}{2}\right)=1,$$

$$\mathrm{Sp}\,\omega^2=\mathrm{Sp}\left(\frac{d+1}{4}+\frac{\sqrt{d}}{2}\right)=\frac{d+1}{2}$$

となり, したがって,

$$D_f=\begin{vmatrix}\mathrm{Sp}\,1 & \mathrm{Sp}\,f\omega\\ \mathrm{Sp}\,f\omega & \mathrm{Sp}\,f^2\omega^2\end{vmatrix}=\begin{vmatrix}2 & f\\ f & f^2\dfrac{d+1}{2}\end{vmatrix}=f^2d.$$

さて今度は, $d\equiv 2$ または $3 \pmod 4$ とすると,

$$D_f=\begin{vmatrix}\mathrm{Sp}\,1 & \mathrm{Sp}\,f\sqrt{d}\\ \mathrm{Sp}\,f\sqrt{d} & \mathrm{Sp}\,f^2d\end{vmatrix}=\begin{vmatrix}2 & 0\\ 0 & 2f^2d\end{vmatrix}=f^2\cdot 4d.$$

D_f に対する上述の式により, 2次体の各整環は その判別式によって一意的に定まる.

本項の結果を次の定理の形にまとめる.

定 理 1. $d\neq 1$ を平方因数をもたない有理整数とせよ. 2次体 $R(\sqrt{d})$ の極大整環 $\tilde{\mathfrak{O}}$ の基として 1, ω をとることができる, ただし $d\equiv 1 \pmod 4$ のとき $\omega=(1+\sqrt{d})/2$, $d=2, 3 \pmod 4$ のとき $\omega=\sqrt{d}$. 整環 $\tilde{\mathfrak{O}}$ の判別式 D_1 (すなわち, 体 $R(\sqrt{d})$ の判別式) は前者で d, 後者では $4d$ に等しい. 体 $R(\sqrt{d})$ の任意の整環 $\mathfrak{O}$ は $\mathfrak{O}_f=\{1, f\omega\}$ の形をもち, ここに f は指数 $(\tilde{\mathfrak{O}}:\mathfrak{O})$ である. 整環 $\mathfrak{O}_f$ の判別式は D_1f^2 に等しい.

3. 単　数　整環 $\mathfrak{O}_f$ のすべての数は, x, y を有理整数として $x+yf\omega$ の形に表わされるから, §2 定理 4 により $\mathfrak{O}_f$ のすべての 単数を見出すには, 不定方程式

$$N(x+yf\omega)=\pm 1 \tag{2}$$

が解ければよい，すなわち $d\equiv 1 \pmod 4$ のときは

$$x^2+fxy+f^2\frac{1-d}{4}y^2=\pm 1, \tag{3}$$

$d\equiv 2, 3 \pmod 4$ のときは

$$x^2-df^2y^2=\pm 1. \tag{4}$$

虚2次体に対しては $s=0,\ t=1,\ r=s+t-1=0$ であるから，この体の任意の整環における単数群は有限群で1のベキ根により尽くされる．この事実はまた，方程式（3），（4）が $d<0$ のとき整数解を有限個しかもたないこととも符合している．すなわち，$d=-1,\ f=1$ のとき方程式（4）は4解をもつ：$x=\pm 1,\ y=0;\ x=0,\ y=\pm 1$; これは1の4乗根 $\pm 1,\ \pm i$ に対応している．また $d=-3,\ f=1$ のとき，方程式（3）は6解をもつ：$x=\pm 1,\ y=0;\ x=0,\ y=\pm 1;\ x=1,\ y=-1;\ x=-1,\ y=1$; これは1の6乗根 $\pm 1,\ (\pm 1\pm i\sqrt{3})/2$ に対応している．虚2次体の，その他の整環に対しては，方程式（3），（4）はそれぞれ2解をもつ：$x=\pm 1,\ y=0$, すなわちその単数は ± 1 ですべて尽くされる．

実の2次体 $R(\sqrt{d})$, $d>0$ の場合は少し面倒である．この場合 $s=2,\ t=0$ で，したがって，$r=1$ だから，体 $R(\sqrt{d})$ の整環 $\mathfrak{O}_f$ に属する単数のすべては $\pm\varepsilon^n$ の形である，ここで ε はいわゆる，整環 $\mathfrak{O}_f$ の基本単数である．かくてこの場合，問題は基本単数 ε の決定に帰着する．ε と共に $1/\varepsilon,\ -\varepsilon,\ -1/\varepsilon$ も基本単数である．それゆえ $\varepsilon>1$ としてよい．明らかに，条件 $\varepsilon>1$ によって，基本単数 ε は一意的に定まる．

次のことを示そう，$\mathfrak{O}_f$ の単数 $\eta>1$ を基 $1,\ f\omega$ で $\eta=x+yf\omega$ と表わしたとき，係数 $x,\ y$ は正である（$d=5,\ f=1$ のときは $x=0$ があり得る）．各 $\alpha\in R(\sqrt{d})$ に対して，α' によりその共役を表わす，すなわち体 $R(\sqrt{d})$ の同型 $\sqrt{d}\to -\sqrt{d}$ による α の像．容易にわかるように，$\omega-\omega'>0$．$N(\eta)=\eta\eta'=\pm 1$ であるから，単数 η' は $1/\eta$ か，または $-1/\eta$ に等しい；どちらの場合も $\eta-\eta'>0$，すなわち，$yf(\omega-\omega')>0$，つまり $y>0$．さらに，$|\eta'|=|x+yf\omega'|<1$ で $f\omega'<-1$ だから——$d=5,\ f=1$ の場合を除外すれば——，

$x>0$（もし $d=5, f=1$ なら，$-1<f\omega'=(1-\sqrt{5})/2<0$ で $x\geqq 0$ を得る）.

$\varepsilon>1$ を整環 $\mathfrak{O}_f$ の基本単数とせよ．n を自然数とするとき，単数 $\varepsilon^n=x_1+y_1 f\omega$ に対して，$x_1>x$ かつ $y_1>y$. したがって，基本単数 $\varepsilon>1$ を見出すには，方程式（2）の整数解で最小正値の x, y をもつものを見出さねばならない．§5, **3** の諸結果を利用して，ある定数Cにより，この x, y の値を上から限ることができる，すると計算は有限回の試行に帰せられる．

すぐあとの証明で，基本単数の計算に必要な試行回数は，連分数論からの事実を利用すると，かなり短縮されることを示そう．これは次の定理のことである，もし互いに素な自然数 x, y と実数 $\xi>0$ とに対して不等式

$$\left|\frac{x}{y}-\xi\right|<\frac{1}{2y^2}$$

が成り立てば，x/y は必然的に，ξ を連分数展開したとき現われる近似分数の1つである*).

（2）により

$$\left|\frac{x}{y}+f\omega'\right|=\frac{1}{y(x+yf\omega)}.$$

もし $d\equiv 1 \pmod 4$ なら，$d=5, f=1$ の場合を別にして，次を得る

$$\left|\frac{x}{y}-f\frac{\sqrt{d}-1}{2}\right|=\frac{1}{y^2\left(\dfrac{x}{y}+f\dfrac{\sqrt{d}+1}{2}\right)}<\frac{1}{2y^2}$$

（$x/y>0$ かつ $f(\sqrt{d}+1)/2>2$ だから）．またもし $d\equiv 2, 3 \pmod 4$ ならば，$x^2=fdy^2\pm 1\geqq dy^2-1\geqq y^2(d-1)$ かつ $d\geqq 2$ である以上

$$\left|\frac{x}{y}-f\sqrt{d}\right|=\frac{1}{y(x+yf\sqrt{d})}\leqq\frac{1}{y^2(\sqrt{d-1}+\sqrt{d})}<\frac{1}{2y^2}$$

が成り立つ．前述の，連分数論での定理により，既約分数 x/y は，無理数 $-f\omega'$ を連分数展開したときの近似分数の1つである．方程式（2）の最小正解を見出すためには，したがって，$-f\omega'$ の近似分数の分子および対応する分母（あらかじめ計算しておいた定数Cを越えない）を試みればよい．実際の計

*) 高木［1］183頁参照.

算では次のようにやるのがよい．$-f\omega'$ に対して順次に（不完全）商*) q_k（$k \geqq 0$）を求め，と同時に，対応する近似分数の分子 P_k と Q_k とを計算する．この計算は，ある段階で $N(P_k+\omega f Q_k)$ が $+1$ または -1 に等しくなる迄続けられる．これは $P_k<C$ である間に必らず終り，基本単数 $\varepsilon=P_k+\omega f Q_k$ が得られる．（除外した場合の $d=5$, $f=1$ では，基本単数は $\omega=(1+\sqrt{5})/2$ である）．2つの例によって上述のことを示そう．

例 1.　体 $R(\sqrt{6})$ の整環 $\{1, 3\sqrt{6}\}$ の基本単数を求めるため，$-3\omega'=3\sqrt{6}$ を連分数展開する：

$$\sqrt{54}=7+(\sqrt{54}-7),$$

$$\frac{1}{\sqrt{54}-7}=2+\frac{\sqrt{54}-3}{5},$$

$$\frac{5}{\sqrt{54}-3}=1+\frac{\sqrt{54}-6}{9},$$

$$\frac{9}{\sqrt{54}-6}=6+\frac{\sqrt{54}-6}{2},$$

$$\frac{2}{\sqrt{54}-6}=1+\frac{\sqrt{54}-3}{9},$$

$$\frac{9}{\sqrt{54}-3}=2+\frac{\sqrt{54}-7}{5}.$$

同時に次表を作って行く：

k	0	1	2	3	4	5
q_k	7	2	1	6	1	2
P_k	7	15	22	147	169	485
Q_k	1	2	3	20	23	66
$P_k^2-54Q_k^2$	-5	9	-2	9	-5	1

*) 我が国では特に名称がない．ロシヤ語の不完全商とは a を b で割るとき，$a=bq+r$ の q のこと．

整環 $\{1, 3\sqrt{6}\}$ の基本単数は，したがって，$485+66\cdot 3\sqrt{6}=485+198\sqrt{6}$ に等しい*).

例 2. 体 $R(\sqrt{41})$ の基本単数を計算しよう．次の式が成り立つ：

$$\frac{\sqrt{41}-1}{2}=2+\frac{\sqrt{41}-5}{2},$$

$$\frac{2}{\sqrt{41}-5}=1+\frac{\sqrt{41}-3}{8},$$

$$\frac{8}{\sqrt{41}-3}=2+\frac{\sqrt{41}-5}{4},$$

$$\frac{4}{\sqrt{41}-5}=2+\frac{\sqrt{41}-3}{4},$$

$$\frac{4}{\sqrt{41}-3}=1+\frac{\sqrt{41}-5}{8}.$$

k	0	1	2	3	4
q_k	2	1	2	2	1
P_k	2	3	8	19	27
Q_k	1	1	3	7	10
$P_k^2+P_kQ_k-10Q_k^2$	−4	2	−2	4	−1

体 $R(\sqrt{41})$ の極大整環の基本単数は，かくて，

$$27+10\frac{\sqrt{41}+1}{2}=32+5\sqrt{41}.$$

4. 加　群　2次体の完全加群の研究に移ろう．各加群 $\{\alpha, \beta\}$ は加群 $\{1, \beta/\alpha\}$ に相似だから，$\{1, \gamma\}$ の形の加群に考察を限ってよい．

$R(\sqrt{d})$ の各無理数 γ は，ある有理整係数をもつ多項式 at^2+bt+c の根である．もし a, b, c に条件 $a>0$ と $(a,b,c)=1$ とを付ければ，与えられた γ

*) q_k を求める計算式において右辺の分母を見ると，絶対値で下の表の最下段と一致する．次の例でも同様なことがある．連分数論の一寸した練習問題．

に対して多項式 at^2+bt+c は一意的に定まる．以下において，これを $\varphi_\gamma(t)$ で表わす．明らかに，共役数 γ' に対して $\varphi_{\gamma'}(t)=\varphi_\gamma(t)$；さらに，等式 $\varphi_{\gamma_1}(t)=\varphi_\gamma(t)$ が成り立つのは，γ_1 が γ または γ' に等しいとき，またそのときに限る．

補 題 1. もし $R(\sqrt{d})$ の無理数 γ に対する多項式 $\varphi_\gamma(t)$ が at^2+bt+c ならば，加群 $M=\{1, \gamma\}$ の乗数環 $\mathfrak{O}$ は整環 $\{1, a\gamma\}$ で，その判別式 $D=b^2-4ac$ である．

証 明　x, y を有理数として $\alpha=x+y\gamma$ を考えよう．包含関係 $\alpha M\subset M$ は，結局，$\alpha\cdot 1=x+y\gamma\in M$ かつ

$$\alpha\cdot\gamma=-\frac{cy}{a}+\left(x-\frac{by}{a}\right)\gamma\in M$$

なることと同値であるから，α が $\mathfrak{O}$ に属するのは有理数

$$x,\ y,\ \frac{cy}{a},\ \frac{by}{a}$$

がすべて整なるとき——すなわち x, y は整でさらに，y は a で割れる（これは $(a,b,c)=1$ からでる）——，またそのときに限る．よって，$\mathfrak{O}=\{1, a\gamma\}$ が証明された．補題1の残りの証明は整環 $\mathfrak{O}$ の判別式の計算である：

$$D=\begin{vmatrix}\mathrm{Sp}\,1 & \mathrm{Sp}\,a\gamma\\ \mathrm{Sp}\,a\gamma & \mathrm{Sp}\,a^2\gamma^2\end{vmatrix}=\begin{vmatrix}2 & -b\\ -b & b^2-2ac\end{vmatrix}=b^2-4ac.$$

系　同じ記号で，加群 $\{1, \gamma\}$ のノルムは $1/a$ に等しい．

実際，基 $1,\ a\gamma$ から基 $1,\ \gamma$ への移行行列は

$$\begin{pmatrix}1 & 0\\ 0 & \dfrac{1}{a}\end{pmatrix}.$$

補 題 2. 加群 $\{1, \gamma_1\}$ と $\{1, \gamma\}$ とが相似なるための必要十分条件は γ と γ_1 とが次の関係で結ばれていることである

$$\gamma_1=\frac{k\gamma+l}{m\gamma+n},\tag{5}$$

ここで有理整数 k, l, m, n は

$$\begin{vmatrix} k & l \\ m & n \end{vmatrix}=\pm 1\tag{6}$$

をみたす.

証　明　同一の加群の2つの相異なる基はユニモジュラな変換で結ばれている（参照：§2, **1**）ゆえ，$\{\alpha, \alpha\gamma_1\}=\{1, \gamma\}$ から

$$\alpha\gamma_1=k\gamma+l,$$

$$\alpha=m\gamma+n,$$

が出る，ここで有理整数 k, l, m, n は条件（6）をみたしている．第1式を第2式で割り，（5）を得る．逆に，γ_1 と γ とが関係（5）で結ばれているとせよ．すると

$$\{1, \gamma_1\}=\frac{1}{m\gamma+n}\{m\gamma+n, k\gamma+l\}=\frac{1}{m\gamma+n}\{1, \gamma\}$$

(等式 $\{m\gamma+n, k\gamma+l\}=\{1, \gamma\}$ は（6）による)．補題2の証明終り．

体 $R(\sqrt{d})$ において，ある一定の整環 $\mathfrak{O}$ に属する加群を考えよう（すなわち，$\mathfrak{O}$ はこの加群の乗数環である)．§6 定理3により，この加群全体は有限個の相似類に分かれる．すぐあとで，この相似類に乗法を導入して，これに関して，与えられた整環 $\mathfrak{O}$ に属する全相似類が群をなすことを示そう．

$M=\{\alpha, \beta\}$ と $M_1=\{\alpha_1, \beta_1\}$ とが加群であるとき，その積 MM_1 とは加群 $\{\alpha\alpha_1, \alpha\beta_1, \beta\alpha_1, \beta\beta_1\}$ のことである（参照：§2 問題7）．明らかに，$\lambda\neq 0$ かつ $\mu\neq 0$ のとき

$$(\lambda M)(\mu M_1)=\lambda\mu(MM_1)\tag{7}$$

が成り立つ．各加群 M に対し，$[M]$ によって M を代表として含む相似類を表わす．（7）式から，類 $[MM_1]$ は類 $[M]$ と $[M_1]$ とのみに関係する．類 $[MM_1]$ を類 $[M]$ と $[M_1]$ との積をよぶ．2つの類を乗ずるには，したがって，両類の任意の代表を選べばよく，この積を含む相似類が与えられた両

類の積である．

各加群 M に対し，M' により，M のすべての数 α に共役な数 α' からなる加群を表わす．$\alpha+\alpha'=\mathrm{Sp}\,\alpha$ は有理数だから，$\alpha'\in R(\sqrt{d})$，すなわち M' は M と共に体 $R(\sqrt{d})$ の完全加群である．容易に分かるように，任意の整環 $\mathfrak{O}$ に対し，これと共役な加群 $\mathfrak{O}'$ は $\mathfrak{O}$ と一致する．これから，共役な2つの加群は同一の乗数環をもつ．

公式

$$MM'=N(M)\mathfrak{O} \tag{8}$$

を証明しよう，ただし $\mathfrak{O}$ は乗数環で，$N(M)$ は加群 M のノルムを表わす．

まず仮定して，加群 M は $\{1,\gamma\}$ の形とする．この場合，補題1の記号を利用して，次の式を得

$$\begin{aligned}MM'&=\{1,\gamma\}\{1,\gamma'\}=\{1,\gamma,\gamma',\gamma\gamma'\}\\&=\left\{1,\gamma,-\gamma-\frac{b}{a},-\frac{c}{a}\right\}\\&=\left\{1,\gamma,-\frac{b}{a},-\frac{c}{a}\right\}=\frac{1}{a}\{a,b,c,a\gamma\}.\end{aligned}$$

a,b,c は互いに素だから，これらの整係数1次結合全体は整数環 Z と一致し，したがって

$$MM'=\frac{1}{a}\{1,a\gamma\}=\frac{1}{a}\mathfrak{O}=N(M)\mathfrak{O}$$

（補題1の系）．さて M が任意の加群なるとき，$M=\alpha M_1$，ただし M_1 は $\{1,\gamma\}$ の形，と表わすことができる．§6 定理2により，

$$\begin{aligned}MM'&=\alpha\alpha' M_1M_1'=N(\alpha)N(M_1)\mathfrak{O}\\&=|N(\alpha)|N(M_1)\mathfrak{O}=N(M)\mathfrak{O}\end{aligned}$$

を得て，公式（8）は一般の場合も証明された．

今度は M と M_1 とを，同一の整環 $\mathfrak{O}$ に属する2つの加群とせよ．もし $\overline{\mathfrak{O}}$ を積 MM_1 の乗数環とすると，（8）式により

$$MM_1(MM_1)'=N(MM_1)\overline{\mathfrak{O}}.$$

他方において，加群の乗法は，明らかに，可換かつ結合的だから，両式 MM'

$=N(M)\mathfrak{O}$ と $M_1M_1'=N(M_1)\mathfrak{O}$ とを相乗して，

$$MM_1(MM_1)'=N(M)N(M_1)\mathfrak{O}$$

を得る．この等式を前出のものと比較しまた，異なる整環が相似ではあり得ないことに注意すると，等式 $\mathfrak{O}=\overline{\mathfrak{O}}$ に到達する．ついでに，等式 $a\mathfrak{O}=b\mathfrak{O}$ —— a, b は正の有理数——は $a=b$ のときのみ可能だから，次の公式を得る

$$N(MM_1)=N(M)N(M_1).$$

かくて，もし加群 M, M_1 が整環 $\mathfrak{O}$ に属するなら，その積 MM_1 はまた $\mathfrak{O}$ に属する．さらに，乗数環を $\mathfrak{O}$ とする各加群 M に対し，$M\mathfrak{O}=M$ かつ $M((1/N(M))M')=\mathfrak{O}$ がどちらも成り立つから，我々は次の結果を得る．

定 理 2. 2次体の，ある固定した整環に属する加群全体は，加群の積なる算法に関して可換群をなす．

この定理と §6 定理3とから容易に次が出る

定 理 3. 2次体の，与えられた乗数環をもつ加群の相似類全体は有限可換群をなす．

注意として，定理2，3はただ，2次体の加群に対してだけの特異なものであって，任意の代数的数体の非極大整環に属する加群に対しては真ではない（参照：§2 問題18）．

5. 加群と形式との対応　§1，3 により完全加群 $M\subset R(\sqrt{d})$ のおのおのの基 α, β に，有理係数の2元2次形式 $N(\alpha x+\beta y)$ が一意的に対応する．M の相異なる基に対応する形式は同値であるから，加群 M には形式の，1つの同値類が対応する．さらに，もし M の代わりにそれと相似な γM をとれば，対応する形式はすべて定数因数 $N(\gamma)$ が付加される．したがって，定数因数を別にして形式を考えるならば，加群の各相似類に，形式の同値類のどれかが対応するといってよい．この対応は，しかしながら，1対1とはならない．実際，共役な加群 $M=\{\alpha, \beta\}$ と $M'=\{\alpha', \beta'\}$ とは一般的に相似ではないが，

対応する形式は一致する．同様な現象は，明らかに，任意次数の分解形式に対しても生ずる．一般の場合においては，この不都合——形式の類と加群の類とが対応しない——を除去する自然な方法が，ちょっと見たところ，ないようである．2次体ではしかし，すぐあとでわかるように，1対1の対応が，形式の同値の定義と加群の相似の定義とを少し変更しさえすれば，可能となる．

定　義　有理整係数の2元2次形式 $f(x, y)=Ax^2+Bxy+Cy^2$ が**原始的**であるとは，係数の最大公約数が1に等しいことである．整数 B^2-4AC は原始形式 f の**判別式**とよばれる．

原始形式の判別式は，したがって，その行列式 $AC-(B^2/4)$ と因数 -4 だけ異なっている．

容易にわかるように，原始形式に対して，それと同値な形式はまたすべて原始的である．行列 C の変数変換を行なうと，2次形式の行列式は $(\det C)^2$ 倍される，すなわち $\det C=\pm 1$ でありさえすれば，これは不変である．よって，同値な原始形式は同一の判別式をもつ．

定　義　2つの原始形式が**真性同値**とは，一方から他方へ，変数の整係数線形変換——その行列式が $+1$——で移れることである．

原始2元2次形式の全体は真性同値類に分かれる．以下本項の末尾まで，形式の類といえば，真性同値のことであると約束する．しかしながら，次のこともしばしば起こる，2つの，非真性的に同値な形式（つまり一方から他方へ行列式が -1 なる変換で移れること）が真性同値にもなることがある．

さて今度は，加群の相似の新しい定義を与えよう．

定　義　2次体の2つの完全加群 M と M_1 とが**狭義の相似**とは，正のノルムをもつ，ある数 α により $M_1=\alpha M$ となることである．

虚2次体では，すべての $\alpha\neq 0$ のノルムは正であるから，これらの体においては狭義の相似概念は普通の相似概念と少しも異ならない．同様なことは，考えている加群の乗数環において $N(\varepsilon)=-1$ なる単数 ε が存在しさえすれば，やはり起こる．実際，もし $M_1=\alpha M$ かつ $N(\alpha)<0$ とすると，$\varepsilon M=M$ なる以上，$M_1=(\alpha\varepsilon)M$ が成り立ち，ここで $N(\alpha\varepsilon)>0$ である．逆に，狭義の相似が普通のと一致する，すなわち $M_1=\alpha M$ かつ $N(\alpha)<0$ から $N(\beta)>0$ なる β が存在して $M_1=\beta M$ が成り立つとせよ．$\varepsilon=\alpha\beta^{-1}$ とおくと $\varepsilon M=M$ が成り立つが，この意味は（参照：§2，**3**）ε が乗数環 $\mathfrak{O}$ の単数なることである，そのうえ $N(\varepsilon)=-1$.

かくて，狭義の相似概念が普通のと異なる場合はただ，実2次体の加群でその乗数環に含まれる単数がすべてノルム $+1$ をもつときだけである．明らかに，この場合，加群の広義の各相似類は，きっかり2つの狭義相似類に分かれる．

さて加群の類と形式の類との対応について述べよう．

体 $R(\sqrt{d})$ の各加群において，基 α, β としてその行列式

$$\Delta=\begin{vmatrix}\alpha & \beta \\ \alpha' & \beta'\end{vmatrix} \tag{9}$$

が条件

$$\left.\begin{array}{lll}\Delta>0 & d>0 & \text{のとき，} \\ \dfrac{1}{i}\Delta>0 & d<0 & \text{のとき，}\end{array}\right\} \tag{10}$$

をみたすようなものだけ考えよう：(既述のように，α' と β' とは $R(\sqrt{d})$ 内で α, β と共役な数を表わす．性質（10）をもつ，M の基は常に存在する：初めに選んだ基 α_1, α_2 が駄目なら，α_1 と α_2 とを入れ換えればよい)．

条件（10）をみたす加群 M の各基 α, β に，次の形式

$$\begin{aligned} f(x,y)&=Ax^2+Bxy+Cy^2 \\ &=\frac{N(\alpha x+\beta y)}{N(M)}=\frac{(\alpha x+\beta y)(\alpha' x+\beta' y)}{N(M)} \end{aligned} \tag{11}$$

を対応させよう（$N(M)$ は加群 M のノルム）．もし $\gamma=-\beta/\alpha$ に対して $\varphi_\gamma(t)=at^2+bt+c$（参照：**4** の頭初）を考えに入れると，明らかに，次が成り立つ

$$N(\alpha x+\beta y)=\frac{N(\alpha)}{a}(ax^2+bxy+cy^2)$$

他方において，補題1の系と §6 定理2とから，加群 $M=\alpha\{1,\gamma\}$ のノルムは $|N(\alpha)|/a$ に等しい．これより，係数 A, B, C は a, b, c とせいぜい符号が異なるだけである．以上要約して，形式 (11) は原始的でその判別式 B^2-4AC は加群 M に対する乗数環の判別式 b^2-4ac（補題1）と一致する．かくて次の写像を得た

$$\{\alpha, \beta\}\to f(x, y) \tag{12}$$

これは体 $R(\sqrt{d})$ の，条件 (10) をみたす各基 α, β に原始形式 $f(x, y)$ を対応させる（実数体の場合には，係数 A は負のこともありうる）．この際，明らかに，虚2次体の場合には形式 (11) はつねに正定符号であり，それゆえ負定符号形式は対応 (12) からはずされている．

定 理 4. $\mathfrak{M}$ を2次体 $R(\sqrt{d})$ に属する加群の狭義相似類全体とし，$\mathfrak{F}$ を，$d>0$ のときはすべての，$d<0$ のときは正定符号の，2元2次原始形式 ―― $R(\sqrt{d})$ で一次因数に分解する―― の真性同値類全体とせよ．写像 (12) は $\mathfrak{M}$ と $\mathfrak{F}$ との1対1の対応を与える；この際，加群の類のどれかが判別式Dをもつ乗数環に属するならば，対応する形式も判別式Dをもつ．

α, β および α_1, β_1 を体 $R(\sqrt{d})$ の2つの基で，その（9）の形の行列式が条件 (10) をみたすとせよ，かつこれらの基に形式 f および f_1 が対応するとせよ．定理4を証明するため，両形式 f, f_1 が真性同値となるのは両加群 $\{\alpha, \beta\}$, $\{\alpha_1, \beta_1\}$ が狭義の相似であるとき，またそのときに限ることを示さねばならない．さらにまた次も確かめねばならない，既約な各原始形式 $g(x, y)$ ($R(\sqrt{d})$ で1次因数に分解されるし，また $d<0$ のときはさらに正定符号) に対して，条件 (10) をみたす適当な基 α, β があって，それに対する形式 (11) が $g(x, y)$ と一致する．以上の一般的な指示だけで止めて，証明の詳細は読者に任せる．

3 において加群の相似類に対する積を定義した．全く同様に，加群の狭義相似類に対する積も定義できる．$\mathfrak{M}$ と $\mathfrak{F}$ との1対1の対応により，加群の類の乗法を形式の類へ移すことができる．このように定義された$\mathfrak{F}$における乗法は

形式類の合成とよばれている（この名称は，この算法を初めて考察したGaussに由来する）．ある固定した乗数環に属する，加群類の全体は，容易にわかるように，群をなすから，したがって，与えられた判別式Dをもつ原始形式の全体（$D<0$ のときは正定符号なもの全体）はまた群をなす．

6. 2元2次形式による数表現と加群の相似 本項において次のことを示そう，2元2次形式による整数の表現を求める問題は2次体における加群の相似問題に帰せられる．

$f(x, y)$ を原始2元2次形式で，判別式 $D\neq 0$，2次体 $R(\sqrt{d})$ で1次因数に分解するとし，mを自然数とせよ．$D<0$ の場合は，形式fを正定符号と仮定しよう．問題は不定方程式

$$f(x, y)=m \tag{13}$$

のすべての整数解を見出すことにある（$m<0$, $D>0$ の場合はfの代わりに形式 $-f$ を考えればよいから，正数値 m に限ろう）．定理4により，形式 f を次の形に表わすことができる

$$f(x, y)=\frac{N(\alpha x+\beta y)}{N(M)}, \tag{14}$$

ここで加群Mの基 α, β は条件（10）をみたす．写像 $(x, y)\to\xi=\alpha x+\beta y$ により，方程式（13）の解と $\xi\in M$ でノルム $N(\xi)=mN(M)$ なるものとが1対1に対応する．方程式（13）の2つの解が同伴であるとは，対応する，Mの2数が同伴なるときをいうことにする．容易に確かめられるように，解の同伴概念は表現（14）の選び方に関係しない．$\mathfrak{O}$ によって M の乗数環を表わし，Cは狭義の加群類でMを代表として含むものとする．定理4により類 C は形式fにより一意的に定まる．

$\xi\in M$ でノルム $mN(M)$ なる数があると仮定しよう．加群 $A=\xi M^{-1}$ を考える．$AM=\xi M^{-1}M=\xi\mathfrak{O}\subset M$ だから，加群 A は $\mathfrak{O}$ に含まれる．そのノルムは $N(\xi)N(M)^{-1}=m$．また明らかに，Aは逆の類 C^{-1} に含まれる．

逆に，仮定して，類 C^{-1} の加群Aが $\mathfrak{O}$ に含まれ，ノルムmをもつとせよ．

すると，正のノルムをもつあるξについて等式 $A=\xi M^{-1}$ が成り立ち，これから $\xi\in MA\subset M$ かつ $N(\xi)=mN(M)$．もし A_1 が C^{-1} からの他の加群で $\mathfrak{O}$ に含まれ，ノルムmをもつとせよ，そして $A_1=\xi_1 M^{-1}$, $N(\xi_1)>0$ とすると，$A_1=\xi_1\xi^{-1}A$ となり，すなわち A_1 が A と一致するのは ξ_1 が ξ と同伴なるとき，またそのときに限る．

かくて，次の定理が証明された．

定 理 5. 形式 $f(x, y)$ は乗数環 $\mathfrak{O}$ をもつ加群の類（狭義の）に対応するとせよ．方程式 (13) の解の全同伴類は次のような加群Aのすべてと１対１対応する，すなわちこのAは逆の類 C^{-1} に属し乗数環 $\mathfrak{O}$ に含まれ，ノルムmをもつ．加群Aに対応する解 (x, y) は，$A=\xi M^{-1}$, $N(\xi)>0$ となるような数 ξ によって定まる，ただしMは類Cに属する加群である．

任意の自然数mに対して，乗数環 $\mathfrak{O}$ をもつ加群Aで $\mathfrak{O}$ に含まれ，ノルムmをもつようなものをすべて書き上げることは容易にできる．Aをこのような加群とせよ．kにより，Aに含まれる最小自然数を表わそう．すると加群Aを次の形に書ける

$$A=\{k, k\gamma\}=k\{1, \gamma\}.$$

生成元γはここで，符号と整数の差とだけ除いて一意的に定まる．それゆえ，γ の選択を次のようにできる，第一に

$$\left.\begin{array}{lll} d<0 & \text{なるとき} & \mathrm{Im}\,\gamma>0, \\ d>0 & \text{なるとき} & \mathrm{Irr}\,\gamma>0 \end{array}\right\} \tag{15}$$

（記号 $\mathrm{Irr}\,\gamma$ は数γ の無理部分を表わす)，第二にγ の有理部分は区間 $(-1/2, 1/2]$ に含まれる．γ に対して補題１の記法を用いて，これを

$$\gamma=\frac{-b+\sqrt{D}}{2a} \tag{16}$$

の形に表わせば，第二の条件は次の形となる

$$-a\leqslant b<a. \tag{17}$$

等式 $\mathfrak{O}=\{1, a\gamma\}$（参照：補題１の証明）と条件 $A\subset\mathfrak{O}$ とより，容易に，kが

a で割り切れることが出る，すなわち整数 s で $k=as$. そこで $m=N(A)=k^2/a$（補題1の系）だから，

$$m=as^2. \tag{18}$$

次のことを示そう，このようにして加群Aを

$$A=as\{1, \gamma\} \tag{19}$$

の形——ここで a, s, γ は条件 (18), (15) および (17) をみたす——に表わしたが，これは一意的である．実際，もし $as\{1,\gamma\}=a_1s_1\{1,\gamma_1\}$——$a_1$, s_1 および γ_1 は同じ条件をみたす——ならば，$as=a_1s_1$ となり，すなわち $\{1,\gamma\}=\{1,\gamma_1\}$. 補題1の系により，この式から $a=a_1$ を得て，したがって，$s=s_1$. さらに，加群 $\{1,\gamma\}$ の生成元 γ で条件 (15), (17) をみたすものは一意的に定まるから，$\gamma=\gamma_1$.

さて逆に，与えられた m に対して，自然数 a, s が (18) 式をみたすように選ばれたと仮定せよ．もし b と c とが条件

$$b^2-4ac=D, \quad (a,b,c)=1, \quad -a\leqq b<a \tag{20}$$

をみたすならば，(16) の形の γ に対して加群 $A=as\{1,\gamma\}$ は，自己の乗数環 $\mathfrak{O}=\{1, a\gamma\}$ に含まれ，かつそのノルムは $a^2s^2(1/a)=m$ に等しい．

かくて，我々の必要とする加群Aは，もし整数の4つ組 $s>0, a>0, b, c$ で条件 (18), (20) をみたすものが見つかれば，それで求められる．

もしも適当な算法によって，体 $R(\sqrt{d})$ の2つの完全加群の狭義の相似問題を解くことができるならば，ノルム m をもつすべての加群 $A\subset\mathfrak{O}$ を書き上げておいて，そのうちから加群 M^{-1} に相似なものを選別できるはずである．定理5により，これらが方程式 (13) のすべての解を与える．

定理5から，容易に次の命題を得る．

定理 6. 自然数 m が判別式 D の，ある原始2元2次形式によって表わされるための必要十分条件は判別式 D の整環 $\mathfrak{O}$ に含まれかつこれを乗数環とする加群Aでノルムがmなるものが存在することである．この条件はまた次と同値である：整数 $s>0$, $a>0$, b, c が存在して，条件 $m=as^2$, $b^2-4ac=D$, $(a,$

$b, c)=1$, $-a \leqslant b < a$ をみたす．

D が極大整環 $\tilde{\mathfrak{O}}$ の判別式である場合には，定理6の第2の主張はもっと簡単になる．すなわち次が成り立つ

定理 7. D を2次体の判別式とせよ（すなわち極大整環の判別式）．自然数 $m=as^2$ ——ここに a は平方因数がない—— が判別式 D の，ある原始2元2次形式によって表わされるための必要十分条件は合同式

$$x^2 \equiv D \pmod{4a} \tag{21}$$

が可解なることである．

この定理7の証明は読者に任せる．

7. 虚2次体における加群の相似　虚2次体 $R(\sqrt{d})$, $d<0$ の場合には，加群の相似問題について，特に簡単な方法がある．

数 $\boldsymbol{\alpha} \in R(\sqrt{d})$ の，空間 $\mathfrak{R}^2$ による幾何学的表示（参照：§3, **1**）は複素数を複素平面によって表示する普通の方法と一致する．完全加群 $M \subset R(\sqrt{d})$ の数は，この際，$\mathfrak{R}^2$ におけるある完全格子の点（ベクトルといってもよい）によって表示される．本項では以下，複素数と平面 $\mathfrak{R}^2$ での表示とを区別しないことがしばしばある．これと関連して，Mに対応する $\mathfrak{R}^2$ の格子もMと書く．格子 M のすべての点を複素数 $\xi \neq 0$ 倍することは，結局，格子 M を角 $\arg \xi$ だけ回転（原点のまわりに）し $|\xi|$ 倍に拡大することだから，相似な加群 M と ξM とに対して対応する両格子は初等幾何の意味で相似である．この簡明な性質に基づいて，以下の説明がなされている．

平面上の格子の相似問題はおのおのに特殊な基，いわゆる簡約された基を作ることによって解かれる．簡約された基 $\boldsymbol{\alpha}, \boldsymbol{\beta}$ は最短の零でないベクトル $\boldsymbol{\alpha}$ と，それに共線でないベクトルのうち最短な $\boldsymbol{\beta}$（さらに，いくつかの補足的な条件をみたす）とからなる．任意の格子 M において，このようなベクトル $\boldsymbol{\alpha}$, $\boldsymbol{\beta}$ はつねに基をなすことを示そう．実際，もしもそうでないとすると，M に

ベクトル $\xi=u\alpha+v\beta$ があって，この係数の実数 u, v が同時に整とはならぬ．このベクトルに α, β の適当な整1次結合を加えて，明らかに，$|u|\leqslant 1/2$ かつ $|v|\leqslant 1/2$ ならしめ得る．もし $v\neq 0$ ならば，β の選び方から $|\xi|\geqslant|\beta|$ のはずだが，それは次の不等式と矛盾する

$$|\xi|<|u\alpha|+|v\beta|\leqslant\frac{1}{2}|\alpha|+\frac{1}{2}|\beta|\leqslant|\beta|.$$

もしも $v=0$ ならば，$|\xi|=|u\alpha|\leqslant\frac{1}{2}|\alpha|<|\alpha|$ となり α の選び方に反する．かくて我々の主張は証明された．

もし α が最短のベクトルのどれか1つで，β はそれに共線でないベクトルのうち最短なものであれば，ベクトル β をベクトル α 上に射影したものの長さは $|\alpha|/2$ を越えない．実際，ベクトル $\beta+n\alpha$（n は整）のうちに，明らかに，射影の長さ $\leqslant|\alpha|/2$ のものが存在する．他方，ベクトル $\beta+n\alpha$ のうちで最短は最短の射影をもつベクトルである*)．

さて与えられた格子 M に対して，零でない最短ベクトルの全体を考え，その個数を w と書く．α と共に $-\alpha$ も最短だから，個数 w は偶である．さらに，相異なる最短ベクトル α, α' 間の角は $\pi/3$ より小ではない，というのはもしも小ならば，この格子に属するベクトル $\alpha-\alpha'$ はより短かい長さをもつ．したがって，$w\leqslant 6$ すなわち，最短ベクトルの個数として可能なのは：$w=2$, $w=4$, $w=6$.

格子 M において**簡約された基**の構成にとりかかろう．もし $w=2$ なら，α としては，2つの最短ベクトルのどちらか1つをとる．α と共線でないベクトルのうち，最短なるものは2つまたは4つである（参照：図1および2）．β としては，α から β まで正の方向に測った角（時計の針と反対方向）φ が最小のものをとる．もし $w=4$ または $w=6$ なら，簡約された基として選ぶのは，最短の1ついベクトル α, β で α から正の方向へ β まで測った角 φ が最小となるようなものである．

容易に分かるように，簡約された基は格子自身によって一意的に定まる，た

*) 初等幾何の問題として考えると簡単．

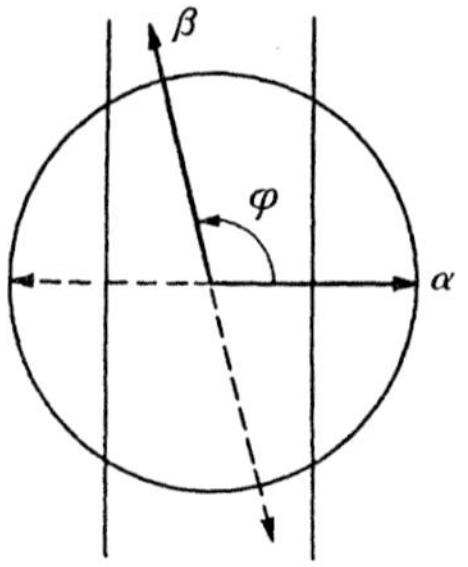

図 1.

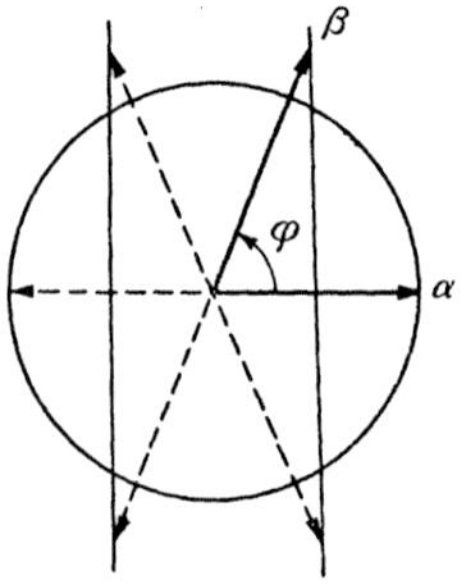

図 2.*)

だし格子を自分自身に写す回転は除いて．詳しくいえば，$w=2$ のときまたは $w=4$ かつ $\pi/3<\varphi<\pi/2$（参照：図3）のときは，2つの簡約された基が存在し，π の整数倍回転によってお互いに重ね合わされる．$w=4$, $\varphi=\pi/2$（図4）のときは，正方格子を相手にするわけで，4つの簡約された基をもち，$\pi/2$ の整数倍回転で互いに重ね合わされる．最後に，$w=6$ のときは，6つの簡約された基があり，$\pi/3$ の整数倍回転で互いに重ね合わされる（図5；円周は6等分される，なんとなれば最短のベクトルの間の角は $\pi/3$ より小さくないから）．

簡約された基の概念を用いると，今度は簡単に，平面上の格子の相似問題が解かれる．

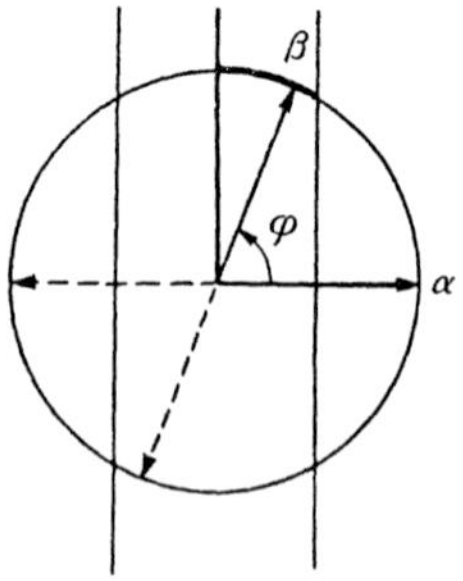

図 3.

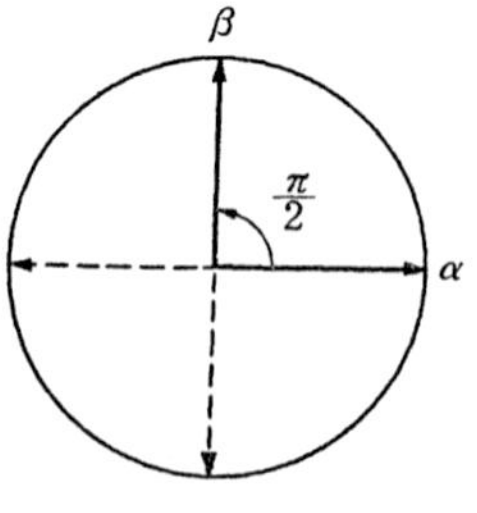

図 4.

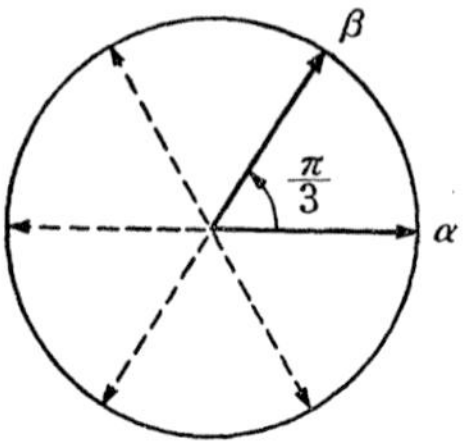

図 5.

---

*) ベクトル β の先端は直線上にある．

定理 8. $\mathfrak{R}^2$ における格子 M と M_1 とが相似となるのは，その簡約された基が相似であるとき，またそのときに限る（すなわち，回転と一様な拡大とによって重ね合わされる）．

証明　α, β および α_1, β_1 を格子 M と M_1 との簡約された基とせよ．もし $\xi M=M_1$ ならば，$\xi\alpha, \xi\beta$ は，明らかに，M_1 の簡約された基となる．この基は，すでにわかったように，適当な角だけ回転すれば基 α_1, β_1 に一致しなければならぬ；それゆえ適当な数 η（1の1，2，4または6乗根）が存在して，$\eta\xi\alpha=\alpha_1$，$\eta\xi\beta=\beta_1$ となる．かくて，基 α_1, β_1 は基 α, β から角 $\arg(\eta\xi)$ だけの回転と $|\eta\xi|$ 倍の拡大によって得られる，これは両基が相似であることを意味する．定理の命題中，逆の部分は明らかである．（証明終り）．

虚2次体に属する加群の相似の叙述に移ろう．M を $R(\sqrt{d})$, $d<0$ に属する任意の加群とし，α, β を M の簡約された基のどれかとせよ．相似な加群 $(1/\alpha)M=\{1, \gamma\}$, $\gamma=\beta/\alpha$ に移ろう．基 $1, \gamma$ はここでも，簡約されている．簡約された基の定義から容易にわかるように，数 γ は次の条件をみたす：

$$\operatorname{Im}\gamma>0, \tag{22}$$

$$-\frac{1}{2}<\operatorname{Re}\gamma\leqslant\frac{1}{2}, \tag{23}$$

$$\left.\begin{array}{lll} -\frac{1}{2}<\operatorname{Re}\gamma<0 & \text{のとき,} & |\gamma|>1, \\ 0\leqslant\operatorname{Re}\gamma\leqslant\frac{1}{2} & \text{のとき,} & |\gamma|\geqslant 1. \end{array}\right\} \tag{24}$$

定義　虚2次体の数 γ が**簡約**されているとは，それが条件 (22)，(23) かつ (24) をみたすことである．γ と共に加群 $\{1,\gamma\}$ も**簡約**されているという．

数 γ の簡約性を幾何学的に書き換えると，γ の複素平面での表示が図6で示された領域 Γ に属することを意味する（境界のうち，i を含んで太線の部分は Γ に含まれ他はだめ）．

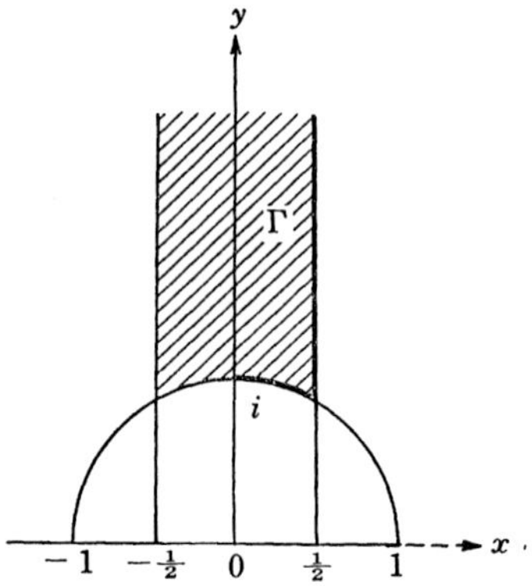

図 6.

定 理 9. 虚2次体 $R(\sqrt{d})$, $d<0$ に属する加群の各相似類に1つ，しかも1つだけ簡約された加群が存在する．

証 明 各類に簡約された加群が存在することはすでに証明した．残りの証明は，相異なる簡約された加群が相似でないことを示すことである．このため，初めに任意の簡約された $\gamma=x+yi$ に対して，$1, \gamma$ が格子 $\{1,\gamma\}$ の簡約された基をなすことを示そう．確かめるべきことは，$\{1,\gamma\}$ のベクトルで，実軸上にないもののうち γ が最短なること，すなわち $|k+l\gamma|\geqslant|\gamma|$ が任意の整数 k と $l\neq0$ とについて成り立つこと．$|x|\leqslant1/2$ だから，

$$|k\pm\gamma|^2=(k\pm x)^2+y^2\geqslant x^2+y^2=|\gamma|^2.$$

$|l|\geqslant2$ ならどうかというと

$$|k+l\gamma|^2\geqslant l^2y^2>2y^2>x^2+y^2=|\gamma|^2$$

となり，我々の主張が証明される．さて γ と γ_1 とを2つの簡約された数とせよ．もし加群 $\{1,\gamma\}$ と $\{1,\gamma_1\}$ とが相似ならば，定理8によって基 1, γ と 1, γ_1 とは相似である．しかるにこれは，容易にわかるように，$\gamma=\gamma_1$ のときのみ可能である．これで定理9は完全に証明された．

虚2次体における加群の相似問題を完全に解くためには，与えられた加群に相似な簡約された加群を見出す算法をもたねばならぬ．このような算法は問題

24に定式化されている．加群 M_1 と M_2 とが相似かどうかを知るために，それと相似な簡約された加群を見出す：初めの加群 M_1 と M_2 とが相似となるのは，それらに対応する簡約された加群が一致するとき，またそのときに限る．

注　意　定理9の証明において，考えている加群が虚2次体に含まれている事実を，どこにも実質的に使っていない．したがって，この定理の主張は，平面上の任意の格子に対して成り立つ：複素平面上の各格子はただ1つの格子 $\{1, \gamma\}$――ここで γ は図6に示された領域 Γ に属する数――に相似である．

補題2により（これは少しの変更もなしに，任意の平面格子に適用可能）2つの格子 $\{1, \lambda\}$, $\{1, \gamma\}$ が相似となるのは，λ と γ とが次の関係によって結ばれているとき，またそのときに限る：

$$\lambda=\frac{k\gamma+l}{m\gamma+n}, \qquad kn-ml=\pm 1,$$

ただし k, l, m, n は有理整数．このような，実でない複素数の組は**モジュラ同値**とよばれる．かくて，上記の結果は，実でない各複素数は領域 Γ に属するただ1つの数にモジュラ同値であることを意味する．領域 Γ 自身はしばしば**モジュラ図**とよばれる．上述のことにより，その点は平面の格子の相似類と1対1に対応する．平面格子の相似問題は多くの問題，特に楕円関数論，との関連で遭遇する．各楕円関数体はその週期格子によって与えられ，しかも2つの楕円関数体が同型となるのは対応する週期格子が相似であるとき，またそのときに限る（たとえば，C. Chevalley, "Introduction to the Theory of Algebraic Functions of One Variable", New York 1951）．かくて，モジュラ図の点は互いに同型でない楕円関数体の型に一意的に対応する．

さて今度は，判別式 $D<0$ をもつある固定された整環に属する加群の相似類を考えよう．加群 $\{1, \gamma\}$, $\gamma\in\Gamma$ が整環 $\mathfrak{O}$ に属するとせよ．γ に対して，補題1の記法を用いて

$$\gamma=\frac{-b+i\sqrt{|D|}}{2a}$$

の形に書くと，条件 (23)，(24) から次のようになる：

$$\left.\begin{array}{l} -a\leqslant b<a, \\ b\leqslant 0 \quad \text{のとき} \quad c\geqslant a \\ b>0 \quad \text{のとき} \quad c>a \end{array}\right\} \tag{25}$$

かくて，虚2次体において，判別式Dの整環に属する簡約された加群の完全系を得るためには，整数の3つ組 $a>0$, b, c で不等式 (25) および次の条件をみたすものを見出せばよい

$$D=b^2-4ac, \qquad (a,b,c)=1. \tag{26}$$

§6 定理3によって，このような3つ組は有限である，しかしながら，これは直接にも明らかである，何となれば不等式

$$|D|=4ac-b^2\geqslant 4a^2-a^2=3a^2,$$

$$|b|\leqslant a<\sqrt{\frac{|D|}{3}}$$

により，与えられた D につき，a, b したがって c に対する可能性は有限個しかない．

例 1. 体 $R(\sqrt{-47})$ の極大整環に属する加群の類数を見出そう．ここで $D=-47$ だから $|b|\leqslant a<\sqrt{47/3}$．さらにまた，奇の$D$には$b$も奇なることに注意すれば，可能なのは次の通り：$b=\pm 1$, $b=\pm 3$．第2の場合には次のようになるはず：$b^2-D=56=4ac$, $ac=14$, $3\leqslant a\leqslant c$，しかしこれは不可能．そこで $b=\pm 1$ とすると，$b^2-D=48=4ac$ だから

$$a=1,\ c=12; \quad a=2,\ c=6; \quad a=3,\ c=4.$$

$b=1=a$ の場合は除外すべきだから，体 $R(\sqrt{-47})$ の極大整環に対して5個の相似類がある．これらの類の代表は簡約された加群 $\{1,\gamma\}$ である，ここに γ は次のどれかに等しい：

$$\frac{1+i\sqrt{47}}{2}, \quad \frac{\pm 1+i\sqrt{47}}{4}, \quad \frac{\pm 1+i\sqrt{47}}{6}.$$

前項で注意したが，2次体における加群の相似問題に対する解の算法が存在すれば (13) の形の方程式が解けるようになる．

例 2.　加群 $M=\{13, 1+5i\}$ に属する，ノルム 650 をもつ数のすべてを見出そう．ここで乗数環は $\mathfrak{O}=\{1, 5i\}$，この判別式は $D=-100$．$N(M)=13$ だから，まず第一に整環 $\mathfrak{O}$ に属する加群 $A\subset\mathfrak{O}$ でノルム $m=650/13=50$ なるものを書き上げねばならない．条件 (18)，(20) により次の可能性がある：

1)　$s=5,\quad a=2,\quad b=-2,\quad c=13;$

2)　$s=1,\quad a=50,\quad b=10,\quad c=1;$

3)　$s=1,\quad a=50,\quad b=-10,\quad c=1;$

4)　$s=1,\quad a=50,\quad b=-50,\quad c=13.$

これら4つの各場合に対して，(19) の形の A を作り，それと相似な簡約された加群を見出そう：

$$10\left\{1, \frac{1+5i}{2}\right\},$$

$$50\left\{1, \frac{-1+i}{10}\right\}=(-5+5i)\{1, 5i\},$$

$$50\left\{1, \frac{1+i}{10}\right\}=(5+5i)\{1, 5i\},$$

$$50\left\{1, \frac{5+i}{10}\right\}=10i\left\{1, \frac{1+5i}{2}\right\}.$$

また，M^{-1} に対する簡約された加群も見出そう：

$$M^{-1}=\left\{1, \frac{1-5i}{13}\right\}=\frac{1-5i}{13}\left\{1, \frac{1+5i}{2}\right\}.$$

2) と 3) との場合の加群 A は，M^{-1} に相似でないから，捨てる．残りの 1) と 4) とについて，等式 $A=\xi M^{-1}$ は $\xi=5+25i$ と $\xi=-25+5i$ のときみたされる．$\mathfrak{O}$ には2つの単数 ± 1 があるだけだから，結局加群 M に4個の数：$\pm(5+25i)$ と $\pm(-25+5i)$ とがノルム 650 をもつ．

この例によってまた次のことが確かめられた，方程式 $13x^2+2xy+2y^2=50$ は4つの整数解をもつ：

$$x=0,\ y=5;\quad x=0,\ y=-5;$$
$$x=2,\ y=-1;\quad x=-2,\ y=1.$$

例 3.　形式 x^2+y^2 によって，いかなる自然数が表わされるか？

この形式の判別式は $D=-4$ に等しい．体 $R(\sqrt{-1})$（判別式-4）の整環 $\mathfrak{O}=\{1, i\}$ には簡約された加群がただ1つしかない，なんとなれば条件 (25) と (26) とは $a=c=1$, $b=0$ のときにだけ成り立つから．すなわち整環 $\mathfrak{O}$ に属する加群はすべて互いに相似であり，したがって，判別式 -4 の2元2次形式はすべて x^2+y^2 に同値である．しかるに，同値な形式の表わす数全体は一致するから，定理6により形式 x^2+y^2 が m を表わすのは，整環 $\mathfrak{O}$ に属する加群 $A\subset\mathfrak{O}$ でノルム m なるものがあるとき，またそのときに限る．もしこのような加群が存在するとき，適当な s, a, b, c について次の等式が成り立つ：

$$m=as^2, \quad D=-4=b^2-4ac, \quad (a, b, c)=1.$$

b はここでは必然的に偶，$b=2z$ であり，かつ z は合同式

$$z^2\equiv-1 \pmod{a} \tag{27}$$

をみたす．逆に，もしこの合同式が，適当な $a=m/s^2$ について可解だとする——すなわ $z^2=-1+ac$——ならば，容易にわかるように，$(a, 2z, c)=1$ であり，結局，整環 $\mathfrak{O}$ に属する加群 $A\subset\mathfrak{O}$ でノルム m をもつものが存在する，すなわち m は形式 x^2+y^2 によって表わされる．

合同式 (27) が解けるのは，既知のように*)，a が4で割れず，かつ $4k+3$ の形の素数で割れないとき，またそのときに限る．さて a が含む素数は，m の素因子のうち奇数ベキで現われるもの全部であるから，最終的結果として，m が形式 x^2+y^2 によって表わされるのは，$4k+3$ の形の素数が偶数ベキだけで m に現われているとき，またそのときに限る．

問　　題

1.　体 $R(\sqrt{19})$ および $R(\sqrt{37})$ の基本単数を見出せ．

2.　次のことを示せ，もし $d\equiv1 \pmod 8$（かつ平方因数をもたぬ）ならば，整環 $\{1, \sqrt{d}\}$ の基本単数はまた，体 $R(\sqrt{d})$, $d>0$ の極大整環の基本単数でもある．

---

*)　a の素因数 $p>2$ について $(-1/p)=1$.

3.　次のことを示せ，2次体の，ある整環$\mathfrak{O}$の判別式が，少なくとも1つ，$4n+3$ の形の素数で割れるならば，$\mathfrak{O}$ の各単数のノルムは $+1$ である，

4.　有理整数 $m>1$ が完全平方でないとせよ．次のことを示せ，$\sqrt{m}$ を連分数展開するとき，その（不完全）商の列は

$$q_0, q_1, \cdots, q_s, 2q_0, q_1, \cdots, q_s, 2q_0, q_1, \cdots$$

なる形をもつ（ここで $q_{i+1}=q_{s-i}$, $i=0, 1, \cdots, s-1$).

5.　同じ記号で次のことを示せ，P_s/Q_s を，最小周期の末項より1つ前の項に対応する近似分数とすると，$P_s+Q_s\sqrt{m}$ は整環 $\{1, \sqrt{m}\}$ の基本単数である（体 $R(\sqrt{m})$ において).

6.　2次体の加群 M_1 と M_2 とに対する乗数環がそれぞれ整環 $\mathfrak{O}_{f_1}$ および $\mathfrak{O}_{f_2}$ とせよ（記法に関しては，**2**の末尾参照)．次のことを示せ，積 M_1M_2 の乗数環は $\mathfrak{O}_f$ である，ここでfは f_1 と f_2 との最大公約数．

7.　各自然数 f に対して，記号 $\mathfrak{G}_f$ により与えられた2次体の整環 $\mathfrak{O}_f$ に属する加群のなす群を表わす（参照：**4**の末尾)．次のことを示せ，もしdが f の約数ならば，写像 $M\to M\mathfrak{O}_d$ $(M\in\mathfrak{G}_f)$ は群 $\mathfrak{G}_f$ から群 $\mathfrak{G}_d$ 上への準同型である．(訳注：“上へ”の証明が面倒).

8.　2次体において，ξ を極大整環 $\tilde{\mathfrak{O}}=\{1, \omega\}$ の数で，自然数fと互いに素*) とせよ．次のことを示せ，加群 $M=\{f, f\omega, \xi\}$ の乗数環は $\mathfrak{O}_f$ である，また，$M\tilde{\mathfrak{O}}=\tilde{\mathfrak{O}}$．さらに次のことを示せ．逆に $\mathfrak{O}_f$ に属する加群 M で $M\tilde{\mathfrak{O}}=\tilde{\mathfrak{O}}$ なる性質をもつものはすべて，fと互いに素な適当な $\xi\in\tilde{\mathfrak{O}}$ により $M=\{f, f\omega, \xi\}$ の形をもつ．

9.　ξ_1, ξ_2 を $\tilde{\mathfrak{O}}$ の2数で，f と互いに素とせよ．次のことを示せ，等式 $\{f, f\omega, \xi_1\}=\{f, f\omega, \xi_2\}$ が成り立つのは，適当な有理整数sに対して $s\xi_1\equiv\xi_2 \pmod{f}$ なるとき，またそのときに限る．

10.　次のことを示せ．2次体の任意の完全加群 M_1, M_2（必ずしも同一の乗数環に属するとは限らぬ）に対して次式が成り立つ

$$N(M_1M_2)=N(M_1)N(M_2).$$

11.　次のことを示せ，2次体の極大整環 $\tilde{\mathfrak{O}}$ に属する加群の相似類数hと，整環$\mathfrak{O}_f$（指数f）に属する加群の相似類数 h_f とは

$$h_f=h\frac{\Phi(f)}{e_f\varphi(f)}$$

なる関係をもつ，ただし $\Phi(f)$ は $\tilde{\mathfrak{O}}$ の法 f による既約剰余類の個数（Euler の関数 $\varphi(f)$ の類推)，e_f は整環 $\mathfrak{O}_f$ に属する単数群の，極大整環 $\tilde{\mathfrak{O}}$ に属する単数群に対する指数．

---

*) 第3章の因子論までは，例えば $N(\xi)$ が f と互いに素と解する．この問題の後半はそう簡単でない．

12.　実2次体の数γが**簡約**されているとは*)，それ自身は $0<\gamma<1$ なる条件をみたし，その共役数γ'は不等式 $\gamma'<-1$ をみたすことである．γと共に，加群 $\{1,\gamma\}$ も**簡約**されているという．次のことを示せ，補題1の記号で，γ の簡約性は次の不等式と同値である

$$0<b<\sqrt{D}, \quad -b+\sqrt{D}<2a<b+\sqrt{D}.$$

このことから次を導け，実数体の固定された整環に属する簡約された加群の個数は有限である．

13.　γを実2次体の無理数で，条件 $0<\gamma<1$ をみたすとせよ．次のようにおけ**)

$$\gamma_1=-(\operatorname{sgn}\gamma')\frac{1}{\gamma}-n,$$

ここで整数nは $0<\gamma_1<1$ となるように選ぶ．次のことを示せ，変換 $\{1,\gamma\}\to\{1,\gamma_1\}$ を有限回行えば，加群 $\{1,\gamma\}$ は，それと相似で簡約された加群に移る．かくて，実2次体の加群の各相似類（普通の意味で）には簡約された加群が含まれる．

14.　γを実2次体の簡約された数とせよ．$\operatorname{sgn}\gamma'=-1$ だから，前問の変換 $\gamma\to\gamma_1$ は，簡約されたγに対して，

$$\gamma_1=\frac{1}{\gamma}-n, \quad n=\left[\frac{1}{\gamma}\right]$$

なる形をもつ．γと共にγ_1も簡約されていることを示せ．これはγの右隣りとよばれる．頭初の数γはγ_1の左隣りとよばれる．次のことを確かめよ，任意の簡約された数γ_1に対して，一意的に左隣りの簡約された数γが存在する．

15.　実2次体の簡約された数γ_0から発して，簡約された数の列 $\gamma_0,\gamma_1,\gamma_2,\cdots$ を，後項は前項の右隣りであるように作れ．ある自然数mで等式 $\gamma_m=\gamma_0$ が成り立つ，すなわち我々の数列は周期的である．mがその最小なるごとく選べば，$\gamma_0,\gamma_1,\cdots,\gamma_{m-1}$ は相異なる．このような簡約された数の有限列は周期とよばれる．次のことを示せ，2つの簡約された加群 $\{1,\gamma\}$ と $\{1,\gamma^*\}$ とが相似（普通の意味で）となるのは，簡約された数γ,γ^*が同一の周期に属するとき，またそのときに限る．

16.　体 $R(\sqrt{10})$ の極大整環に属する，加群の相似類数を見出せ．

17.　次のことを示せ，方程式

$$17x^2+32xy+14y^2=9$$

の整数解のすべては

$$\pm(15+6\sqrt{2})(3+2\sqrt{2})^n=\pm[17x_n+(16+3\sqrt{2})y_n]$$

なる等式によって定められる（すべての整数nに対して）．

18.　体 $R(\sqrt{15})$に属する次の加群のうち

$$\{1,\sqrt{15}\}, \quad \{2,1+\sqrt{15}\}, \quad \{3,\sqrt{15}\}, \quad \{35,20+\sqrt{15}\}$$

---

*) 数学辞典の“既約な2次無理数”はこの逆数．

**) $\gamma=2-\sqrt{2}$ に対しては成り立たない．普通の連分数展開でよいはず．たとえば高木[1] p. 236 をみよ．ただし実質的には何とかなる：問題解答（下巻末尾）参照．

どれどれが互いに相似か？

19. 判別式 252 をもつ原始形式の真性同値類の完全代表系を見出せ．

20. 判別式 360 をもつ原始形式の真性同値類はいくつあるか？

21. どのような素数が形式 x^2+5y^2 および $2x^2+2xy+3y^2$ によって表わされるか？

22. 次の方程式の整数解を求めよ：

1)　$5x^2+2xy+2y^2=26$;

2)　$5x^2-2y^2=3$;

3)　$80x^2-y^2=16$.

23. 次の方程式は整数解をもたぬことを示せ：

1)　$13x^2+34xy+22y^2=23$;

2)　$5x^2+16xy+13y^2=23$.

24. γ を虚2次体の数で条件 $\mathrm{Im}\,\gamma>0$, $-1/2<\mathrm{Re}\,\gamma\leqslant 1/2$ をみたすが簡約されていないものとせよ．γ_1 を $\gamma_1=(-1/\gamma)+n$——ただし有理整数 n は $-1/2<\mathrm{Re}\,\gamma_1\leqslant 1/2$ なるごとく選ぶ——とおけ．もし γ_1 が簡約されていなければ，同様に $\gamma_2=(-1/\gamma_1)+n_1$ とおけ，などなど．次のことを示せ，このような変換を有限回繰り返せば，結局加群 $\{1,\gamma\}$ は，自分と相似で簡約された加群 $\{1,\gamma_s\}$ に移る．

25. 体 $R(\sqrt{-47})$ の極大整環に属する加群の相似類数を見出せ．（訳注）本文例1と同じ．

26. 加群 $\{13, 1+5i\}$ において，ノルム 650 をもつ数をすべて見出せ．（訳注）本文例2と同じ．

27. 次の加群に対する乗数環を求めよ

$$\{11, 6+2i\sqrt{2}\},\quad \{2, 1+i\sqrt{2}\},\quad \{4, i\sqrt{2}\},\quad \{2, i\sqrt{2}\}.$$

これらのうち，どれどれが互いに相似か？

28. 次のことを示せ，体 $R(\sqrt{-43})$ において，極大整環を乗数環としてもつ加群はすべて互いに相似である．

第 3 章

整除の理論

我々は前章で，整数論的問題を解くことが，代数的数体の理論に関する深い考察へと導いた例を見てきた：有理数の，完全な分解形式による整数表現を見出すことは代数的数体の整環における単数定理と密接な関係をもつことがわかった．

整数論のもっと多くの問題が，代数的数体の算術のまた他の重要問題へと導く——すなわち代数的数を素因数分解する問題へ．

本章において代数的数を因数に分解する一般論を構成し，いくつかの整数論問題への応用を与えよう．環論からの必要な知識が補足 §5 に述べられている．これらの知識と，も 1 つ，体の有限次拡大の性質——第 2 章ですでに用いたような——が本章の代数的道具立てである．

代数的数を因数に分解することと特に関係が深いのは Fermat の定理である．歴史的にはすなわち，Fermat の定理を研究して Kummer は代数的数に関する算術の仕事に導かれ，この方面での基本的な一連の着想を得た．

それゆえ，まず Kummer の Fermat 定理に関する最初の結果を述べて，そして代数的数の素因数分解に対する一般論への整数論的導入としよう．

§1.　Fermat 定理の特殊な場合

1.　Fermat 定理と因数分解との関係　Fermat によって述べられた予想は次の通り，方程式

$$x^n+y^n=z^n$$

は $n>2$ のとき 0 でない有理整数 x, y, z による解をもたない．

明らかに，もし Fermat 定理がどれかの指数 n について証明されたなら，n の倍数の指数に対しても成り立つ．すべての整数 >2 は 4 または奇の素数で割れるから，特に指数が 4 に等しいか，奇の素数に等しい場合に限ることができる．$n=4$ に対して，Fermat 定理の初等的証明が Euler によって与えられた．我々は以下において，方程式

$$x^l+y^l=z^l \tag{1}$$

が奇素数の指数をもつ場合に限って研究しよう．明らかに，方程式（1）において数 x, y, z は互いに素としてよい．

Fermat 定理の証明が見出された場合の指数 l に対して，証明は通常 2 つの場合に分けられている：第一は x, y, z がすべて l で割れぬような解をもたないこと；第二は x, y, z のうち 1 つ（もちろんただ 1 つ）が l で割れるような解をもたないこと．この両者はそれぞれ Fermat 定理の**第Ⅰの場合，第Ⅱの場合**とよばれる．現今存在する種々の特殊な場合の証明からの概見的な結論として，Fermat 定理の第Ⅰと Ⅱ との場合の原則的な困難さはほとんど同じだといってよい，もっとも技術的には第Ⅰの場合がより簡単だと見られているが．ここでは Fermat 定理の第Ⅰの場合だけ取り扱う．

Fermat 定理と代数的数の素因数分解問題との関係は次の簡単な考察で明らかとなろう．ζ によって 1 の原始 l 乗根を表わすとき，方程式（1）は次の形に書き直される．

$$\prod_{k=0}^{l-1}(x+\zeta^k y)=z^l. \tag{2}$$

有理整数だったなら，いくつかの互いに素な数の積が l 乗ベキであることから，素因数分解の一意性を用いて，各因数がそれぞれ l 乗ベキなることができる．等式（2）の左辺にある因数は R 上 $l-1$ 次の代数的数体 $R(\zeta)$ に属する（容易に証明されるように，多項式 $t^{l-1}+t^{l-2}+\cdots+t+1$ は，l が素数のとき，有理数体上既約である；参照：たとえば問題6または第5章 §2 定理1）．体 $R(\zeta)$ において整環 $\mathfrak{O}=\{1,\zeta,\cdots,\zeta^{l-2}\}$ を考えよう（第5章 §5 定理1により $\mathfrak{O}$ は体 $R(\zeta)$ の極大整環であるる）．整環 $\mathfrak{O}$ において素因数分解は一意的だと仮定しよう．すると任意の $\alpha\in\mathfrak{O}$, $\alpha\neq 0$ に対して，分解

$$\alpha=\varepsilon\pi_1{}^{a_1}\cdots\pi_r{}^{a_r},$$

——ここで ε は環 $\mathfrak{O}$ の単数，かつ素数 $\pi_1,\cdots,\pi_r$ は互いに同伴でない——において指数 $a_1,\cdots,a_r$ は一意的に定まる（参照：§2, **2**)．明らかに，各素数 π ——z^l の分解に現われる——は l の倍数を指数としてこの分解に現われる．他方，次に証明するが，Fermat 定理の第Ⅰの場合を取り扱うとき，$x+\zeta^k y$ ($k=0,1,\cdots,l-1$) は互いに素である．したがって，$x+\zeta^k y$ を素因数ベキの積の形に表わせば，この分解の各素因数は l の倍数なる指数をもつ．これは次を意味する，各 $x+\zeta^k y$ は，単数の因数を除いて，l 乗ベキである．特に

$$x+\zeta y=\varepsilon\alpha^l, \qquad (3)$$

ここに ε は環 $\mathfrak{O}$ の単数で $\alpha\in\mathfrak{O}$.

等式 $x^l+y^l=z^l$ は，l が奇だから，また書き直して

$$x^l+(-z)^l=(-y)^l$$

とできるから，同様にして次を得る

$$x-\zeta z=\varepsilon_1\alpha_1{}^l. \qquad (3')$$

等式（3）と（3′）とは，ここまでくるとかなり容易に矛盾に帰せられる，あとで示すが．もしもこれが済めば，l で割れない整数 x, y, z による解は方程式（1）にないことが証明される（環 $\mathfrak{O}$ に関する上述の仮定のもとに)．

このような導入的な注意をしたあとで，環 $\mathfrak{O}$ の性質に関する，いくらかの補助的な事実を確立しよう．

2. 環 $\boldsymbol{Z}[\zeta]$

補 題 1. 環 $\mathfrak{O}=Z[\zeta]$ において，$1-\zeta$ は素，かつ l に対して分解

$$l=\varepsilon^*(1-\zeta)^{l-1} \tag{4}$$

が成り立つ，ここで ε^* は $\mathfrak{O}$ の単数である．

証 明 分解

$$t^{l-1}+t^{l-2}+\cdots+t+1=(t-\zeta)(t-\zeta^2)\cdots(t-\zeta^{l-1})$$

において，$t=1$ とおくと

$$l=(1-\zeta)(1-\zeta^2)\cdots(1-\zeta^{l-1}). \tag{5}$$

もし $\alpha=r(\zeta)$ が体 $R(\zeta)$ の任意の数（ここで $r(t)$ は有理係数の多項式）ならば，次の諸数

$$\sigma_k(\alpha)=r(\zeta^k) \qquad (1\leqslant k\leqslant l-1) \tag{6}$$

を，$R(\zeta)$ から複素数体への同型による α の像とみなすことができる．換言すると，諸数（6）は，補足 §2, **3** の術語によれば，α と共役である，すなわち $N(\alpha)=\prod_{k=1}^{l-1}r(\zeta^k)$．特に，$s\not\equiv 0 \pmod{l}$ のとき

$$N(1-\zeta^s)=\prod_{k=1}^{l-1}(1-\zeta^{ks})=\prod_{k=1}^{l-1}(1-\zeta^k)=l.$$

この式から，$1-\zeta, 1-\zeta^2, \cdots, 1-\zeta^{l-1}$ は環 $\mathfrak{O}$ の素数となる．実際，もし $1-\zeta^s=\alpha\beta$ ならば，$N(\alpha)N(\beta)=l$，よって $N(\alpha)=1$ か $N(\beta)=1$ かである，すなわち因数のどちらかは単数となる（参照：第2章 §2 定理4）．等式

$$(1-\zeta^s)=(1-\zeta)(1+\zeta+\cdots+\zeta^{s-1})=(1-\zeta)\varepsilon_s \tag{7}$$

について，ノルムに移れば，$N(\varepsilon_s)=1$ すなわち ε_s が単数なることを得る．かくて，すべての数 $1-\zeta^s$ は $s\not\equiv 0 \pmod{l}$ のとき $1-\zeta$ と同伴．さて分解（4）は（5）と（7）とからでる．

補 題 2. もし有理整数 a が $1-\zeta$ で割れる（環 $\mathfrak{O}$ において）ならば，a は l でもわれる．

証 明 $a=(1-\zeta)\alpha$ とおけ，ただし $\alpha\in\mathfrak{O}$．この両辺のノルムをとり，

$a^{l-1}=lN(\alpha)$ を得る．ここで $N(\alpha)$ は有理整数．l は素だから，a は l で割れる．

補題 3. 体 $R(\zeta)$ に含まれる，1のベキ根のすべては，1の $2l$ 乗根で尽くされる．

証明 $R(\zeta)$ に含まれる1のベキ根のすべては，明らかに，極大整環に属する．第2章 §3 定理2により，これら全体は有限巡回群をなす．この群の位数をmとし，ηを1の原始m乗根のどれか1つとする．$-\zeta$ は $R(\zeta)$ に属しかつ，1の $2l$ 乗根だから m は $2l$ で割れる．第5章 §2 において（定理1の系）示す予定だが，体 $R(\eta)$ のR上の次数は $\varphi(m)$ である——ここで $\varphi(m)$ は Euler の整数論的関数．次のようにおけ

$$m=l^r m_0, \quad (m_0, l)=1 \qquad (r\geqq 1,\ m_0\geqq 2).$$

$R(\eta)$ は $R(\zeta)$ に含まれ，後者の次数は $l-1$ に等しいから，

$$\varphi(m)=l^{r-1}(l-1)\varphi(m_0)\leqq l-1.$$

この不等式から，$r=1$ および $\varphi(m_0)=1$ がでる．条件 $\varphi(m_0)=1$ と $m_0\geqq 2$ とが可能なのは $m_0=2$ に限るから，$m=2l$ となり，補題3は証明された．

補題 4（Kummer の補題）． 環 $\mathfrak{O}$ の各単数は ζ のベキと実単数との積である．

証明 環 $\mathfrak{O}$ の任意の単数を

$$\varepsilon=a_0+a_1\zeta+\cdots+a_{l-2}\zeta^{l-2}=r(\zeta) \qquad (a_i\in Z)$$

とせよ．明らかに，複素共役数 $\bar{\varepsilon}=r(\zeta^{-1})=r(\zeta^{l-1})$ はまた環 $\mathfrak{O}$ の単数である．単数 $\mu=\varepsilon/\bar{\varepsilon}\in\mathfrak{O}$ を考えよう．（6）式により，μ と共役な数は次の形をもつ

$$\sigma_k(\mu)=\frac{r(\zeta^k)}{r(\zeta^{(l-1)k})}=\frac{r(\zeta^k)}{r(\zeta^{-k})}.$$

$r(\zeta^k)$ と $r(\zeta^{-k})$ とは互いに複素共役だから，$|\sigma_k(\mu)|=1$（すべての $k=1,\cdots,l-1$ について）となる．第2章 §3 定理2から μ は1のベキ根であり，すなわち補題3により

$$\mu=\pm\zeta^a.$$

この等式の右辺はプラス符号なることを示そう．実際，もしそうでないとすると，次の等式を得ることになる

$$\varepsilon=-\zeta^a\bar{\varepsilon}.$$

これを環 $\mathfrak{O}$ において，法 $\lambda=1-\zeta$ の合同式とみなそう．$\zeta\equiv 1 \pmod{\lambda}$ だから，ζ のすべてのベキも 1 と合同 $(\mathrm{mod}\ \lambda)$，よって

$$\varepsilon\equiv\bar{\varepsilon}\equiv a_0+a_1+\cdots+a_{l-2}=M \pmod{\lambda},$$

すなわち $M\equiv -M \pmod{\lambda}$，または $2M\equiv 0 \pmod{\lambda}$．補題 2 により，この式から

$$2M\equiv 0 \pmod{l},\quad M\equiv 0 \pmod{l},\quad M\equiv 0 \pmod{\lambda}$$

がでて，よって，

$$\varepsilon\equiv 0 \pmod{\lambda},$$

しかるに，これは ε が環 $\mathfrak{O}$ の単数なることに矛盾する．かくて

$$\varepsilon=\zeta^a\bar{\varepsilon}.$$

さて整数 s を適当に定めて，$2s\equiv a \pmod{l}$ とする．すると，$\zeta^a=\zeta^{2s}$ となり，等式 $\varepsilon=\zeta^{2s}\bar{\varepsilon}$ は次の形に書き換えられる

$$\frac{\varepsilon}{\zeta^s}=\zeta^s\bar{\varepsilon}=\frac{\bar{\varepsilon}}{\zeta^{-s}}=\overline{\left(\frac{\varepsilon}{\zeta^s}\right)}.$$

この等式は，単数 $\eta=\varepsilon/\zeta^s$ が実なることを意味する．かくて ε は ζ^s と実単数 η との積の形に表わされる．　Q.E.D.

補 題 5.　x と y とを有理整数とせよ．$x+\zeta^m y$ と $x+\zeta^n y$——ただし $m\not\equiv n \pmod{l}$——が互いに素（すなわち，単数だけがその共通因数なること）なるための必要十分条件は，第 1 に x と y とは互いに素，第 2 に $x+y$ が l で割れないことである．

証 明　もし x と y とが共通因数 $d>1$ をもてば，$x+\zeta^m y$ と $x+\zeta^n y$ とは，明らかに，d で割れる．また $x+y$ が l で割れるとすると，$x+\zeta^m y$ と $x+\zeta^n y$

とは共通因数 $1-\zeta$（単数ではない）をもつ．実際*)，

$$x+\zeta^m y=x+y+(\zeta^m-1)y$$
$$=(x+y)-(1-\zeta)\varepsilon_m y\equiv 0 \pmod{1-\zeta}.$$

かくて，両条件の必要なことは証明された．十分なことの証明のため，環 $\mathfrak{O}$ の中に次のような ξ_0, η_0 が存在することを示そう；

$$(x+\zeta^m y)\xi_0+(x+\zeta^n y)\eta_0=1.$$

さて次の形の数全体 A を考えよう：

$$(x+\zeta^m y)\xi+(x+\zeta^n y)\eta,$$

ここで ξ と η とは互いに独立に，環 $\mathfrak{O}$ のすべての数を動く．明らかに，もし α と β とが A に属すれば，$\mathfrak{O}$ からの係数 ξ', η' をもつ1次結合 $\alpha\xi'+\beta\eta'$ のすべても A に属する．証明すべきことは1が A に属することである．

等式

$$(x+\zeta^m y)-(x+\zeta^n y)=\zeta^m(1-\zeta^{n-m})y=\zeta^m\varepsilon_{n-m}(1-\zeta)y,$$
$$(x+\zeta^m y)\zeta^n-(x+\zeta^n y)\zeta^m=-\zeta^m(1-\zeta^{n-m})x=-\zeta^m\varepsilon_{n-m}(1-\zeta)x$$

から，$(1-\zeta)y\in A$ かつ $(1-\zeta)x\in A$（$\zeta^m\varepsilon_{n-m}$ は環 $\mathfrak{O}$ の単数だから）を結論できる．x と y とが互いに素であるから，$ax+by=1$ となるような有理整数 a, b が存在する，したがって

$$(1-\zeta)xa+(1-\zeta)yb=1-\zeta\in A.$$

さらに，

$$x+y=(x+\zeta^m y)+(1-\zeta^m)y=(x+\zeta^m y)+(1-\zeta)\varepsilon_m y),$$

すなわち $x+y\in A$．l は $1-\zeta$ で割れるから，$l\in A$．補題の第2の条件から $x+y$ と l とは互いに素だから，したがって，有理整数 u, v を適当にとって $(x+y)u+lv=1$ とできる，これから $1\in A$ がでる．かくて補題5は証明された．

---

*) ε_m について（7）式参照．

3. 素因数分解の一意性が成り立つ場合の Fermat 定理

定 理 1. l を奇素数とし，ζ を1の原始 l 乗根とせよ．もし体 $R(\zeta)$ の整環 $\mathfrak{O}=Z[\zeta]=\{1,\zeta,\cdots,\zeta^{l-2}\}$ において，素因数分解が一意的であれば，l に対して第Iの場合が正しい：すなわち方程式

$$x^l+y^l=z^l$$

は，l で割れない整数解 x, y, z をもたぬ．

証 明 素数3は我々の証明において，特殊な役割を演ずるので，$l=3$ の場合を特別に考えることにする．次のことを示そう，方程式 $x^3+y^3=z^3$ だけでなく，合同式

$$x^3+y^3\equiv z^3 \pmod 9$$

さえも，3で割れない解をもたない．実際仮に，この合同式が成り立つと仮定してみよう．すると合同式 $x^3+y^3\equiv z^3 \pmod 3$ から（Fermat の小定理によって）$x+y\equiv z \pmod 3$ となり，$z=x+y+3u$ とおくと

$$x^3+y^3\equiv(x+y+3u)^3\equiv x^3+y^3+3x^2y+3xy^2 \pmod 9,$$

これから

$$0\equiv x^2y+xy^2=xy(x+y)\equiv xyz \pmod 3.$$

かくて，x, y, z のどれかは3で割れることとなり，我々の主張は証明された．

さて $l\geqslant 5$ とせよ．背理法で証明することにして，ある有理整数 x, y, z で，互いに素かつ l で割れないものについて等式 $x^l+y^l=z^l$ が成り立つと仮定する，これはまた（2）の形に書くことができる．さて $x+y\equiv x^l+y^l\equiv z\not\equiv 0 \pmod l$ さらに，x, y は互いに素だから，補題5によりすべての $x+\zeta^k y$ $(k=0,1,\cdots,l-1)$ は互いに素．すると，**1** ですでに示したように，素因数分解の一意性により（2）から次の等式がでる

$$x+\zeta y=\varepsilon\alpha^l, \tag{3}$$

$$x-\zeta z=\varepsilon_1\alpha_1{}^l, \tag{3'}$$

ここで $\varepsilon, \varepsilon_1$ は環 $\mathfrak{O}$ の単数．すでに予告したように，等式（3），（3′）が成

り立てば，矛盾となる．それどころか，l を法とする，環 $\mathfrak{O}$ 内の合同式としてすら，矛盾であることを証明しよう．

有理整係数 $a_0, a_1, \cdots, a_{l-2}$ により $\alpha=a_0+a_1\zeta+\cdots+a_{l-2}\zeta^{l-2}$ とおけ．すると

$$\alpha^l\equiv a_0{}^l+a_1{}^l\zeta^l+\cdots+a_{l-2}{}^l\zeta^{l(l-2)}\equiv M \pmod{l},$$

ここで $M=a_0+a_1+\cdots+a_{l-2}$．Kummer 補題により単数 ε は，η を実単数として，$\varepsilon=\zeta^s\eta$ の形に表わされる．したがって，等式（3）から次の合同式を得る

$$x+\zeta y\equiv\zeta^s\eta M=\zeta^s\xi \pmod{l}$$

ここで $\xi\in\mathfrak{O}$ は実数．この合同式を次のように書き換えることができる

$$\zeta^{-s}(x+\zeta y)\equiv\xi \pmod{l}. \tag{8}$$

さて注意として，任意の $\alpha\in\mathfrak{O}$ に対して共役数 $\bar{\alpha}$ も $\mathfrak{O}$ に属する．もし合同式 $\alpha\equiv\beta\ (\mathrm{mod}\ l)$ が成り立てば，$\alpha-\beta=l\gamma$，よって $\bar{\alpha}-\bar{\beta}=l\bar{\gamma}$ かつ，したがって，$\bar{\alpha}\equiv\bar{\beta}\ (\mathrm{mod}\ l)$．合同式（8）において，両辺の共役をとれば，

$$\zeta^s(x+\zeta^{-1}y)\equiv\bar{\xi} \pmod{l}. \tag{9}$$

しかるに $\bar{\xi}=\xi$ だから，（8）と（9）とから

$$\zeta^{-s}(x+\zeta y)\equiv\zeta^s(x+\zeta^{-1}y) \pmod{l},$$

または

$$x\zeta^s+y\zeta^{s-1}-x\zeta^{-s}-y\zeta^{1-s}\equiv 0 \pmod{l}. \tag{10}$$

明らかに，$\mathfrak{O}$ の任意の数が正規の形 $a_0+a_1\zeta+\cdots+a_{l-2}\zeta^{l-2}$ に表わされているとき，l で割れるのはすべての係数 $a_0, \cdots, a_{l-2}$ が l で割れるとき，またそのときに限る．もし指数

$$s,\ s-1,\ -s,\ 1-s \tag{11}$$

が，l を法として，互いに合同でなく，$l-1$ とも合同でないならば，(10) 式の左辺は正規の形をしており，したがって，この合同式よりすべての係数が l で割れることがでる．かくて，この場合 $x\equiv 0\ (\mathrm{mod}\ l)$ かつ $y\equiv 0\ (\mathrm{mod}\ l)$ となるが，これは明らかに不可能である，というのは x と y とは互いに素（さらに l でも割れない）と仮定したから．

さて，(10) の左辺が正規の形でない場合 ——すなわち，l を法として，(11) の数の中に $l-1$ と合同なるものがあったり，互いに合同なものがあったりする場合——を考えてみよう．(11) の指数のうち1つが，l を法として，$l-1$ と合同となるのは次の値 (l を法として) の場合に限る：

s	$s-1$	$-s$	$1-s$
$l-1$	$l-2$	1	2
0	$l-1$	0	1
1	0	$l-1$	0
2	1	$l-2$	$l-1$

これでわかるように，これらの各場合において，$l-1$ と合同な指数がただ1つしかない ($\because$ $l\geqslant 5$)．(10) の左辺を正規の形に書くためには次の等式を利用せねばならぬ

$$\zeta^{l-1}=-1-\zeta-\cdots-\zeta^{l-2}.$$

この式を (10) 式の左辺の項——l を法として $l-1$ と合同な指数をもつ項——に代入すれば，この項の代わりに単項 $1,\zeta,\cdots,\zeta^{l-2}$ を $\pm x$ または $\pm y$ 倍したものの和を得る．これらの単項の個数は $l-1\geqslant 4$ ($\because$ $l\geqslant 5$) に等しいから，これらの項が入ったときどれか1つは少なくとも，(10) 式の残りの3項と同類項にならぬ．すると，合同式 (10) ——その左辺はすでに正規の形に書かれている——から $\pm x\equiv 0 \pmod l$ または $\pm y\equiv 0 \pmod l$ がでる，これは不可能，というのは x, y は仮定により l で割れないから．

残ったのは，(11) の指数のうちで，l を法として，互いに合同なものがある場合を考えねばならない．合同式 $s\equiv s-1 \pmod l$ と $-s\equiv 1-s \pmod l$ は，明らかに，元来不可能なのである．もし $s\equiv -s \pmod l$ または $s-1\equiv 1-s \pmod l$ ならば，それぞれ，$s\equiv 0 \pmod l$ と $s\equiv 1 \pmod l$ となり，すでに調べた場合の，$s-1\equiv l-1 \pmod l$ および $-s\equiv l-1 \pmod l$ となる．残りの可能な2つの場合 $s\equiv 1-s \pmod l$ と $s-1\equiv -s \pmod l$ とから，$s\equiv (l+1)/2 \pmod l$ を得る．この場合，合同式 (10) は次の形をとる

$$(x-y)\zeta^{(l+1)/2}+(y-x)\zeta^{(l-1)/2}\equiv 0 \pmod{l}.$$

この合同式の左辺は正規の形に書かれている（指数 $(l+1)/2$ と $(l-1)/2$ とは互いに合同でもなく，$l-1$ とも合同でないから），それゆえ

$$x\equiv y \pmod{l}.$$

同様にして（3′）から次を得る．

$$x\equiv -z \pmod{l}.$$

さて合同式 $x+y\equiv x^l+y^l=z^l\equiv z \pmod{l}$ から，$2x\equiv -x \pmod{l}$ または $3x\equiv 0 \pmod{l}$ がでる．$l\neq 3$ だから，$x\equiv 0 \pmod{l}$ となり，またまた矛盾に到達した．よって定理1の証明終り．

Kummer は体 $R(\zeta)$ の整数の一層精密な性質を用いて次のことを示した，もし l が定理1の条件をみたすなら，指数 l に対して Fermat 定理の第Ⅱの場合も正しい．

定理1を一般化して，より広い範囲の l に拡張したものが，本章の§7，**3** で紹介されよう．同様な指数 l に対して，Fremat 定理の第Ⅱの場合が第5章§7，**1** で証明されるであろう．

定理1に対する，いくつかの注意をしておこう．

注 意 1. この定理の証明の基本的部分は，l を法とするある合同式が可解でないことの証明である．しかしもちろん，このことから合同式 $x^l+y^l\equiv z^l \pmod{l}$ が非可解なことの証明だと思ってはならない．この合同式は $x+y\equiv z \pmod{l}$ なる合同式と同値だから，l で割れない数からなる解をつねにもっている．それどころか次のことさえ証明できる，たとえば，$l=7$ に対して方程式 $x^7+y^7=z^7$ を任意の法による合同式とみなすとき，7で割れない数から成る解が常に存在する．

かくて，方程式（1）が非可解なことの証明の根拠は第一にこれを，環 $Z[\zeta]$ における素因数分解の一意性定理を用いて，方程式（3）と（3′）とに帰着させること，第二にこの両方程式に合同式の理論を適用すること．

注 意 2. 明らかに，本節で Fermat 定理に用いた考え方は，他の同様な問

題にも応用できる，ただしそのとき，円体 $R(\zeta)$ の代わりに他の代数的数体を利用しなければならない（問題2）.

注 意 3. もしどれかの具体的な l に上記の定理を応用しようとすると，適用不可能なことがわかる，というわけは体 $R(\zeta)$ の整数の素因数分解が一意的かどうかを決定する方法をもっていないからである.

このことと関連して，我々は次の，代数的数の理論についての，２つの基本問題にたどりつく：

1. どのような代数的数体Kにおいて整数の素因数分解が一意的であるか？

2. 整数の素因数分解が一意的でない体Kにおいては，算法の合法性はどのように変形するか？

問　　題

1. 次のことを示せ，合同式 $x^5+y^5\equiv z^5 \pmod{5^2}$ は，５で割れない有理整数 x, y, z による解をもたない.

2. ω を１の原始３乗根とせよ．体 $R(\omega)$ では整数の素因数分解が一意的なことは既知と仮定して次のことを示せ，方程式 $x^3+y^3=5z^3$ は，３で割れない有理整数 x, y, z による解をもたぬ.

3. l を素数，ζ を１の原始 l 乗根，x と y とを有理整数，d を x と y との最大公約数とせよ．もし $x+y\not\equiv 0 \pmod{l}$ なら $\delta=d$ とおき，またもし $x+y\equiv 0 \pmod{l}$ なら $\delta=d(1-\zeta)$ とおけ．次のことを示せ，δ は $x+\zeta^m y$ と $x+\zeta^n y$ ($m\not\equiv n \pmod{l}$) との公約数であり，かつ他の公約数の倍数である.

4. 次のことを示せ，体 $R(\zeta)$ の整環 $\{1, \zeta, \cdots, \zeta^{l-2}\}$ において積 $\alpha\beta$ が $(1-\zeta)$ で割れるのは，因数の α または β の少なくとも１つが $(1-\zeta)$ で割れるとき，またそのときに限る.

5. 整係数多項式の合同概念を用いて（第１章 §1, **1**)，次のことを示せ，

$$t^{l-1}+\cdots+t+1\equiv(t-1)^{l-1} \pmod{l}.$$

6. 多項式 $t^{l-1}+\cdots+t+1$ が有理数体上既約であることの証明を，l^2 を法とする整係数多項式の合同式を考察することによって行なえ.

§2. 因 数 分 解

1. 素 因 数　前節において，整数論の問題が代数的数体の整環における素因数分解問題に導くことの例を知った．他の例で同種なものについて後ほどまたお目にかかるはず．ここでは，素因数分解問題を一般的観点から研究してみよう．

素因数分解について語るためには，元を因数分解する環 $\mathfrak{O}$ を固定しなければならない．我々は，最も一般的な形で問題を定式化することから始めよう，そしてそのためこの環に付ける条件としてただ，可換性，零因子のないこと，単位元をもつこと，以外には何も付けないことにしよう．以下においてこれらの条件は，黙っていても，つねにみたされていると仮定する．

定 義　環 $\mathfrak{O}$ の，零および単元*) と異なる元 π が素であるとは，それが因数分解 $\pi=\alpha\beta$——このどちらも $\mathfrak{O}$ の単元でない——されないことである．

かくて，素元とは何かといえば，単元または自分自身と同伴な元でしか割れないもののことである．

各環に素元が存在するとは限らない，したがって，環の元がいつも，素元の積の形に書けるとは限らない．例として，$\mathfrak{O}$ をすべての代数的整数からなる環としてみる．$\mathfrak{O}$ の，単数でないすべての $\alpha\neq 0$ に対して，分解 $\alpha=\sqrt{\alpha}\sqrt{\alpha}$ が成り立ち，この因数は環 $\mathfrak{O}$ に属しそして単数ではない．かくて $\mathfrak{O}$ では非単数は自明でない因数分解を許す，がこれは $\mathfrak{O}$ に素元がないことを意味する．

素因数分解が可能な環の例として，代数的数体の整環（実はこの環こそ我々が最も関心を寄せるものである）がある．整環の素元をまた**素数**ともよぶ．

定 理 1.　代数的数体 K の任意の整環 $\mathfrak{O}$ において，零とも単数とも異なる各数は素数の積の形に表わせる．

---

*) もちろん単位元の因数となる元，数体では単数．原語では区別がない．それどころか単位元と単元との区別も微妙．

証　明　第2章 §2 定理4により整環 $\mathfrak{O}$ の単数 ε は，そのノルム $N(\varepsilon)$ が ± 1 に等しいことによって特徴づけられる．$\alpha \in \mathfrak{O}$ に対し，ノルムの絶対値による帰納法で定理を証明しよう．α 自身が素数ならば，証明することは何もない．もしも $\alpha=\beta\gamma$ で，β と γ とは $\mathfrak{O}$ の，単数とは異なる数とすれば，

$$1<|N(\beta)|<|N(\alpha)|,\quad 1<|N(\gamma)|<|N(\alpha)|.$$

帰納法の仮定により β と γ とは環 $\mathfrak{O}$ における素数の積である．しからば等式 $\alpha=\beta\gamma$ により α も素数の積である．かくて定理1は証明された．

2.　分解の一意性　さて，ある環 $\mathfrak{O}$ において素因数分解が可能だと仮定して，このような分解の一意性問題の解明にとりかかろう（もちろん，同伴性は除いて）．

定　義　環 $\mathfrak{O}$ において素因数分解が一意的だとは，2つの分解

$$\alpha=\pi_1\cdots\pi_r,\quad \alpha=\pi_1'\cdots\pi_s'$$

に対して，因数の個数がつねに等しく（$r=s$）かつ添え字を適当に書き換えれば素元 π_i と π_i' とが互いに同伴となること．

分解 $\alpha=\pi_1\cdots\pi_r$ において同伴な素元は適当な単元倍して等しくならしめ，等しいものをベキにまとめれば，次の形の分解に到達する

$$\alpha=\varepsilon\pi_1^{k_1}\cdots\pi_m^{k_m},$$

ここで素元 $\pi_1,\cdots,\pi_m$ は互いに同伴でない，また ε は環 $\mathfrak{O}$ の単元である．分解が一意的な場合は素元 $\pi_1,\cdots,\pi_m$（同伴性を除いて）と指数 $k_1,\cdots,k_m$ とは一意的に定まる．

分解が一意的であるような古典的環の例は有理整数環である．一般の場合，素元分解が可能な環のうちで，分解が一意的なものが大部分などとはとてもいえない．たとえば，問題1の示すところによれば，代数的数体における全整環のうちで，極大整環についてだけ，分解の一意性が成り立つのがあるまいかと期待しうる．

有理整数環 Z において素因数分解の一意性は，割り算定理——Z の任意の a

と $b\neq 0$ とに対し，適当な整数 q, r が存在して，$a=bq+r$, $|r|<|b|$ が成り立つ——から由来する．それゆえ，もしも任意の環 $\mathfrak{O}$ において割り算定理の適当な類推が成り立てば，環 $\mathfrak{O}$ においても Z と全く同様に，素因数分解の一意性を証明しうるであろう．

定 義 環 $\mathfrak{O}$ において**割り算**（剰余を伴なう）が可能であるとは，零と異なる $\alpha\in\mathfrak{O}$ に関数 $\|\alpha\|$ が定義され，その値は非負な整数で，かつ次の条件をみたしていることである：

1) もし $\alpha\neq 0$ が β で整除されれば，$\|\alpha\|\geqq\|\beta\|$;

2) $\mathfrak{O}$ の任意の元 α と $\beta\neq 0$ とに対し，適当な γ と ρ とが存在して $\alpha=\beta\gamma+\rho$ が成り立ち，ここで $\rho=0$ であるかまたは $\|\rho\|<\|\beta\|$. 環 $\mathfrak{O}$ 自身は，このとき **Euclid 環**とよばれる．

有理整数に対する素因数分解の一意性の証明，および多項式を既約因数に分解するときの一意性のそれを思い出してほしい．そこで使った性質は，環の一般的な性質以外は，割り算定理だけである．それゆえ，この証明を一語一語くり返せば，次の結果に到達する．

定 理 2. 各 Euclid 環において各元は素元の積に，しかも一意的に，分解される．

例として2次体 $R(\sqrt{-1})$ の極大整環 $\mathfrak{O}$ を考える．$\mathfrak{O}$ においては関数 $\|\alpha\|=N(\alpha)$ について割り算が成り立つことを示そう．α と $\beta\neq 0$ とを $\mathfrak{O}$ の任意の数とせよ．有理数 u, v を，

$$\frac{\alpha}{\beta}=u+v\sqrt{-1}$$

なる形で定めるとき，それに近い有理整数 x, y を次のように選ぶ：

$$|u-x|\leqq\frac{1}{2},\quad |v-y|\leqq\frac{1}{2}.$$

さて $\gamma=x+y\sqrt{-1}$, $\rho=\alpha-\beta\gamma$ とおけば，不等式

$$N\left(\frac{\alpha}{\beta}-\gamma\right)=(u-x)^2+(v-y)^2\leqslant\frac{1}{4}+\frac{1}{4}<1$$

によって，次が成り立つ

$$N(\rho)=N\left(\frac{\alpha}{\beta}-\gamma\right)N(\beta)<N(\beta),$$

これで我々の主張は証明された．

したがって，定理 2 により，体 $R(\sqrt{-1})$ の極大整環において素因数への分解は一意的である．

同様にして分解の一意性を，一連の他の環についても証明できる（参照：問題 **3**，**4** および **7**）．しかしながら，注意しておかなければならぬが，Euclid 環ではないのに，それにもかかわらず素因数への分解が一意的な環が存在する．このような環のごく簡単な例は体 $R(\sqrt{-19})$ の極大整環である．この環に割り算が存在しないことは問題 6 からでる．素因数への分解が一意的なことは，本章 §7 問題11からでる．

実 2 次体 $R(\sqrt{d})$ の極大整環のうちでノルムについて割り算の成り立つものは，d が次の16個のうちのどれかと一致するときだけである：

2，3，5，6，7，11，13，17，19，21，29，33，37，41，57，73．

3. 一意的でない分解の例　上記と反対の性質をもつ例——代数的数体の極大整環において素因子への分解が一意的とは限らない——を作ることは，ごく簡単である．たとえば体 $R(\sqrt{-5})$ をとれ．第 2 章 §7，**2** で示したように，この体の極大整環に属する数は，x と y とを有理整数とした $\alpha=x+y\sqrt{-5}$ の形をもつ．この際 $N(\alpha)=x^2+5y^2$．環 $\mathfrak{O}$ において，21は次の分解をもつ

$$21=3\cdot 7, \tag{1}$$

$$21=(1+2\sqrt{-5})(1-2\sqrt{-5}). \tag{2}$$

両式の右辺にある因数はすべて素であることを確かめよう．実際，たとえばもしも $3=\alpha\beta$，α と β とは単数でない，とするならば，等式 $9=N(\alpha\beta)=N(\alpha)N(\beta)$ から $N(\alpha)=3$ でなければならぬ．しかしこれは不可能，何とな

れば等式 $x^2+5y^2=3$ は有理整数 x, y では不可能である．同様にまた，7, $1+2\sqrt{-5}$, $1-2\sqrt{-5}$ も素なることが証明される．これらの数の比

$$\frac{1\pm2\sqrt{-5}}{3},\quad \frac{1\pm2\sqrt{-5}}{7}$$

は環 $\mathfrak{O}$ に属さないから，3 や 7 は $1+2\sqrt{-5}$ および $1-2\sqrt{-5}$ と同伴ではない．以上でわかるように，$\mathfrak{O}$ には，本質的に異なる 2 通りの素因数分解を許す数が存在する．

上述の体 $R(\sqrt{-5})$ では，その極大整環において素因数分解が一意的でなかったが，これは特別な例外ではない．このような引例にはこと欠かないのである（参照：問題**10** および **11**）．

この段階での感じでは，我々が知った，代数的数体における素因数分解の非一意性は代数的数の正しい算法を構成することを不可能にし，さらに，整数論の問題に対する代数的数のより突込んだ応用をしようという望みを奪ってしまうように思える．しかしながら実際には，そうでない．前世紀の中ごろ，Kummer は次のことを示した，代数的数体の算法は有理数のそれと根本的に異なってはいるが，整数論的問題に特に強力な応用を許す程度に，十分な展開が可能である．

Kummer の基本的着想は次の通り，ある代数的数体の極大整環において素因数分解が一意的でないならば，$\mathfrak{O}$ の零でない数をある新しい集合に写像し，この集合では素因数分解がちゃんと一意的になっている．このとき，$\mathfrak{O}$ の各数 $\alpha\neq0$ の，この写像による像 (α) は素因数の積に一意的に表わせるが，この素因数は我々の環には属さないで，ある新しい集合に属している．分解の一意性は，Kummer の考えによれば，次のようにして成り立つべきだとされた，$\mathfrak{O}$ の素数のうちあるものは（すべてかも知れぬ）新しい集合の非素元に写像され，したがってその像は非自明な因数分解をもつ．たとえば体 $R(\sqrt{-5})$ の極大整環の例では，分解（1），（2）で一意性が成立するためには，次のような対象 $\mathfrak{p}_1, \mathfrak{p}_2, \mathfrak{p}_3, \mathfrak{p}_4$ が存在すべきだとする：

$$3=\mathfrak{p}_1\mathfrak{p}_2,\quad 7=\mathfrak{p}_3\mathfrak{p}_4,\quad 1+2\sqrt{-5}=\mathfrak{p}_1\mathfrak{p}_3,\quad 1-2\sqrt{-5}=\mathfrak{p}_2\mathfrak{p}_4$$

(この等式では数と，それに対応する新しい対象とを区別しなかった)．分解(1)，(2)は今度は次の分解に帰着される

$$21=\mathfrak{p}_1\mathfrak{p}_2\cdot\mathfrak{p}_3\mathfrak{p}_4=\mathfrak{p}_1\mathfrak{p}_3\cdot\mathfrak{p}_2\mathfrak{p}_4,$$

これは因数の順序が異なるだけである．

Kummer 自身は，この新しい対像を**理想数**とよんだ．現在はそれを**因子**とよんでいる．因子論の組織的展開は次節の内容をなすものである．

問　題

1. 次のことを示せ，もし代数的数体Kの整環$\mathfrak{O}$のどれかにおいて，素因数分解が一意的ならば，この整環は極大である．また一般に：もし環$\mathfrak{O}$において素因数分解が可能で一意的ならば，$\mathfrak{O}$はその商体において整閉である．

2. 次のことを示せ，もし Euclid 環において元 $\alpha\neq0$ が β で割れ，さらに α が β と同伴でないならば，$\|\alpha\|>\|\beta\|$．

3. $\mathfrak{M}$を複素平面上の格子で，その点は虚2次体の極大整環$\mathfrak{O}$の数を表示するとせよ．次のことを示せ，$\mathfrak{O}$において，ノルム $N(\alpha)$ による割り算が可能であるのは単位円（境界を除く）を格子 $\mathfrak{M}$ のすべてのベクトルで平行移動したものが全平面を被覆するとき，またそのときに限る．

4. 次のことを示せ，虚2次体 $R(\sqrt{d})$ の極大整環において，ノルムによる割り算が成り立つのは，dが次のどれかの値と等しいとき，またそのときに限る：-1，-2，-3，-7，-11．

5. 次のことを示せ，虚2次体 $R(\sqrt{d})$——ただし平方因数のない整数 $d<0$ は -1，-2，-3，-7，-11 とは異なる——において，0 および ±1 とは異なるすべての数のノルムは3より大である．

6. 次のことを示せ，問題4に示した5個の体を除いて，残りのすべての虚2次体に対して，極大整環は Euclid 環でない．

ヒント． 背理法により証明する．極大整環の元α上の関数 $\|\alpha\|$ が存在して，**2** の条件をみたすと仮定せよ．環 $\mathfrak{O}$ の単数でない数のうち，値 $\|\gamma\|$ が最小なる数 γ を選ぶ．するとすべての $\alpha\in\mathfrak{O}$ は γ を法として3つの数：0，1，-1 と合同である．

7. 体 $R(\sqrt{2})$ の極大整環において割り算が可能なることを示せ．

8. 次のことを示せ，奇なる各有理素数 p は，もし $4k+3$ の形ならば，体 $R(\sqrt{-1})$ の極大整環においても素である，またもし $p=4k+1$ ならば同伴でない2つの素因数の積 $p=\pi\pi'$ に分解される．さらに，2の素因数分解を見出せ．

9. 環$\mathfrak{O}$において，素因数分解の一意性が成り立つとせよ．次のことを示せ，このとき$\mathfrak{O}$の任意の2数 α, β（少なくとも1つは零でない）に対して適当な共通因数 δ が存在して，α, β の他の共通因数はすべて δ を整除する（δ は α, β の**最大公約数**とよばれる）.

10. 次のことを示せ，体 $R(\sqrt{-6})$ の極大整環において，次の本質的に異なる素因数分解が成り立つ：

$$55=5\cdot 11=(7+\sqrt{-6})(7-\sqrt{-6}),$$
$$6=2\cdot 3=-(\sqrt{-6})^2.$$

11. 次のことを確かめよ，体 $R(\sqrt{-23})$ の極大整環において次の素因数分解が成り立つ

$$6=2\cdot 3=\frac{1+\sqrt{-23}}{2}\cdot\frac{1-\sqrt{-23}}{2},$$
$$27=3\cdot 3\cdot 3=(2+\sqrt{-23})(2-\sqrt{-23}).$$

同じ環において8の，異なる素因数分解を見出せ.

§3. 因　　子

1. 因子の公理的叙述　任意の可換環 $\mathfrak{O}$（単位元をもち，零因子をもたぬ）を考えよう，そして §2, **3** に述べた着想——環 $\mathfrak{O}$ の零ではない元をある新しい，素因数分解が一意的な領域に写像するという——にいかなる意味を当てはめ得るか，明らかにしてみよう．

我々の理論は，明らかに，2部分から成り立つはず：第1に，素因数分解が一意的であるような新しい対象の全体 $\mathfrak{D}$ を作ること第2に，$\mathfrak{O}$ の零でない元に集合 $\mathfrak{D}$ の元を対応させること．第1から始めよう．因数分解について語り得るためには $\mathfrak{D}$ に積算法——$\mathfrak{D}$ の任意の2元に第3の元，それらの積を対応させる——が定義されていなければならぬ．この算法は結合的，かつ可換だと仮定しよう．この算法をもった集合は**可換半群**とよばれる．我々の目的のためにさらに必要なのは，$\mathfrak{D}$ に単位元 $\mathfrak{e}$ があること，すなわちすべての $\mathfrak{a}\in\mathfrak{D}$ に対して $\mathfrak{e}\mathfrak{a}=\mathfrak{a}$ となるような $\mathfrak{e}$ の存在することである．

単位元 $\mathfrak{e}$ をもつ可換半群 $\mathfrak{D}$ において，整除について考えることができる：$\mathfrak{a}\in\mathfrak{D}$ が $\mathfrak{b}\in\mathfrak{D}$ で割れるとは，適当な元 $\mathfrak{c}\in\mathfrak{D}$ が存在して，$\mathfrak{a}=\mathfrak{b}\mathfrak{c}$ となること

（あるいはまた，$\mathfrak{b}$ が $\mathfrak{a}$ の約元とか $\mathfrak{a}$ は $\mathfrak{b}$ の倍元とかいう）．$\mathfrak{e}$ とは異なる $\mathfrak{p}\in\mathfrak{D}$ が素とは，自分自身または $\mathfrak{e}$ だけでしか割れぬこと．さらに半群 $\mathfrak{D}$ において素因数分解の一意性が成り立つとは，各元 $\mathfrak{a}\in\mathfrak{D}$ が素元の積

$$\mathfrak{a}=\mathfrak{p}_1\cdots\mathfrak{p}_r \qquad (r\geqslant 0)$$

に表わされ，因数の順序を除いてただ1通りなること（$r=0$ のときは単位元 $\mathfrak{e}$ に等しいと考える）．かくて，分解の一意性は，$\mathfrak{e}$ 以外には可逆な元（$\mathfrak{e}$ の約元）が存在しないことを仮定している．明らかに，因数分解が一意的な半群はその素元全体の集合（またはその濃度）により完全に決定される．素因数分解が一意的な半群の簡単な例は掛算についての自然数全体である．

素因数分解が一意的な半群においては，任意の2元に対してその最大公約元（すなわち他のすべての公約元の倍元であるもの）と最小公倍元とが存在することは明らかである．$\mathfrak{D}$ の2元が互いに素とは，その最大公約元が $\mathfrak{e}$ に等しいこと．$\mathfrak{D}$ での整除に関する初等的な性質について注意しておく：もし積 $\mathfrak{ab}$ が $\mathfrak{c}$ で割れ，$\mathfrak{a}$ と $\mathfrak{c}$ とが互いに素ならば，$\mathfrak{b}$ は $\mathfrak{c}$ で割れる；もし $\mathfrak{c}$ が，互いに素な $\mathfrak{a}$ および $\mathfrak{b}$ で割れるならば，積 $\mathfrak{ab}$ でも割れる；もし積 $\mathfrak{ab}$ が素元 $\mathfrak{p}$ で割れるならば，少なくとも1つの因数は $\mathfrak{p}$ で割れる．

さて今度は，我々の理論の第2の部分——環 $\mathfrak{O}$ の元に半群 $\mathfrak{D}$ の元を対応させること——がどのような条件をみたさなければならぬかを明らかにしよう．

$\mathfrak{O}^*$ によって環 $\mathfrak{O}$ の零でない元全体を表わす．環 $\mathfrak{O}$ は仮定により零因子をもたないから，集合 $\mathfrak{O}^*$ は積に関して半群をなす．

半群 $\mathfrak{O}^*$ から半群 $\mathfrak{D}$——素因数分解が一意的な——への写像が与えられたとせよ．この写像による，$\alpha\in\mathfrak{O}^*$ の像を (α) で表わそう．明らかに，環 $\mathfrak{O}$ の乗法構造を研究するのに，半群 $\mathfrak{D}$ を利用できるのは次の場合に限る，写像 $\alpha\to(\alpha)$ に際して，$\mathfrak{O}^*$ の元の積には $\mathfrak{D}$ の中の像の積が対応する，すなわち $(\alpha\beta)=(\alpha)(\beta)$ がすべての $\alpha, \beta\in\mathfrak{O}^*$ について成り立つ．我々は，したがって，写像 $\alpha\to(\alpha)$ が半群 $\mathfrak{O}^*$ から半群 $\mathfrak{D}$ の中への準同型なることを要求せねばならぬ．そうすると，環 $\mathfrak{O}$ 内で α が β で割れれば，半群 $\mathfrak{D}$ 内で (α) が (β)

で割れることがでる．$\mathfrak{O}$ 内の整除関係が正確に $\mathfrak{D}$ 内のそれに反映されるためには，逆に半群 $\mathfrak{D}$ 内で (α) が (β) で割れることから必然的に，環 $\mathfrak{O}$ 内で α が β で割れることを要求しなければならない．

さて以下において，$\mathfrak{O}$ の元 $\alpha\neq0$ が元 $\mathfrak{a}\in\mathfrak{D}$ で割れるとは——このとき $\mathfrak{a}|\alpha$ と書く——，(α) が $\mathfrak{a}$ で，半群 $\mathfrak{D}$ 内での整除の意味で，割れることである．また，0 は $\mathfrak{D}$ のすべての元で割れると考えることにしよう．

環 $\mathfrak{O}$ の元のうち，$\alpha\in\mathfrak{O}^*$ で割れるもの全体は，加減法に関して閉じている．それゆえ，半群 $\mathfrak{D}$ からの新しい元 $\mathfrak{a}$ に対してもこの性質が成り立つことを要求するのも自然である．

最後に我々が要求するのは，$\mathfrak{D}$ 内に≪余計者≫の元がないことである．この意味は，$\mathfrak{D}$ 内の相異なる2元は，$\mathfrak{O}$ の元に対する整除性が互いに異なること．

我々は次の定義にたどりつく．

定　義　環 $\mathfrak{O}$ の**因子論**とは，素因数分解が一意的なある半群 $\mathfrak{D}$ と，半群 $\mathfrak{O}^*$ から $\mathfrak{D}$ への準同型 $\alpha\to(\alpha)$ が与えられ，次の条件をみたすことである：

1°．環 $\mathfrak{O}$ において元 $\alpha\in\mathfrak{O}^*$ が元 $\beta\in\mathfrak{O}^*$ により割れるのは，半群 $\mathfrak{D}$ において (α) が (β) で割れるとき，またそのときに限る．

2°．$\mathfrak{O}$ の元 α, β が $\mathfrak{a}\in\mathfrak{D}$ で割れるならば，$\alpha\pm\beta$ も $\mathfrak{a}$ で割れる．

3°．もし $\mathfrak{a}, \mathfrak{b}$ が $\mathfrak{D}$ の2元であって，$\mathfrak{a}$ で割れる元 $\alpha\in\mathfrak{O}$ 全体が $\mathfrak{b}$ で割れる元 $\beta\in\mathfrak{O}$ 全体と一致するならば，$\mathfrak{a}=\mathfrak{b}$ である．

この際，半群 $\mathfrak{D}$ の元は環 $\mathfrak{O}$ の**因子**とよばれ，また (α), $\alpha\in\mathfrak{O}^*$ の形の因子は**主因子**とよばれる．半群の単位元 $\mathfrak{e}$ は**単位因子**とよばれる．

因子論の定義での条件 1° から容易に次の重要な命題がでる：

等式 $(\alpha)=(\beta)$ が成り立つのは，α と β とが環 $\mathfrak{O}$ で同伴のとき，またそのときに限る．特に，環 $\mathfrak{O}$ の単元 ε はすべて $(\varepsilon)=\mathfrak{e}$ によって特徴づけられる．

環 $\mathfrak{O}$ の因子論をこれからは，記号 $\mathfrak{O}^*\to\mathfrak{D}$ で表わそう．

いま与えた因子論の定義は，因子論とはいかなるものであるかを定めただけであって，準同型 $\mathfrak{O}^*\to\mathfrak{D}$ の存在については少しも保証してくれないし，また一意性についてもそうである．

次項において，因子論が存在すると仮定したときの一意性問題について考察し，**3** においては，その存在に対する1つの重要な必要条件（十分条件とはならぬ）を示そう．

我々が関心をもつ，代数的数体の極大整環に対する因子論の存在は §5 で示されるはず（非極大整環については定理3により，因子論を構成することは不可能である）．

2. 一 意 性

定 理 1. もし環 $\mathfrak{O}$ に因子論が存在すれば，ただ1つである．正確には次の意味で；**1** の定義にある全条件をみたす2通りの準同型 $\mathfrak{O}^*\to\mathfrak{D}$ と $\mathfrak{O}^*\to\mathfrak{D}'$ とがあるとき，同型 $\mathfrak{D}\approx\mathfrak{D}'$ が存在し，その同型で，同じ $\alpha\in\mathfrak{O}^*$ に対応する $\mathfrak{D}$ 内と $\mathfrak{D}'$ 内との両主因子は互いに対応する．

証 明　$\mathfrak{O}^*\to\mathfrak{D}$, $\mathfrak{O}^*\to\mathfrak{D}'$ を $\mathfrak{O}$ の2つの因子論とせよ．素因子 $\mathfrak{p}\in\mathfrak{D}$, $\mathfrak{p}'\in\mathfrak{D}'$ に対し，$\bar{\mathfrak{p}}$ および $\bar{\mathfrak{p}}'$ により環 $\mathfrak{O}$ の元のうちでそれぞれ $\mathfrak{p}$ および $\mathfrak{p}'$ で割れるもの全体を表わそう（もちろん，$\mathfrak{p}$ で割れるとは因子論 $\mathfrak{O}^*\to\mathfrak{D}$ に関してであり，$\mathfrak{p}'$ については因子論 $\mathfrak{O}^*\to\mathfrak{D}'$ に関してである）．次のことを示そう，すべての素因子 $\mathfrak{p}'\in\mathfrak{D}'$ に対して，適当な素因子 $\mathfrak{p}\in\mathfrak{D}$ が存在して，$\bar{\mathfrak{p}}\subset\bar{\mathfrak{p}}'$ となる．そうでないと仮定してみよう，すなわち $\bar{\mathfrak{p}}\not\subset\bar{\mathfrak{p}}'$ がすべての素因子 $\mathfrak{p}\in\mathfrak{D}$ について成り立つとする．一般に，条件 3° から容易にわかるように，各因子に対して，環 $\mathfrak{O}$ の元のうちこの因子で割れるものが零だけということはない*)．$\mathfrak{O}$ の元 $\beta\neq0$ で $\mathfrak{p}'$ で割れるものを1つ選ぶ，そして主因子 $(\beta)\in\mathfrak{D}$ を素因数分解する：

*) $\bar{\mathfrak{a}}=\{0\}$ とすると，$\bar{\mathfrak{a}}^2\subset\bar{\mathfrak{a}}$ から $\bar{\mathfrak{a}}^2=\{0\}=\bar{\mathfrak{a}}$.

$$(\beta)=\mathfrak{p}_1{}^{k_1}\cdots\mathfrak{p}_r{}^{k_r}$$

($\mathfrak{p}_1, \cdots, \mathfrak{p}_r$ は半群 $\mathfrak{D}$ の素因子). 我々の仮定から $\bar{\mathfrak{p}}_i\not\subset\bar{\mathfrak{p}}'$ だから, おのおのの $i=1, \cdots, r$ に対して, $\mathfrak{p}_i$ では割れて $\mathfrak{p}'$ では割れぬ元 $\gamma_i\in\mathfrak{O}$ が見出される. 積 $\gamma=\gamma_1{}^{k_1}\cdots\gamma_r{}^{k_r}$ は明らかに, $\mathfrak{p}_1{}^{k_1}\cdots\mathfrak{p}_r{}^{k_r}$ で割れる, すなわち, 条件1° により γ は, 環 $\mathfrak{O}$ において, β で割れる. そうすると γ は $\mathfrak{p}'$ で割れなければならない. これは矛盾である, なんとなれば $\mathfrak{p}'$ が素でかつ各因子 γ_i が $\mathfrak{p}'$ で割れぬことから, 積 $\gamma_1{}^{k_1}\cdots\gamma_r{}^{k_r}$ は $\mathfrak{p}'$ で割れぬ.

かくて, 各素因子 $\mathfrak{p}'\in\mathfrak{D}'$ に対して, $\bar{\mathfrak{p}}\subset\bar{\mathfrak{p}}'$ となるような素因子 $\mathfrak{p}\in\mathfrak{D}$ が見出される. 対称性から同様にして $\bar{\mathfrak{q}}'\subset\bar{\mathfrak{p}}$ となる素因子 $\mathfrak{q}'\in\mathfrak{D}'$ が存在する. 次のことを示そう, $\mathfrak{q}'=\mathfrak{p}'$ が成り立ち, したがって, $\bar{\mathfrak{q}}'=\bar{\mathfrak{p}}=\bar{\mathfrak{p}}'$. 実際, 条件3° により環 $\mathfrak{O}$ に適当な元 ξ が存在して, $\mathfrak{q}'$ では割れるが $\mathfrak{q}'\mathfrak{p}'$ では割れぬものがある. もしも $\mathfrak{q}'\neq\mathfrak{p}'$ と仮定すると, この元 ξ は $\mathfrak{p}'$ では割れない, これは包含関係 $\bar{\mathfrak{q}}'\subset\bar{\mathfrak{p}}'$ に矛盾する.

等式 $\bar{\mathfrak{p}}=\bar{\mathfrak{p}}'$ によって, 素因子 $\mathfrak{p}\in\mathfrak{D}$ が ($\mathfrak{p}'\in\mathfrak{D}$ を与えたとき) 一意的に定まる (定義 3°) から, 1対1の対応 $\mathfrak{p}\leftrightarrow\mathfrak{p}'$ が, $\mathfrak{D}$ の素因子と $\mathfrak{D}'$ の素因子との間に得られた. この対応は, 明らかに, 同型 $\mathfrak{D}\approx\mathfrak{D}'$ にまで延長 (一意的に) できる. くわしくいえば, $\mathfrak{p}_1\leftrightarrow\mathfrak{p}_1', \cdots, \mathfrak{p}_r\leftrightarrow\mathfrak{p}_r'$ のとき

$$\mathfrak{p}_1{}^{k_1}\cdots\mathfrak{p}_r{}^{k_r}\leftrightarrow\mathfrak{p}_1'{}^{k_1}\cdots\mathfrak{p}_r'{}^{k_r}.$$

まだ証明が残っているのは, この同型の際, 任意の $\alpha\in\mathfrak{O}^*$ に対する主因子 $(\alpha)\in\mathfrak{D}$ と $(\alpha)'\in\mathfrak{D}'$ とが互いに対応することである. $\mathfrak{p}\in\mathfrak{D}$ と $\mathfrak{p}'\in\mathfrak{D}'$ とを相対応する素因子とし, それらが (α) と $(\alpha)'$ との各素因数分解においてそれぞれ指数 k および l で現われるとせよ. 条件3° により, 環 $\mathfrak{O}$ に適当な元 π が存在して, $\mathfrak{p}$ で割れるが $\mathfrak{p}^2$ では割れない. 等式 $\bar{\mathfrak{p}}=\bar{\mathfrak{p}}'$ から, 元 π は $\mathfrak{p}'$ でも割れる. 主因子 (π) は, 明らかに, $(\pi)=\mathfrak{p}\mathfrak{b}$ の形——ただし $\mathfrak{b}$ は $\mathfrak{p}$ で割れぬ——をもつ. $\mathfrak{O}$ 内に元 ω を選んで, $\mathfrak{b}^k$ では割れるが $\mathfrak{b}^k\mathfrak{p}$ では割れぬようにする. $\mathfrak{p}$ は $\mathfrak{b}^k$ に現われぬから, ω は $\mathfrak{p}$ でも割れぬ, すなわち $\mathfrak{p}'$ でもそうである. 積 $\alpha\omega$ を考えよう. α が $\mathfrak{p}^k$ で割れ, ω が $\mathfrak{b}^k$ で割れる以上, $\alpha\omega$ は $\mathfrak{p}^k\mathfrak{b}^k=(\pi^k)$ で割れる, よって条件 1° から次を得る, $\alpha\omega=\pi^k\eta$, $\eta\in\mathfrak{O}$. しかる

に $\mathfrak{p}'|\pi$ なるゆえ，$\alpha\omega$ は $\mathfrak{p}'^k$ で割れるが，$\mathfrak{p}'\nmid\omega$ だから $\mathfrak{p}'^k|\alpha$．これは次のことを示している，因子 $(\alpha)'\in\mathfrak{D}'$ 中に素因子 $\mathfrak{p}'$は k ベキ以上で現われている，すなわち $l\geqq k$．対称性により $k\geqq l$ も成り立つから，$l=k$ である．

かくて我々は，もし $(\alpha)=\mathfrak{p}_1^{k_1}\cdots\mathfrak{p}_r^{k_r}$ で $\mathfrak{p}_1\leftrightarrow\mathfrak{p}_1',\cdots,\mathfrak{p}_r\leftrightarrow\mathfrak{p}_r'$ なら $(\alpha)'=\mathfrak{p}_1'^{k_1}\cdots\mathfrak{p}_r'^{k_r}$ なることを証明したが，これはまた同型 $\mathfrak{D}\approx\mathfrak{D}$ の際，主因子 $(\alpha)\in\mathfrak{D}$ と $(\alpha)'\in\mathfrak{D}$ とが互いに対応することを意味する．定理1の証明終り．

もし環 $\mathfrak{O}$ で素因数分解の一意性が成り立つならば，容易に因子論 $\mathfrak{O}^*\to\mathfrak{D}$ を構成することができる，しかもこれでは $\mathfrak{D}$ のすべての因子は主である．実際，環 $\mathfrak{O}$ のすべての元を互いに同伴なものの類に分けて，この類全体 $\mathfrak{D}$ を考えよう．各 $\alpha\in\mathfrak{O}^*$ に対して，記号 (α) によって α と同伴な類を表わす．容易にわかるように，積 $(\alpha)(\beta)=(\alpha\beta)$ に関して，集合 $\mathfrak{D}$ は一意的な素因数分解をもつ半群であり，そしてまた写像 $\alpha\to(\alpha)$，$\alpha\in\mathfrak{O}^*$ は環 $\mathfrak{O}$ の因子論を定義する．(素因子はここでは，素元 $\pi\in\mathfrak{O}$ で定められる類 (π) である)．定理1によって環 $\mathfrak{O}$ の因子論はすべて，この場合，いま構成したばかりのものと一致せねばならぬ．

逆に，ある環 $\mathfrak{O}$ が因子論 $\mathfrak{O}^*\to\mathfrak{D}$ をもち，$\mathfrak{D}$ からのすべての因子が主であると仮定してみよう．次のことを示そう，このとき環 $\mathfrak{O}$ の元 $\pi\neq0$ が素となるのは，それに対応する因子 (π) が素であるときに限る．実際，もし $(\pi)=\mathfrak{p}$ が素因子で γ が π の任意の約元――環 $\mathfrak{O}$ における―― とすると，因子 (γ) は $\mathfrak{p}$ の約元でなければならぬ (半群 $\mathfrak{D}$ において)，それゆえ $\mathfrak{p}$ の素なることから，$\mathfrak{p}$ に一致するかまたは単位因子 $\mathfrak{e}$ に一致せねばならぬ．前者では γ は π と同伴となるし，後者では γ は環 $\mathfrak{O}$ の単元である，これはすなわち π が環 $\mathfrak{O}$ の素元なることを意味する．さて因子 (α) が $\mathfrak{e}$ と異なり，かつ素ではないとせよ．(α) はある素因子 $\mathfrak{p}=(\pi)$ で割れる，これは (α) と一致しないから，α は素元 π で割れかつ π とは同伴でない．よって元 α は素でない．

かくて実際，すべての因子が主であれば，因子 (π) が素なることと元 π が素なることと同値である．

さて α を $\mathfrak{O}^*$ の任意の元とせよ．もし $\mathfrak{D}$ において分解

$$(\alpha)=\mathfrak{p}_1\cdots\mathfrak{p}_r \tag{1}$$

（素因子 $\mathfrak{p}_i$ は必ずしも異ならない）が成り立ち，かつ $\mathfrak{p}_1=(\pi_1),\cdots,\mathfrak{p}_r=(\pi_r)$ ならば，環 $\mathfrak{O}$ において次の分解が成り立つ

$$\alpha=\varepsilon\pi_1\cdots\pi_r, \tag{2}$$

ここで ε は環 $\mathfrak{O}$ の単元である．（2）の形の分解はすべて，因子に移ったとき分解（1）を与えねばならぬから，ゆえにこのことから，環 $\mathfrak{O}$ において素因数分解の一意性が成り立つ．

我々は次の結果を得た．

定 理 2. 環 $\mathfrak{O}$ において素因数分解が可能でかつ一意的であるための必要十分条件は，環 $\mathfrak{O}$ において因子論 $\mathfrak{O}^*\to\mathfrak{D}$ が存在し，$\mathfrak{D}$ は主因子のみからなることである．

3.　因子論をもつ環の整閉性　既述のように，因子論はすべての環に対して存在するわけではない．因子論の定義の条件をみたすような準同型 $\alpha\to(\alpha)$ が存在することは環 $\mathfrak{O}$ に強い制限を荷している．その制限の1つは次の定理である．

定 理 3. 環 $\mathfrak{O}$ に因子論が存在すれば，この環はその商体 K において整閉である．

証 明　仮りに，環 $\mathfrak{O}$ の商体 K に属する元 ξ が関係

$$\xi^n+a_1\xi^{n-1}+\cdots+a_{n-1}\xi+a_n=0 \quad (a_1,\cdots,a_n\in\mathfrak{O})$$

をみたすが $\mathfrak{O}$ には属さないとしてみよう．この元を $\xi=\alpha/\beta$——ただし $\alpha,\beta\in\mathfrak{O}$——の形に表わし，主因子 (α)，(β) を素元のベキに分解しておく．α が，環 $\mathfrak{O}$ において，β で割れぬから（我々の仮定 $\xi\notin\mathfrak{O}$ による），(α) は，因子の整除の意味で，(β) で割れぬ（条件 1° による）．これは次を意味する，ある素因子 $\mathfrak{p}\in\mathfrak{D}$ は (β) 中に，(α) 中よりも高いベキで現われる．$\mathfrak{p}$ が (α) 中

$k \geqslant 0$ のベキで現われているとせよ．(β) は $\mathfrak{p}^{k+1}$ で割れるから，条件 2° により次の等式の右辺

$$\alpha^n = -a_1\beta\alpha^{n-1} - \cdots - a_n\beta^n$$

は $\mathfrak{p}^{kn+1}$ で割れる．同時にまた，$\mathfrak{p}$ は因子 $(\alpha^n) = (\alpha)^n$ 中に指数 kn で現われるから，それゆえ α^n は $\mathfrak{p}^{kn+1}$ で割れぬ．ここに生じた矛盾は，$\xi \in \mathfrak{O}$ なることを示し，定理3は証明された．

因子論が存在するための，他の必要条件が問題1に示されている．

代数的数体の整環のうち整閉性をもっているのは極大整環だけだから，それゆえ定理3によりこれに対してだけ因子論の構成を考察すればよい．

4. 因子論と指数（付値）との関係　因子論を実際に作る問題にとり組もう．まず最初は，環 $\mathfrak{O}$ に因子論 $\mathfrak{O}^* \to \mathfrak{D}$ が存在すると仮定して，どのような構造によってこれが定められるか，明らかにしてみよう．

任意の素因子 $\mathfrak{p}$ をとって，それにある関数 $\nu_\mathfrak{p}(\alpha)$ を対応させることができる，この関数は第1章において素数 p に p 進指数を対応させたのと似ている．すなわち，$\mathfrak{O}$ の各 $\alpha \neq 0$ に対し記号 $\nu_\mathfrak{p}(\alpha)$ によって，主因子 (α) を素因数分解したとき，$\mathfrak{p}$ のベキ指数を表わす．明らかに，$\nu_\mathfrak{p}(\alpha)$ は次によって特徴づけられる

$$\mathfrak{p}^{\nu_\mathfrak{p}(\alpha)} | \alpha \quad \text{かつ} \quad \mathfrak{p}^{\nu_\mathfrak{p}(\alpha)+1} \nmid \alpha.$$

零は $\mathfrak{p}$ の任意のベキで割れるから，$\nu_\mathfrak{p}(0) = \infty$ とおくのは自然である．

定義から容易に次の，関数 $\nu_\mathfrak{p}(\alpha)$ の性質がでる：

$$\nu_\mathfrak{p}(\alpha\beta) = \nu_\mathfrak{p}(\alpha) + \nu_\mathfrak{p}(\beta) \tag{3}$$

$$\nu_\mathfrak{p}(\alpha+\beta) \geqslant \min(\nu_\mathfrak{p}(\alpha), \nu_\mathfrak{p}(\beta)) \tag{4}$$

（性質（4）の証明には条件 2° を使えばよい）．

関数 $\nu_\mathfrak{p}(\alpha)$ を，環 $\mathfrak{O}$ の商体 K 上にまで拡げて，しかも性質（3），（4）を保つようにできる．詳しくいえば，任意の $\xi = \alpha/\beta \in K$ $(\alpha, \beta \in \mathfrak{O})$ に対して次のようにおく

$$\nu_\mathfrak{p}(\xi) = \nu_\mathfrak{p}(\alpha) - \nu_\mathfrak{p}(\beta).$$

値 $\nu_{\mathfrak{p}}(\xi)$ は，明らかに，ξ の表わし方 $\xi=\alpha/\beta$ には関係しない．容易に確かめられるように，性質（3）および（4）は拡張された関数 $\nu_{\mathfrak{p}}$ に対しても成り立つ．

さて今度は，α が体 K の元すべてを動くとき，関数 $\nu_{\mathfrak{p}}(\alpha)$ がどのような値をとるかを明らかにしよう．因子 $\mathfrak{p}$ と $\mathfrak{p}^2$ とは異なるから，条件 3° によって適当な元 $\gamma\in\mathfrak{O}$ が存在して，$\mathfrak{p}$ では割れるが $\mathfrak{p}^2$ では割れない．この元に対して $\nu_{\mathfrak{p}}(\gamma)=1$ が成り立つ．そうすると任意の k について $\nu_{\mathfrak{p}}(\gamma^k)=k$ となる．これによって，関数 $\nu_{\mathfrak{p}}(\alpha)$ は零でない α につき有理整数値のすべてをとることが証明された．

定　義　Kを任意の体とせよ．$\alpha\in K$ 上に定義された関数 $\nu(\alpha)$ が体Kの**指数**であるとは，それが次の諸条件をみたすことである：

1.　α がKの，零でない元すべてを動くとき，$\nu(\alpha)$ はすべての有理整数値をとる；$\nu(0)=\infty$.

2.　　$\nu(\alpha\beta)=\nu(\alpha)+\nu(\beta)$.

3.　　$\nu(\alpha+\beta)\geqq\min(\nu(\alpha),\nu(\beta))$.

ここになってみると次のように言うことができる，環 $\mathfrak{O}$ の各素因子 $\mathfrak{p}$ は商体Kの，ある指数 $\nu_{\mathfrak{p}}(\alpha)$ を定義する．容易にわかるように，異なる素因子 $\mathfrak{p}$ および $\mathfrak{q}$ に対応する指数 $\nu_{\mathfrak{p}}$ および $\nu_{\mathfrak{q}}$ は異なる．実際，条件 3° によって環 $\mathfrak{O}$ 内に適当な元 γ が存在して，$\mathfrak{p}$ では割れるが $\mathfrak{q}$ では割れない，そうすると，$\nu_{\mathfrak{p}}(\gamma)\geqq1$ かつ $\nu_{\mathfrak{q}}(\gamma)=0$，すなわち $\nu_{\mathfrak{p}}\neq\nu_{\mathfrak{q}}$．

体Kの指数で $\nu_{\mathfrak{p}}$ の形のものすべては，明らかに，次の性質をもつ：

$$\text{すべての } \alpha\in\mathfrak{O} \text{ について}\quad \nu_{\mathfrak{p}}(\alpha)\geqq0. \tag{5}$$

指数 $\nu_{\mathfrak{p}}$ という言葉を使うと，元 $\alpha\in\mathfrak{O}^*$ に対応する主因子 (α) の素因数分解が簡単に述べられる．素因子 $\mathfrak{p}_i$ ——(α) の分解に現われる—— は条件 $\nu_{\mathfrak{p}_i}(\alpha)>0$ によって特徴づけられる．分解そのものは次の形をもつ

$$(\alpha)=\prod \mathfrak{p}_i{}^{\nu_{\mathfrak{p}_i}(\alpha)}, \tag{6}$$

ここで $\mathfrak{p}_i$ は条件 $\nu_{\mathfrak{p}_i}(\alpha)>0$ をみたすような素因子すべてを動く．

かくて以上でわかるように，因子の半群 $\mathfrak{D}$ と準同型 $\mathfrak{O}^*\to\mathfrak{D}$ とは，素因子に対応する K の指数 $\nu_{\mathfrak{p}}$ 全体の集合を与えることによって，完全に定義される．実際，因子全体の集合とその法則は，素因子を与えることで一意的に定義される（各因子は非負なベキ指数をもつ素因子ベキの積であり，因子同志の乗法の際には対応するベキ指数は加えられる）．素因子についてはどうかといえば，これは指数 $\nu_{\mathfrak{p}}$ に一意的に対応するある対象 $\mathfrak{p}$ である．最後に，またこれが一番大切だが，等式（6）は準同型 $\mathfrak{O}^*\to\mathfrak{D}$ を定義する．

このことが示すように，因子論の構成を指数 $\nu(\alpha)$ の概念上に基礎づけ得る．以下の記述はこの考えによるものである．

まず第1に次の重要な問題を明らかにする必要がある：K の指数 ν のうちで，環 $\mathfrak{O}$ の因子論の構成のためにとりあげられる指数全体の集合 $\mathfrak{N}$ は何によって特徴づけられるか？

積（6）の含む因子のうち，指数 $\nu_{\mathfrak{p}_i}(\alpha)$ が零でないものは有限個しかないから，したがって指数の集合 $\mathfrak{N}$ がみたすべき条件として，任意の固定された $\alpha\in\mathfrak{O}^*$ について，ほとんどすべての $\nu\in\mathfrak{N}$ に対して $\nu(\alpha)=0$ である（≪ほとんどすべて≫という表現の意味は：有限個を除いて，すべてということ）．

さらに，（5）によると，$\alpha\in\mathfrak{O}$ でありさえすればすべての $\nu\in\mathfrak{N}$ に対して $\nu(\alpha)\geqslant 0$ が成り立つ．逆に，K からのある $\xi\neq 0$ に対して不等式 $\nu(\xi)\geqslant 0$ がすべての $\nu\in\mathfrak{N}$ について成り立つと仮定しよう．ξ を $\xi=\alpha/\beta$ $(\alpha,\beta\in\mathfrak{O})$ の形に表わせばこの条件は，$\nu(\alpha)\geqslant\nu(\beta)$ がすべての $\nu\in\mathfrak{N}$ について成り立つ，と書き替えられる．そうなるとこれは，明らかに，主因子 (α) が主因子 (β) で割れることと同値である．条件 1° により，この事実から α が，環 $\mathfrak{O}$ において，β で割れる，すなわち $\xi\in\mathfrak{O}$．かくて我々は第2の必要条件を得た：指数集合 $\mathfrak{N}$ は次の性質をもたねばならぬ，すべての $\nu\in\mathfrak{N}$ について不等式 $\nu(\alpha)\geqslant 0$ が環 $\mathfrak{O}$ の元に対して成り立ち，しかもそれらに対してだけである．

集合 $\mathfrak{N}$ のもう1つの性質を明らかにするため，その有限個の指数 $\nu_1,\cdots,\nu_m$ ——素因子 $\mathfrak{p}_1,\cdots,\mathfrak{p}_m$ に対応する——を任意に選ぶ．さらに非負な整数 $k_1,\cdots,$

k_m を固定しておいて，因子 $\mathfrak{a}=\mathfrak{p}_1^{k_1}\cdots\mathfrak{p}_m^{k_m}$ を考える．条件 3° により，環 $\mathfrak{O}$ 内に適当な元 α_i が存在して，$\mathfrak{a}_i=\mathfrak{a}\mathfrak{p}_1\cdots\mathfrak{p}_{i-1}\mathfrak{p}_{i+1}\cdots\mathfrak{p}_m$ では割れるが $\mathfrak{a}_i\mathfrak{p}_i$ $(1\leqslant i\leqslant m)$ では割れぬ．次の和を考えよう

$$\alpha=\alpha_1+\cdots+\alpha_m .$$

条件 2° を用いて容易に，元 α は $\mathfrak{p}_i^{k_i}$ で割れるが $\mathfrak{p}_i^{k_i+1}$ で割れないことがでる．これによって証明されたのは，集合 $\mathfrak{R}$ はまた次の必要条件をみたすことである：$\mathfrak{R}$ の任意の指数 $\nu_1, \cdots, \nu_m$ と任意の非負な整数 $k_1, \cdots, k_m$ に対して，環 $\mathfrak{O}$ の元 α で $\nu_i(\alpha)=k_i$ $(1\leqslant i\leqslant m)$ となるものが存在する．

上記の一連の必要条件は，十分条件——$\mathfrak{R}$ の指数を利用して環 $\mathfrak{O}$ の因子論を構成するための——にもなることがわかる．その証明のために素因数分解が一意的な半群 $\mathfrak{D}$ を考え，その素元は $\mathfrak{R}$ の指数と1対1に対応すると仮定する．素元 $\mathfrak{p}\in\mathfrak{D}$ に対応する指数 $\nu\in\mathfrak{R}$ をまた，$\nu_{\mathfrak{p}}$ で表わそう．第1と第2の条件から，任意の $\alpha\in\mathfrak{O}^*$ に対して積（6）は意味をもつ（指数 $\nu_{\mathfrak{p}_i}(\alpha)$ は非負であり，さらにこのうち有限個だけが零でない）．性質 $\nu(\alpha\beta)=\nu(\alpha)+\nu(\beta)$ により，写像 $\alpha\to(\alpha)$ は $\mathfrak{O}^*$ から $\mathfrak{D}$ への準同型となる．第2の条件から容易にでるように，環 $\mathfrak{O}$ において α が β で割れることは，すべての $\nu\in\mathfrak{R}$ について $\nu(\alpha)\geqslant\nu(\beta)$ なることと同値である．これは条件 1° がみたされることを保証する．条件 2° は直接，不等式 $\nu(\alpha\pm\beta)\geqslant\min(\nu(\alpha), \nu(\beta))$ からでる．もし $\mathfrak{a}$ と $\mathfrak{b}$ とが $\mathfrak{D}$ からの2つの異なる元ならば，ある素元 $\mathfrak{p}$ はそれらの素因数分解中に異なるベキ指数——たとえばそれぞれ k, l とする——で現われる．$k<l$ とせよ．第3の条件から，環 $\mathfrak{O}$ 内に適当な元 α が存在して，$\mathfrak{a}$ で割れかつ $\nu_{\mathfrak{p}}(\alpha)=k$ となる．この元は $\mathfrak{b}$ では割れぬ．これにより，条件 3° もみたされることが証明された．我々の準同型 $\mathfrak{O}^*\to\mathfrak{D}$ は，したがって，環 $\mathfrak{O}$ の因子論を与える．

以上の結果を定式化しておく．

定理 4. $\mathfrak{O}$ を環，K をその商体かつ $\mathfrak{R}$ を体 K の，ある指数の集合とせよ．$\mathfrak{R}$ の指数全体が環 $\mathfrak{O}$ の因子論を定義するための必要十分条件は，次の諸

条件がみたされることである：

1) $\mathfrak{O}$ の各元 $\alpha\neq 0$ に対して，指数 $\nu\in\mathfrak{N}$ のうち有限個のみが $\nu(\alpha)\neq 0$;

2) Kの元 α が $\mathfrak{O}$ に属するのは，すべての $\nu\in\mathfrak{N}$ に対し $\nu(\alpha)\geqslant 0$ なるとき，またそのときに限る；

3) $\mathfrak{N}$ からの任意有限個の異なる指数 $\nu_1, \cdots, \nu_m$ と非負な整数 $k_1, \cdots, k_m$ とに対して，環 $\mathfrak{O}$ に適当な元 α が存在して，次が成り立つ

$$\nu_1(\alpha)=k_1, \cdots, \nu_m(\alpha)=k_m.$$

かくて与えられた環 $\mathfrak{O}$ の因子論を構成することは商体 K において対応する指数集合 $\mathfrak{N}$ を構成することに帰せられる．

ここで深入りはしないでおくが，因子論構成が可能な整閉環の研究については次を参照：たとえば，ファン・デル・ヴェルデン著≪現代代数学≫第3巻，§105（東京図書）．次節において次のことを示そう，もし商体kをもつ環 $\mathfrak{o}$ に因子論が存在すれば，体kの任意有限次拡大体Kにおける $\mathfrak{o}$ の整閉包 $\mathfrak{O}$ にも因子論が存在する．有理整数環Zに対する因子論は周知だから（Zでは素因数分解の一意性が成り立つ），これによって代数的数体の極大整環に対しても因子論の存在することが証明されることになる．

体Kの指数のうちで，因子論を構成するに必要なものをそろえることは，もちろん，環 $\mathfrak{O}$ に関係するが，一般的にいって，この選択された組は体 K の指数全体を尽くさない（問題6）．ときによると（問題7），体Kのすべての指数に対して定理4の条件1がみたされない，ことも起こり得る．しかしながら次のことを示そう，有理整数環Zの場合には対応する指数の組は有理数体Rのすべての指数を尽くす（先の方で，任意の代数的数体の極大整環に対しても同様な事実があることを知るであろう）．

各素数 $p\in Z$（すなわち環 Z の素因子）に体Rの指数 ν_p が対応する，その値は，零でない有理数

$$x=p^m\frac{a}{b} \qquad (7)$$

(a, b は整で，p では割れない）に対して，次の等式で定義される

$$\nu_p(x)=m. \tag{8}$$

この ν_p は体 R の $\boldsymbol{p}$ **進指数**とよばれる（明らかに，指数の値（8）は p 進数体 R_p 上の p 進指数の値と一致する；参照：第1章 §3, **2**).

定理 5. 有理数体の指数は p 進指数 ν_p（素数 p のすべてに対して）で尽くされる.

証明 ν を体Rの任意の指数とせよ．さて

$$\nu(1+\cdots+1)\geqslant\min(\nu(1),\cdots,\nu(1))=0$$

だから，$\nu(n)\geqslant 0$ がすべての自然数 n について成り立つ．もしも $\nu(p)=0$ がすべての素数 p について成り立てば，R の $a\neq 0$ すべてについて $\nu(a)=0$ となり，指数の定義の条件1に反する．したがって，ある素数 p に対して $\nu(p)=e>0$ となる．素数 $q\neq p$ に対してもまた $\nu(q)>0$ としてみる；すると等式 $pu+qv=1$——u, v は整——から次がでる

$$0=\nu(pu+qv)\geqslant\min(\nu(pu),\nu(qv))\geqslant\min(\nu(p),\nu(q))>0.$$

上記の矛盾により，p と異なるすべての素数 q について $\nu(q)=0$ がわかる，すなわち p で割れない整数 a すべてに対して $\nu(a)=0$. かくて，有理数（7）に対して

$$\nu(x)=m\nu(p)+\nu(a)-\nu(b)=me=e\nu_p(x).$$

指数 ν はすべての整数値をとらねばならぬから，$e=1$ でしたがって，$\nu=\nu_p$. 定理5は証明された.

注意として，定理5は第1章§4定理3から容易に導かれ得るものであった，後者の定理に対する証明の第2部は，本質的に，いま行ったばかりの証明と一致しているから.

終りに，もう1つ特別な場合を考察しよう．次のように仮定してみる，ある環 $\mathfrak{O}$ に因子論 $\mathfrak{O}^*\to\mathfrak{D}$ が存在し，この $\mathfrak{D}$ は有限個の素因子 $\mathfrak{p}_1,\cdots,\mathfrak{p}_m$ のみをもつ．商体Kの，対応する指数を $\nu_1,\cdots,\nu_m$ で表わす．定理4の条件 3) により，任意の因子 $\mathfrak{a}=\mathfrak{p}_1^{k_1}\cdots\mathfrak{p}_m^{k_m}\in\mathfrak{D}$ ($k_i\geqslant 0$) に対して，環 $\mathfrak{O}$ 内に適当な元 $\boldsymbol{\alpha}$ が

存在して，$\nu_1(\alpha)=k_1, \cdots, \nu_m(\alpha)=k_m$ となる．ところがこれは，因子 $\mathfrak{a}$ が主因子 (α) と一致することを意味する．かくて $\mathfrak{O}$ のすべての因子は主である，すなわち環 $\mathfrak{O}$ には素因数分解の一意性が成り立つ（定理2）．$\mathfrak{p}_1=(\pi_1), \cdots, \mathfrak{p}_m=(\pi_m)$ とするとき，この元 $\pi_1, \cdots, \pi_m$ は環 $\mathfrak{O}$ の，互いに同伴でない素元の完全系をなす，そして各元 $\alpha\in\mathfrak{O}^*$ は一意的に次の形に表わせる

$$\alpha=\varepsilon\pi_1^{k_1}\cdots\pi_m^{k_m},$$

ここで ε は $\mathfrak{O}$ の単元．素元 $\pi_1, \cdots, \pi_m$ は明らかに，次の条件によって特徴づけられる：

$$\nu_i(\pi_i)=1, \quad \nu_j(\pi_i)=0 \qquad j\neq i \text{ のとき．}$$

以上により次の結果が証明された．

定理 6. もしある環 $\mathfrak{O}$ が，有限個の素因子からなる因子論をもてば，$\mathfrak{O}$ において素因数分解の一意性が成り立つ．

問　　題

1. 次のことを示せ，もし環 $\mathfrak{O}$ に因子論が存在すれば，各元 $\alpha\in\mathfrak{O}$ の，同伴でない約元は有限個に限る．

2. 次のことを示せ，任意の因子論において各因子は，２つの主因子の最大公約元となっている．

3. $K=k(x)$ を任意の体 k 上の有理関数体とし，φ を環 $k[x]$ の，ある既約多項式とせよ．Kに属する各有理関数 $u\neq0$ は $u=\varphi^k f/g$——ただし f, g は $k[x]$ からの多項式で φ では割れぬ——の形に表わせる．次のことを示せ，関数 ν_φ を等式 $\nu_\varphi(u)=k$ で定義するとき，これは体Kの指数である．

4. 環 $k[x]$ に属する，零でない多項式 f, g がそれぞれ次数 n, m をもつとき，有理関数 $u=f/g\in k(x)$ に対して $\nu^*(u)=m-n$ とおく．関数 ν^* は体 $K=k(x)$ の指数であることを示せ．

5. 次のことを示せ，指数 ν_φ（環 $k[x]$ の既約多項式 φ すべてに対して）と指数 ν^*（問題**3**および**4**）とで，体 $k(x)$ の指数 ν のうち $\nu(a)=0$（零でないすべての $a\in k$）をみたすものがすべて尽くされる．

6. 体 $K=k(x)$ の指数の集合 $\mathfrak{N}$ で，定理4の条件をみたすものを定めよ，ただし $\mathfrak{O}$ としては環 $k[x]$ をとる．さらに，環 $\mathfrak{O}'=k[1/x]$ に対する集合 $\mathfrak{N}$ を定めよ．

7. $K=k(x,y)$ を体 k 上の，変数 x, y の有理関数体とせよ．任意の自然数 n に対して $x_n=x/y^n$ とおく．零でない有理関数 $u=u(x,y)\in K$ は次の形に表わせる

$$u=u(x_ny^n, y)=y^k\frac{f(x_n,y)}{g(x_n,y)},$$

ここで多項式 f, g は y で割れぬ．次のことを示せ，関数 ν_n を $\nu_n(u)=k$ で定義するとき，これは体 K の指数である．さらに，すべての指数 ν_n $(n\geqslant 1)$ は相異なり，またそれらすべてについて $\nu_n(x)>0$ であることを示せ．

8. 整係数多項式の既約性に対する，周知の Eisenstein の判定法を，因子論をもつ任意の環 $\mathfrak{O}$ の元を係数とする多項式について定式化し，かつ証明せよ．

9. もし環 $\mathfrak{O}$ に因子論が存在すれば，その商体 K に対し任意次数の代数的拡大体が存在する．

10. k 上の2変数多項式からなる環 $\mathfrak{O}=k[x,y]$ に属する多項式 $f\neq 0$ に対して，記号 $\tilde{\nu}(f)$ によって f に含まれる単項（係数は零でない）の次数のうち最低を表わすとする．関数 $\tilde{\nu}$ は有理関数体 $k(x,y)$ にまで延長され得ることを示せ．体 $k(x,y)$ の指数のうち，環 $\mathfrak{O}$ の既約多項式に対応するもの全体を $\mathfrak{N}$ とする．定理4の条件のうちどれが，環 $\mathfrak{O}$ と指数集合 $\mathfrak{N}_1$ とに対してみたされないか（ただし $\mathfrak{N}_1$ は $\mathfrak{N}$ に指数 $\tilde{\nu}$ を付加したものである）？

§4. 指　数

§3 定理4により，整閉な環 $\mathfrak{O}$ に対する因子論の構成は商体 K において，この定理に述べられた性質をもつような指数集合を構成することに帰せられる．それゆえ組織だった，指数の性質の研究にとりかかろう．

1. 指数の最も簡単な性質　任意の体 K における指数 ν の定義（§3, **4**）により，直接次の性質がでる：

$$\nu(\pm 1)=0;$$

$$\nu(-\alpha)=\nu(\alpha);$$

$$\nu\left(\frac{\alpha}{\beta}\right)=\nu(\alpha)-\nu(\beta),\qquad \beta\neq 0;$$

$$\nu(\alpha^n)=n\nu(\alpha),\qquad n\in Z;$$

$$\nu(\alpha_1+\cdots+\alpha_n)\geqslant\min(\nu(\alpha_1),\cdots,\nu(\alpha_n)).$$

$\nu(\alpha)\neq\nu(\beta)$ と仮定しよう．もし $\nu(\alpha)>\nu(\beta)$ ならば，$\nu(\alpha+\beta)\geqslant\nu(\beta)$．他方，等式 $\beta=(\alpha+\beta)-\alpha$ から，$\nu(\beta)\geqslant\min(\nu(\alpha+\beta),\nu(\alpha))$ を得る，よって $\nu(\beta)\geqslant\nu(\alpha+\beta)$．かくて

$$\nu(\alpha+\beta)=\min(\nu(\alpha),\nu(\beta)),\quad ただし\quad \nu(\alpha)\neq\nu(\beta). \qquad (1)$$

項数に関する帰納法により，上式から容易に次を得る

$$\nu(\alpha_1+\cdots+\alpha_n)=\min(\nu(\alpha_1),\cdots,\nu(\alpha_n)),$$

ただし $\nu(\alpha_1),\cdots,\nu(\alpha_n)$ のうち最低がただ１つでありさえすれば．

定　義　体 K 上に指数 ν が与えられたとせよ．$\nu(\alpha)\geqslant 0$ となるような元 $\alpha\in K$ からなる（Kの）部分環 $\mathfrak{O}_\nu$ は ν の**付値環**とよばれる．$\mathfrak{O}_\nu$ の元は指数 ν に関して**整**といわれる．

明らかに，環 $\mathfrak{O}_\nu$ とただ１つの指数 ν からなる集合 $\mathfrak{N}$ とに対して，§3 定理４の３条件がすべてみたされる．環 $\mathfrak{O}_\nu$ に対して，したがって，ただ１つの素元をもつ因子論が存在する．§3の定理３と６とは，それゆえ，次の結果を与える：

定 理 1.　K の指数 ν の付値環 $\mathfrak{O}_\nu$ は K で整閉である．

定 理 2.　同伴性を除いて，ただ１つの素元 π が環 $\mathfrak{O}_\nu$ に存在する，かつ $\mathfrak{O}_\nu$ の各元 $\alpha\neq 0$ は一意的に（π を固定したとき）$\alpha=\varepsilon\pi^m$ の形に表わされる，ただし ε は $\mathfrak{O}_\nu$ の単元（かつ $m\geqslant 0$）．

ν の付値環の素元 π は，明らかに，等式 $\nu(\pi)=1$ によって特徴づけられる．

環 $\mathfrak{O}_\nu$ において，すべての環におけると同様に，ある元を法とする合同式を考えることができる（参照：補足 §4，**1**）．同伴な元を法とする合同式は同値だから，素元 π を法としての，環 $\mathfrak{O}_\nu$ の剰余環は π の選び方によらない，したがって，環 $\mathfrak{O}_\nu$ 自身によって定まる．この剰余環を Σ_ν で表わし，この場合 Σ_ν は体であることを示そう．実際，もし $\alpha\in\mathfrak{O}_\nu$ かつ $\alpha\not\equiv 0 \pmod{\pi}$ な

らば，$\nu(\alpha)=0$ ですなわち α は $\mathfrak{O}_\nu$ の単元である．そうすると合同式 $\alpha\xi\equiv 1 \pmod{\pi}$ のみならず方程式 $\alpha\xi=1$ が $\xi\in\mathfrak{O}_\nu$ なる元について解ける．

体 Σ_ν は指数 ν の **剰余体**とよばれる．

2.　指数の独立性　　環 $\mathfrak{O}$ に因子論 $\mathfrak{O}^*\to\mathfrak{D}$ があるとし，かつ $\mathfrak{p}_1,\cdots,\mathfrak{p}_m$ を $\mathfrak{D}$ の異なる素因子とせよ．§3 定理 4 によりこの素因子に対応する指数 $\nu_1,\cdots,\nu_m$——商体 K の——は次のような独立性をもつ：K^* に適当な元 ξ が存在して，ξ 上でこれらの指数が，あらかじめ任意に与えられた値 $k_1,\cdots,k_m$ をとる．実際，もし各 $i=1,\cdots,m$ に対して，$k_i'=\max(0,k_i)$，$k_i''=\min(0,k_i)$ とおけば，既述の定理の条件 3) により環 $\mathfrak{O}$ 内に適当な元 α,β があって，$\nu_i(\alpha)=k_i'$，$\nu_i(\beta)=-k_i''$ となる，するとその比 $\xi=\alpha/\beta$ に対して $\nu_i(\xi)=k_i$ $(1\leqslant i\leqslant m)$ が成り立つ．

すぐあとに次のことを示そう，上述では指数 ν_i が，ある因子論において，素因子に対応しているときについて考えたが，この状況に関係なく任意有限個の指数に対してこの独立性が成り立つ．

定理 3.　$\nu_1,\cdots,\nu_m$ が体 K の互いに異なる指数とするとき，任意の有理整数 $k_1,\cdots,k_m$ に対して適当な元 $\xi\in K$ が存在して，

$$\nu_1(\xi)=k_1,\ \cdots,\ \nu_m(\xi)=k_m\,,$$

となる．

$\mathfrak{O}_1,\cdots,\mathfrak{O}_m$ によって $\nu_1,\cdots,\nu_m$ の付値環を表わし，$\mathfrak{O}$ により共通集合 $\bigcap_{i=1}^{m}\mathfrak{O}_i$ を表わす．環 $\mathfrak{O}$ と指数集合 $\mathfrak{N}$——$\nu_1,\cdots,\nu_m$ からなる——とに対して，§3 定理 4 の条件 1) および 2) が明らかにみたされる．上述の定理 3（あとで証明）の示す所によれば，条件 3) もまたみたされ，すなわち環 $\mathfrak{O}$ に対して有限個素因子からなる因子論が成り立つ．かくて定理 3 は，体Kの指数の有限系 $\nu_1,\cdots,\nu_m$ が環 $\mathfrak{O}=\bigcap_{i=1}^{m}\mathfrak{O}_i$ において因子論を定義する，ことを意味する．§6定理 6 により，このことは次の結果を与える．

系　もし $\mathfrak{O}_1, \cdots, \mathfrak{O}_m$ が体 K の異なる指数 $\nu_1, \cdots, \nu_m$ の付値環ならば，共通集合 $\mathfrak{O}=\bigcap_{i=1}^{m}\mathfrak{O}_i$ は素因数分解が一意的な環である．すなわち，$\mathfrak{O}$ の各元 $\alpha\neq 0$ は $\alpha=\varepsilon\pi_1^{k_1}\cdots\pi_m^{k_m}$ の形に一意的に表わせる，ただし ε は $\mathfrak{O}$ の単元，$\pi_1, \cdots, \pi_m$ は固定された素元であって，次の条件によって特徴づけられる

$$\nu_i(\pi_i)=1, \quad \nu_j(\pi_i)=0 \qquad (j\neq i).$$

定理3の証明　$m=1$ のときは，定理の内容は指数の定義に含まれる．$m\geqslant 2$ として，$m-1$ 個の指数の場合にはすでに証明されたと仮定する．次のことを示そう，このとき K の元 $\xi\neq 0$ すべてに対して等式

$$c_1\nu_1(\xi)+\cdots+c_m\nu_m(\xi)=0 \tag{2}$$

が成り立つような，有理整数 $c_1, \cdots, c_m$ ――少なくとも1つは零でない――は存在しない．そうでないとしてみる，すなわち等式（2）が成り立つとしてみる．係数のうちで，少なくとも2つは零でなくかつ同符号なものがある（実際もし係数の2つだけが零でなくかつ異符号ならば，それをたとえば $c_1>0$, $c_2<0$ としてみると，等式 $c_1\nu_1(\xi)+c_2\nu_2(\xi)=0$ から $\nu_1(\xi)=e\nu_2(\xi)$ が e を正として成り立つこととなり，これは $e=1$ かつ $\nu_1=\nu_2$ のときだけしかあり得ない，よって仮定と矛盾する）．添え字を，必要なら，つけ換えれば，したがって，関係（2）は次の形に書き換えられる

$$\nu_1(\xi)=a_2\nu_2(\xi)+\cdots+a_m\nu_m(\xi), \tag{3}$$

ここで有理係数 a_i のうちには少なくとも1つ負のものがある．帰納法の仮定により，体 K に適当な元 β と β' とが見出されて，

$$\nu_i(\beta)=0, \quad \nu_i(\beta')=1, \qquad \text{ただし}\quad a_i\geqslant 0;$$

$$\nu_i(\beta)=1, \quad \nu_i(\beta')=0, \qquad \text{ただし}\quad a_i<0,$$

がすべての $i=2, \cdots, m$ について成り立つ．すると

$$\nu_1(\beta)<0, \quad \nu_1(\beta')\geqslant 0. \tag{4}$$

和 $\beta+\beta'$ を考えよう．2数 $\nu_i(\beta)$ と $\nu_i(\beta')$ $(i=2, \cdots, m)$ とのうち一方は0で他方は1だから $\nu_i(\beta+\beta')=\min(\nu_i(\beta), \nu_i(\beta')=0$. 関係（3）により $\nu_1(\beta+\beta')=0$ を得る．他方では，不等式（4）から

$$\nu_1(\beta+\beta')=\min(\nu_1(\beta), \nu_1(\beta'))<0.$$

いま得られた矛盾は関係（2）が不可能なことを証明している．

$\mathfrak{O}$ によって $\nu_2, \cdots, \nu_m$ の付値環の共通集合を表わし，E によってこの環の単元の群を，また $\pi_2, \cdots, \pi_m$ により環 $\mathfrak{O}$ の素元——ただし $\nu_i(\pi_i)=1$ $(i=2, \cdots, m)$ となるように番号づける——を表わすとする（帰納法の仮定により，$m-1$ 個の指数の場合は定理3および系が成り立つ，を思い出すこと）．次のことを証明しよう，指数 ν_1 が群 E 上でとる値すべてが0に等しいことはあり得ない．実際，各元 $\xi \in K^*$ は次の形に書かれる

$$\xi = \varepsilon \pi_2^{k_2} \cdots \pi_m^{k_m}, \tag{5}$$

ここで $\varepsilon \in E$, $k_i = \nu_i(\xi)$ $(2 \leqslant i \leqslant m)$：もしもすべての $\varepsilon \in E$ に対して $\nu_1(\varepsilon)=0$ ならば（5）から

$$\nu_1(\xi) = k_2 \nu_1(\pi_2) + \cdots + k_m \nu_1(\pi_m)$$

となり，次の形に書き換えられる

$$\nu_1(\xi) = a_2 \nu_2(\xi) + \cdots + a_m \nu_m(\xi),$$

ここで有理整数 $a_i = \nu_1(\pi_i)$ は ξ には関係しないが，このことは先に証明したこと——（2）の形の関係がすべての $\xi \in K^*$ に対しては不可能——と矛盾する．これによって，群 E 内に適当な元が存在して，指数 ν_1 は零でない値をとる．

群 E 内に元 γ を選んで，$\nu_1(\gamma)=l$ が ν_1 の E 上でとる値のうち最小な正値とする．明らかに，ν_1 が E 上でとる値はすべて l の倍数である．$l=1$ なることを証明したい．もし $a_2=\nu_1(\pi_2), \cdots, a_m=\nu_1(\pi_m)$ のすべてが l で割れるならば，表現（5）から容易にでるように，一般に指数 ν_1 の値 $\nu_1(\xi)$ は l で割れる，これは $l=1$ のときのみ可能である．残った場合は，a_i の少なくとも1つが l で割れないときである．たとえば，a_2 が l で割れぬとせよ．そのとき次の元を考える

$$\alpha = \pi_2 (\pi_3 \cdots \pi_m)^l \gamma^s,$$

ここで整数 s の選び方は，

$$a_2 + l(a_3 + \cdots + a_m) + sl = l_1$$

が不等式 $0 < l_1 < l$ をみたすようにする．明らかに，$\nu_1(\alpha) = l_1$ かつ $i=2, \cdots, m$

について $\nu_i(\alpha)>0$. 次のようにおけ

$$\varepsilon=\gamma+\alpha.$$

すべての $i=2,\cdots,m$ について $\nu_i(\varepsilon)=\min(\nu_i(\gamma),\nu_i(\alpha))=0$ だから，$\varepsilon\in E$. また同時に

$$\nu_1(\varepsilon)=\min(l,l_1)=l_1,$$

しかしこれは γ の選び方に反する．かくて，少なくとも1つ a_i が l で割れぬような場合は元来不可能である，すなわち $l=1$.

さてこうなると，環 $\mathfrak{O}$ の素元 π_i $(2\leqslant i\leqslant m)$ を適当に選んで，$\nu_1(\pi_i)=a_i=0$ とすることができる．実際，各 π_i は $\pi_i'=\pi_i\gamma^{-a_i}$ で置き換えることができて，これについては $\nu_1(\pi_i')=a_i-a_i\nu_1(\gamma)=0$.

$\pi_1=\gamma$ とおけば，したがって，素元の組 $\pi_1,\pi_2,\cdots,\pi_m$ が得られて，$\nu_i(\pi_i)=1$ かつ $i\neq j$ について $\nu_j(\pi_i)=0$. さて $k_1,\cdots,k_m$ を任意の整数とすると，元 $\xi=\pi_1^{k_1}\cdots\pi_m^{k_m}$ に対して

$$\nu_1(\xi)=k_1,\ \cdots,\ \nu_m(\xi)=k_m.$$

定理3は証明された．

定理3から容易に次の，より強い主張が得られる．

定 理 4（**近似定理**）．$\nu_1,\cdots,\nu_m$ を体 K の互いに異なる指数とするとき，K の任意の元 $\xi_1,\cdots,\xi_m$ と任意の整数 N に対して体 K に適当な元 ξ が見出されて，次が成り立つ

$$\nu_1(\xi-\xi_1)\geqslant N,\ \cdots,\ \nu_m(\xi-\xi_m)\geqslant N.$$

証　明　K の元 $\alpha_1,\cdots,\alpha_m$ を条件 $\nu_i(\alpha_i)=-1$, $\nu_j(\alpha_i)=1$ $(j\neq i)$ をみたすように選んで ξ を次のようにおく

$$\xi=\frac{\alpha_1^k}{1+\alpha_1^k}\xi_1+\cdots+\frac{\alpha_m^k}{1+\alpha_m^k}\xi_m.$$

自然数 k について $\nu_j(\alpha_i^k)\neq 0=\nu_j(1)$ だから，性質（1）により，$i\neq j$ のとき値 $\nu_j(1+\alpha_i^k)$ は0に等しく，$i=j$ のとき $-k$ に等しい，すなわち

$$\nu_j\left(\frac{\alpha_i^k}{1+\alpha_i^k}\right)=k \quad ただし\ i\neq j,\ かつ\quad \nu_j\left(\frac{-1}{1+\alpha_j^k}\right)=k.$$

したがって，

$$\nu_j(\xi-\xi_j)\geqq\min_i(k+\nu_j(\xi_i)).$$

今や明らかに，

$$k\geqq N-\min_{i,j}\nu_j(\xi_i),$$

でありさえすば ξ は課せられた条件をみたすはず．

3. 指数の延長　k を任意の体とし，K/k を有限次拡大かつ ν を体 K のどれかの指数とせよ．ν を k の元に制限して考えると，k 上の関数を得るがこれは明らかに，指数の定義にある条件2および3をみたしている（§3, **4**）．第1の条件に関しては，この関数は満足しないかもしれない，すなわち k^* の元上にとる ν の値は必ずしも全整数群 Z を尽くすとは限らない．ただし，この値が零だけということはない．事実，もしもそうだとすると，体 k はすっかり ν の付値環に含まれてしまい，この環が整閉（定理1）なことから，体Kも含まれてしまう，これは不可能．かくて，$\nu(a)$, $a\in k^*$ なる値のうちには零と異なるものがあり，よって正なるものもある（もし $\nu(a)<0$ なら，$\nu(a^{-1})>0$）．

p によって k の元で，$\nu(p)=e$ が最小——ν が体 k の元上でとる正なる値のうちで——なるものを表わそう．すると，任意の $a\in k^*$ に対して $\nu(a)=m$ は e で割れる．実際，もし $m=es+r$, $0\leqq r<e$ とすると，$\nu(ap^{-s})=m-se=r$, よって e の最小性から，$r=0$ がでる．さて

$$\nu_0(a)=\frac{\nu(a)}{e},\quad a\in k^*,\quad \nu_0(0)=\infty, \tag{6}$$

とおけば，k 上の関数 ν_0 を得て，この ν_0 はちゃんと全整数値をとり，したがって，体 k の指数となる．

定　義　Kを体 k の有限次拡大体とせよ．もし体 k の指数 ν_0 が，体 K の指数 ν と関係（6）によって結ばれるならば，ν_0 は ν によって k 上に**誘導**されるという，また ν は ν_0 の体 K 上への**延長**という．関係（6）によって一意的に定められた自然数 e は，このとき ν_0 に関する（または部分体 k に関す

る）ν の**分岐指数**という．

この定義において，次のことに注意すべきである，$e>1$ のとき≪指数の延長≫という語は少しずれがあり，関数をより広い定義域に延長するときの通常の概念と一致しない．

上に証明したことにより K 上の各指数 ν は k 上に，ある（ただ１つの）指数 ν_0 を誘導する．逆の命題も成り立つ，すなわち k 上の各指数 ν_0 に対してその K 上への延長が存在する（一般的にいえば，もはやただ１つではない）．この事実の証明は，しかしながら，少々面倒で，我々は次項で行なうことにする．ここでは，与えられた指数 ν_0 の延長が存在すると仮定して，そのいくつかの性質を考察しよう．

$k\subset K\subset K'$ を有限次拡大の鎖とし，ν_0, ν, ν' をそれぞれ体 k, K, K' の指数とする．明らかに，もし ν が ν_0 の延長で分岐指数 e をもち，ν' は ν の延長で分岐指数 e' をもつとすると，ν' は ν_0 の体 K' への延長であり，ν_0 に関する分岐指数（ν' の）は ee' に等しい．また容易にわかるように，ν_0 および ν が ν' によって体 k 上および K 上に誘導されるならば，ν は ν_0 の延長である．

補題 1. もし K が k の有限 n 次拡大であれば，体 k の任意の指数 ν_0 に対して K 上への延長は n 個以下である．

証　明　$\nu_1, \cdots, \nu_m$ を体 K の相異なる指数で，ν_0 の延長だとせよ．定理３により体 K 内に適当な元 $\xi_1, \cdots, \xi_m$ を見出して，$\nu_i(\xi_i)=0$ かつ $\nu_j(\xi_i)=1$ $(i\neq j)$ とできる．これらの元が k 上１次独立なことを示そう．１次結合

$$\gamma=a_1\xi_1+\cdots+a_m\xi_m$$

を考えよう，ただし係数 a_j は k に属し少なくとも１つは零でない．$h=\min(\nu_0(a_1), \cdots, \nu_0(a_m))$ とおき，添え字 i_0 を $\nu_0(a_{i_0})=h$ とする．e によって指数 ν_{i_0} の k に関する分岐指数を表わすとき，次が成り立つ

$$\nu_{i_0}(a_{i_0}\xi_{i_0})=e\nu_0(a_{i_0})+\nu_{i_0}(\xi_{i_0})=eh,$$
$$\nu_{i_0}(a_j\xi_j)=e\nu_0(a_j)+\nu_{i_0}(\xi_j)\geqslant eh+1 \qquad (j\neq i_0),$$

それゆえ

$$\nu_{i_0}(\gamma)=\min(\nu_{i_0}(a_1\xi_1),\ \cdots,\nu_{i_0}(a_m\xi_m))=eh,$$

すなわち $\gamma\neq 0$ となり我々の主張が証明された．$\xi_1,\cdots,\xi_m$ が k 上1次独立なことから $m\leqq(K:k)$ がでる，これは延長 ν_i の個数が n 以下になることを意味する．補題1は証明された．

さて体 k の固定された指数 ν_0 の有限次拡大 K への延長の全体を $\nu_1,\cdots,\nu_m$ と仮定する．$\mathfrak{o}$ によって ν_0 の付値環を表わし，$\mathfrak{O}$ によってKにおけるその整閉包を，また $\mathfrak{O}_1,\cdots,\mathfrak{O}_m$ によってそれぞれ $\nu_1,\cdots,\nu_m$ の付値環を表わす．$\mathfrak{o}\subset\mathfrak{O}_i$ かつ環 $\mathfrak{O}_i$ はKで整閉だから，$\mathfrak{O}\subset\mathfrak{O}_i$ が任意の $i=1,\cdots,m$ について成り立つ，すなわち

$$\mathfrak{O}\subset\bigcap_{i=1}^{m}\mathfrak{O}_i\,.$$

以下において，この式で実際等号となることを知るはず．これが真だとすると，定理3の系により $\mathfrak{O}$ においては，有限個の非同伴な素元をもつ素因数分解の一意性が成り立つ．この際，環 $\mathfrak{O}$ の非同伴な素元 $\pi_1,\cdots,\pi_m$ は1対1に指数 $\nu_1,\cdots,\nu_m$ に対応するので，ν_0 の延長となるような，Kの指数を構成する実際的な手段を得る．

さて逆に，ν_0 の付値環の，体K内における整閉包 $\mathfrak{O}$ において素因数分解が一意的で非同伴な素元の個数が有限だとせよ．§3 定理6によりこの仮定は次と同値である，$\mathfrak{O}$ に有限個の素因子 $\mathfrak{p}_1,\cdots,\mathfrak{p}_m$ をもつ因子論が存在すること．さて次を示そう，このとき指数 ν_0 に対してちょうどm個の，体K上への延長が存在し，それらはすなわち，素元 $\mathfrak{p}_1,\cdots,\mathfrak{p}_m$ に対応する体Kの指数 $\nu_1,\cdots,\nu_m$ である．

pを ν_0 の付値環 $\mathfrak{o}$ の素元のどれか（すなわち $\nu_0(p)=1$ となるような k の元）とし，$\pi_1,\cdots,\pi_m$ を環 $\mathfrak{O}$ の非同伴な素元の完全系とせよ（番号は $\nu_i(\pi_i)=1$ となるようにつける）．$\mathfrak{o}\subset\mathfrak{O}$ だから，p について環 $\mathfrak{O}$ 内で分解

$$p=\varepsilon\pi_1^{e_1}\cdots\pi_m^{e_m} \tag{7}$$

が成り立ち，指数 e_i は負でない（ε は $\mathfrak{O}$ の単元）．さて a を k^* の任意の元

で $\nu_0(a)=s$——すなわち $a=p^s u$，u は $\mathfrak{o}$ の単元であるがもちろん $\mathfrak{O}$ でも単元——とするとき，次が成り立つ

$$\nu_i(a)=e_i s=e_i \nu_0(a). \tag{8}$$

もしも $e_i=0$ とすると，k^* 上で指数 ν_i の値はすべて零となるが，これは本項の頭初で知ったように，不可能である．したがって，$e_i>0$．さて（8）式は，今度は，すべての指数 ν_i $(i=1,\cdots,m)$ が ν_0 の体K上への延長なることを示している．ついでながらまた，指数 ν_i の ν_0 に関する分岐指数 e_i は分解式（7）で決定される．

さて，ν が指数 ν_0 のK上への任意の延長と仮定せよ．$\mathfrak{o}$ は ν の付値環に含まれるから，環 $\mathfrak{O}$ もこれに含まれる，すなわちすべての $\alpha\in\mathfrak{O}$ について $\nu(\alpha)\geqslant 0$ となり，各単元 $\varepsilon\in\mathfrak{O}$ については $\nu(\varepsilon)=0$ でなければならぬ．もしも指数 ν が $\nu_1,\cdots,\nu_m$ と異なるとすると，定理3から環 $\mathfrak{O}$ の単元 ε のうちに $\nu(\varepsilon)\neq 0$ となるものがある．ここに得られた矛盾は，ν が ν_i のどれかと一致することを示す．

かくて，指数 ν_0 の体K上への延長は指数 $\nu_1,\cdots,\nu_m$ であり，またそれだけである．§3 定理4の条件 2）によりまた次を得る，環 $\mathfrak{o}$ の体K内での整閉包 $\mathfrak{O}$ は，すべての延長 ν_i に対して $\nu_i(\alpha)\geqslant 0$ となるKの元 α の全体である．もし $\mathfrak{O}_i$ により，前と同様に，ν_i の付値環を表わせば，この最後の命題は次の形に書かれる

$$\mathfrak{O}=\bigcap_{i=1}^{m}\mathfrak{O}_i. \tag{9}$$

以上の議論から次のことがわかった，ν_0 の体K上への延長が存在することを証明するため，またそれの全貌を知るためには，環 $\mathfrak{O}$ で素因数分解の一意性（有限個の非同伴な素元をもつ）が成り立つことを確かめるだけで十分である．

4.　延長の存在　前と同様に，kを任意の体，ν_0 をその指数の1つ，$\mathfrak{o}$ を ν_0 の付値環，pを環 $\mathfrak{o}$ の素元とせよ．Σ_0 により指数 ν_0 の剰余体を表わす．

各元 $a\in\mathfrak{o}$ について，それに対応する剰余類――$\mathfrak{p}$ を法とする――を $\bar{a}$ で表わす．体 Σ_0 内の等式 $\bar{a}=\bar{b}$ は，したがって，環 $\mathfrak{o}$ 内で $a\equiv b \pmod{\mathfrak{p}}$ が成り立つとき，またそのときに限る．

さて k の任意の有限次拡大体 K を考え，環 $\mathfrak{o}$ の K における整閉包を $\mathfrak{O}$ で表わそう．

補題 2. もし指数 ν_0 の剰余体 Σ_0 に含まれる元の個数が K/k の拡大次数より小でなければ（特に，Σ_0 が無限体ならば），環 $\mathfrak{O}$ は Euclid 環であり，したがって，そこで素因数分解の一意性が成り立つ．環 $\mathfrak{O}$ には互いに非同伴な素元は有限個しかない．

証明　元 $\alpha\in K^*$ 上の関数 $\|\alpha\|$ を次式によって定義する

$$\|\alpha\|=2^{\nu_0(N_{K/k}\alpha)}.$$

明らかに，導入された関数は性質 $\|\alpha\beta\|=\|\alpha\|\cdot\|\beta\|$ $(\alpha,\ \beta\in K^*)$ をもつ．その上さらに，$\|\alpha\|$ はすべての $\alpha\in\mathfrak{O}^*$ に対して，明らかに自然数値をとる．証明したいことは，$\mathfrak{O}$ の任意の元 α と $\beta\neq 0$ とに対して，適当な $\xi\in\mathfrak{O}$ と $\rho\in\mathfrak{O}$ が存在して，

$$\alpha=\beta\xi+\rho \tag{10}$$

となること，ただし ρ は零であるかまたは不等式 $\|\rho\|<\|\beta\|$ をみたす．

もし環 $\mathfrak{O}$ において α が β で割れるならば，すなわち $\alpha=\beta\gamma$, $\gamma\in\mathfrak{O}$ とすると，等式 (10) は $\xi=\gamma$, $\rho=0$ でうまく行く．そこで，α が β で割れぬ，すなわち元 $\gamma=\alpha\beta^{-1}$ が $\mathfrak{O}$ に属さないと仮定しよう．$f(t)=t^n+c_1t^{n-1}+\cdots+c_n$ $(c_i\in k)$ を元 γ の拡大 K/k に関する特性多項式とせよ．$\gamma\notin\mathfrak{O}$ だから，少なくとも1つの係数 c_i は $\mathfrak{o}$ に属さない．$\min\limits_{1\leqslant i\leqslant m}\nu_0(c_i)=-r<0$ とするとき，多項式 $\varphi(t)=p^rf(t)$ の全係数は環 $\mathfrak{o}$ に属する，しかも少なくとも1つは $\mathfrak{o}$ の単元である．$\varphi(t)$ の全係数を法 $\mathfrak{p}$ の，対応する剰余類で置き換える．$\varphi(t)$ の最高次の係数は p^r であって $\mathfrak{p}$ で割れるから，この操作で環 $\Sigma_0[t]$ の次数 $\leqslant n-1$ なる多項式 $\bar{\varphi}(t)$ を得る，この際係数の少なくとも1つは零でない．仮定により体 Σ_0 は少なくとも n 個の元を含むゆえ，適当な元 $a\in\mathfrak{o}$ が存在して，その

剰余類 $\bar{a}$ は $\bar{\varphi}(t)$ の根とならぬ．このことの意味は，$\varphi(a) \not\equiv 0 \pmod{p}$，すなわち $\varphi(a)$ は環 $\mathfrak{o}$ の単元．さてそこで値 $\|\gamma-a\|$ を計算しよう．$\gamma-a$ の特性多項式は $f(t+a)$ であるゆえ，

$$N_{K/k}(\gamma-a)=(-1)^n f(a)=(-1)^n \varphi(a) p^{-r},$$

よって

$$\|\gamma-a\|=2^{-r}<1,$$
$$\|\alpha-a\beta\|<\|\beta\|.$$

等式 (10) は，$\xi=a$, $\rho=\alpha-a\beta$ とおけば，みたされている．

かくて次が証明できた，環 $\mathfrak{O}$ は Euclid 環であり，すなわち §2 定理 2 により素因数分解は一意的である．

π を環 $\mathfrak{O}$ の任意の素元とせよ．各元 $\alpha \in \mathfrak{O}^*$ のノルム $N_{K/k}(\alpha)$ はつねに α で割れるから，$N_{K/k}(\pi)=p^f u$ は π で割れる（u は $\mathfrak{o}$ の単元，$f \geqq 1$）．しかしこの場合，π の素なることと素因数分解の一意性とから元 p はまた π で割れなければならぬ．よって，もし p の環 $\mathfrak{O}$ での素因数分解が

$$p=\varepsilon \pi_1^{e_1} \cdots \pi_m^{e_m}$$

（ε は $\mathfrak{O}$ の単元）とすると，素元 $\pi_1, \cdots, \pi_m$ は，同伴性を除いて，環 $\mathfrak{O}$ の全素元を尽くす．

補題 2 の証明終り．

さて今度は，本項の基本的な結果の証明にとりかかろう．

定 理 5. 体 k の各指数 ν_0 に対して，k の有限次拡大体 K への延長が存在する．

定 理 6. $\mathfrak{o}$ を ν_0 の付値環とし，$\mathfrak{O}$ を体 K における $\mathfrak{o}$ の整閉包とせよ．もし $\nu_1, \cdots, \nu_m$ が指数 ν_0 の，体 K 上への延長全体であり，$\mathfrak{O}_1, \cdots, \mathfrak{O}_m$ がその付値環であるならば，次が成り立つ

$$\mathfrak{O}=\bigcap_{i=1}^{m} \mathfrak{O}_i .$$

定 理 7. 同じ記号で，環 $\mathfrak{O}$ において素因数分解の一意性が成り立つ．そ

の際環 $\mathfrak{O}$ の素元に対応する，体K の指数のひとそろいは，指数 ν_0 を体 K 上へ延長した全体 $\nu_1, \cdots, \nu_m$ と一致する．もし $\pi_1, \cdots, \pi_m$ が環 $\mathfrak{O}$ の素元 —— $\nu_i(\pi_i)=1$ となるように番号をつける—— であり，さらにまた素元 $p\in\mathfrak{o}$ が環 $\mathfrak{O}$ において

$$p=\varepsilon\pi_1^{e_1}\cdots\pi_m^{e_m} \quad (\varepsilon \text{ は } \mathfrak{O} \text{ の単元})$$

と分解されるならば，e_i は ν_i の，ν_0 に関する分岐指数である．

証　明　もし仮に定理5および6がすでに証明されていると仮定すると，定理3の系により環 $\mathfrak{O}$ において素因数分解の一意性が成り立つ（有限個の非同伴な素元からなる）．ところが，こうなればすなわち，**3** の第2部で得られた結果はすべて正しい．この結果はちょうど定理7の内容をなす．

定理5と6とを K/k の拡大次数 n についての帰納法で証明しよう．$n=1$ のときは証明することは何もない．$n>1$ とし，定理5および6は n より小な拡大次数 ——基礎体 k は任意として—— のときすべて証明されていると仮定する．

もし指数 ν_0 の剰余体が n 以上の元を含むならば，補題2により環 $\mathfrak{O}$ で素因数分解は一意的である，したがって，**3** に証明されたことにより両定理は正しい（参照（9）式）．

かくて我々の考えなければならない場合は，剰余体 Σ_0 の元の個数 q が有限で n より小のときだけである．この場合を次のような方針で，すでに研究した場合に帰着させよう．すなわち基礎体 k を体 k' にまで拡大し，第1に次数 $(k':k)$ を $n-1$ に等しくする（帰納法の仮定により体 k' では，したがって，指数 ν_0 の延長 ν_0' が存在する）かつ第2に指数 ν_0' の剰余体 Σ' はちゃんと n 個以上の元を含んでいるようにする．K' を K および k' を含む最小な体とするとき，拡大 K'/k' に対しては指数 ν_0' が補題2の条件をみたしているのですでに研究ずみの場合となる．以上のプランを下記のように実現する．

既知のように（参照：補題 §3），各有限体上には任意次数の既約多項式が存在する．$\overline{\varphi}(t)$ を体 Σ_0 の元を係数とする $n-1$ 次既約多項式とし，その最高

次の係数は $\overline{1}$ に等しくする．この各係数は環 $\mathfrak{o}$ の法 $\mathfrak{p}$ による剰余類である．この類をその代表のどれかで置き換え（最高次の係数は 1 を選ぶ），環 $\mathfrak{o}[t]$ に属する多項式 $\varphi(t)$ を得る，これは体 k 上既約である．実際もしも $\varphi(t)$ が体 k 上可約なら $\mathfrak{o}$ の元を係数とする因数に分解され，剰余体 Σ_0 に移れば $\overline{\varphi}(t)$ に対する分解——係数は Σ_0 の元——を得るが，これは $\overline{\varphi}(t)$ の選び方に矛盾する．体 K 上に拡大 $K'=K(\theta)$ を作る——θ は多項式 $\varphi(t)$ の根．K'/K の拡大次数は，とにかく，$n-1$ を越えぬ（体 K 上で多項式 $\varphi(t)$ は可約となるかも知れぬ）．K' において中間体 $k'=k(\theta)$ を考えよう．$\varphi(t)$ は k 上既約だから，$(k':k)=n-1$．ν_0' を体 k' の指数で，指数 ν_0 を体 k' 上へ延長したものとする（ν_0' の存在は帰納法の仮定により保証される）．$\mathfrak{o}'$ によって ν_0' の付値環を表わし，$\mathfrak{p}'$ により $\mathfrak{o}'$ 内の素元を，また Σ' によって法 $\mathfrak{p}'$ による環 $\mathfrak{o}'$ の剰余体とせよ．$\mathfrak{o}$ の元 a と b とが法 $\mathfrak{p}'$ で合同（環 $\mathfrak{o}'$ において）となるのは，それらが法 $\mathfrak{p}$ で環 $\mathfrak{o}$ 内において合同なるとき，またそのときに限る．このことにより法 $\mathfrak{p}'$ による環 $\mathfrak{o}'$ の剰余類のうち，$\mathfrak{o}$ からの元を代表として含むものは体 Σ' の部分体をなし，Σ_0 と同型．この自然な $\Sigma_0\to\Sigma'$ を考慮して，$\Sigma_0\subset\Sigma'$ とみなしてよい．元 θ は，$\mathfrak{o}$ の元を係数とし最高次の係数が 1 なる多項式の根だから $\theta\in\mathfrak{o}'$（$\mathfrak{o}'$ の整閉性による）．$\overline{\theta}$ によって Σ' からの剰余類で θ に対応するものを表わす．等式 $\varphi(\theta)=0$ は，法 $\mathfrak{p}'$ の剰余類に移ると，$\overline{\varphi}(\overline{\theta})=\overline{0}$ となる．ところが $\overline{\varphi}(t)$ は体 Σ_0 上既約なるごとく選んであるから，ベキ $\overline{1},\overline{\theta},\cdots,\overline{\theta}^{n-2}$ は Σ_0 上 1 次独立．これより容易に，体 Σ'（すなわち指数 ν_0' の剰余体）は少なくとも q^{n-1} 個の元を含む（q は体 Σ_0 の元の個数を表わすことを思い出してほしい）．他方において

$$(K':k')=\frac{(K':K)(K:k)}{(k':k)}\leqslant\frac{(n-1)n}{n-1}=n.$$

しかるに $q\geqslant 2$ かつ $n\geqslant 2$ のとき次の不等式が成り立つ

$$q^{n-1}\geqslant n.$$

したがって，指数 ν_0' の剰余体 Σ' には $(K':k')$ 個以上の元がある．証明ずみのことから，指数 ν_0' に対して体 K' 上への延長 ν' が存在する．ν' は ν_0 の

体 K' 上への延長だから，部分体 K 上に，指数 ν' により誘導された指数 ν は指数 ν_0 の延長である（参照：**3**）．定理5の証明終り．

定理6の証明を完成するために，まず初めに，指数 ν_0 の体 k' への延長が ν_0' ただ1つなることを確かめる必要がある．そこで，ν_0' のほかにもう1つ延長 ν_0''——指数 ν_0 を体 k' 上へ——があると仮定せよ．定理3により，体 k' 内に元 γ を，$\nu_0'(\gamma)=0$, $\nu_0''(\gamma)>0$ となるように見出すことができる．ベキ 1, $\theta, \cdots, \theta^{n-2}$ は k' の k 上基をなすから，元 γ は次の形に表わし得る

$$\gamma=p^h(c_0+c_1\theta+\cdots+c_{n-2}\theta^{n-2})=p^h\alpha$$

ここで係数 c_i はすべて $\mathfrak{o}$ に属し，そのうち少なくとも1つは $\mathfrak{o}$ の単元とする．すでにわかったように，$\theta\in\mathfrak{o}'$ で，かつ Σ' からの剰余類 $\overline{1}, \overline{\theta}, \cdots, \overline{\theta}^{n-2}$ は Σ_0 上1次独立．したがって，剰余類

$$\overline{\alpha}=\overline{c}_0+\overline{c}_1\overline{\theta}+\cdots+\overline{c}_{n-2}\overline{\theta}^{n-2}$$

は零と異なる（少なくとも1つの係数 $\overline{c}_i$ は零でないから）．これはすなわち，α が p' で割れぬ（環 $\mathfrak{o}'$ において）ことを意味し，よって $\nu_0'(\alpha)=0$．同様にして指数 ν_0'' について $\nu_0''(\alpha)=0$ を得る．条件 $\nu_0'(\gamma)=0$ および $\nu_0'(\alpha)=0$ を等式 $\gamma=p^h\alpha$ と比較してわかるように，$h=0$ であり，すなわち $\nu_0''(\gamma)=\nu_0''(\alpha)=0$．この最後の式は γ の選び方に矛盾する．かくて，指数 ν_0 の体 k' 上への延長はただ1つである．

定理6は拡大 k'/k に対して正しい——帰納法の仮定による——のだから，ν_0' の付値環 $\mathfrak{o}'$ は環 $\mathfrak{o}$ の，体 k' における整閉包と一致する．$\mathfrak{O}'$ によって，環 $\mathfrak{o}$ の，体 K' における整閉包を表わそう．$\mathfrak{o}'\subset\mathfrak{O}'$ で，その上 $\mathfrak{O}'$ は K' において整閉である（補足 §4, **3**）から，よって $\mathfrak{O}'$ は環 $\mathfrak{o}'$ の，体 K' における整閉包である．$\nu_1', \cdots, \nu_r'$ を指数 ν_0' の，体 K' 上への延長のすべてとせよ，かつ $\mathfrak{O}_1', \cdots, \mathfrak{O}_r'$ をその付値環とする．拡大 K'/k' と指数 ν_0' とに対して定理6は正しい（というのは補題2の条件がみたされるから），それゆえ

$$\mathfrak{O}'=\bigcap_{j=1}^{r}\mathfrak{O}_j'. \tag{11}$$

指数系 ν_j' はまた指数 ν_0 の，体 K' 上への延長全体である．等式（11）は，

それゆえ，拡大 K'/k（かつ指数 ν_0）に対する定理6の主張する所ともみなし得る．

体 K の指数のうちで，指数 ν_j' のどれかによって誘導されるもの全部を $\nu_1, \cdots, \nu_m$ と表わし，$\mathfrak{O}_1, \cdots, \mathfrak{O}_m$ をその付値環とする．もし ν_j' が ν_i の延長ならば，明らかに，$\mathfrak{O}_j' \cap K = \mathfrak{O}_i$．ここでまた，共通集合 $\mathfrak{O}' \cap K$ が環 $\mathfrak{o}$ の，体 K における整閉包 $\mathfrak{O}$ と一致することに注意すれば，次式を得る

$$\mathfrak{O} = \mathfrak{O}' \cap K = \bigcap_{j=1}^{r} (\mathfrak{O}_j' \cap K) = \bigcap_{i=1}^{r} \mathfrak{O}_i . \tag{12}$$

もしも体 K に指数 ν で，$\nu_1, \cdots, \nu_m$ と異なりしかも ν_0 の延長となるものがあるとすると，定理3により体 K の適当な元 α が見出されて，$\nu_1(\alpha) \geqslant 0, \cdots, \nu_m(\alpha) \geqslant 0$（すなわち $\alpha \in \mathfrak{O}$）かつ $\nu(\alpha) < 0$ となるものがある．これはしかしながら，$\mathfrak{O}$ が ν の付値環 $\mathfrak{O}_\nu$ に含まれるべきこと*)，と矛盾する．かくて，$\nu_1, \cdots, \nu_m$ は ν_0 を体 K 上まで延長したものすべてを尽くす．(12) 式は，よって，定理6の主張そのものである．

問　　題

1. 代数的閉体には指数が存在しないことを示せ．

2. $K = k(x)$ を体 k 上の有理関数体とし，ν を多項式 $x - a$（$a \in k$）に対応する指数（Kの）とせよ．次のことを示せ，指数 ν の剰余体 Σ_ν は k と同型，さらにまた，ν の付値環に属する2つの元 $f(x)$ と $g(x)$ とが同一の剰余類に属するのは，$f(a) = g(a)$ となるとき，またそのときに限る．

3. $K = k(x)$ を実数体 k 上の有理関数体とし，ν をKの，既約多項式 $x^2 + 1$ に対応する指数とせよ．指数 ν の剰余体 Σ_ν を見出せ．

4. $\mathfrak{O}_1$ と $\mathfrak{O}_2$ とを，ある体Kの指数 ν_1 および ν_2 の付値環とせよ．次のことを示せ，もし $\mathfrak{O}_1 \subset \mathfrak{O}_2$ ならば，$\nu_1 = \nu_2$．

5. 3整な数からなる環の，体 $R(\sqrt{-5})$ における整閉包を見出せ，かつ3進指数 ν_3 の，この体上への延長を決定せよ．

6. 任意の素数 p に対する p 進指数 ν_p の，体 $R(\sqrt{-1})$ 上への延長をすべて見出せ，かつそれぞれの分岐指数を定めよ．

---

*) 参照：本節の **3.** なお独訳はこの部分を改良している．

7. K/k を正規拡大とし，ν_0 を体 k の指数とする．次のことを示せ，もし ν が ν_0 の，体 K 上への延長のどれかならば，他の延長はすべて次の形をもつ

$$\nu'(\alpha)=\nu(\sigma(\alpha)), \qquad \alpha\in K,$$

ここで σ は K/k の自己同型すべてを動く．

8. k を標数 p の体とせよ．次のことを示せ，もし有限次拡大 K/k が純非分離ならば，体 k の各指数 ν_0 に対して体 K 上への延長はただ1つしか存在しない．(拡大 K/k が純非分離とは，K の各元が体 k に属するある元の p^s 乗根 ($s\geqslant 0$) となっていることである)．

9. $k=k_0(x, y)$ をある体 k_0 上の2変数有理関数体とせよ．形式的ベキ級数体 $k_0\{t\}$ (参照：第1章§4問題7または第4章§1，**5**) に属する級数 $\xi(t)=\sum_{n=0}^{\infty} c_n t^n (c_n\in k_0)$ で，有理関数体 $k_0(t)$ 上超越的なものを選ぶ（このような級数の存在性は，体 $k_0\{t\}$ の濃度が部分体 $k_0(t)$ の濃度より大であること，したがって，$k_0\{t\}$ の元のうち，$k_0(t)$ 上代数的であるもの全体の濃度より大なることからでる)．零ではない多項式 $f=f(x, y)\in k_0[x, y]$ に対して，級数 $f(t, \xi(t))$ は ξ の選び方から，また零でない．もし t^n が，この級数の(零ならざる係数をもつ) 項のうち，t の最小ベキだとすれば，$\nu_0(f)=n$ とおく．次のことを示せ，関数 ν_0 は（適当に定義を拡張して）体 k の指数となり，またこの指数の剰余体は体 k_0 に同型である．

§5. 有限次拡大に対する因子論

1. 存在性

定理 1. もし，商体 k をもつ環 $\mathfrak{o}$ に対して，指数の組 $\mathfrak{N}_0$ によって定義された因子論 $\mathfrak{o}^*\to\mathfrak{D}_0$ が存在し，K が k の有限次拡大であれば，体 K の指数のうち，$\mathfrak{N}_0$ の指数の延長であるもの全体 $\mathfrak{N}$ は環 $\mathfrak{O}$——環 $\mathfrak{o}$ の，体 k における整閉包——の因子論を定義する．

証明 §3 定理4により，次のことを確かめれば十分である，指数集合 $\mathfrak{N}$ がこの定理の3条件すべてをみたす．初めに第2の条件を確かめよう．すべての指数 $\nu\in\mathfrak{N}$ と任意の $a\in\mathfrak{o}$ に対して，明らかに，$\nu(a)\geqslant 0$ が成り立つ．これは，$\mathfrak{o}$ が ν の付値環に含まれることを意味する．そうなると，§4 定理1により環 $\mathfrak{o}$ の，体 K における整閉包も ν の付値環に含まれる．言い換えると，す

べての $\alpha \in \mathfrak{O}$ に対して $\nu(\alpha) \geqslant 0$. 逆に，ある元 $\alpha \in K$ に対して不等式 $\nu(\alpha) \geqslant 0$ が指数 $\nu \in \mathfrak{N}$ のすべてについて成り立つと仮定せよ. $t^r + a_1 t^{r-1} + \cdots + a_r$ を α の，k に関する最小多項式とする. ν_0 を集合 $\mathfrak{N}_0$ に属する，体 k の任意の指数とし，$\nu_1, \cdots, \nu_m$ をその体K上への延長のすべてとせよ. $\nu_1(\alpha) \geqslant 0, \cdots, \nu_m(\alpha) \geqslant 0$ であるから，§4 定理6により α は，ν_0 の付値環の，体 K における整閉包に属する. そうなればしかし，係数 $a_1, \cdots, a_r$ のすべては ν_0 の付値環に属さねばならぬ（参照：補足 §4, **3**），すなわち $\nu_0(a_1) \geqslant 0, \cdots, \nu_0(a_r) \geqslant 0$. この最後のことがすべての $\nu_0 \in \mathfrak{N}_0$ に対して正しいのだから係数 $a_1, \cdots, a_r$ は $\mathfrak{o}$ に属す，すなわち $\alpha \in \mathfrak{O}$.

今度は第1の条件を確かめよう. $\alpha \in \mathfrak{O}$, $\alpha \neq 0$ とせよ. $\mathfrak{N}_0$ に属する指数 ν_0 のうち，有限個についてだけ $\nu_0(a_r) \neq 0$ となる. このことから，$\mathfrak{N}$ の指数のうちでも，有限個の ν に対してだけ $\nu(a_r) \neq 0$ である. ところが $\nu(a_r) = 0$ ならば，不等式 $\nu(\alpha) \geqslant 0$ と同時に $\nu(\alpha^{-1}) = \nu(a_r^{-1}(\alpha^{r-1} + \cdots + a_{r-1})) \geqslant 0$ が成り立つから $\nu(\alpha) = 0$. かくて，ほとんどすべての $\nu \in \mathfrak{N}$ について $\nu(\alpha) = 0$.

残っているのは第3の条件を確かめることである. $\nu_1, \cdots, \nu_m$ を $\mathfrak{N}$ に属する相異なる指数とし, $k_1, \cdots, k_m$ を非負な整数とせよ. 記号 $\nu_{01}, \cdots, \nu_{0m}$ によって，対応する $\mathfrak{N}_0$ の指数を表わす（もちろん，ν_{0i} のうちには等しいものがあってもよい）. 初めの指数系を補って $\nu_1, \cdots, \nu_m, \nu_{m+1}, \cdots, \nu_s$ が，体K上への ν_{0i} の延長すべてを含むようにする. §4 定理3により，体Kに適当な元 γ が存在して，次が成り立つ

$$\nu_1(\gamma) = k_1, \cdots, \nu_m(\gamma) = k_m, \nu_{m+1}(\gamma) = 0, \cdots, \nu_s(\gamma) = 0.$$

もしこの元 γ が環 $\mathfrak{O}$ に属すならば，$\alpha = \gamma$ とする. では γ が $\mathfrak{O}$ に属さないとしてみよう. この場合，$\nu_1', \cdots, \nu_r'$ を $\mathfrak{N}$ の指数のうちで元 γ に対して負値をとるものすべてとしよう：

$$\nu_1'(\gamma) = -l_1, \cdots, \nu_r'(\gamma) = -l_r,$$

かつ $\nu_{01}', \cdots, \nu_{0r}'$ により，これらに対応する，$\mathfrak{N}_0$ の指数を表わす（ν_{0j}' のうちにも等しいものがあってよい）. 各指数 ν_{0j}' は ν_{0i} のおのおのと異なるから，$\mathfrak{o}$ において適当な元 a が見出されて，

$$\nu_{0i}(a)=0\ (1\leqslant i\leqslant m),\quad \nu_{0j}'(a)=l\ (1\leqslant j\leqslant r),$$

ここで l は $\max(l_1,\cdots,l_r)$ にとる．$\alpha=\gamma a$ とおけ．すると

$$\nu_j'(\alpha)=\nu_j'(\gamma)+\nu_j'(a)\geqslant -l_j+\nu_{0j}'(a)=-l_j+l\geqslant 0,$$

なるゆえ，$\alpha\in\mathfrak{O}$．かくて，どちらの場合でも環 $\mathfrak{O}$ に条件 $\nu_1(\alpha)=k_1,\cdots,\nu_m(\alpha)=k_m$ をみたすような元 α が見出された，それゆえ §3 定理4の条件 3) は指数集合 $\mathfrak{N}$ に対してもみたされる．定理1の証明終り．

定理1を代数的数体の場合に応用しよう．

代数的数体 K の極大整環 $\mathfrak{O}$ は既知のように，有理整数環 Z の，体 K における整閉包である．Z において因子論が存在する（素因数分解の一意性）から，定理1により $\mathfrak{O}$ に対しても因子論が存在する．§3 定理5により，Z の因子論は有理数体 R の指数全体と対応している，そして体 K の各指数は体 R の，ある指数の延長だから，よって環 $\mathfrak{O}$ の因子論は体 K の指数のすべてによって定義される．かくて次の定理を得る．

定理 2. 任意の代数的数体 K の極大整環には因子論 $\mathfrak{O}^*\to\mathfrak{D}$ が存在する，かつこの因子論は体 K の指数全体により定義される．

2.　因子のノルム　　k を環 $\mathfrak{o}$ の商体とし，$\mathfrak{o}$ は因子論 $\mathfrak{o}^*\to\mathfrak{D}_0$ をもち，K は k の有限次拡大，$\mathfrak{O}$ は環 $\mathfrak{o}$ の，体 K における整閉包，かつ $\mathfrak{O}^*\to\mathfrak{D}$ を環 $\mathfrak{O}$ の因子論とせよ．本項において，ある関係が半群 $\mathfrak{D}_0$ と $\mathfrak{D}$ とにあることを示そう．

$\mathfrak{o}\subset\mathfrak{O}$ だから $\mathfrak{o}^*$ の元に対応して主因子が，$\mathfrak{D}_0$ に存在するのはもちろん，半群 $\mathfrak{D}$ にも存在する．両主因子を区別するため，ここでは次のように約束する，元 $a\in\mathfrak{o}^*$ に対応する $\mathfrak{D}_0$ の主因子を $(a)_k$，元 $\alpha\in\mathfrak{O}^*$ に対応する $\mathfrak{D}$ の主因子を $(\alpha)_K$ と書く．

半群 $\mathfrak{o}^*$ と $\mathfrak{O}^*$ に対して同型な埋め込み（単射）$\mathfrak{o}^*\to\mathfrak{O}^*$ がある．環 $\mathfrak{O}$ の単元で $\mathfrak{o}$ に含まれるものは $\mathfrak{o}$ の単元と一致するから，この埋め込みは同型 $(a)_k\to(a)_K$，$a\in\mathfrak{O}^*$——すなわち環 $\mathfrak{o}$ の主因子半群から環 $\mathfrak{O}$ の主因子半群の中へ

の——を定義する．さて，この同型は $\mathfrak{D}_0 \to \mathfrak{D}$ への同型へ延長できることを示そう．

定 理 3. 半群 $\mathfrak{D}_0$ から半群 $\mathfrak{D}$ の中への同型が存在して，それは主因子上では同型 $(a)_k \to (a)_K$, $a \in \mathfrak{o}^*$ と一致する．

同型 $\mathfrak{D}_0 \to \mathfrak{D}$ は，明らかに，図式

$$\begin{array}{ccc} \mathfrak{o}^* & \longrightarrow & \mathfrak{O}^* \\ \downarrow & & \downarrow \\ \mathfrak{D}_0 & \longrightarrow & \mathfrak{D} \end{array}$$

の可換性によって特徴づけられる，すなわち2つの≪辺まわり≫準同型 $\mathfrak{o}^* \to \mathfrak{O}^* \to \mathfrak{D}$ と $\mathfrak{o}^* \to \mathfrak{D}_0 \to \mathfrak{D}$ が一致すること（垂直方向の準同型は環の乗法半群から主因子半群上への写像を示す）．

$\mathfrak{p}$ を環 $\mathfrak{o}$ の任意の素因子とし，$\nu_{\mathfrak{p}}$ をそれに対応する体 k の指数かつ $\nu_{\mathfrak{P}_1}, \cdots, \nu_{\mathfrak{P}_m}$ を体 K 上への $\nu_{\mathfrak{p}}$ の延長全体とせよ（$\mathfrak{P}_1, \cdots, \mathfrak{P}_m$ は環 $\mathfrak{O}$ の素因子）．記号 $e_1, \cdots, e_m$ により，それぞれ指数 $\nu_{\mathfrak{P}_1}, \cdots, \nu_{\mathfrak{P}_m}$ の分岐指数を表わす．任意の $a \in \mathfrak{o}^*$ について $\nu_{\mathfrak{P}_i}(a) = e_i \nu_{\mathfrak{p}}(a)$ だから，主因子 $(a)_k \in \mathfrak{D}_0$ に現われる因数 $\mathfrak{p}^{\nu_{\mathfrak{p}}(a)}$ に対応して，主因子 $(a)_K \in \mathfrak{D}$ には $(\mathfrak{P}_1^{e_1} \cdots \mathfrak{P}_m^{e_m})^{\nu_{\mathfrak{p}}(a)}$ が現われる．これは次のことを示している，

$$\mathfrak{p} \to \mathfrak{P}_1^{e_1} \cdots \mathfrak{P}_m^{e_m} \qquad (1)$$

（すべての $\mathfrak{p}$ について）によって定義される $\mathfrak{D}_0$ から $\mathfrak{D}$ の中への同型が定理の条件をみたす．（証明終り）

容易に証明されるように，同型 $\mathfrak{D}_0 \to \mathfrak{D}$ ——定理3の条件をみたす——はただ1つである（問題5）．

同型 $\mathfrak{D}_0 \to \mathfrak{D}$ により，半群 $\mathfrak{D}_0$ と半群 $\mathfrak{D}$ 中のその像とを同一視できる．この同一視の際に $\mathfrak{D}_0$ の素因子は，一般的にいって，$\mathfrak{D}$ では素でなくなる．詳しくいえば，（1）により各素因子 $\mathfrak{p} \in \mathfrak{D}_0$ は半群 $\mathfrak{D}$ 内で次のように分解する

$$\mathfrak{p} = \mathfrak{P}_1^{e_1} \cdots \mathfrak{P}_m^{e_m}. \qquad (2)$$

埋め込み $\mathfrak{D}_0 \to \mathfrak{D}$ を利用して，環 $\mathfrak{o}$ の因子を環 $\mathfrak{O}$ の因子で割ることについ

て話しができる．特に（2）から次を得る，環 $\mathfrak{o}$ の素因子 $\mathfrak{p}$ を割る環 $\mathfrak{O}$ の素因子 $\mathfrak{P}$ の特徴は，指数 $\nu_{\mathfrak{p}}$ の延長たる指数 $\nu_{\mathfrak{P}}$ に対応していることである．さらにまた明らかに，$\mathfrak{D}_0$ に属する互いに素な因子は $\mathfrak{D}$ 内でも互いに素である．

定　義　$\mathfrak{P}|\mathfrak{p}$ とせよ．指数 $\nu_{\mathfrak{P}}$ の指数 $\nu_{\mathfrak{p}}$ に関する分岐指数 $e=e_{\mathfrak{P}}$ はまた因子 $\mathfrak{P}$ の，$\mathfrak{p}$ に関する（または k に関する）分岐指数ともよばれる．

分岐指数は，かくて，$\mathfrak{P}^e|\mathfrak{p}$ となる自然数 e のうち，最大なるものである．

各元 $\alpha\in\mathfrak{O}^*$ に対して，そのノルム $N(\alpha)=N_{K/k}(\alpha)$ は $\mathfrak{o}^*$ に属す．写像 $\alpha\to N(\alpha)$, $\alpha\in\mathfrak{O}^*$ は，それゆえ，乗法的な半群 $\mathfrak{O}^*$ から半群 $\mathfrak{o}^*$ の中への準同型である．環 $\mathfrak{O}$ の単元のノルムはすべて $\mathfrak{o}$ の単元だから，この準同型は一意的に $(\alpha)_K\to(N(\alpha))_k$ という環 $\mathfrak{O}$ の主因子半群から環 $\mathfrak{o}$ の主因子半群の中への準同型を定義する．この準同型を延長して半群 $\mathfrak{D}$ 全体から $\mathfrak{D}_0$ の中への準同型とできることを示そう．

定 理 4.　因子の半群 $\mathfrak{D}$ と $\mathfrak{D}_0$ とに対して準同型 $N:\mathfrak{D}\to\mathfrak{D}_0$ が存在して，次式

$$N((\alpha)_K)=(N_{K/k}(\alpha))_k \tag{3}$$

が任意の $\alpha\in\mathfrak{O}^*$ について成り立つ．

等式（3）により表現された，準同型 N がもつ性質の意味は，準同型の図式

$$\begin{array}{ccc}
\mathfrak{O}^* & \xrightarrow{N} & \mathfrak{o}^* \\
\downarrow & & \downarrow \\
\mathfrak{D} & \xrightarrow{N} & \mathfrak{D}_0
\end{array}$$

に対して可換性が成り立つというにある．

固定された素因子 $\mathfrak{p}\in\mathfrak{D}_0$ について $\mathfrak{o}_{\mathfrak{p}}$ によって $\nu_{\mathfrak{p}}$ の付値環を表わしまた，$\mathfrak{O}_{\mathfrak{p}}$ により体 K におけるその整閉包を表わす．§4定理7により環 $\mathfrak{O}$ に属する，$\mathfrak{p}$ を割るすべての素因子 $\mathfrak{P}_1,\cdots,\mathfrak{P}_m$ は環 $\mathfrak{O}_{\mathfrak{p}}$ の素元 $\pi_1,\cdots,\pi_m$——互いに非同伴な——と1対1に対応する．この対応 $\mathfrak{P}_i\leftrightarrow\pi_i$ は次の性質をもつ，もし K の

元 $\alpha\neq 0$ が，ε を環 $\mathfrak{O}_{\mathfrak{p}}$ の単元として，

$$\alpha=\varepsilon\pi_1^{k_1}\cdots\pi_m^{k_m}, \tag{4}$$

と分解すれば，次式が成り立つ

$$k_i=\nu_{\mathfrak{p}_i}(\alpha). \tag{5}$$

$\mathfrak{P}$ は $\mathfrak{p}$ を割る素因子 $\mathfrak{P}_i$ の１つとし，π はそれに対応する素元——環 $\mathfrak{O}_{\mathfrak{p}}$ の——とせよ．次のようにおけ

$$d_{\mathfrak{P}}=\nu_{\mathfrak{p}}(N_{K/k}(\pi)). \tag{6}$$

明らかに，$d_{\mathfrak{P}}$ は π の選び方に関係しない．等式（４）の両辺のノルムをとり，また（５）と（６）とを考慮して，次の関係を得る

$$\nu_{\mathfrak{p}}(N_{K/k}(\alpha))=\sum_{\mathfrak{P}|\mathfrak{p}} d_{\mathfrak{P}}\nu_{\mathfrak{P}}(\alpha) \tag{7}$$

($\mathfrak{P}$ は $\mathfrak{p}$ を割る環 $\mathfrak{O}$ の素因子すべてを動く)．

さてここまでくると準同型 $N:\mathfrak{D}\to\mathfrak{D}_0$——定理４で話しがあった——を構成することは容易である．

各因子 $\mathfrak{A}=\mathfrak{P}_1^{A_1}\cdots\mathfrak{P}_r^{A_r}$——半群 $\mathfrak{D}$ に属する——は形式的に無限積の形に書くと便利である：

$$\mathfrak{A}=\prod_{\mathfrak{P}}\mathfrak{P}^{A(\mathfrak{P})},$$

積は $\mathfrak{D}$ のすべての素因子にわたるのであるが，その非負な指数 $A(\mathfrak{P})$ のうちで有限個だけが零でない（$A(\mathfrak{P})$ は，$\mathfrak{P}=\mathfrak{P}_i$ のとき A_i に等しく，$\mathfrak{P}$ が $\mathfrak{P}_1, \dots, \mathfrak{P}_r$ と異なるとき零に等しい)．環 $\mathfrak{o}$ の因子についても同様な表現法が可能である．

さて，元 $\alpha\in\mathfrak{O}^*$ に対する主因子 $(\alpha)_K$ を考えよう．素因子 $\mathfrak{P}$ は $(\alpha)_K$ の中に指数 $\nu_{\mathfrak{P}}(\alpha)$ で現われるから

$$(\alpha)_K=\prod_{\mathfrak{P}}\mathfrak{P}^{\nu_{\mathfrak{P}}(\alpha)}. \tag{8}$$

関係式（７）により主因子

$$(N(\alpha))_k=\prod_{\mathfrak{p}}\mathfrak{p}^{c(\mathfrak{p})} \tag{9}$$

中の指数 $c(\mathfrak{p})$ に対して次式が成り立つ

$$c(\mathfrak{p})=\sum_{\mathfrak{P}|\mathfrak{p}} d_{\mathfrak{P}}\nu_{\mathfrak{P}}(\alpha). \tag{10}$$

これは次の定義を暗示している.

定 義 $\mathfrak{A}=\prod_{\mathfrak{P}}\mathfrak{P}^{A(\mathfrak{P})}$ を環 $\mathfrak{O}$ の因子とせよ.環 $\mathfrak{o}$ の各素因子 $\mathfrak{p}$ に対して次のようにおく

$$a(\mathfrak{p})=\sum_{\mathfrak{P}|\mathfrak{p}} d_{\mathfrak{P}}A(\mathfrak{P}).$$

環 $\mathfrak{o}$ の因子 $\prod_{\mathfrak{p}}\mathfrak{p}^{a(\mathfrak{p})}$ は因子 $\mathfrak{A}$ の,拡大 K/k に関する**ノルム**とよばれ記号 $N_{K/k}(\mathfrak{A})$ または簡単に $N(\mathfrak{A})$ で表わされる.

$A(\mathfrak{P})$ なる数はほとんどすべて(すなわち,有限個を除いてすべて)の $\mathfrak{P}$ について零であるから,$a(\mathfrak{p})$ もまたほとんどすべての $\mathfrak{p}$ について零である,つまり表現 $\prod_{\mathfrak{p}}\mathfrak{p}^{a(\mathfrak{p})}$ は実際に環 $\mathfrak{o}$ の因子である.

定義から容易に,

$$N(\mathfrak{A}\mathfrak{B})=N(\mathfrak{A})N(\mathfrak{B})$$

が任意の2因子 $\mathfrak{A}$ および $\mathfrak{B}$——$\mathfrak{D}$ に属する——に対して成り立つことがでる.写像 $\mathfrak{A}\to N(\mathfrak{A})$ は,かくて,半群 $\mathfrak{D}$ から半群 $\mathfrak{D}_0$ の中への準同型である.素因子 $\mathfrak{A}=\mathfrak{P}$ の場合,明らかに次式が成り立つ

$$N(\mathfrak{P})=\mathfrak{p}^{d_{\mathfrak{P}}} \qquad (\mathfrak{P}|\mathfrak{p}). \tag{11}$$

等式(10)により,因子(8)のノルムは因子(9)に等しいから,したがって,条件(3)をみたす準同型 $N:\mathfrak{D}\to\mathfrak{D}_0$ の存在が証明された.

前出の同型(埋め込み)$\mathfrak{D}_0\to\mathfrak{D}$ の場合と同様に次のことを示し得る(問題4),準同型 $N:\mathfrak{D}\to\mathfrak{D}_0$ は条件(3)によって一意的に定義される.

因子論における中心課題の1つは環 $\mathfrak{o}$ の素因子 $\mathfrak{p}$ が,環 $\mathfrak{O}$——有限次拡大体における,環 $\mathfrak{o}$ の整閉包——において素因数分解するときの,その分解法則を確立することである.しかしながら一般の場合,この分解法則について現今知られているのは全く少ない(この点に関して§8, **2**を参照).(2)の形の各分解は素因子 $\mathfrak{P}_i$ の個数 m とその分岐指数 $e_i=e_{\mathfrak{P}_i}$ の組とによって特徴づけら

れる．ところで，自然数 $e_{\mathfrak{P}}$ は任意ではあり得ない（与えられた拡大 K/k に対して）．すなわち，$d_{\mathfrak{P}}$ なる数（参照：（6）式）と次の関係で結ばれる

$$\sum_{\mathfrak{P}|\mathfrak{p}} d_{\mathfrak{P}} e_{\mathfrak{P}} = n = (K:k), \tag{12}$$

この証明には，（7）式を環 $\mathfrak{o}_{\mathfrak{p}}$ の素元 p に適用すれば足りる（$\nu_{\mathfrak{P}_i}(p)=e_i$ なることを思い出してほしい）．

3.　惰性次数　準同型 $N:\mathfrak{D}\to\mathfrak{D}_0$ の定義は $d_{\mathfrak{P}}$ なる数に基づいている，そしてこの数は（6）式によって定義されているが，かなり形式的である．ここで我々はこの数のもっと深い数論的意味を明らかにしよう．

$\mathfrak{P}|\mathfrak{p}$ とせよ．記号 $\mathfrak{o}_{\mathfrak{p}}$ と $\mathfrak{O}_{\mathfrak{P}}$ とにより $\nu_{\mathfrak{p}}$ および $\nu_{\mathfrak{P}}$ の付値環を表わし，p および π をそれぞれこれらの環の素元とする．$\mathfrak{o}_{\mathfrak{p}}$ に属する元 a と b とに対して環 $\mathfrak{o}_{\mathfrak{p}}$ での合同式 $a\equiv b \pmod{p}$ と環 $\mathfrak{O}_{\mathfrak{P}}$ での合同式 $a\equiv b \pmod{\pi}$ とは同値であるから，環 $\mathfrak{o}_{\mathfrak{p}}$ における法 p の各剰余類はすっぽり，環 $\mathfrak{O}_{\mathfrak{P}}$ の法 π によるある剰余類に含まれる．このことは指数 $\nu_{\mathfrak{p}}$ の剰余体 $\Sigma_{\mathfrak{p}}=\mathfrak{o}_{\mathfrak{p}}/(p)$ から，指数 $\nu_{\mathfrak{P}}$ の剰余体 $\Sigma_{\mathfrak{P}}=\mathfrak{O}_{\mathfrak{P}}/(\pi)$ への同型的埋め込みを定義する．この同型によって $\Sigma_{\mathfrak{p}}\subset\Sigma_{\mathfrak{P}}$ であると考えることにする．任意の $\xi\in\mathfrak{O}_{\mathfrak{P}}$ に対して記号 $\bar{\xi}$ により ξ を代表とする，法 π による剰余類を表わそう．体 $\Sigma_{\mathfrak{P}}$ の部分体 $\Sigma_{\mathfrak{p}}$ は，明らかに，$\bar{a}$——ただし $a\in\mathfrak{o}_{\mathfrak{p}}$——なる形の剰余類からなる．

$\Sigma_{\mathfrak{P}}$ に属する剰余類 $\bar{\omega}_1, \cdots, \bar{\omega}_m$ ($\omega_i\in\mathfrak{O}_{\mathfrak{P}}$) を体 $\Sigma_{\mathfrak{p}}$ 上1次独立だとせよ．このときこれらの剰余類の代表 $\omega_1, \cdots, \omega_m$ は k 上1次独立であることを示そう．仮に，これが成り立たぬとしてみよう，すなわち少なくとも1つは零でないある係数 $a_i\in k$ について次の等式が成り立つ

$$a_1\omega_1+\cdots+a_m\omega_m=0.$$

適当な p のベキを乗ずれば，すべての a_i が環 $\mathfrak{o}$ に属しかつその少なくとも1つは p で割れぬようにできる．それから剰余体 $\Sigma_{\mathfrak{P}}$ に移り，次の等式に到達する

$$\bar{a}_1\bar{\omega}_1+\cdots+\bar{a}_m\bar{\omega}_m=\bar{0},$$

ここで係数 $\bar{a}_i \in \Sigma_{\mathfrak{p}}$ の少なくとも1つは零でない．これは矛盾だから，上述の主張は証明された．

$\omega_1, \cdots, \omega_m$ が k 上1次独立なことから，$m \leqslant n = (K:k)$ がでる．かくて剰余体 $\Sigma_{\mathfrak{P}}$ は体 $\Sigma_{\mathfrak{p}}$ の有限次拡大であり，しかも

$$(\Sigma_{\mathfrak{P}} : \Sigma_{\mathfrak{p}}) \leqslant (K:k).$$

定 義 環 $\mathfrak{O}$ の素因子 $\mathfrak{P}$ が環 $\mathfrak{o}$ の素因子 $\mathfrak{p}$ の因数とせよ．次数 $f = f_{\mathfrak{P}} = (\Sigma_{\mathfrak{P}} : \Sigma_{\mathfrak{p}})$——指数 $\nu_{\mathfrak{P}}$ の剰余体の，指数 $\nu_{\mathfrak{p}}$ の剰余体に対する次数——は素因子 $\mathfrak{P}$ の，$\mathfrak{p}$ に関する（または k に関する）**惰性次数***)とよばれる．

記号 $\mathfrak{O}_{\mathfrak{p}}$ によって，**2** におけると同様に，環 $\mathfrak{o}_{\mathfrak{p}}$ の体 K における整閉包を表わす．代数的数体における最小基の類推として，次の定義を導入しよう．

定 義 拡大 K/k の基 $\omega_1, \cdots, \omega_m$ が環 $\mathfrak{O}_{\mathfrak{p}}$ の $\mathfrak{o}_{\mathfrak{p}}$ に関する**最小基**であるとは，すべての元 ω_i が $\mathfrak{O}_{\mathfrak{p}}$ に属し，各元 $\alpha \in \mathfrak{O}_{\mathfrak{p}}$ は次の1次結合の形に表わせること

$$\alpha = a_1 \omega_1 + \cdots + a_n \omega_n \tag{13}$$

ただし係数 a_i は $\mathfrak{o}_{\mathfrak{p}}$ に属す．

下記においてわかるように，K/k が分離拡大のときは，環 $\mathfrak{O}_{\mathfrak{p}}$（任意の $\mathfrak{p}$ について）の最小基がつねに存在する．他方，問題11および12によると，K/k が非分離拡大のときは，環 $\mathfrak{O}_{\mathfrak{p}}$ が $\mathfrak{o}_{\mathfrak{p}}$ に関する最小基をもたない場合も生ずる．

最小基概念の意義は次の定理によって決定される．

定 理 5. $\mathfrak{P}$ は $\mathfrak{p}$ を割る，環 $\mathfrak{O}$ の素因子とし，π はそれに対応する環 $\mathfrak{O}_{\mathfrak{p}}$ の素元とせよ．もし環 $\mathfrak{O}_{\mathfrak{p}}$ に，$\mathfrak{o}_{\mathfrak{p}}$ に関する最小基が存在すれば次式が成り立つ

$$f_{\mathfrak{P}} = d_{\mathfrak{P}} = \nu_{\mathfrak{p}}(N_{K/k}(\pi)).$$

証 明 素元 $\pi \in \mathfrak{O}_{\mathfrak{p}}$ は，明らかに，環 $\mathfrak{O}_{\mathfrak{P}}$ でも素元である．次のことを示

*) 数学辞典では相対次数となっている．

そう，環 $\mathfrak{O}_{\mathfrak{P}}$ の π を法とする各剰余類 $\bar{\xi}$ 内に，$\mathfrak{O}_{\mathfrak{p}}$ の元が代表として含まれる，すなわち任意の $\xi \in \mathfrak{O}_{\mathfrak{P}}$ に対して，

$$\xi \equiv \alpha \pmod{\pi}$$

となるような元 $\alpha \in \mathfrak{O}_{\mathfrak{p}}$ が見出される．$\mathfrak{P}=\mathfrak{P}_1, \mathfrak{P}_2, \cdots, \mathfrak{P}_m$ は $\mathfrak{p}$ を割る環 $\mathfrak{O}$ のすべての素因子とせよ．§4 定理6により条件 $\gamma \in \mathfrak{O}_{\mathfrak{p}}$ は，$\nu_{\mathfrak{P}_i}(\gamma) \geqq 0$ がすべての $i=1, \cdots, m$ について成り立つことと同値．求める元 α は，それゆえ，次の条件により定められる

$$\nu_{\mathfrak{P}}(\xi-\alpha) \geqq 1,$$
$$\nu_{\mathfrak{P}_i}(\alpha) \geqq 0 \qquad (i=2, \cdots, m),$$

かつそれの存在を証明するには，§4 定理4を参照すれば足りる．

さて $\omega_1, \cdots, \omega_n$ を環 $\mathfrak{O}_{\mathfrak{p}}$ の，環 $\mathfrak{o}_{\mathfrak{p}}$ に関する最小基とせよ．すでに証明したことより，$\Sigma_{\mathfrak{P}}$ の各元は $\bar{a}_1 \bar{\omega}_1 + \cdots + \bar{a}_n \bar{\omega}_n$——ここで $a_i \in \mathfrak{o}_{\mathfrak{p}}$ したがって $\bar{a}_i \in \Sigma_{\mathfrak{p}}$——の形に表わされる．これは次を意味する，剰余類 $\bar{\omega}_1, \cdots, \bar{\omega}_n$ は $\Sigma_{\mathfrak{p}}$ 上の線形空間としての $\Sigma_{\mathfrak{P}}$ の生成元となる．もし $f=(\Sigma_{\mathfrak{P}} : \Sigma_{\mathfrak{p}})=f_{\mathfrak{P}}$ とすると，この $\bar{\omega}_i$ の中から，$\Sigma_{\mathfrak{p}}$ 上1次独立な f 個を選び出し得る．これが $\bar{\omega}_1, \cdots, \bar{\omega}_f$ だとせよ．明らかに，このとき環 $\mathfrak{O}$ における合同式

$$a_1 \omega_1 + \cdots + a_f \omega_f \equiv 0 \pmod{\pi},$$

ただし $a_i \in \mathfrak{o}_{\mathfrak{p}}$, が成り立つのは，$a_i \equiv 0 \pmod{p}$——ここで p は環 $\mathfrak{o}$ の素元——が成り立つとき，またそのときに限る．

各剰余類 $\bar{\omega}_j \in \Sigma_{\mathfrak{P}}$ $(j=f+1, \cdots, n)$ は $\bar{\omega}_1, \cdots, \bar{\omega}_f$ で表わされるから，環 $\mathfrak{o}_{\mathfrak{p}}$ の適当な元 b_{js} によって

$$\omega_j \equiv \sum_{s=1}^{f} b_{js} \omega_s \pmod{\pi} \qquad (j=f+1, \cdots, n)$$

となる．次のようにおけ

$$\theta_i = \omega_i \qquad \text{ただし} \quad i=1, \cdots, f,$$
$$\theta_j = -\sum_{s=1}^{f} b_{js} \omega_s + \omega_j \qquad \text{ただし} \quad j=f+1, \cdots, n.$$

明らかに，$\theta_1, \cdots, \theta_n$ は $\mathfrak{O}_{\mathfrak{p}}$ の，$\mathfrak{o}_{\mathfrak{p}}$ に関する最小基をなす（何となればすべて

の ω_s は，$\mathfrak{o}_\mathfrak{p}$ の元を係数として θ_s で表わされ得るから）．すべての元 θ_{f+1}，$\cdots,\theta_n$ が，環 $\mathfrak{O}_\mathfrak{p}$ において，π で割れるから，それゆえ合同式

$$a_1\theta_1+\cdots+a_n\theta_n\equiv 0 \pmod{\pi}$$

が成り立つのは，

$$a_1\equiv\cdots\equiv a_f\equiv 0 \pmod{p}$$

なるとき，またそのときに限る．

環 $\mathfrak{O}_\mathfrak{p}$ の元のうち，π で割れるもの全体 $\mathfrak{M}$ を考えよう．いま証明したばかりのことから，集合 $\mathfrak{M}$ は，$\mathfrak{o}_\mathfrak{p}$ の元を係数とする

$$p\theta_1,\cdots,p\theta_f,\theta_{f+1},\cdots,\theta_n \tag{14}$$

の1次結合全体と一致する．他方において，明らかに，$\mathfrak{M}$ はまた，$\mathfrak{o}_\mathfrak{p}$ の元を係数とする

$$\pi\theta_1,\cdots,\pi\theta_n \tag{15}$$

の1次結合全体とも一致する*)．基 (14) から基 (15) への移行行列をCで表わす．元 $\pi\theta_j$ はすべて $\mathfrak{o}_\mathfrak{p}$ の元を係数として基 (14) により，表わされるから，$\det C$ は $\mathfrak{o}_\mathfrak{p}$ の元である．対称性により，$\det C^{-1}$ についても同じことがいえる．したがって，$\det C$ は環 $\mathfrak{o}_\mathfrak{p}$ の単元，すなわち $\nu_\mathfrak{p}(\det C)=0$ である．行列Cの初めのf列をp倍すると，明らかに，次のような行列 $A=(a_{ij})$ を得る

$$\pi\theta_i=\sum_{j=1}^{n}a_{ij}\theta_j,$$

それゆえ

$$N_{K/k}(\pi)=\det A=p^f\det C,$$

よって

$$\nu_\mathfrak{p}(N_{K/k}(\pi))=f,$$

となり定理5は証明された．

定 理 6. もし拡大 K/k が分離的ならば，$\mathfrak{O}_\mathfrak{p}$ に対してつねに，$\mathfrak{o}_\mathfrak{p}$ に関する最小基が存在する．

---

*) $\pi\times$($\mathfrak{O}_\mathfrak{p}$ の元) なる形からわかる．

この定理の証明を始めるにあたって注意しておくが，これは本質的には第2章 §2 定理6の証明と同様なのである．

Kの各元は，環 $\mathfrak{o}_\mathfrak{p}$ に属する素元の適当なベキを乗ずれば $\mathfrak{o}_\mathfrak{p}$ に関して整となるから，それゆえ拡大 K/k には基 $\alpha_1, \cdots, \alpha_n$——これはすべて $\mathfrak{O}_\mathfrak{p}$ に属す——が存在する．これと相補な基 $\alpha_1^*, \cdots, \alpha_n^*$（参照：補足 §2, **3**; ここですでに K/k の分離性を用いている）を考えよう．もし $\alpha \in \mathfrak{O}_\mathfrak{p}$ かつ

$$\alpha = c_1\alpha_1^* + \cdots + c_n\alpha_n^*, \tag{16}$$

ここで，$c_i \in k$, とすれば $c_i = \mathrm{Sp}(\alpha\alpha_i)$，すなわち $c_i \in \mathfrak{o}_\mathfrak{p}$ ($\alpha\alpha_i \in \mathfrak{O}_\mathfrak{p}$ なるゆえ)．各 $s=1, \cdots, n$ に対して，環 $\mathfrak{O}_\mathfrak{p}$ に属する元で，基 $\alpha_1^*, \cdots, \alpha_n^*$ によって次の形で表わされるものを考えよう

$$c_s\alpha_s^* + \cdots + c_n\alpha_n^* \qquad (c_i \in \mathfrak{o}_\mathfrak{p}), \tag{17}$$

そしてこのうちから元

$$\omega_s = c_{ss}\alpha_s^* + \cdots + c_{sn}\alpha_n^*, \qquad c_{sj} \in \mathfrak{o}_\mathfrak{p},$$

を選び出して，$\nu_\mathfrak{p}(c_s) \geqq \nu_\mathfrak{p}(c_{ss})$ が，(17) の形をした，$\mathfrak{O}_\mathfrak{p}$ の元の係数 c_s すべてについて成り立つようにする．明らかに，すべての s について $c_{ss} \neq 0$ だから，$\mathfrak{O}_\mathfrak{p}$ の元 $\omega_1, \cdots, \omega_n$ は k 上1次独立である．さて α を $\mathfrak{O}_\mathfrak{p}$ の任意の元とせよ．もし α を (16) の形に表わせば，$c_1 = c_{11}a_1$——ただし $a_1 \in \mathfrak{o}_\mathfrak{p}$——なることは ω_1 の選び方による．差 $\alpha - a_1\omega_1 \in \mathfrak{O}_\mathfrak{p}$ に対して分解式

$$\alpha - a_1\omega_1 = c_2'\alpha_2^* + \cdots + c_n'\alpha_n^* \qquad (c_i' \in \mathfrak{o}_\mathfrak{p}),$$

ここで $c_2' = c_{22}a_2$——ただし $a_2 \in \mathfrak{o}_\mathfrak{p}$——なることは ω_2 の選び方による．この論法をn回くり返して，結局分解式 (13) に到達する，その式中すべての係数 a_i は $\mathfrak{o}_\mathfrak{p}$ に属す．基 $\omega_1, \cdots, \omega_n$ は，かくて，$\mathfrak{o}_\mathfrak{p}$ に関する最小基であり定理6は証明された．

定理5，6および (12) 式より容易に次の主張がでる．

定理 7. もし拡大 K/k が分離的ならば，環 $\mathfrak{o}$ の固定された素因子 $\mathfrak{p}$ を割る（環 $\mathfrak{O}$ の）全素因子 $\mathfrak{P}$ の分岐指数 $e_\mathfrak{P}$ および惰性次数 $f_\mathfrak{P}$ は次式によって関係づけられる

$$\sum_{\mathfrak{P}|\mathfrak{p}} e_{\mathfrak{P}} f_{\mathfrak{P}} = n = (K:k).$$

K/k が分離的なる場合，（7）式は次の形に書き換えられる

$$\nu_{\mathfrak{p}}(N_{K/k}(\alpha)) = \sum_{\mathfrak{P}|\mathfrak{p}} f_{\mathfrak{P}} \nu_{\mathfrak{P}}(\alpha). \tag{18}$$

注　意　非分離拡大に対しては，定理7は成り立たないこともある．しかしながら不等式 $\sum_{\mathfrak{P}|\mathfrak{p}} e_{\mathfrak{P}} f_{\mathfrak{P}} \leqslant n$ はつねに正しい（参照：問題13）．また，一般の場合，不等式 $f_{\mathfrak{P}} \leqslant d_{\mathfrak{P}}$ の成り立つことも証明できる．

4.　分岐する素因子の個数が有限なること

定　義　環 $\mathfrak{o}$ の素因子 $\mathfrak{p}$ が環 $\mathfrak{O}$ において**分岐**するとは，$\mathfrak{O}$ の素因子の平方で割れることである，反対の場合は**不分岐**とよばれる．

不分岐な $\mathfrak{p}$ とは，したがって，その分解（2）において e_i がすべて1に等しいことによって特徴づけられる．

拡大 K/k が分離的だと仮定して，$\mathfrak{p}$ が不分岐なるための1つの重要な条件を導入しよう．

仮定として，環 $\mathfrak{O}_{\mathfrak{p}}$ に適当な原始元 θ（拡大 K/k に対して）が存在して，その最小多項式 $f(t)$ の判別式 $D(f)$ が $\mathfrak{o}_{\mathfrak{p}}$ の単元だとする．次のことを示そう，この場合ベキ $1, \theta, \cdots, \theta^{n-1}$——ただし $n=(K:k)$——は $\mathfrak{O}_{\mathfrak{p}}$ の，$\mathfrak{o}_{\mathfrak{p}}$ 上最小基をなす．実際，$\omega_1, \cdots, \omega_n$ を $\mathfrak{O}_{\mathfrak{p}}$ の最小基のどれかとし，C を基 ω_i から基 θ^j への移行行列とせよ，すると

$$D(f) = D(1, \theta, \cdots, \theta^{n-1}) = (\det C)^2 D(\omega_1, \cdots, \omega_n)$$

（参照：補足 §2，(12) 式）．$D(f)$ は $\mathfrak{o}_{\mathfrak{p}}$ の単元であり，また右辺の因数は環 $\mathfrak{o}$ に属するから，$\det C$ は $\mathfrak{o}_{\mathfrak{p}}$ の単元となり，よって $1, \theta, \cdots, \theta^{n-1}$ も最小基なることがでる．

p を環 $\mathfrak{o}_{\mathfrak{p}}$ の素元，かつ $\Sigma_{\mathfrak{p}}$ を指数 $\nu_{\mathfrak{p}}$ の剰余体とせよ．$\mathfrak{o}_{\mathfrak{p}}$ の元を係数とする任意の多項式 $g(t)$ に対して，$\bar{g}(t)$ によって環 $\Sigma_{\mathfrak{p}}[t]$ の多項式で，$g(t)$ の係数をすべて p を法とする剰余類による置き換えで得られたものを表わす．多

項式 $\bar{f}(t)\in\Sigma_{\mathfrak{p}}[t]$ の判別式 $D(\bar{f})\in\Sigma_{\mathfrak{p}}$ は $D(f)\in\mathfrak{o}_{\mathfrak{p}}$ を代表とする剰余類——p を法とする——に等しいのだから，条件によりこの判別式 $D(\bar{f})$ は零ではない．したがって，環 $\Sigma_{\mathfrak{p}}[t]$ における素因数分解

$$\bar{f}(t)=\bar{\varphi}_1(t)\cdots\bar{\varphi}_m(t) \tag{19}$$

において多項式 $\bar{\varphi}_i$ はすべて相異なる（ここで φ_j は $\mathfrak{o}_{\mathfrak{p}}[t]$ に属するある多項式）．d_i によって $\bar{\varphi}_i$ の次数を表わすとき，明らかに，

$$d_1+\cdots+d_m=n=(K:k). \tag{20}$$

定 理 8. もし原始元 $\theta\in\mathfrak{O}_{\mathfrak{p}}$ の最小多項式 $f(t)$ の判別式が環 $\mathfrak{o}_{\mathfrak{p}}$ の単元ならば，素因子 $\mathfrak{p}$ は $\mathfrak{O}$ で不分岐である，また分解

$$\mathfrak{p}=\mathfrak{P}_1\cdots\mathfrak{P}_m$$

の中の素因子 $\mathfrak{P}_i$ は分解式（19）にある既約多項式 $\bar{\varphi}_i\in\Sigma_{\mathfrak{p}}[t]$ と1対1に対応する．素因子 $\mathfrak{P}_i$ の惰性次数 f_i は対応する多項式 $\bar{\varphi}_i(t)$ の次数 d_i と一致する．

証 明 $g(t)$ を $\mathfrak{o}_{\mathfrak{p}}[t]$ に属する任意の多項式とせよ．次のことを証明しよう，もし多項式 $\bar{g}$ と $\bar{\varphi}_i$ とが環 $\Sigma_{\mathfrak{p}}[t]$ で互いに素ならば，元 $g(\theta)$ と $\varphi_i(\theta)$ とは環 $\mathfrak{O}_{\mathfrak{p}}$ で互いに素である．実際，$\bar{g}$ と $\bar{\varphi}_i$ とが環 $\mathfrak{o}_{\mathfrak{p}}[t]$ で互いに素なことから適当な多項式 $u(t), v(t), l(t)$ が存在して次式が成り立つ

$$g(t)u(t)+\varphi_i(t)v(t)=1+pl(t).$$

もしも $g(\theta)$ と $\varphi_i(\theta)$ とが環 $\mathfrak{O}_{\mathfrak{p}}$ の素元のどれか π で割れるならば，$\pi|p$ である以上（§4 定理7），前出の等式で $t=\theta$ とおいて，$\pi|1$ がでてしまう．この矛盾は我々の主張を証明する．

既約多項式 $\bar{\varphi}_i$ が相異なるから，特に，$\varphi_1(\theta),\cdots,\varphi_m(\theta)$ が互いに素なことがでる．

仮に，$\varphi_i(\theta)$ が $\mathfrak{O}_{\mathfrak{p}}$ の単元だとしてみよう，すなわち $\varphi_i(\theta)\xi=1$, $\xi\in\mathfrak{O}_{\mathfrak{p}}$. $1,\theta,\cdots,\theta^{n-1}$ は $\mathfrak{O}_{\mathfrak{p}}$ の $\mathfrak{o}_{\mathfrak{p}}$ 上最小基をなすのだから，$\xi=h(\theta)$，ここで $h(t)\in\mathfrak{o}_{\mathfrak{p}}[t]$．等式 $\varphi_i(\theta)h(\theta)=1$ の意味は，$\varphi_i(t)h(t)=1+f(t)q(t)$，ただし $q(t)$

$\in\mathfrak{o}_\mathfrak{p}[t]$（$f(t)$ の最高次係数は1だから）．剰余体 $\Sigma_\mathfrak{p}$ に移行すれば，この式から等式 $\bar{\varphi}_i\bar{h}=1+\bar{\varphi}_1\cdots\bar{\varphi}_m\bar{q}$ を得るが，これまた矛盾である．したがって，$\varphi_1(\theta)$，$\cdots,\varphi_m(\theta)$ はどれも環 $\mathfrak{O}_\mathfrak{p}$ の単元でない．

各 i に対して環 $\mathfrak{O}_\mathfrak{p}$ の素元 $\pi_i|\varphi_i(\theta)$ を選ぼう．すでに証明したことにより，すべての $\varphi_i(\theta)$ は互いに素であるから，それゆえ素元 $\pi_1,\cdots,\pi_m$ は互いに同伴でない．これらに対応する（環 $\mathfrak{O}$ の）素因子を $\mathfrak{P}_1,\cdots,\mathfrak{P}_m$ とし，$f_1,\cdots,f_m$ をその惰性次数としよう．指数 $\nu_{\mathfrak{P}_i}$ の剰余体 $\Sigma_{\mathfrak{P}_i}$ における剰余類 $\bar{1},\bar{\theta},\cdots,\bar{\theta}^{d_i-1}$ は $\Sigma_\mathfrak{p}$ 上1次独立である（d_i は $\bar{\varphi}_i$ の次数）．実際，ある多項式 $g(t)\in\mathfrak{o}_\mathfrak{p}[t]$ ——その次数 $<d_i$——に対して等式 $\bar{g}(\bar{\theta})=0$ が成り立てば，$g(\theta)$ は環 $\mathfrak{O}_\mathfrak{p}$ において π_i で割れ，それゆえ $g(\theta)$ と $\varphi_i(\theta)$ とは互いに素ではない．しかしそうなると，証明の初めにわかったように，$\bar{g}(t)$ は $\bar{\varphi}_i(t)$ で割れなければならず，したがって $\bar{g}(t)$ の係数はすべて零である．

かくて次式が証明された

$$d_i\leqslant f_i \qquad (i=1,\cdots,m).$$

この不等式を等式（20）と比較しかつ定理7に注意すれば，次の結論に到達する，$\mathfrak{P}_1,\cdots,\mathfrak{P}_m$ が $\mathfrak{p}$ を割る素因子のすべてであり，また分岐指数 e_i は1に等しく，また最後に，$d_i=f_i$ である．これらすべてが定理8の内容をなしている．ついでに注意しておくが，π_i で割れる $\varphi_i(\theta)$ が他の素元 π_j では割れない以上，π_i は環 $\mathfrak{O}_\mathfrak{p}$ において元 $\varphi_i(\theta)$ と p との最大公約元として定義され得る．

系　もし K/k が分離的ならば，環 $\mathfrak{o}$ では有限個だけの素因子 $\mathfrak{p}$ が $\mathfrak{O}$ において分岐する．

拡大 K/k に対して原始元 θ で $\mathfrak{O}$ に属するものを選ぶ．判別式 $D=D(1,\theta,\cdots,\theta^{n-1})$ は $\mathfrak{o}^*$ の元である．もし $\mathfrak{p}\nmid D$ ならば上定理によって $\mathfrak{p}$ は $\mathfrak{O}$ で分岐しない．かくて，$\mathfrak{O}$ で分岐する可能性のある $\mathfrak{o}$ の素因子は D を割るものだけである．

問　　題

1. $\mathfrak{o}$ を因子論をもつ環とし，k をその商体，$k \subset K \subset K'$ を有限次拡大の鎖とせよ．$\mathfrak{O}$ と $\mathfrak{O}'$ とによって，環 $\mathfrak{o}$ の，それぞれ K および K' における整閉包を表わす．環 $\mathfrak{O}'$ の素因子 $\mathfrak{P}'$ に対して，$\mathfrak{P}'$ で割れる環 $\mathfrak{O}$ の素因子を $\mathfrak{P}$ とし，$\mathfrak{P}$ で割れる環 $\mathfrak{o}$ の素因子を $\mathfrak{p}$ とする．次のことを示せ，k に関する $\mathfrak{P}'$ の惰性次数は，K に関する $\mathfrak{P}'$ の惰性次数と，k に関する $\mathfrak{P}$ の惰性次数との積である．分岐指数についても同様な命題を定式化しかつ証明せよ．

2. 商体 k をもつ環 $\mathfrak{o}$ において，有限個の素因子からなる因子論が存在するとし，かつ素因子 $\mathfrak{p}$ に環 $\mathfrak{o}$ の素元 p が対応するとせよ．次のことを示せ，剰余環 $\mathfrak{o}/(p)$ は指数 $\nu_{\mathfrak{p}}$ の剰余体 $\Sigma_{\mathfrak{p}}$ に同型である．

3. $\nu_{\mathfrak{p}}$ を体 k の指数とし，$\mathfrak{o}_{\mathfrak{p}}$ をその付値環，K/k を有限次分離拡大，$\mathfrak{O}_{\mathfrak{p}}$ を体 K における，環 $\mathfrak{o}_{\mathfrak{p}}$ の整閉包，かつ $\omega_1, \cdots, \omega_n$ を K の k 上基で ω_i はすべて環 $\mathfrak{O}_{\mathfrak{p}}$ に属するとせよ．次のことを示せ，もし判別式 $D(\omega_1, \cdots, \omega_n)$ が環 $\mathfrak{o}_{\mathfrak{p}}$ の単元ならば，$\omega_1, \cdots, \omega_n$ は環 $\mathfrak{O}_{\mathfrak{p}}$ の $\mathfrak{o}_{\mathfrak{p}}$ 上最小基をなす．

4. 準同型 $N: \mathfrak{D} \to \mathfrak{D}_0$ で定理 4 の条件をみたすものはただ 1 つであることを証明せよ．

5. 同型的埋め込み $\mathfrak{D}_0 \to \mathfrak{D}$ で定理 3 の条件をみたすものはただ 1 つであることを証明せよ．

6. $\mathfrak{a}$ を環 $\mathfrak{o}$ の因子とせよ．それを環 $\mathfrak{O}$ の因子とみなすとき（埋め込み $\mathfrak{D}_0 \to \mathfrak{D}$ によって），次のことを示せ，

$$N_{K/k}(\mathfrak{a}) = \mathfrak{a}^n \qquad (n = (K:k)).$$

7. K/k を n 次分離拡大とせよ．次のことを示せ，もし環 $\mathfrak{o}$ の因子 $\mathfrak{a}$ が環 $\mathfrak{O}$ において主因子となるならば，$\mathfrak{a}^n$ は $\mathfrak{o}$ において主因子である．

8. K/k を分離的とせよ．次のことを示せ，環 $\mathfrak{O}$ の因子 $\mathfrak{A}$ に対するノルム $N_{K/k}(\mathfrak{A})$ は主因子 $(N_{K/k}(\alpha))_k$ の最大公約元である，ただし α は $\mathfrak{O}^*$ の元のうち $\mathfrak{A}$ で割れるものすべてを動く．

9. 多項式 $f(t) = t^n + a_1 t^{n-1} + \cdots + a_n$，係数は環 $\mathfrak{o}$ に属す，が素因子 $\mathfrak{p}$ に関する Eisenstein 多項式であるとは，$a_1, \cdots, a_n$ がすべて $\mathfrak{p}$ で割れ，かつ a_n は $\mathfrak{p}$ で割れるが $\mathfrak{p}^2$ では割れぬことである．次のことを示せ，もし環 $\mathfrak{O}$ に n 次拡大 K/k についての原始元 θ が存在し，その最小多項式が $\mathfrak{p}$ に関する Eisenstein 多項式であるならば，$\mathfrak{p}$ は $\mathfrak{O}$ の，ただ 1 つの素因子 $\mathfrak{P}$ で割れ，かつ

$$\mathfrak{p} = \mathfrak{P}^n$$

（したがって，$\mathfrak{P}$ の $\mathfrak{p}$ に関する惰性次数は 1 に等しい）．

10. 上と同じ条件で次のことを示せ，基 $1, \theta, \cdots, \theta^{n-1}$ は環 $\mathfrak{O}_{\mathfrak{p}}$ の $\mathfrak{o}_{\mathfrak{p}}$ 上最小基である．

11. k_0 を標数 p の任意の体とし，かつ $k=k_0(x, y)$ を体 k_0 上の2変数 x, y の有理関数体とせよ．k 上の指数 ν_0 を考えよう，ただしそれは §4 問題9に定義されているものだが，そこでの級数 $\xi(t)\in k_0\{t\}$ ($k_0(t)$ 上超越的）として次の形の級数をとる

$$\xi(t)=\eta(t)^p=(\sum_{n=0}^{\infty}a_n t^n)^p=\sum_{n=0}^{\infty}a_n{}^p t^{np}, \qquad a_n\in k_0.$$

§4 問題8により，指数 ν_0 に対してただ1つの延長 ν が，(k 上）p 次純非分離拡大 $K=k(\sqrt[p]{y})$ に存在する．次のことを示せ，ν_0 に関する ν の分岐指数は1である，かつ指数 ν_0 の剰余体は指数 ν の剰余体と一致する（同型的な埋め込みの意味で)．定理5と等式 (12) とによりこれから，ν の付値環 $\mathfrak{O}$——これは ν_0 の付値環 $\mathfrak{o}$ の，K における整閉包である——には $\mathfrak{o}$ に関する最小基が存在しない，ことがでる．

12. 前問と同じ条件と記号で $\mathfrak{O}$ の，$\mathfrak{o}$ に関する最小基が存在しないことを直接証明してみよ（定理5を利用しないで)．

13. $\mathfrak{o}$ を因子論をもつ環とし，k をその商体，K/k を n 次有限次拡大，$\mathfrak{O}$ を K における環 $\mathfrak{o}$ の整閉包，$\mathfrak{p}$ を $\mathfrak{o}$ の素因子，$\mathfrak{P}_1, \cdots, \mathfrak{P}_m$ は $\mathfrak{p}$ を割る環 $\mathfrak{O}$ の素因子，$e_1, \cdots, e_m$ をそれらの分岐指数，かつ $f_1, \cdots, f_m$ をそれらの $\mathfrak{p}$ に関する惰性次数とせよ．各 $s=1, \cdots, m$ に対して記号 $\bar{\alpha}^{\mathfrak{P}_s}$ によって体 $\Sigma_{\mathfrak{P}_s}$ における，$\alpha\in\mathfrak{O}_{\mathfrak{P}_s}$ によって代表される剰余類を表わそう．元 $\omega_{si}\in\mathfrak{O}_{\mathfrak{p}}$ $(1\leqslant i\leqslant f_s)$ を選んで，剰余類 $\bar{\omega}_{si}{}^{\mathfrak{P}_s}$ が $\Sigma_{\mathfrak{P}_s}/\Sigma_{\mathfrak{p}}$ の基となるようにし，さらにまた $\nu_{\mathfrak{P}_j}(\omega_{si})\geqslant e_j$, $(j\neq s)$ $1\leqslant j\leqslant m$ もみたすようにしておく．$\pi_1, \cdots, \pi_m$ によって因子 $\mathfrak{P}_1, \cdots, \mathfrak{P}_m$ に対応する環 $\mathfrak{O}_{\mathfrak{p}}$ の素元を表わす．次のことを示せ，次の元の組

$$\omega_{si}\pi_s{}^j \quad (s=1, \cdots, m;\ i=1, \cdots, f_s;\ j=0, 1, \cdots, e_s-1) \qquad (*)$$

は k に関して1次独立である．

ヒント． $\mathfrak{o}_{\mathfrak{p}}$ の元を係数とする1次結合

$$\alpha=\sum c_{sij}\omega_{si}\pi_s{}^j$$

を考える，ただし係数のうち少なくとも1つは $\mathfrak{o}_{\mathfrak{p}}$ の単元とする．$\nu_{\mathfrak{p}}(c_{s_0 i_0 j_0})=0$ とせよ，ここで j_0 の選び方は，$j<j_0$ かつすべての i について $\nu_{\mathfrak{p}}(c_{s_0 ij})>0$ とする．そのとき

$$\nu_{\mathfrak{P}_{s_0}}(\alpha)=j_0.$$

14. 次のことを示せ，K/k が分離拡大の場合には，組 (*) は $\mathfrak{O}_{\mathfrak{p}}$ の $\mathfrak{o}_{\mathfrak{p}}$ に関する最小基である．

15. 次のことを示せ，分離的 K/k の場合任意の $\alpha\in\mathfrak{O}_{\mathfrak{p}}$ に対して次が成り立つ

$$\overline{\mathrm{Sp}_{K/k}(\alpha)}^{\mathfrak{p}}=\sum_{s=1}^{m}e_s\,\mathrm{Sp}_{\Sigma_{\mathfrak{P}_s}/\Sigma_{\mathfrak{p}}}(\bar{\alpha}^{\mathfrak{P}_s}).$$

16. $f(t)$ を元 $\alpha\in\mathfrak{O}_{\mathfrak{p}}$ の，K/k に関する特性多項式とせよ．その係数を $\Sigma_{\mathfrak{p}}$ からの，対応する剰余類でおき換えて多項式 $\bar{f}(t)\in\Sigma_{\mathfrak{p}}[t]$ を得る．各 $s=1, \cdots, m$ に対してさらに，$\varphi_s(t)$ によって元 $\bar{\alpha}^{\mathfrak{P}_s}\in\Sigma_{\mathfrak{P}_s}$ の，拡大 $\Sigma_{\mathfrak{P}_s}/\Sigma_{\mathfrak{p}}$ に関する特性多項式を表わす．前

問を一般化して（やはり分離的 K/k について）次式を証明せよ

$$\bar{f}(t)=\varphi_1(t)^{e_1}\cdots\varphi_m(t)^{e_m}.$$

17. K/k を分離的とせよ．各 $\mathfrak{p}$ に対して，環 $\mathfrak{O}_{\mathfrak{p}}$ の，$\mathfrak{o}_{\mathfrak{p}}$ に関する最小基 $\alpha_1,\cdots,\alpha_n$ を選び，次のようにおけ

$$d_{\mathfrak{p}}=\nu_{\mathfrak{p}}(D(\alpha_1,\cdots,\alpha_n)).$$

次のことを示せ，整数 $d_{\mathfrak{p}}\geqslant 0$ はほとんどすべて零である．環 $\mathfrak{o}$ の整因子

$$\mathfrak{d}_{K/k}=\prod_{\mathfrak{p}}\mathfrak{p}^{d_{\mathfrak{p}}}$$

は拡大 K/k の判別式とよばれる．

18. 次のことを示せ，環 $\mathfrak{o}$ の素因子 $\mathfrak{p}$ が判別式 $\mathfrak{d}_{K/k}$ に現われない（すなわち $d_{\mathfrak{p}}=0$）のは，$\mathfrak{p}$ が $\mathfrak{O}$ で分岐せず（すべての分岐指数 e_i が1に等しい），かつ，すべての拡大 $\Sigma_{\mathfrak{P}_s}/\Sigma_{\mathfrak{p}}$ $(s=1,\cdots,m)$ が分離的であるとき，またそのときに限る．

19. 環 $\mathfrak{O}$ に対し，$\mathfrak{o}$ に関する最小基 $\omega_1,\cdots,\omega_n$ が存在するとせよ．次のことを示せ，このとき判別式 $\mathfrak{d}_{K/k}$ は主因子 $(D(\omega_1,\cdots,\pi_n))$ と一致する．

§6. Dedekind 環

1. 因子を法とする合同式　商体 K をもつ環 $\mathfrak{O}$ を考え，これに因子論 $\mathfrak{O}^*\to\mathfrak{D}$ が存在するとせよ．

定　義　環 $\mathfrak{O}$ の2元 α,β の差 $\alpha-\beta$ が因子 $\mathfrak{a}\in\mathfrak{D}$ で割れるとき，$\mathfrak{a}$ を法として合同といい，

$$\alpha\equiv\beta \pmod{\mathfrak{a}},$$

と書く．

主因子 (μ) の場合，合同式 $\alpha\equiv\beta \pmod{(\mu)}$ は，明らかに，合同式 $\alpha\equiv\beta \pmod{\mu}$——補足 §4，**1** の定義の意味で——と同値である．

以下に，定義から容易に得られる，合同式の基本的性質を列記する．

1）$\mathfrak{a}$ を法とする合同式は辺ごとに加えたり乗じたりできる．

2）もし $\mathfrak{a}$ を法とするある合同式が成り立てば，この合同式は $\mathfrak{a}$ の任意の約元 $\mathfrak{b}$ を法としても成り立つ．

3)　もしある合同式が因子 $\mathfrak{a}$ および $\mathfrak{b}$ を法として成り立てば，この式はその最小公倍元を法としても成り立つ．

4)　もし元 $\alpha\in\mathfrak{O}$ が $\mathfrak{a}$ と互いに素（すなわち因子 (α) と $\mathfrak{a}$ とが互いに素）ならば，合同式 $\alpha\beta\equiv0 \pmod{\mathfrak{a}}$ から $\beta\equiv0 \pmod{\mathfrak{a}}$ がでる．

5)　$\mathfrak{a}$ を法とする合同式の両辺をその共通因数で簡約できる，ただしこの因数が $\mathfrak{a}$ と互いに素でありさえすれば．

6)　もし $\mathfrak{p}$ が素因子で $\alpha\beta\equiv0 \pmod{\mathfrak{p}}$ ならば，$\alpha\equiv0 \pmod{\mathfrak{p}}$ または $\beta\equiv0 \pmod{\mathfrak{p}}$ である．

性質 1) により，与えられた因子 $\mathfrak{a}$ を法とする環 $\mathfrak{O}$ の剰余類集合上に加法および乗法を導入できる．容易に確かめられるように，この算法に関して，$\mathfrak{a}$ を法とする剰余類全体は環をなす．これは因子 $\mathfrak{a}$ を法とする剰余環とよばれ $\mathfrak{O}/\mathfrak{a}$ と書かれる．

性質 6) は，環の言葉でいえば，素因子 $\mathfrak{p}$ を法とする剰余環 $\mathfrak{O}/\mathfrak{p}$ は零因子をもたないことを意味する．

さて，$\mathfrak{O}$ が代数的数体 K の極大整環であると仮定しよう．この場合環 $\mathfrak{O}$ の因子をまた，**体 K の因子**ともよぶ．

体 K の任意の因子 $\mathfrak{a}$ は，零と異なるある数 $\alpha\in\mathfrak{O}$ の因数であるしまた，この数 α はといえばこれは自然数 a の因数（たとえば，$|N(\alpha)|$ は α で割れる）だから，次を得る，各因子 $\mathfrak{a}$ に対して，それで割れる自然数 a が存在する．性質 2) により，$\mathfrak{a}$ を法とする異なる剰余類からの数は a を法とする異なる剰余類に属する．さてここで思い出すのは，環 $\mathfrak{O}$ において a を法とする剰余類の個数は有限（しかも a^n に等しい，ただし n は K の次数，第2章 §2 定理5の証明を参照）だったから，次の定理を得る．

定 理 1.　代数的数体 K の任意の因子 $\mathfrak{a}$ に対して，剰余環 $\mathfrak{O}/\mathfrak{a}$ は有限環である．

$\mathfrak{p}$ を体 K の任意の素因子とせよ．これに対応する指数 $\nu_{\mathfrak{p}}$ は R 上に p 進指数 ν_p ——ある確定された素数 p についての—— を誘導する．$\nu_{\mathfrak{p}}(p)=1$ だか

ら，$\nu_{\mathfrak{p}}(p)>0$ つまり $p\equiv 0 \pmod{\mathfrak{p}}$．有理素数 q が p と異なれば，$\nu_p(q)=0$ だから，それゆえ $\nu_{\mathfrak{p}}(q)=0$，すなわち $q\not\equiv 0 \pmod{\mathfrak{p}}$．

剰余環 $\mathfrak{O}/\mathfrak{p}$ は有限で零因子がないから，有限体である（参照：補足 §3)．各 $\alpha\in\mathfrak{O}$ に対して $p\alpha\equiv 0 \pmod{\mathfrak{p}}$ だから，この体の標数は p に等しい．かくて次が成り立つ

定理 2. 代数的数体の各素因子 $\mathfrak{p}$ はただ1つの有理素数 p を割る．剰余環 $\mathfrak{O}/\mathfrak{p}$ は標数 p の有限体である．

代数的数体の因子論は，上記のように，任意の素因子を法とする剰余環が体であるという性質をもっている．一般の場合には必ずしもこうはならない．たとえば，体 k 上の2変数多項式環 $k[x, y]$ において素因子 (x) による剰余環は1変数多項式環 $k[y]$ に同型であり，したがって，体ではない．

仮定——剰余環 $\mathfrak{O}/\mathfrak{p}$ が体——は明らかに，合同式 $\alpha\xi\equiv 1 \pmod{\mathfrak{p}}$ が任意の $\alpha\not\equiv 0 \pmod{\mathfrak{p}}$ について可解なることと同値である．これが示すように，このような仮定のもとにだけ，普通の合同式の性質をもつ十分完全な合同式理論の構成が環 $\mathfrak{O}$ について期待できる．

2. Dedekind 環における合同式

定 義 環 $\mathfrak{O}$ が Dedekind 環であるとは，それに因子論 $\mathfrak{O}^*\to\mathfrak{D}$ が存在しかつ，各素因子 $\mathfrak{p}\in\mathfrak{D}$ に対して剰余環 $\mathfrak{O}/\mathfrak{p}$ が体なること．

代数的数体の極大整環のほかに Dedekind 環の例としては，1変数の多項式環 $k[x]$ の，有理関数体 $k(x)$ 上有限次拡大なる体における整閉包がそうである（問題1 および 2）．さらに Dedekind 環となるのは，ある体上の任意の指数 ν についての付値環 $\mathfrak{O}_\nu$（参照：§4, **1**)，また一般に，有限個の素因子をもつ因子論が存在する環はすべてそうである（問題3）．

補 題 1. Dedekind 環 $\mathfrak{O}$ において，素元 $\mathfrak{p}$ で割れないすべての $\alpha\in\mathfrak{O}$ に対して，合同式 $\alpha\xi\equiv 1 \pmod{\mathfrak{p}^m}$ が，任意の自然数 m について環 $\mathfrak{O}$ 内で可解

である.

証明 $m=1$ のとき合同式の可解性は定義に仮定されている. 一般の場合, 補題の証明はmについての帰納法で行なう. ある $\xi_0\in\mathfrak{O}$ に対して $\alpha\xi_0\equiv1 \pmod{\mathfrak{p}^m}$ が成り立つとせよ. 環 $\mathfrak{O}$ に元 ω を適当に選んで, $\nu_{\mathfrak{p}}(\omega)=m$ ならしめる. 主因子 (ω) は $(\omega)=\mathfrak{p}^m\mathfrak{a}$, ただし $\mathfrak{a}$ は $\mathfrak{p}$ で割れぬ, という形に表わされる, 元 $\gamma\in\mathfrak{O}$ を適当に選んで, $\nu_{\mathfrak{p}}(\gamma)=0$ かつ $\gamma\equiv0 \pmod{\mathfrak{a}}$ ならしめる. すると積 $\gamma(\alpha\xi_0-1)$ は $\mathfrak{p}^m\mathfrak{a}=(\omega)$ で割れる, すなわち $\gamma(\alpha\xi_0-1)=\omega\mu$, ここで $\mu\in\mathfrak{O}$. 合同式 $\alpha\xi\equiv1 \pmod{\mathfrak{p}^{m+1}}$ を解くため, ξ として $\xi=\xi_0+\omega\lambda$ の形のものをとり, ここで λ は $\mathfrak{O}$ から適当に選んで, ξ が解となるようにしよう. さて

$$\gamma(\alpha\xi-1)=\gamma(\alpha\xi_0-1)+\gamma\alpha\omega\lambda=\omega(\mu+\gamma\alpha\lambda)$$

かつ $\omega\equiv0 \pmod{\mathfrak{p}^m}$ だから, 我々の目的が達せられるには, λ が合同式 $\lambda\alpha\gamma\equiv-\mu \pmod{\mathfrak{p}}$ をみたせばよい. ところが $\alpha\gamma$ は $\mathfrak{p}$ で割れないから, このような合同式の可解性は定義に保証されている. かくて, 元 $\xi\in\mathfrak{O}$ が存在して $\gamma(\alpha\xi-1)\equiv0 \pmod{\mathfrak{p}^{m+1}}$ となる, そして $\nu_{\mathfrak{p}}(\gamma)=0$ だから γ で簡約できて, $\alpha\xi-1\equiv0 \pmod{\mathfrak{p}^{m+1}}$. 補題1は証明された.

定理 3. Dedekind 環 $\mathfrak{O}$ に適当な元 ξ が存在して, 次の連立合同式

$$\left.\begin{array}{l}\xi\equiv\beta_1 \pmod{\mathfrak{p}_1^{k_1}},\\ \cdots\cdots\cdots\cdots\cdots\cdots\\ \xi\equiv\beta_m \pmod{\mathfrak{p}_m^{k_m}}\end{array}\right\}$$

が $\mathfrak{O}$ に属する任意の $\beta_1, \cdots, \beta_m$ と任意の相異なる素因子 $\mathfrak{p}_1, \cdots, \mathfrak{p}_m$ についてみたされる ($k_1, \cdots, k_m$ は自然数).

証明 各因子

$$\mathfrak{a}_i=\mathfrak{p}_1^{k_1}\cdots\mathfrak{p}_{i-1}^{k_{i-1}}\mathfrak{p}_{i+1}^{k_{i+1}}\cdots\mathfrak{p}_m^{k_m} \qquad (i=1, \cdots, m)$$

に対して適当な元 $\alpha_i\in\mathfrak{O}$ を見出して, $\mathfrak{a}_i$ では割れて, $\mathfrak{p}_i$ では割れぬようにできる. 補題1により合同式 $\alpha_i\xi_i\equiv\beta_i \pmod{\mathfrak{p}_i^{k_i}}$ が $\xi_i\in\mathfrak{O}$ で解ける. 容易に確かめられるように, 元

$$\xi=\alpha_1\xi_1+\cdots+\alpha_m\xi_m$$

は定理の要求をみたしている．

定 理 4. Dedekind 環 $\mathfrak{O}$ において，元 $\alpha\neq 0$ と β とに対する合同式

$$\alpha\xi\equiv\beta \pmod{\mathfrak{a}} \qquad (1)$$

が可解となるのは，β が因子 (α) と $\mathfrak{a}$ との最大公約数で割れるとき，またそのときに限る．

証 明 まず初めに因子 (α) と $\mathfrak{a}$ とが互いに素と仮定して，合同式（1）が任意の β について可解なことを証明しよう．$\mathfrak{a}=\mathfrak{p}_1^{k_1}\cdots\mathfrak{p}_m^{k_m}=\mathfrak{p}_i^{k_i}\mathfrak{a}_i$ とせよ，ただし素因子 $\mathfrak{p}_1,\cdots,\mathfrak{p}_m$ は互いに異なる．補題1により，各 $i=1,\cdots,m$ に対して環 $\mathfrak{O}$ に適当な元 ξ_i' が存在して，$\alpha\xi_i'\equiv\beta \pmod{\mathfrak{p}_i^{k_i}}$ となる．定理3により各 i について適当な元 ξ_i を見出して，$\xi_i\equiv\xi_i' \pmod{\mathfrak{p}_i^{k_i}}$ かつ $\xi_i\equiv 0 \pmod{\mathfrak{a}_i}$ ならしめ得る．さて明らかに，和 $\xi_1+\cdots+\xi_m=\xi$ は合同式 $\alpha\xi\equiv\beta \pmod{\mathfrak{p}_i^{k_i}}$ を任意の $i=1,\cdots,m$ についてみたす，すなわち合同式（1）もみたす．

今度は一般の場合の定理の証明に移ろう．$\mathfrak{d}=\mathfrak{p}_1^{l_1}\cdots\mathfrak{p}_m^{l_m}$ を因子 (α) と $\mathfrak{a}$ との最大公約数とせよ．もし合同式（1）が法 $\mathfrak{a}$ で成り立つなら，法 $\mathfrak{d}$ でも成り立たねばならぬが，$\alpha\equiv 0 \pmod{\mathfrak{d}}$ だから合同式 $\beta\equiv 0 \pmod{\mathfrak{d}}$ もみたされねばならない．これで条件の必要性は示された．

さて β が $\mathfrak{d}$ で割れると仮定しよう．§4 定理3により，体 K に適当な元 μ が存在して，次が成り立つ

$$\nu_{\mathfrak{p}_i}(\mu)=-l_i \qquad (i=1,\cdots,m). \qquad (2)$$

次のことを示そう，元 μ——条件（2）をみたす——はさらにまた

$$\nu_{\mathfrak{q}}(\mu)\geqslant 0 \qquad (3)$$

がすべての素因子 $\mathfrak{q}\in\mathfrak{D}$（ただし $\mathfrak{p}_1,\cdots,\mathfrak{p}_m$ と異なる）に対して成り立つように選ぶことができるのである．μ が条件（3）をみたさないとし，かつ $\mathfrak{q}_1,\cdots,\mathfrak{q}_s$ を $\mathfrak{p}_1,\cdots,\mathfrak{p}_m$ と異なり $\nu_{\mathfrak{q}_i}(\mu)=-r_j<0$ となる素因子すべてとせよ．環 $\mathfrak{O}$ に適当な元 γ を選び，$\nu_{\mathfrak{q}_j}(\gamma)=r_j$ $(1\leqslant j\leqslant s)$ かつ $\nu_{\mathfrak{p}_i}(\gamma)=0$ $(1\leqslant i\leqslant m)$ ならしめる．明らかに，元 $\mu'=\mu\gamma$ は両条件（2）および（3）をみたし，さきほ

どの主張が証明された．因子 $\mathfrak{b}$ が等式 $\mathfrak{a}=\mathfrak{d}\mathfrak{b}$ で定められるとせよ．もし μ が条件（2），（3）をみたすなら，元 $\alpha\mu$ は環 $\mathfrak{O}$ に属しかつ $\mathfrak{b}$ と互いに素である．条件より β は $\mathfrak{d}$ で割れるから，$\beta\mu$ はまた $\mathfrak{O}$ に属する．すでに証明ずみのことから，$\mathfrak{O}$ に適当な元 ξ が存在して，$\alpha\mu\xi\equiv\beta\mu \pmod{\mathfrak{b}}$ となる．各 $i=1,\cdots,m$ に対して

$$\nu_{\mathfrak{p}_i}(\alpha\xi-\beta)=\nu_{\mathfrak{p}_i}(\alpha\mu\xi-\beta\mu)+l_i\geqslant k_i-l_i+l_i=k_i$$

が成り立つが，これは ξ が合同式（1）をみたすことを意味する．

3.　因子とイデアル　本項で次のことを証明する，Dedekind 環 $\mathfrak{O}$ においてすべての因子は零でないすべてのイデアルと自然な方法で1対1に対応する．

各因子 $\mathfrak{a}$ に対して記号 $\bar{\mathfrak{a}}$ により環 $\mathfrak{O}$ の元のうち，$\mathfrak{a}$ で割れるもの全体を表わす．明らかに，$\bar{\mathfrak{a}}$ は環 $\mathfrak{O}$ の零ならざるイデアル．

定 理 5.　Dedekind 環 $\mathfrak{O}$ において写像 $\mathfrak{a}\to\bar{\mathfrak{a}}$ $(\mathfrak{a}\in\mathfrak{D})$ は半群 $\mathfrak{D}$ から，零でないイデアル全体の半群（環 $\mathfrak{O}$ の）上への同型対応である．

あらかじめ次の補題を証明しておく．

補 題 2.　もし $\alpha_1,\cdots,\alpha_s$ が Dedekind $\mathfrak{O}$ 環に属する，零でない任意の元であり，$\mathfrak{d}$ が主因子 $(\alpha_1),\cdots,(\alpha_s)$ の最大公約数であれば，$\mathfrak{d}$ で割れるすべての元 $\alpha\in\mathfrak{O}$ は次の形に表わせる，

$$\alpha=\xi_1\alpha_1+\cdots+\xi_s\alpha_s \qquad (\xi_i\in\mathfrak{O}).$$

証　明（補題の）は s に関する帰納法で行なう．$s=1$ のときは補題の主張は明らか．$s\geqslant2$ とせよ．記号 $\mathfrak{d}_1$ によって因子 $(\alpha_1),\cdots,(\alpha_{s-1})$ の最大公約数を表わそう．明らかに，このとき $\mathfrak{d}$ は $\mathfrak{d}_1$ と (α_s) との最大公約数となる．α が $\mathfrak{d}$ で割れるとせよ．定理4により合同式 $\alpha_s\xi\equiv\alpha \pmod{\mathfrak{d}_1}$ は元 $\xi\in\mathfrak{O}$ で可解である．帰納法の仮定により環 $\mathfrak{O}$ に適当な元 $\xi_1,\cdots,\xi_{s-1}$ が存在して，$\alpha-\xi\alpha_s=\xi_1\alpha_1+\cdots+\xi_{s-1}\alpha_{s-1}$．補題2は証明された．

定理5の証明　因子論の定義における条件 3° により写像 $\mathfrak{a}\to\bar{\mathfrak{a}}$ は中への1

対1対応である.

Aを零でない任意の（環 $\mathfrak{O}$ の）イデアルとせよ．各素因子 $\mathfrak{p}$ に対して次のようにおけ

$$a(\mathfrak{p})=\min_{\alpha\in A}\nu_{\mathfrak{p}}(\alpha).$$

明らかに，$a(\mathfrak{p})$ が零でないのは有限個の素因子 $\mathfrak{p}$ に対してだけである．積 $\mathfrak{a}=\prod_{\mathfrak{p}}\mathfrak{p}^{a(\mathfrak{p})}$——ただし $\mathfrak{p}$ は $a(\mathfrak{p})\neq 0$ なる素因子すべてを動く——は，したがって，因子である．$\bar{\mathfrak{a}}=A$ なることを示そう．α を $\bar{\mathfrak{a}}$ の任意の元とせよ．明らかに，A に適当な有限個の元 $\alpha_1,\cdots,\alpha_s$ を見出して，$a(\mathfrak{p})=(\min\nu_{\mathfrak{p}}(\alpha_1),\cdots,\nu_{\mathfrak{p}}(\alpha_s))$（すべての $\mathfrak{p}$ について）とできる．この意味する所は，因子 $\mathfrak{a}$ が主因子 $(\alpha_1),\cdots,(\alpha_s)$ の最大公約数というにある．補題2により元 $\alpha\in\bar{\mathfrak{a}}$ は，$\mathfrak{O}$ の元 ξ_i を係数に用いて $\alpha=\xi_1\alpha_1+\cdots+\xi_s\alpha_s$ の形に表わせる．この表現式から $\alpha\in A$ は明らか，すなわち $\bar{\mathfrak{a}}\subset A$．これを，自明な逆の包含関係 $A\subset\bar{\mathfrak{a}}$ と比較して等式 $A=\bar{\mathfrak{a}}$ を得る．かくて次が証明された，写像 $\mathfrak{a}\to\bar{\mathfrak{a}}$ は，かたや環 $\mathfrak{O}$ の因子全体と，かたやその零でないイデアル全体との間の1対1対応を打ち立てる．

まだ確かめが残っているのは，この対応が同型なること，すなわち任意の因子 $\mathfrak{a}$ および $\mathfrak{b}$ に対して次が成り立つこと

$$\overline{\mathfrak{a}\mathfrak{b}}=\bar{\mathfrak{a}}\bar{\mathfrak{b}}. \qquad (4)$$

記号Cによって積 $\bar{\mathfrak{a}}\bar{\mathfrak{b}}$ を表わそう．C は環 $\mathfrak{O}$ の，零でないイデアルだから，証明ずみのことから適当な因子 $\mathfrak{c}$ が存在して $C=\bar{\mathfrak{c}}$．証明したいのは $\mathfrak{c}=\mathfrak{a}\mathfrak{b}$．素因子 $\mathfrak{p}$ が $\mathfrak{a}$ および $\mathfrak{b}$ 中にそれぞれ指数 a および b で現われるとせよ．すると

$$\min_{\gamma\in C}\nu_{\mathfrak{p}}(\gamma)=\min_{\alpha\in\bar{\mathfrak{a}},\,\beta\in\bar{\mathfrak{b}}}\nu_{\mathfrak{p}}(\alpha\beta)=\min_{\alpha\in\bar{\mathfrak{a}}}\nu_{\mathfrak{p}}(\alpha)+\min_{\beta\in\bar{\mathfrak{b}}}\nu_{\mathfrak{p}}(\beta)=a+b.$$

これは任意の素因子 $\mathfrak{p}$ に対して正しいから，$\mathfrak{c}=\mathfrak{a}\mathfrak{b}$ であり等式（4）は証明された（定理5証明終り）.

写像 $\mathfrak{a}\to\bar{\mathfrak{a}}$ が同型なることから特に次のことがでる，$\mathfrak{O}$ の零でないイデアルのすべては積に関して素因数分解が一意的な半群をなす．Dedekind 環におい

て因子論を構成するためには（特に代数的数体の極大整環において構成するには）半群 $\mathfrak{D}$ として，だから，零でないイデアルのなす半群をとることができる．この準同型 $\mathfrak{O}^* \to \mathfrak{D}$ において，元 $\alpha \in \mathfrak{O}^*$ の像は主イデアル (α)——すなわちこの元 α によって生成されたイデアル—— である．このような因子論の構成法は Dedekind に帰する．

4. 分数因子　もし環 $\mathfrak{O}$ に因子論 $\mathfrak{O}^* \to \mathfrak{D}$ が構成されたなら，これによって半群 $\mathfrak{O}^*$ の構造についての情報をいくらか得られる．同様な考えで，商体 K に含まれる乗法群 K^* の構造についての知識を得ようと試みることは自然であろう．この目的のため，因子の概念を拡張しなければならない．

できてしまった伝統にしたがって，この拡張された概念に対して≪因子≫という言葉をそのまま使い，従来の意味の因子をこれからは整因子とよぶ．

定　義　商体 K をもつ環 $\mathfrak{O}$ に因子論が存在するとし，$\mathfrak{p}_1, \cdots, \mathfrak{p}_m$ を有限個の素因子の組とせよ．次式

$$\mathfrak{a} = \mathfrak{p}_1^{k_1} \cdots \mathfrak{p}_m^{k_m}, \tag{5}$$

指数 $k_1, \cdots, k_m$ は整（必ずしも正とは限らぬ），で表わされるものを体 $\boldsymbol{K}$ **の因子**とよぶ．もし指数 k_i のうちに負なるものがないときは，$\mathfrak{a}$ を**整因子**（または環 $\mathfrak{O}$ の因子）とよぶ．そうでないとき**分数因子**とよぶ．

因子（5）をときには形式的に次の無限積の形に書くと都合がよい

$$\mathfrak{a} = \prod_{\mathfrak{p}} \mathfrak{p}^{a(\mathfrak{p})}, \tag{6}$$

$\mathfrak{p}$ はすべての素因子にわたるのであるが，しかし指数 $a(\mathfrak{p})$ の有限個だけが零でない．

因子の積は次式で定義される

$$\left(\prod_{\mathfrak{p}} \mathfrak{p}^{a(\mathfrak{p})}\right)\left(\prod_{\mathfrak{p}} \mathfrak{p}^{b(\mathfrak{p})}\right) = \prod_{\mathfrak{p}} \mathfrak{p}^{a(\mathfrak{p})+b(\mathfrak{p})}.$$

明らかに，整因子の場合は，この乗法法則は半群 $\mathfrak{D}$ における乗法と一致する．

また容易にわかるように，上に導入された乗法に関して，体Kの因子全体はアーベル群をなす，それを以下では記号 $\widehat{\mathfrak{D}}$ によって表わす．この群の単位元は単位因子 $\mathfrak{e}$ で，表現（6）において指数 $a(\mathfrak{p})$ はすべて零．

体 K の各元 $\xi\neq0$ は $\mathfrak{O}$ に属する2元の比だから，§3 定理4の条件 1）により，$\nu_{\mathfrak{p}}(\xi)\neq0$ となるような指数 $\nu_{\mathfrak{p}}$——素因子 $\mathfrak{p}$ に対応する——は有限個しかない．それが $\nu_{\mathfrak{p}_1},\cdots,\nu_{\mathfrak{p}_m}$ だとせよ．因子

$$\prod_{i=1}^{m}\mathfrak{p}_i^{\nu_{\mathfrak{p}_i}(\xi)}=\prod_{\mathfrak{p}}\mathfrak{p}^{\nu_{\mathfrak{p}}(\xi)}$$

は元 $\xi\in K^*$ に対応する主因子とよばれ，(ξ) と書かれる．この新しい主因子の概念を $\mathfrak{O}$ の元に適用すると，明らかに，初めのと一致する（参照：§3, **4**）．§3 定理4の条件 2）により，主因子 (ξ) が整となるのは ξ が環 $\mathfrak{O}$ に属するとき，またそのときに限る．

指数の定義（§3, **4**）の条件2から容易にでるが，写像 $\xi\to(\xi)$, $\xi\in K^*$ は，K の乗法群から因子群の中への準同型 $K^*\to\widehat{\mathfrak{D}}$ である．§3 定理2により，この準同型が群 $\widehat{\mathfrak{D}}$ 全体上への写像（全射）となるのは環 $\mathfrak{O}$ で素因数分解の一意性が成り立つとき，またそのときに限る．この写像の核は，明らかに，環 $\mathfrak{O}$ の単元群である，すなわち K^* に属する2元 ξ および η に対して等式 $(\xi)=(\eta)$ が成り立つのは，ε を環 $\mathfrak{O}$ の単元として $\xi=\eta\varepsilon$ なるとき，またそのときに限る．

整因子のときの整除の概念を任意の因子に移してみよう．$\mathfrak{a}=\prod_{\mathfrak{p}}\mathfrak{p}^{a(\mathfrak{p})}$ および $\mathfrak{b}=\prod_{\mathfrak{p}}\mathfrak{p}^{b(\mathfrak{p})}$ を任意の2因子（必ずしも整と限らぬ）とせよ．$\mathfrak{a}$ が $\mathfrak{b}$ で割れる（また，$\mathfrak{b}$ が $\mathfrak{a}$ の約元，$\mathfrak{a}$ が $\mathfrak{b}$ の倍元）とは，適当な整因子 $\mathfrak{c}$ が存在して $\mathfrak{a}=\mathfrak{b}\mathfrak{c}$ となることである．いい換えると $\mathfrak{b}$ による $\mathfrak{a}$ の整除性はすべての $\mathfrak{p}$ につき $a(\mathfrak{p})\geqslant b(\mathfrak{p})$ によって特徴づけられる．

任意の $\mathfrak{a}$ および $\mathfrak{b}$ に対して $d(\mathfrak{p})=\min(a(\mathfrak{p}),b(\mathfrak{p}))$ とおけ．有理整数 $d(\mathfrak{p})$ はほとんどすべての $\mathfrak{p}$ について零だから，表現 $\mathfrak{d}=\prod_{\mathfrak{p}}\mathfrak{p}^{d(\mathfrak{p})}$ は因子である．この因子 $\mathfrak{d}$ は因子 $\mathfrak{a}$ と $\mathfrak{b}$ との最大公約数とよばれる（これは $\mathfrak{a}$ および $\mathfrak{b}$ の約元であり，かつ $\mathfrak{a}$ と $\mathfrak{b}$ との他の公約元の倍元である）．同様にして $\mathfrak{a}$ と $\mathfrak{b}$ と

の最小公倍数が定義される.

元 $\alpha\in K$ が $\mathfrak{a}=\prod_{\mathfrak{p}}\mathfrak{p}^{a(\mathfrak{p})}$ なる**因子で割れる**とは, $\alpha=0$ であるか, または主因子 (α) が $\mathfrak{a}$ で割れることである. 指数を用いて表現すれば α が $\mathfrak{a}$ で割れることはすべての $\mathfrak{p}$ についての不等式 $\nu_{\mathfrak{p}}(\alpha)\geqslant a(\mathfrak{p})$ によって特徴づけられる.

前項に述べた対応 ——Dedekind 環の整因子と零でないイデアルの間の—— を分数因子にも拡張できる, ただしイデアルの概念を適当に拡大しさえすれば.

3 と同様に, $\bar{\mathfrak{a}}$ によって体 K の元のうち, 因子 $\mathfrak{a}$ (ここではもはや整とは限らない) で割れるもの全体を表わそう. 指数の定義にある条件 3 (§3, **4**) からでるように, もし α および β が $\mathfrak{a}$ で割れれば, $\alpha\pm\beta$ もまた $\mathfrak{a}$ で割れる. この意味は, 集合 $\bar{\mathfrak{a}}$ が加法に関して群をなす, というにある. さらにまた, 明らかに, 任意の $\alpha\in\bar{\mathfrak{a}}$ と任意の $\xi\in\mathfrak{O}$ とに対して積 $\xi\alpha$ も $\bar{\mathfrak{a}}$ に属する. 群 $\bar{\mathfrak{a}}$ のもう1つの性質を明らかにするために, 初め次式の正しいことを確かめよう

$$\overline{(\gamma)\mathfrak{a}}=\gamma\bar{\mathfrak{a}}\qquad(\gamma\in K^*,\ \mathfrak{a}\in\widehat{\mathfrak{D}}).\tag{7}$$

実際, 元 ξ が $(\gamma)\mathfrak{a}$ で割れることは次の条件と同値 : すべての $\mathfrak{p}$ について $\nu_{\mathfrak{p}}(\xi)\geqslant\nu_{\mathfrak{p}}(\gamma)+a(\mathfrak{p})$, すべての $\mathfrak{p}$ について $\nu_{\mathfrak{p}}(\xi/\gamma)\geqslant a(\mathfrak{p})$, $\xi/\gamma\in\bar{\mathfrak{a}}$, $\xi\in\gamma\bar{\mathfrak{a}}$ (ここで記号 $a(\mathfrak{p})$ は $\mathfrak{p}$ が因子 $\mathfrak{a}$ 中に現われる指数を示す). 明らかに, 任意の因子に対し, 適当な元 $\gamma\in\mathfrak{O}^*$ を見出して, 因子 $(\gamma)\mathfrak{a}$ を整ならしめ得る. (7) 式は, このような γ によって包含関係 $\gamma\bar{\mathfrak{a}}\subset\mathfrak{O}$ が成り立つことを示している.

定　義　$\mathfrak{O}$ を Dedekind 環で商体 K をもつとせよ. 零でない元を含む部分集合 $A\subset K$ が体 K のイデアル (環 $\mathfrak{O}$ に関する) とは, 次の諸条件をもつことである :

1)　A は加法に関して群である;

2)　任意の $\alpha\in A$ および任意の $\xi\in\mathfrak{O}$ に対して積 $\xi\alpha$ は A に属する;

3)　体 K に適当な元 $\gamma\neq0$ が存在して, $\gamma A\subset\mathfrak{O}$ となる.

イデアル A が $\mathfrak{O}$ に含まれるとき整イデアルとよび，そうでないとき分数イデアルとよぶ.

かくて K における 整イデアル という概念は，環 $\mathfrak{O}$ のイデアル（零でない）と一致する.

A および B が体 K の 2 イデアルなるとき，その積 AB とは次の形に表わされる元 $\gamma\in K$ の全体であると解する：

$$\gamma=\alpha_1\beta_1+\cdots+\alpha_m\beta_m,\quad m\geqslant 1,\ \alpha_i\in A,\ \beta_i\in B\quad 1\leqslant i\leqslant m).$$

明らかに，体 K の 2 イデアルの積は また K のイデアルである.（整イデアルに適用すれば，新しく導入された積は環におけるイデアルの普通の積と一致する）.

さっきすでに確かめたように，任意の因子 $\mathfrak{a}$ に対して集合 $\bar{\mathfrak{a}}$ は体 K のイデアルである. さて 2 つの因子 $\mathfrak{a}$ および $\mathfrak{b}$ に対して等式 $\bar{\mathfrak{a}}=\bar{\mathfrak{b}}$ が成り立つと仮定しよう. 元 $\gamma\neq 0$ を選んで，因子 $(\gamma)\mathfrak{a}$, $(\gamma)\mathfrak{b}$ を整ならしめておく.（7）式により $\overline{(\gamma)\mathfrak{a}}=\overline{(\gamma)\mathfrak{b}}$ が成り立ち， よって $(\gamma)\mathfrak{a}=(\gamma)\mathfrak{b}$, したがって，$\mathfrak{a}=\mathfrak{b}$. 以上により，写像 $\mathfrak{a}\to\bar{\mathfrak{a}}$ が（中への） 1 対 1 であることが証明された. さて A を体 K の任意のイデアルとせよ. もし元 $\gamma\neq 0$ が，$\gamma A\subset\mathfrak{O}$ なるごとく選ばれていると，γA は環 $\mathfrak{O}$ の，零でない イデアル となるから，それゆえ定理 5 によって整因子 $\mathfrak{c}$ が存在して $\bar{\mathfrak{c}}=\gamma A$ となる. $\mathfrak{a}=\mathfrak{c}(\gamma)^{-1}$ とおけ. すると $\gamma A=\overline{(\gamma)\mathfrak{a}}=\gamma\bar{\mathfrak{a}}$, これより $A=\bar{\mathfrak{a}}$. かくて体 K の各イデアルは，写像 $\mathfrak{a}\to\bar{\mathfrak{a}}$ に際して，ある因子の像となっている. $\mathfrak{a}$ および $\mathfrak{b}$ を 2 つの因子とするとき，元 $\gamma\neq 0$, $\gamma'\neq 0$ を選んで $(\gamma)\mathfrak{a}$, $(\gamma')\mathfrak{b}$ を整ならしめると，次が成り立つ（定理 5 と（7）式とによる）

$$\gamma\gamma'\overline{\mathfrak{a}\mathfrak{b}}=\overline{(\gamma)\mathfrak{a}\cdot(\gamma')\mathfrak{b}}=\overline{(\gamma)\mathfrak{a}}\cdot\overline{(\gamma')\mathfrak{b}}=\gamma\bar{\mathfrak{a}}\cdot\gamma'\bar{\mathfrak{b}}=\gamma\gamma'\bar{\mathfrak{a}}\bar{\mathfrak{b}},$$

これより $\overline{\mathfrak{a}\mathfrak{b}}=\bar{\mathfrak{a}}\bar{\mathfrak{b}}$. 写像 $\mathfrak{a}\to\bar{\mathfrak{a}}$ は，かくて，同型対応である. 特にこのことから次がでる，体 K のすべてのイデアルは乗法に関して群をなす. この群の単位元は環 $\mathfrak{O}=\bar{\mathfrak{e}}$ である. イデアル $\bar{\mathfrak{a}}$ の逆元は $\overline{\mathfrak{a}^{-1}}$.

以上得た定理 5 の拡張を定式化する.

定理 6. $\mathfrak{O}$ を Dedekind 環とし，その商体を K とする．各因子 $\mathfrak{a}$ に対して $\bar{\mathfrak{a}}$ によって K の元のうち，$\mathfrak{a}$ で割れるもの全体を表わす．写像 $\mathfrak{a}\to\bar{\mathfrak{a}}$ は体 K の因子群から体 K のイデアル群上への同型である．この同型に際して，整因子は整イデアルに対応し，逆も成り立つ．

問　　題

1. 次のことを示せ，任意の体 k 上の1変数多項式環 $k[x]$ は Dedekind 環である．

2. $\mathfrak{o}$ を Dedekind 環とし，k をその商体とせよ．次のことを示せ，環 $\mathfrak{o}$ の整閉包 $\mathfrak{O}$ ——体 k の任意の有限次拡大体における——はまた Dedekind 環である．

3. 次のことを示せ，有限個の素因子からなる因子論が存在するような環 $\mathfrak{o}$ は Dedekind 環である．

4. 次のことを示せ，Dedekind 環において，連立合同式

$$\left.\begin{array}{l} \xi\equiv\alpha_1 \pmod{\mathfrak{a}_1}, \\ \cdots\cdots\cdots\cdots\cdots\cdots \\ \xi\equiv\alpha_m \pmod{\mathfrak{a}_m} \end{array}\right\}$$

が可解となるのは，$\alpha_i\equiv\alpha_j \pmod{\mathfrak{d}_{ij}}$, $i\neq j$——ただし $\mathfrak{d}_{ij}$ は因子 $\mathfrak{a}_i$ と $\mathfrak{a}_j$ との最大公約数——が成り立つとき，またそのときに限る．

5. $\mathfrak{O}$ を Dedekind 環とし，$\mathfrak{a}$ を環 $\mathfrak{O}$ の因子とせよ．次のことを示せ，$\mathfrak{O}/\mathfrak{a}$ の剰余類のうち，$\mathfrak{a}$ と素なる元からなる類全体は乗法に関して群をなす．

6. 次のことを示せ，$f(x)$ は m 次多項式で，その係数が Dedekind 環 $\mathfrak{O}$ に属し，そのうち少なくとも1つは素因子 $\mathfrak{p}$ で割れないとすると，合同式 $f(x)\equiv 0 \pmod{\mathfrak{p}}$ は環 $\mathfrak{O}$ における解が m 個より多くない．

7. $\mathfrak{O}$ を Dedekind 環とし，$\mathfrak{p}$ を環 $\mathfrak{O}$ の素因子，かつ $f(x)$ は $\mathfrak{O}$ の元を係数とする多項式とせよ．次のことを示せ，もし $\alpha\in\mathfrak{O}$ に対して

$$f(\alpha)\equiv 0 \pmod{\mathfrak{p}},\quad f'(\alpha)\not\equiv 0 \pmod{\mathfrak{p}}$$

が成り立てば，任意の $m\geqslant 2$ に対して，環 $\mathfrak{O}$ に適当な元 ξ が存在して，次が成り立つ

$$f(\xi)\equiv 0 \pmod{\mathfrak{p}^m},\quad \xi\equiv\alpha \pmod{\mathfrak{p}}.$$

8. 次のことを示せ，Dedekind 環において各イデアルは主であるか，または2元によって生成される．

9. $\mathfrak{O}$ を Dedekind 環とし，その商体を K とする．次のことを示せ，同型 $\mathfrak{a}\to\bar{\mathfrak{a}}$——体 K の因子群から体 K のイデアル群上への——に際して，因子の最小公倍数にはイデアルの

共通集合が対応し，因子の最大公約数にはイデアルの和が対応する．（イデアルAおよびBの和 $A+B$ とは，和 $\alpha+\beta$——ただし $\alpha\in A$, $\beta\in B$——の全体と解する）．

10. 体k上の2変数多項式環 $\mathfrak{O}=k[x,y]$ において素因数への分解は一意的である，すなわち因子論が存在する．次のことを示せ，環 $\mathfrak{O}$ のイデアル $A=(x,y)$ ——変数 x, y で生成された——はいかなる因子にも対応しない．

11. 次のことを示せ，もし因子論 $\mathfrak{O}^*\to\mathfrak{D}$ をもつ環 $\mathfrak{O}$ において零でない各イデアルが $\bar{\mathfrak{a}}$ の形（ここで $\mathfrak{a}\in\mathfrak{D}$）をもてば，この環は Dedekind 環である．

12. 次のことを示せ，もし環 $\mathfrak{O}$ において零でないすべてのイデアルが乗法に関して，素因数分解が一意的な半群をなすならば，この環は Dedekind 環である．

13. $\mathfrak{O}$ を Dedekind 環とし，Kをその商体とせよ．A, B を体Kのイデアル（環 $\mathfrak{O}$ に関する）とするときAがBで割れるとは，$A=BC$ となるような整イデアルCが存在することであると解する．次のことを示せ，AがBで割れるのは，$A\subset B$ なるとき，またそのときに限る．

14. $\mathfrak{O}$ を因子論つきの任意の環とし，$\mathfrak{p}$ を環 $\mathfrak{O}$ の素因子とせよ．次のことを示せ，$\mathfrak{p}$ で割れる元 $\alpha\in\mathfrak{O}$ の全体 $\bar{\mathfrak{p}}$ は環 $\mathfrak{O}$ の極小素イデアルである．（環 $\mathfrak{O}$ のイデアルPが素であるとは，剰余環 $\mathfrak{O}/P$ が零因子をもたぬこと，すなわち $\mathfrak{O}$ の2元——Pに属さない——の積がまたPに属さぬこと．素イデアルPが極小とは，零以外に他の素イデアルを含まぬことである）．

15. 次のことを示せ，因子論をもつ環 $\mathfrak{O}$ において，零でない各素イデアルPは $\bar{\mathfrak{p}}$ の形のイデアル——ただし $\mathfrak{p}$ は環 $\mathfrak{O}$ のどれかの素因子——を含む．

§7. 代数的数体における因子

1. 因子の絶対ノルム §5, 定理2により，任意の代数的数体Kの極大整環 $\mathfrak{O}$ は因子論つきの環である．さらに，§6, **1** においてわかったように，剰余環 $\mathfrak{O}/\mathfrak{p}$——素因子 $\mathfrak{p}$ を法とする——は有限体であり，すなわち $\mathfrak{O}$ は Dedekind 環．

代数的数体 K を有理数体 R 上の拡大（有限次）とみる．有理整数環Zの因子は自然数と同一視できるから，体Rのすべての因子（整および分数の）のなす群は正の有理数のなす乗法群と一致する，としてよい．

§5, **2** において環 $\mathfrak{O}$ の因子のノルム概念を，与えられた拡大 K/k について定義した．代数的数体の場合には，整環 $\mathfrak{O}$ に属する因子 $\mathfrak{a}$ の，拡大 K/R

に関するノルム $N(\mathfrak{a})=N_{K/R}(\mathfrak{a})$ を $\mathfrak{a}$ の**絶対ノルム**とよぶことにする．分数因子にもこの絶対ノルムの概念を拡げ，次のようにおく

$$N\left(\frac{\mathfrak{m}}{\mathfrak{n}}\right)=\frac{N(\mathfrak{m})}{N(\mathfrak{n})}$$

ただし $\mathfrak{m}, \mathfrak{n}$ は任意の整因子．明らかに，写像 $\mathfrak{a}\to N(\mathfrak{a})$ は，体 K の全因子の群から正有理数の乗法群の中への準同型である．

主因子(ξ), $\xi\in K^*$, の絶対ノルムは数 ξ のノルムの絶対値に等しい：

$$N((\xi))=|N(\xi)|. \tag{1}$$

実際，整なる ξ に対して，これは §5, 等式（3）と一致する．もし $\xi=\alpha/\beta$ ——α, β は整——ならば，

$$N(\xi)=\frac{N((\alpha))}{N((\beta))}=\frac{|N(\alpha)|}{|N(\beta)|}=|N(\xi)|.$$

体 K に属する素因子 $\mathfrak{p}$ の R に関する惰性次数 f は，$\mathfrak{p}$ の**絶対惰性次数**（または簡単に**次数**）とよばれる．素因子 $\mathfrak{p}$ の，R に関する分岐指数 e は $\mathfrak{p}$ の**絶対分岐指数**とよばれる．

もし $\mathfrak{p}$ が有理素数 p の因数であり，かつ次数 f をもてば，§5 の等式（11）により

$$N(\mathfrak{p})=p^f. \tag{2}$$

さて $\mathfrak{p}_1,\cdots,\mathfrak{p}_m$ を体 K の素因子で，p を割るすべてとし，かつ $e_1,\cdots,e_m$ をその分岐指数とせよ．すると p に対して体 K 中での次の分解が成り立つ

$$p=\mathfrak{p}_1^{e_1}\cdots\mathfrak{p}_m^{e_m}.$$

§5 定理7により，$\mathfrak{p}_i$ の分岐指数 e_i は次数 f_i と次式によって関係づけられる

$$f_1e_1+\cdots+f_me_m=n=(K:R). \tag{3}$$

定　理 1.　代数的数体 K の整因子 $\mathfrak{a}$ に対する絶対ノルムは極大整環 $\mathfrak{O}$ の $\mathfrak{a}$ を法とする剰余類の個数に等しい．

証　明　初めに素因子 $\mathfrak{p}$ の場合にこの定理を証明しよう．p を有理素数で $\mathfrak{p}$ で割れるものとせよ．因子 $\mathfrak{p}$ の惰性次数 f（§5, **3** の定義によって）は指数

$\nu_{\mathfrak{p}}$ の剰余体 $\Sigma_{\mathfrak{p}}$ の，指数 ν_p の剰余体 Σ_p 上の次数に等しい．ところが Σ_p は，明らかに，p 個の元からなるから，それゆえ $\Sigma_{\mathfrak{p}}$ は p^f 個の元からなる有限体である．したがって，剰余体 $\mathfrak{O}/\mathfrak{p}$ が体 $\Sigma_{\mathfrak{p}}$ に同型なことをいえば十分である，すなわち同型的埋め込み $\mathfrak{O}/\mathfrak{p}\to\Sigma_{\mathfrak{p}}$ に際して，体 $\mathfrak{O}/\mathfrak{p}$ が $\Sigma_{\mathfrak{p}}$ 全体に写像されること．このためどうするかというと，任意の $\xi\in K$—— ただし $\nu_{\mathfrak{p}}(\xi)\geqslant 0$——に対して，適当な $\alpha\in\mathfrak{O}$ が存在して $\nu_{\mathfrak{p}}(\xi-\alpha)\geqslant 1$ なることを示せば十分である．記号 $\mathfrak{q}_1,\cdots,\mathfrak{q}_s$ によって体Kの素因子のうち，$\nu_{\mathfrak{q}_i}(\xi)=-k_i<0$ となるものすべてを表わす．§6 定理 3 により環 $\mathfrak{O}$ に適当な元 γ が存在して，次が成り立つ

$$\gamma\equiv 1 \pmod{\mathfrak{p}},$$
$$\gamma\equiv 0 \pmod{\mathfrak{q}_i^{k_i}},\quad i=1,\cdots,s.$$

明らかに，$\alpha=\gamma\xi\in\mathfrak{O}$ でありまた $\nu_{\mathfrak{p}}(\xi-\alpha)\geqslant 1$. かくて素因子の場合，定理 1 は証明された．

一般の場合に定理 1 を証明するため，いまとなったら次を示せば十分である，もし整因子 $\mathfrak{a}$ および $\mathfrak{b}$ に対して正しければ，積 $\mathfrak{a}\mathfrak{b}$ に対しても正しい．§3 定理 4 の条件 3）により極大整環 $\mathfrak{O}$ に適当な数 $\gamma\neq 0$ が存在して，$\mathfrak{a}|\gamma$ かつ $(\gamma)\mathfrak{a}^{-1}$ が $\mathfrak{b}$ と素になる．$\alpha_1,\cdots,\alpha_r(r=N(\mathfrak{a})$ を環 $\mathfrak{O}$ における $\mathfrak{a}$ を法とする剰余類の完全代表系とし，$\beta_1,\cdots,\beta_s$ $(s=N(\mathfrak{b}))$ を $\mathfrak{b}$ を法とする剰余類の完全代表系とせよ．このとき，

$$\alpha_i+\beta_j\gamma \tag{4}$$

なる rs 個の数が $\mathfrak{a}\mathfrak{b}$ を法とする剰余類の完全代表系をなすことを示そう．α を $\mathfrak{O}$ に属する任意の数とする．ある i $(1\leqslant i\leqslant r)$ について

$$\alpha\equiv\alpha_i \pmod{\mathfrak{a}}.$$

次の合同式を考えよう．

$$\gamma\xi\equiv\alpha-\alpha_i \pmod{\mathfrak{a}\mathfrak{b}}. \tag{5}$$

γ の選び方から，(γ) と $\mathfrak{a}\mathfrak{b}$ との最大公約数は $\mathfrak{a}$ に等しくまた $\alpha-\alpha_i$ は $\mathfrak{a}$ で割れるから，§6 定理 4 によりこの合同式は $\xi\in\mathfrak{O}$ なる解をもつ．もしある

$j\,(1\leqslant j\leqslant s)$ について $\xi\equiv\beta_j \pmod{\mathfrak{b}}$ ならば，$\gamma\xi\equiv\gamma\beta_j \pmod{\mathfrak{ab}}$.（5）とあわせて，これより

$$\alpha\equiv\alpha_i+\gamma\beta_j \pmod{\mathfrak{ab}}$$

これで，$\mathfrak{ab}$ を法とする各剰余類に（4）の形の代表があることが証明された，残っている確かめは，（4）の諸数が $\mathfrak{ab}$ を法として互いに合同でないことである．仮に

$$\alpha_i+\gamma\beta_j\equiv\alpha_k+\gamma\beta_l \pmod{\mathfrak{ab}}.$$

とせよ．この合同式は $\mathfrak{a}$ を法としても成り立つから，また条件 $\gamma\equiv 0 \pmod{\mathfrak{a}}$ も考えて $\alpha_i\equiv\alpha_k \pmod{\mathfrak{a}}$ を得て，$i=k$ となる，さらに次が成り立つ

$$\gamma(\beta_j-\beta_l)\equiv 0 \pmod{\mathfrak{ab}}.$$

素因子 $\mathfrak{p}$ が因子 $\mathfrak{a}$ および $\mathfrak{b}$ 中にそれぞれ指数 a および $b>0$ で現われるとせよ．条件より $\nu_{\mathfrak{p}}(\gamma)=a$ だから，よって（6）より $\nu_{\mathfrak{p}}(\beta_j-\beta_l)\geqslant b$. この式は任意の素因子 ——$\mathfrak{b}$ 中に正の指数をもって現われる —— に対して正しいから，$\beta_j\equiv\beta_l \pmod{\mathfrak{b}}$，よって．$j=l$.

かくて，数（4）は実際 $\mathfrak{ab}$ を法とする剰余類代表の完全系をなす．環 $\mathfrak{O}$ における，$\mathfrak{ab}$ を法とする剰余類の個数は，したがって，$rs=N(\mathfrak{a})N(\mathfrak{b})=N(\mathfrak{ab})$ に等しい．

定理1は証明された．

§6, **3** におけると同様に，体 K の任意の因子 $\mathfrak{a}$（整または分数）に対して，記号 $\bar{\mathfrak{a}}$ によって K の，対応するイデアル——$\alpha\in K$ なる元のうち $\mathfrak{a}$ で割れるものすべてからなる——を表わす．数 γ を選んで $\gamma\bar{\mathfrak{a}}\subset\mathfrak{O}$ ならしめる．第2章§2定理2の系により集合 $\gamma\bar{\mathfrak{a}}$ は体 K の加群である（環 $\mathfrak{O}$ の部分加群）．そうなれば，イデアル $\bar{\mathfrak{a}}$ も体K の加群である．もし $\alpha\in\bar{\mathfrak{a}}$, $\alpha\neq 0$ かつ $\omega_1,\cdots,\omega_n$ が環 $\mathfrak{O}$ の基であれば，積 $\alpha\omega_1,\cdots,\alpha\omega_n$ はすべて $\bar{\mathfrak{a}}$ に属する，すなわち $\bar{\mathfrak{a}}$ 内に $n=(K:R)$ 個の1次独立なK の元がある．以上によって，イデアル $\bar{\mathfrak{a}}$——任意の因子 $\mathfrak{a}$ に対応する——は体 K の完全加群であることが証明された．その乗数環は，明らかに，極大整環 $\mathfrak{O}$ である．逆にもしAが体Kの完全加群で，その乗数環が極大整環 $\mathfrak{O}$ と一致するならば，A に対してイデアルの3条

件はすべてみたされる（参照：§6, **4**). かくて，イデアル $\bar{\mathfrak{a}}$ の全体は体 K の完全加群のうち，極大整環 $\mathfrak{O}$ に属するもの全体と一致する．

第2章 §6, **1** において代数的数体での完全加群に対するノルムの概念を導入した．よってイデアル $\bar{\mathfrak{a}}$ のノルムについても話しができる．次のことを示そう，任意の因子のノルムは対応するイデアルのノルムと一致する：

$$N(\mathfrak{a})=N(\bar{\mathfrak{a}}). \tag{7}$$

整因子については，上式が本節定理1および第2章 §6 定理1からでる．因子 $\mathfrak{a}$ が分数のときはといえば，まず適当な元 $\gamma\in K^*$ を見出して因子 $(\gamma^{-1})\mathfrak{a}=\mathfrak{b}$ を整ならしめておく．すると第2章 §6 定理2によって次を得る

$$N(\mathfrak{a})=N(\mathfrak{b})\,|N(\gamma)|=N(\bar{\mathfrak{b}})\,|N(\gamma)|=N(\gamma\bar{\mathfrak{b}})=N(\overline{(\gamma)\mathfrak{b}})=N(\bar{\mathfrak{a}}),$$

すなわち（7）式は任意の $\mathfrak{a}$ について証明された．

ノルム概念の最も簡単な応用の1つとして，より詳しい評価を $\omega(a)$——極大整環に属する非同伴な数のうち，そのノルムの絶対値が a に等しいものの個数——に与えよう（第2章 §2 定理5の証明で，評価式 $\omega(a)\leqslant a^n$ が得られている）．

記号 $\psi(a)$ によりノルム a をもつ整因子の個数を表わす．2数 α と β とが同伴となるのは，主因子 (α) と (β) とが等しいとき，またそのときに限るから，それゆえ（1）式により

$$\omega(a)\leqslant\psi(a).$$

そこで $\psi(a)$ を評価してみる．次のようにおけ

$$a=p_1^{k_1}\cdots p_s^{k_s}$$

ただし p_i は素数で相異なる．$N(\mathfrak{a})=a$ とすると，$\mathfrak{a}=\mathfrak{a}_1\cdots\mathfrak{a}_s$ で，ここに $\mathfrak{a}_i$ は p_i の因数となる素因子 $\mathfrak{p}$ のみからなる．（2）式およびノルムの乗法性により $N(\mathfrak{a}_i)\parallel p_i^{k_i}$ を得る，すなわち．$\psi(a)=\psi(p_1^{k_1})\cdots\psi(p_s^{k_s})$．よって $\psi(p^k)$ が評価できれば十分である．$\mathfrak{p}_1,\cdots,\mathfrak{p}_m$ は p を割る素因子のすべてとし，かつ $f_1,\cdots,f_m$ をその次数とせよ．等式

$$N(\mathfrak{p}_1^{x_1}\cdots\mathfrak{p}_m^{x_m})=p^{f_1x_1+\cdots+f_mx_m}$$

により問題は，方程式

$$f_1x_1+\cdots+f_mx_m=k$$

について非負な x_i に関する解の個数評価に帰する．明らかに，$0\leqslant x_i\leqslant k$ だから，この解の個数は $(k+1)^m$ を越えない．ところで $m\leqslant n=(K:R)$ だから

$$\psi(a)\leqslant((k_1+1)\cdots(k_s+1))^n.$$

右辺の括弧内は，既知のように，$\tau(a)$——a の約数の個数——に等しい．したがって，次の評価式を得た

$$\omega(a)\leqslant\psi(a)\leqslant(\tau(a))^n. \qquad (8)$$

評価式（8）を前評価式 $\omega(a)\leqslant a^n$ と比較のため注意しておくが，好きなだけ小な $\varepsilon>0$ に対して比 $\tau(a)/a^\varepsilon$ は $a\to\infty$ のとき0に収束する*).

2. 因子類

定　義　代数的数体 K の2因子 $\mathfrak{a}$ と $\mathfrak{b}$ とが**同値**——記号で $\mathfrak{a}\sim\mathfrak{b}$——とは，その因数の差異が主因子なること：$\mathfrak{a}=\mathfrak{b}(\alpha)$, $\alpha\in K^*$. 体K の因子のうち，与えられた因子 $\mathfrak{a}$ に同値なもの全体は因子類とよばれ $[\mathfrak{a}]$ と表わされる．

群論の言葉でいえば，同値性 $\mathfrak{a}\sim\mathfrak{b}$ の意味は，因子 $\mathfrak{a}$ と $\mathfrak{b}$ とが，全因子群において，主因子からなる部分群に関する同一剰余類に属することにある．因子類 $[\mathfrak{a}]$ はしたがってまた，$\mathfrak{a}$ を代表として含むような，主因子部分群に関する剰余類としても定義できる．類の等式 $[\mathfrak{a}]=[\mathfrak{b}]$ は，明らかに，同値関係 $\mathfrak{a}\sim\mathfrak{b}$ と同じことである．

任意の2因子 $[\mathfrak{a}]$ および $[\mathfrak{b}]$ に対して，次のようにおく

$$[\mathfrak{a}]\cdot[\mathfrak{b}]=[\mathfrak{a}\mathfrak{b}].$$

容易に確かめられるように，因子類の積に対する上記の定義は各類の代表 $\mathfrak{a}$ および $\mathfrak{b}$ の選び方には関係しない，さらにまたこの乗法に関して全因子類は（可換な）群をなす——体 K の因子類群．ここでの単位元は，明らかに，類 $[\mathfrak{e}]$——主因子すべてからなる——である．類 $[\mathfrak{a}]$ の逆元は類 $[\mathfrak{a}^{-1}]$ となる．

*) 末綱〔1〕p.39 定理29参照.

群論のいい方で，因子類群は全因子群の主因子部分群に関する商群である．

因子類群と特にその位数——因子類の個数——は代数的数体Kの重要な数論的特性である．もし因子類の個数が1に等しければ，このことはすべての因子が主なることを意味するが，それはまた次に同値である．体Kの整数環において素因数分解の一意性が成り立つこと（§3 定理2）．かくて，因数分解の一意性のため必要十分条件は因子類の個数が1に等しいことである．したがって，体Kの整数の素因数分解が一意的かどうかの問題は，この体の因子類数を決定する問題の一部である．我々はこの数がつねに有限なることをいますぐ示そう．

定理 2. 任意の代数的数体の因子類は有限群をなす．

証明 因子の同値性の定義から容易にでるように，因子 $\mathfrak{a}$ と $\mathfrak{b}$ とが同値になるのは，対応するイデアル $\bar{\mathfrak{a}}$ と $\bar{\mathfrak{b}}$ とが相似（加群の相似の意味において，第2章 §1, **3** 参照）なるとき，またそのときに限る．したがって因子を同値類に分けることに対応して，体Kの全イデアル（すなわち完全加群で，その乗数環が極大整環——体 K の整数全体のなす環 $\mathfrak{O}$）が相似類に別れる．ところが第2章 §6 定理3により，与えられた乗数環をもつ加群の相似類の個数は有限である．それゆえ特に，イデアルの相似類数も有限，すなわち因子の同値類の個数もそうである．

注意 1. 定理2は，第2章 §6 定理3の簡単な系として得られた．だがこの後者の定理の証明は幾何学的方法の適用，特に Minkowski の凸集合に関する補題に基づいている．かくて，結局定理2の証明は Minkowski 補題にささえられている．

注意 2. 第2章 §6 定理3の証明から次の，定理2の精密化を導き得る．$n=s+2t$ 次代数的数体 K の各因子類に属する整因子でノルム $\leqslant(2/\pi)^t\sqrt{|D|}$ なものが存在する，ただし D は体 K の判別式（すなわち体 K の全整数環の判別式）．実際，$[\mathfrak{b}]$ を任意の因子類とせよ．するとイデアル $\overline{\mathfrak{b}^{-1}}$ に対してそれに相似なイデアル $A=\overline{\alpha\mathfrak{b}^{-1}}$ が存在して，$A\supset\mathfrak{O}$ かつ $(A:\mathfrak{O})\leqslant(2/\pi)^t\sqrt{|D|}$

となる（参照：第2章 §6 定理3の証明）．イデアルAは$\mathfrak{O}$を含むから，それに対応する因子は整の逆：$A=\overline{\mathfrak{a}^{-1}}$ で$\mathfrak{a}$は整因子．等式$\overline{\mathfrak{a}^{-1}}=\alpha\overline{\mathfrak{b}^{-1}}$ から $\mathfrak{a}(\alpha)=\mathfrak{b}$ がでる，すなわち整因子 $\mathfrak{a}$ は類 $[\mathfrak{b}]$ に含まれ，さらに（問題2）

$$N(\mathfrak{a})=\frac{N(\mathfrak{z})}{N(\mathfrak{a}^{-1})}=(\overline{\mathfrak{a}^{-1}}:\bar{\mathfrak{z}})=(A:\mathfrak{O})\leqslant\left(\frac{2}{\pi}\right)^{t}\sqrt{|D|}.$$

定理3. 体Kの因子類数をhとするとき，任意の因子のh乗ベキは主因子である．

証明 定理の主張するところは群論初歩の簡単な結果であり，それによれば有限群の各元の位数は群の位数の約数である．$\mathfrak{a}$ を任意の因子とせよ．$[\mathfrak{a}]^h$ に因子類群の単位元であるから，それゆえ $[\mathfrak{a}^h]=[\mathfrak{e}]$，すなわち因子 $\mathfrak{a}^h$ は主である．

系 もし体Kの因子類数 h が素数 l で割れず，さらにもし因子 $\mathfrak{a}^l$ が主であれば，$\mathfrak{a}$ も主である．

実際，条件より適当な有理整数uおよびvが存在して，$lu+hv=1$．因子 $\mathfrak{a}^l$ および $\mathfrak{a}^h$ が主だから（前者は条件から，後者は定理3による），$\mathfrak{a}^{lu}$ および $\mathfrak{a}^{hv}$ も主．そうなれば積$\mathfrak{a}^{lu+hv}=\mathfrak{a}$ も主となる．

問題20によると任意の代数的数体Kは適当なより広い体$\overline{K}$に埋め込まれて，体Kの各因子は体$\overline{K}$の主因子となる．しかしながら，体$\overline{K}$の因子がすべて主ばかりだとは主張できぬ．それどころか，つい最近示されたことであるが（E. S. Gold および I. R. Šafarevič），ある代数的数体（たとえば $K=R(\sqrt{-3\cdot5\cdot7\cdot11\cdot13\cdot17\cdot19})$）が存在してどの有限次拡大も $h=1$ をもたぬ．

いままでのところ，一般に $h=1$ となる体の個数が無限であるかどうかは未解決である，とはいうものの現存の表を観察したところでは，このような体は相当たびたび現われるように思われる（参照：実2次体および総実な3次体の類数 h に対する表）．

いくつかの種類の体については（たとえば2次体と円分体，第5章参照）因子類数に対する公式が見出されているが，一般には類数hについて，まして因子類群について非常に少ししか知られていない．h に関する一般的な定理の1つとして Siegel-Brauer 定理がある，その主張するところは，固定した次数 n をもつ体すべてに対して，因子類数 h と単数基準 R および判別式 D は次の漸近式によって関係づけられる：

$$|D|\to\infty \text{ のとき } \frac{\ln(hR)}{\ln\sqrt{|D|}}\to 1 \qquad (*)$$

(R. Brauer, On the zeta-functions of algebraic number fields, *Amer. J. Math.* **69**, No. 2, 1947, 243–250). 虚2次体については単数基準は1に等しいから，(＊) よりこの体に対して $|D|\to\infty$ のとき $h\to\infty$ なることがでる．特に次を得る，虚2次体のうち $h=1$ なるものは有限個しかない．表の範囲では全部で9個の $h=1$ なる虚2次体を見出す（その判別式は $-3, -4, -7, -8, -11, -19, -43, -67, -163$). 現在示されているのは，この9個の体以外に，たかだか1個の虚2次体が $h=1$ をもつことである．しかしながら実際にそれが存在するかどうかは未知である.＊)

一般の場合，関係式（＊）に基づいて h の様子を知ろうとしてもほとんど何もわからぬ，というのは単数基準 R の大きさが未知だからである．

3. Fermat 定理への応用　前項の結果のおかげで §1 定理1が，ずっと広い範囲の指数 l について正しいことを証明できる．

定理 4.　l を奇の素数かつ ζ を1の原始 l 乗根とせよ．もし体 $R(\zeta)$ の因子類数が l で割れぬならば，Fermat 定理の第Iの場合が l について正しい．

証明　仮に，定理の主張に反して l で割れぬ有理整数 x, y, z が次の方程式をみたしたとせよ

$$x^l+y^l=z^l$$

もちろん x, y, z は互いに素であるとしてよい．体 $R(\zeta)$ の整数環においてこの等式は次の形に書き換えられる．

＊) これだけであることが解明された．参照：≪数理科学≫（ダイヤモンド社）1971年5月号21頁．

$$\prod_{k=0}^{l-1}(x+\zeta^k y)=z^l.$$

さて $x+y\equiv x^l+y^l=z^l\equiv z \pmod l$ かつ z は l で割れぬから，それゆえ $x+y$ も l で割れぬ．そうなると，すでに§1 補題5の証明でわかったように，$m\not\equiv n \pmod l$ のとき環 $Z[\zeta]$ に適当な数 ξ_0 および η_0 が存在して

$$(x+\zeta^n y)\xi_0+(x+\zeta^m y)\eta_0=1.$$

したがって，主因子 $(x+\zeta^k y)(k=0,1,\cdots,l-1)$ は互いに素．それらの積が l 乗ベキ（因子 (z) の）であるから，よって各因数はそれぞれ l 乗ベキでなければならぬ．特に，

$$(x+\zeta y)=\mathfrak{a}^l,$$

ただし $\mathfrak{a}$ は体 $R(\zeta)$ の整因子．条件によると体 $R(\zeta)$ の因子類数は l で割れぬのだから，したがって，定理3の系により因子 $\mathfrak{a}$ は主，すなわち $\mathfrak{a}=(\boldsymbol{\alpha})$，ここで $\boldsymbol{\alpha}$ は極大整環 $\mathfrak{O}=Z[\zeta]$ に属する．等式

$$(x+\zeta y)=(\boldsymbol{\alpha}^l)$$

からまた

$$x+\zeta y=\boldsymbol{\varepsilon}\boldsymbol{\alpha}^l,$$

ただし $\boldsymbol{\varepsilon}$ は環 $\mathfrak{O}$ の単数．同様にして次を得る

$$x-\zeta z=\boldsymbol{\varepsilon}_1\boldsymbol{\alpha}_1{}^l$$

（$\boldsymbol{\alpha}_1\in\mathfrak{O}$, $\boldsymbol{\varepsilon}_1$ は $\mathfrak{O}$ の単数）．以上で2等式を得たがこれは，§1，**3** で示したように，矛盾に導くものである（§1 定理1の証明中，この部分については因数分解の一意性をもはや用いなかった）．かくて定理4は証明された．

上記のような奇素数 l——体 $R(\zeta)$, $\zeta^l=1$, の因子類数を割らない——は**正則**とよばれ，また他は**非正則**とよばれる．非常に美しい整数論的かつ解析的考察の助けによって Kummer はかなり簡単な判定法を得て（我々は第5章 §6, **4** でこれを紹介する)，与えられた素数 l が正則か否かを容易に確かめ得るようにした．そのおかげで，100 以下の素数中3個：37，59，および67 が非正則，他の残りは正則なることを確認できる．§1 定理1と比較して，どの程度広い範囲の指数 l を定理4が含むものであるかを示すため注意しておくが，

100 以下の奇素数のうち初めの 7 個：3, 5, 7, 11, 13, 17, 19 だけの生ずる体 $R(\zeta)$, $\zeta^l=1$, が素因数分解の一意的な環 $\mathfrak{O}=Z[\zeta]$ をもつ.

彼自身の研究において Kummer は予想として，非正則な素数の個数は有限であると述べている．さらにあとの研究ではこの予想を断念して次のように予想している，正則な数は平均（十分大なる区間における）で非正則な数の 2 倍であろう．現今電子計算機の助けをかりて，4001 以下の奇素数 550 個中 216個が非正則で 334 個が正則であることが示されている．4001以下の非正則な全素数の表が巻末に載せてある．Jensen の証明だが（参照：第 5 章§7, **2**)，非正則な素数は無限個ある．正則な素数が無限であるかどうか，いまのところ未知である；またそうかといって有限であろうと推測できる根拠は何もない．

Fermat 定理の第 I の場合（指数 l）はまた，体 $R(\zeta+\zeta^{-1})=R(2\cos(2\pi/l))$ の因子類数 h_0 とも関係がある．容易にわかるように，$R(\zeta+\zeta^{-1})$ は $R(\zeta)$ に属する実数すべてからなる．Vandiver は次のことを証明した，もし体 $R(\zeta+\zeta^{-1})$, $\zeta^l=1$ の因子類数 h_0 が l で割れないならば，素指数 l に対して Fermat 定理の第 I の場合が正しい (H. S. Vandiver, Fermat's last theorem and the second factor in the cyclotomic class number, *Bull. Amer. Math. Soc.* **40**, No. 2, 1934, 118–126)．ところで，そうでない素数 l——体 $R(\zeta+\zeta^{-1})$ の因子類数 h_0 を割るような l——が存在するかどうかは知られていない．確かめられたのは，ただ4001以下ではこのような素数のないことである．

ほかの事実で，Fermat 定理の第 I の場合に関係するものをいくつか，ここで注意しておく．Wieferich は次のことを示した，Fermat 定理の第 I の場合は，$2^{l-1}\not\equiv 1 \pmod{l^2}$ となるような素数 l すべてに対して正しい．(A. Wieferich, Zum letzten Fermatschen Theorem, *Journ. für Math.* **136**, 1909, 293–302)．この著しい結果がどれほど強力であるかを示すため注意しておくが，200183以下の素数 l のうちで 2 個だけ：1093 および 3511 が合同式 ($2^{l-1}\equiv 1 \pmod{l^2}$) をみたす (Erna H. Pearson, *Math. Comp.* **17**, No. 82, 1963, 194–195)．しかしながら，このような l が有限か無限かは未知である．以後，多くの他の学者によって，Fermat 定理の第 I の場合が，$q^{l-1}\not\equiv 1 \pmod{l^2}$ ——q は 43 以下の任

意の素数——となるような素数 l すべてに対して確立された (D. Mirimanoff, H. S. Vandiver, G. Frobenius, F. Pollaczek, T. 森島, J. B. Rosser). これを用いて Fermat 定理の第Ⅰの場合が正しいことを, 253 747 889 より小なすべての素数に対して確かめ得ている. (D. H. Lehmer, Emma Lehmer, On the first case of Fermat's last theorem, *Bull. Amer. Math. Soc.* **47**, No. 2, 1941, 139–142).

4. 実効性問題　我々はいままで, 与えられた代数的数体 K の因子論を実際に構成する問題については黙ってさけてきた. 任意の因子はすべての素因子を与えれば決定されるし, 素因子はまた体 K の指数によって決定されるから, 我々の問題は, 固定された各素数 p についての, 体 R の指数 ν_p を体 K に延長したものすべてを実効的に構成することに帰着する. 素因子を数え上げることのほかにまた体 K の因子類数 h に対する有限算法をもつことも重要である. たとえば, こうなってこそ前項の, Fermat 定理に関係する結果が実効的な価値をもってくる.

本項において, 指数 ν_p の延長を構成するのはもちろん, 類数 h の計算も有限段階で遂行できることを示そう.

$\mathfrak{o}_p$ を体 R の指数 ν_p の付値環 (すなわち p 整な有理数の環, 第1章, §3, **2** 参照) とし, $\mathfrak{O}_p$ を体 K における整閉包とせよ. 各数 $\xi\in\mathfrak{O}_p$ は p 整な係数 a_i をもつ多項式 $t^k+a_1t^{k-1}+\cdots+a_k$ の根である. m をすべての a_i の共通分母とすれば, $m\xi=\alpha$ は多項式 $t^k+ma_1t^{k-1}+\cdots+m^ka_k$ の根だが, この全係数は環 Z に属する, すなわち α は体 K の全整数環 $\mathfrak{O}$ (極大整環) に属する. 明らかに, 逆の命題も正しい: もし $\alpha\in\mathfrak{O}$ で, かつ整数 m が p で割れないならば, $\alpha/m\in\mathfrak{O}_p$. かくて, 環 $\mathfrak{O}_p$ は α/m の形の数——ただし $\alpha\in\mathfrak{O}$ かつ整数 m は p で割れない——全体と一致する. 体 K のどれか1つの最小基 $\omega_1, \cdots, \omega_m$ (すなわち環 $\mathfrak{O}$ の Z 上基) を選べ. すると証明ずみのことから, $\xi\in K$ を次の形

$$\xi=a_1\omega_1+\cdots+a_n\omega_n\quad(a_i\in R)$$

に書くとき，ξ が環 $\mathfrak{O}_p$ に属するのは，a_i が p 整なるとき，またそのときに限る．

§4 定理7により，我々の第1の問題（すなわち指数 ν_p の延長の構成）は環 $\mathfrak{O}_p$ 中の互いに非同伴な素元 $\pi_1, \cdots, \pi_m$ の完全系を見出すことに帰する．実際，もし素元 π_i がすべて見出されると，各 $\xi \in \mathfrak{O}_p^*$ に対して容易に分解

$$\xi = \eta \pi_1^{k_1} \cdots \pi_m^{k_m} \tag{9}$$

を見出し得る，ただし η は $\mathfrak{O}_p$ の単元．このためには，ξ を順次各 π_i で割って，商が環 $\mathfrak{O}_p$ に属さなくなるまで続ければよい；ある段階で商 η を得てこれはどの素元 π_i でも割れない，すなわち $\mathfrak{O}_p$ の単元である．K の各元は $\mathfrak{O}_p$ ($\mathfrak{O}$ でもよい) に属する2元の比であるから，(9) の形の表現を任意の $\xi \in K^*$ に対して求め得る．ところがこうなれば (9) 式は，K上の指数で ν_p の延長であるものすべて $\nu_1, \cdots, \nu_m$ を定義する．これらの指数の分岐指数は，既知のように，分解$p = \varepsilon \pi_1^{e_1} \cdots \pi_m^{e_m}$ (ε は $\mathfrak{O}_p$ の単元) によって決定される．

π を環 $\mathfrak{O}_p$ の任意の素元とせよ．p で割れない有理整数は $\mathfrak{O}_p$ の単元だから，$\pi \in \mathfrak{O}$ と考えてよい．任意の $\alpha \in \mathfrak{O}$ について $\pi + p^2\alpha = \pi(1 + \alpha p^2/\pi)$ なる数は π と同伴となる，何となれば $1 + \alpha p^2/\pi$ は $\mathfrak{O}_p$ に属し，かつ素元 $\pi_1, \cdots, \pi_m$ のいずれによっても割れぬから，かくて，$\mathfrak{O}_p$ における互いに非同伴な素元の完全系を選び出そうとするとき，次の数の組の中から探せばよい：

$$x_1\omega_1 + \cdots + x_n\omega_n,$$

ただし $0 \leq x_i < p^2$ $(i = 1, \cdots, n)$．これは有限個だから，求める素元系を見出すのは有限回の操作ですむ，そのときまた指数 $\nu_1, \cdots, \nu_m$ も決定される．

見出された指数 $\nu_1, \cdots, \nu_m$ に対応する素因子 $\mathfrak{p}_1, \cdots, \mathfrak{p}_m$ の次数 $f_1, \cdots, f_m$ を見出すには §5 定理5を利用できる．この定理によれば環 $\mathfrak{O}_p$ の各素元 $\pi_i \in \mathfrak{O}$ に対して次式が成り立つ

$$N(\pi_i) = p^{f_i} a,$$

ここで有理整数aは p で割れぬ．素因子 $\mathfrak{p}_i$ の次数 f_i は，したがって，有理整数 $N(\pi_i)$ に現れる p のベキの指数に等しい．

我々の第2の問題に移ろう——すなわち因子類数 h を実効的に計算すること.

定理2の注意2において述べたように, 各因子類には整因子 $\mathfrak{a}$ で, 次をみたすものがある.

$$N(\mathfrak{a})\leqslant\left(\frac{2}{\pi}\right)^t\sqrt{|D|} \tag{10}$$

(これに関して問題9も参照せよ). さて

$$\mathfrak{a}_1, \cdots, \mathfrak{a}_N \tag{11}$$

を体Kの整因子のうち. 条件 (10) をみたすものすべてとせよ, 体Kのこのような因子の個数は有限である, というのは与えられたノルムをもつ整因子は有限個しかない (固定されたaについては等式 $N(\mathfrak{p}_1^{k_1}\cdots\mathfrak{p}_r^{k_r})=a$ から, 素数 p——$\mathfrak{p}_i$ で割れる——と正指数 k_i との有界性が容易にでる). 因子類数を決定するには系 (11) から互いに非同値な因子の最大部分系を選出すればよい. これを実際やりとげるには, 各因子のついに対して同値問題を解かねばならない. $\mathfrak{a}$ および $\mathfrak{b}$ を2つの整因子とせよ. Kにおいて, $\mathfrak{b}$ で割れる数 $\beta\neq0$ を選び因子 $\mathfrak{a}\mathfrak{b}^{-1}(\beta)$ を考えよう. 因子 $\mathfrak{a}$ と $\mathfrak{b}$ とが同値となるのは, 整因子 $\mathfrak{a}\mathfrak{b}^{-1}(\beta)$ が主となるとき, またそのときに限る. かくて, 与えられた整因子が主かどうかわかればよい.

整因子 $\mathfrak{a}$ のノルムをaと書こう. 第2章 §5, **4** で示したように, 極大整環 $\mathfrak{O}$ において, 有限操作で次の有限個の数からなる系を見出し得る.

$$\alpha_1, \cdots, \alpha_r \tag{12}$$

ただしこれらはノルム $\pm a$ をもち, 次の性質を有する, ノルム $\pm a$ をもつ各数 $\alpha\in\mathfrak{O}$ はこのどれかと同伴となる. もし因子 $\mathfrak{a}$ が主, すなわち $\mathfrak{a}=(\alpha)$. $\alpha\in\mathfrak{O}^*$, であれば, $|N(\alpha)|=a$ なのだからある $i(1\leq i\leq r)$ について $\mathfrak{a}=(\alpha_i)$ が成り立つ. かくて, 系 (12) が見出されていれば, $\mathfrak{a}$ の主因子かどうかの問題を解くには, ただ主因子 $(\alpha_1), \cdots, (\alpha_r)$ のどれか1つと一致するかを確かめればよい.

これで, 与えられた体 K の類数 h を計算する問題は有限操作で解かれることが証明された.

有理素数pを素因子に分解することは多くの場合，k項の数（$k\geqslant 2$）のノルムを調べることで，かなり簡単に成功する．この方法を述べるため補助的な1命題が必要である.

θ をn次代数的数体Kの原始的整数とせよ．整環 $\mathfrak{O}'=\{1,\theta,\cdots,\theta^{n-1}\}$ の極大整環 $\mathfrak{O}$ における指数fを θ の**指数**とよぶ.

補　題　もし素因子$\mathfrak{p}$がθの指数kの約数でなければ，各整数 $\alpha\in K$ は，$\mathfrak{p}$ を法として，整環 $\mathfrak{O}'=\{1,\theta,\cdots,\theta^{n-1}\}$ に属する数と合同である.

実際，$\mathfrak{p}\nmid k$ だから，ある整数xについて $kx\equiv 1 \pmod{\mathfrak{p}}$．$\gamma=kx\alpha$ とおけ．$k\alpha\in\mathfrak{O}'$ である以上，また $\gamma\in\mathfrak{O}'$ で，しかも $\alpha\equiv\gamma \pmod{\mathfrak{p}}$.

系　$\mathfrak{p}$ が判別式 $D'=D(1,\theta,\cdots,\theta^{n-1})$ の約数でなければ，各整数 $\alpha\in K$ は $\mathfrak{p}$ を法として，整環 $\mathfrak{O}'=\{1,\theta,\cdots,\theta^{n-1}\}$ に属する数と合同である.

実際，もし $\mathfrak{p}$ がD'を割らなければ，$\mathfrak{p}$ は θ の指数 k も割らないことは，式 $D'=Dk^2$ からでる，ただし D は K の判別式（第2章 §6 補題1および補足 §2 (12) 式).

さて有理素数pが整数 $\theta\in K$ の指数に現われぬとせよ．$\mathfrak{p}$ は p を割る素因子で次数fとし，$\bar{\theta}$ は $\mathfrak{p}$ を法とする θ を含む剰余類とせよ．補題により，剰余体 $\mathfrak{O}/\mathfrak{p}$ は θ を代表とする剰余類 $\bar{\theta}$ によって生成される．それゆえ，x_1, $\cdots, x_f$ が互いに独立にpを法とする全剰余（環Zにおいて）を動けば，

$$\gamma=x_1+x_2\theta+\cdots+x_f\theta^{f-1}+\theta^f$$

なる数のうちにただ1つだけ $\mathfrak{p}$ で割れるものがある．ノルム $N(\gamma)$ を計算して，容易にp中に現われる素因子で割れる γ を選別できる．たとえばもし，$f=1$ についてs個の γ が，pのきつかり1乗べキで割れるノルムをもつとわかれば，これでpに現われる1次の素因子をs個見出したことになる．pに現われる1次の素因子がすべて見出されたと仮定してみる（ノルム pa_i, $p\nmid a_i$ をもつような数 $\beta_1,\cdots,\beta_u$ のワンセット)．$f=2$ をとり，p^2 で割れるノルムを

もつような γ を選び出す．上記の β_i で割ってやれば，γ から1次の素因子をとり除くことができる，そのあとで $N(\gamma)=p^2b/c$, $(bc, p)=1$ ならば γ は2次の素因子を含む．このようにして，2次の素因子すべてを見出すことに成功したら，$f=3$ をとって先へ運む．もちろん，次数 n が大になればこの方法での計算段階は，一般的に，大へんなものになるが，たとえば $n=3$ とか $n=4$ のときは十分早く目的に到達することが多い．上述の方法について，いくつかの精密化が問題25～27に示されている．

例 1.　5次体 $R(\theta)$, $\theta^5=2$ において，2，3，5，7 を素因子に分解してみよう．判別式 $D(1, \theta, \theta^2, \theta^3, \theta^4)$ は $2^4 5^5$ に等しい，それゆえ θ の指数には素数2および5しか現われ得ない．ところが2は問題15によって θ の指数に現われない．$\theta^5=2$ だから，$\mathfrak{p}_2=(\theta)$ は1次の素因子で次の分解を得る．

$$2=\mathfrak{p}_2{}^5.$$

等式

$$N(\theta)=2,\ N(\theta+1)=3,\ N(\theta-1)=1 \tag{13}$$

から，3の分解中に1次の素因子がただ1つ，すなわち $\mathfrak{p}_3=(\theta+1)$ が現われる，しかも $\mathfrak{p}_3{}^2\nmid 3$ は§5定理8による．さらに

$$N(\theta+2)=2\cdot 17,\ N(\theta-2)=-2\cdot 3\cdot 5. \tag{14}$$

このうち第2式が語る所によれば，5に対して1次の素因子 $\mathfrak{p}_5$ があって，しかも $\theta-2=(\theta+1)-3$ が $\mathfrak{p}_3$ で割れるので $\theta-2$ の分解は $(\theta-2)=\mathfrak{p}_2\mathfrak{p}_3\mathfrak{p}_5$．$\theta-2$ は方程式

$$(\theta-2)^5+10(\theta-2)^4+40(\theta-2)^3$$
$$+80(\theta-2)^2+80(\theta-2)+30=0$$

をみたす．§5 問題9によると，5に対する分解は，したがって，

$$5=\mathfrak{p}_5{}^5.$$

また問題15の結果が示すところによると，5は θ の指数に現われぬ，すなわち体 $R(\theta)$ の整数環は整環 $\{1, \theta, \theta^2, \theta^3, \theta^4\}$ と一致する．

(13) および (14) に次の等式を追加する．

$$N(\theta+3)=5\cdot 7^2,\ N(\theta-3)=-241.$$

7のための上述の7個の分解式に基づいて，最終的結論を下すことはまだ不可能である：$\theta+3$ は1次の素因子の平方で割れるか，または2次の素因子で割れる．しかるに $\theta-4=(\theta+3)-7$ に対して $N(\theta-4)=-2\cdot7\cdot73$ だから，それゆえ第1の場合が可能である,*) すなわち7には1つの（しかもただ1つの）1次素因子 $\mathfrak{p}_7$ が現われる．しかも $\mathfrak{p}_7^2\nmid 7$.

3および7に2次素因子が現われるかを明らかにするため，3項数 $\theta^2+\theta x+y$ のノルムをやってみよう．次が成り立つ

$$N(\theta^2+x\theta+y)=2x^5+y^5-10x^3y+10xy^2+4. \tag{15}$$

x と y とに $0, 1, -1$ なる値を与え，9個の数を得るが，そのうちどれも9で割れぬ．これすなわち，3を割る素因子に2次のものがないのである．(3) 式によれば，3の分解にはいまやただ1つの可能性しかない：

$$3=\mathfrak{p}_3\mathfrak{p}_3',$$

ここで $\mathfrak{p}_3'$ は4次の素因子である．もし (15) 式中の x および y に値 0．±1, ±2，±3 をとれば，49個の数を得て1つだけが 7^2 で割れる：

$$N(\theta^2+2\theta-3)=5\cdot7^2.$$

しかるに $\theta^2+2\theta-3=(\theta+3)(\theta-1)$ なるゆえ，ここでは因子 $\mathfrak{p}_7$ の平方を得る，かくて7に対する分解は

$$7=\mathfrak{p}_7\mathfrak{p}_7',$$

ここで $\mathfrak{p}_7'$ は4次の素因子．

例 2. 3次体 $R(\theta)$, $\theta^3-9\theta-6=0$ を考えよう．$D(1,\theta,\theta^2)=3^5\cdot2^3$ だから，問題15により θ の指数に現われる可能性があるのは2だけである（さらに，整環 $\{1,\theta,\theta^2\}$ が極大なことも示し得るが，これは用いないですむ）．§5 問題9により素数3の分解は

$$3=\mathfrak{p}_3^3.$$

等式

$$N(\theta)=6,\ N(\theta+1)=-2,\ N(\theta-1)=14 \tag{16}$$

---

*) 問26参照．

から，2に現われる1次の素因子は少くとも $\mathfrak{p}_2, \mathfrak{p}_2'$ の2個あると結論できる：

$$(\theta)=\mathfrak{p}_2\mathfrak{p}_3,\ (\theta-1)=\mathfrak{p}_2'\mathfrak{p}_7 \qquad (17)$$

（2個だけということは，もしも整環 $\{1, \theta, \theta^2\}$ が極大だとわかって，したがって2が θ の指数に現われないことが知れれば断言できるのであるが）．ところが等式

$$(\theta-1)^3+3(\theta-1)^2-6(\theta-1)-14=0$$

より2は $\mathfrak{p}_2'^2$ で割れる，したがって

$$2=\mathfrak{p}_2\mathfrak{p}_2'^2,\quad (\theta+1)=\mathfrak{p}_2' \qquad (18)$$

(16) 式のノルムおよび

$$N(\theta+2)=-4,\quad N(\theta-2)=16 \qquad (19)$$

はすべて5で割れぬ．これすなわち，5には1次の素因子が現われぬことを意味する．3次体の場合だから，このことから主因子5は素なることがでる．7の分解を見出すため (16) および (19) のほかさらに次のノルムを考える．

$$N(\theta+3)=6,\quad N(\theta-3)=6.$$

これらの7個の値のうちただ1つだけが7で割れるから，7にはちょうど1個だけ1次の素因子が現われる．$\mathfrak{p}_7^2 \nmid 7$ に注意すると，7の分解は $7=\mathfrak{p}_7\mathfrak{p}_7'$，ただし $\mathfrak{p}_7'$ は2次の素因子，と書き得る．

以上，整数のノルムの調査に基づく我々の方法によって，有理素数を素因子に分解したが，その過程中，同時にまた因子間の同値性を列挙できる．これらの同値性のおかげで (11) に列記された因子の個数を減ずることができる，そしてそれから互いに非同値な因子の極大部分系を選出して類数 h を決定できるということになるのだが，ときによるとただちに極大部分系そのものが得られることもある．さて例2において，問題9の結果との関連で系 (11) はノルム $\leqslant (3!/3^3)\sqrt{3^5\cdot 2^3}<10$ をもつ整因子からなる，すなわち

$$\left.\begin{array}{l}1, \mathfrak{p}_2, \mathfrak{p}_2', \mathfrak{p}_3, \mathfrak{p}_2^2, \mathfrak{p}_2'^2, \mathfrak{p}_2\mathfrak{p}_2', \mathfrak{p}_2\mathfrak{p}_3, \mathfrak{p}_2'\mathfrak{p}_3, \mathfrak{p}_7,\\ \mathfrak{p}_2^3, \mathfrak{p}_2^2\mathfrak{p}_2', 2, \mathfrak{p}_2'^3, \mathfrak{p}_3^2.\end{array}\right\} \qquad (20)$$

ところが (18) から $\mathfrak{p}_2'\sim 1$ かつ $\mathfrak{p}_2\sim 1$ がでる（1は単位因子），そのあと (17) から $\mathfrak{p}_3\sim 1$, $\mathfrak{p}_7\sim 1$. かくて，(20) 中の因子はすべて主であり，それゆ

え体 $R(\theta)$, $\theta^3-9\theta-6=0$, の類数 h は1に等しい.

ときには(判別式の小なるとき)(11)の因子系が単位因子のみからなることがある. この場合は, 計算するまでもなく $h=1$ を得る. たとえば, 体 $R(\theta)$, $\theta^3-\theta-1=0$, に対しては基 $1, \theta, \theta^2$ の判別式は -23 であり, よって第2章§2問題8からこの基は最小基であり, -23 がこの体の判別式である. 問題9により体 $R(\theta)$ の各因子類に含まれる整因子のうちノルムが

$$\leqq \frac{4}{\pi}\frac{3!}{3^3}\sqrt{23}<2,$$

なるものがある. すなわち体 $R(\theta)$ においてすべての因子は主である.

2次体の場合因子類数はまた, 簡約理論——第2章§7問題12～15および24で考察された——を用いて決定し得る.

問　　題

1. 次のことを示せ, n 次代数的数体において, 与えられたノルム a をもつ整因子の個数 $\psi(a)$ は $\tau_n(a)$——不定方程式 $x_1x_2\cdots x_n=a$ ($x_1, \cdots, x_n$ は互いに独立に自然数値を動く)の解すべての個数——を越えない.

2. $\mathfrak{a}$ および $\mathfrak{b}$ を代数的数体の2因子(整または分数の)とし, $\bar{\mathfrak{a}}$ および $\bar{\mathfrak{b}}$ を対応するイデアルとせよ. 次のことを示せ, もし $\mathfrak{a}$ が $\mathfrak{b}$ で割れるならば,

$$(\bar{\mathfrak{b}}:\bar{\mathfrak{a}})=N(\mathfrak{a}\mathfrak{b}^{-1}).$$

3. 次のことを示せ, 任意の相異なる2つの因子類には互いに素な整因子が含まれる.

4. 代数的数体の整因子 $\mathfrak{a}$ に対して, 記号 $\varphi(\mathfrak{a})$ によって $\mathfrak{a}$ を法とする剰余類のうち, $\mathfrak{a}$ と互いに素なる数からなるものの個数を表わす(Euler の整数論的関数の拡張). 次のことを示せ, 整因子 $\mathfrak{a}$ と $\mathfrak{b}$ とが互いに素なるとき,

$$\varphi(\mathfrak{a}\mathfrak{b})=\varphi(\mathfrak{a})\varphi(\mathfrak{b}).$$

5. 次式を証明せよ

$$\varphi(\mathfrak{a})=N(\mathfrak{a})\prod_{\mathfrak{p}}\left(1-\frac{1}{N(\mathfrak{p})}\right),$$

ただし $\mathfrak{p}$ は整因子 $\mathfrak{a}$ の素因子すべてを動く.

6. 次のことを示せ, 因子 $\mathfrak{a}$ と互いに素な任意の整数 α に対して, 次の合同式が成り立つ

$$\alpha^{\varphi(\mathfrak{a})}\equiv 1 \pmod{\mathfrak{a}}$$

(Euler 定理の拡張). 次のことを示せ, 代数的数体に属する任意の整数 α および素因

子 $\mathfrak{p}$ に対して次の合同式が成り立つ

$$\alpha^{N(\mathfrak{p})} \equiv \alpha \pmod{\mathfrak{p}}$$

(Fermat 小定理の拡張).

7. 次式を証明せよ

$$\sum_{\mathfrak{c}} \varphi(\mathfrak{c}) = N(\mathfrak{a}),$$

ここで $\mathfrak{c}$ は整因子 $\mathfrak{a}$ の約数なる因子すべて（$\mathfrak{e}$ および $\mathfrak{a}$ も含めて）を動く.

8. $\xi_1, \cdots, \xi_s$ $(s=N(\mathfrak{p})-1)$ を素因子 $\mathfrak{p}$ を法とする剰余系のうち, $\mathfrak{p}$ で割れないものすべてとせよ. 次のことを示せ

$$\xi_1 \cdots \xi_s \equiv -1 \pmod{\mathfrak{p}}$$

(Wilson 定理の類推).

9. 第2章 §6 問題2を用いて次のことを示せ, 次数 $n=s+2t$ かつ判別式 D なる代数的数体 K の各因子類に適当な整因子 $\mathfrak{a}$ が含まれて, 次が成り立つ

$$N(\mathfrak{a}) \leqslant \left(\frac{4}{\pi}\right)^t \frac{n!}{n^n} \sqrt{|D|}.$$

10. 次を確かめよ, 2次体のうち, その判別式が5, 8, 12, 13, -3, -4, -7, -8, -11であるものは因子類数が1に等しい.

11. 体 $R(\sqrt{-19})$ の因子類数は1に等しいことを示せ.

12. 次のことを示せ, 体 $R(\zeta)$, ただし ζ は1の原始5乗根, において, 整数の素因数への分解は一意的である.

13. 次のことを示せ, 体 $R(\sqrt{-23})$ の因子類数は3に等しい.

14. K_1, K_2 および K_3 を, 第2章 §2 問題21で示された3次体とせよ. 次のことを確かめよ, 素数5は K_1 および K_2 で素因子のままだが, K_3 では $5=\mathfrak{p}\mathfrak{p}'\mathfrak{p}''$ の形に異なる3素因子, 次数1, の積に分解される. さらにまた, 11は K_1 で $11=\mathfrak{q}\mathfrak{q}'\mathfrak{q}''$ の形に異なる3因子の積に分解され, K_2 では素のままであることを示せ. (このことから K_1, K_2, および K_3 は相異なることがでる).

15. 原始的な整数 $\theta \in K$ が素数 p に関する Eisenstein 多項式の根であるとせよ. §5 問題9の結果を用いて, p は θ の指数に現われないことを証明せよ.

16. 代数的数体 K の次数を n とし, 素数 p は n より小とせよ. 次のことを示せ, K に属するある原始的整数の指数が p で割れないならば, p は n 個の相異なる1次素因子の積には分解しない.

17. §5の問題18および19に基づいて次のことを示せ, 有理素数が代数的数体 K で分岐する（すなわち素因子の平方で割れる）のは, 体 K の判別式に現われるとき, またそのときに限る.

18. 素因子 $\mathfrak{p}$ が2を割らず, かつ代数的数体 K の整数を係数とする2次形式 $f(x_1, \cdots, x_n)$ の判別式 δ も割らないとせよ. $\mathfrak{p}$ で割れない整数 $\alpha \in K$ に対して, もし合同式

$\xi^2 \equiv \alpha \pmod{\mathfrak{p}}$ が体 K の整数環で可解ならば $(\alpha/\mathfrak{p})=+1$ とおき，そうでないときは $(\alpha/\mathfrak{p})=-1$ とおく．次のことを示せ，合同式

$$f(x_1, \cdots, x_n) \equiv 0 \pmod{\mathfrak{p}}$$

の解の個数 N は次式で表わされる：

n が奇のとき　$N=N(\mathfrak{p})^{n-1}$

n が偶のとき　$N=N(\mathfrak{p})^{n-1}+\left(\dfrac{(-1)^{(n/2)}\delta}{\mathfrak{p}}\right)N(\mathfrak{p})^{(n-2)/2}(N(\mathfrak{p})-1).$

19. $\mathfrak{a}$ を代数的数体 K の因子とし，$\mathfrak{a}^m=(a)$ を主因子とせよ．体 $K(\sqrt[m]{a})$ において因子 $\mathfrak{a}$ は主となることを証明せよ．

20. 次のことを示せ，任意の代数的数体 K に対して，適当な有限次拡大 $\overline{K}/K$ が存在して，体 K のすべての因子 $\mathfrak{a}$ は体 $\overline{K}$ 中では主因子となる．

21. 3次体 K において素数 p が $p=\mathfrak{p}\mathfrak{p}'\mathfrak{p}''$ の形に異なる3素因子積に分解するとし，α を K の整数とせよ．次のことを示せ，もし $\mathrm{Sp}(\alpha)=0$ かつ $\mathfrak{p}\mathfrak{p}'|\alpha$ ならば，$\mathfrak{p}''|\alpha$ となりしたがって $p|\alpha$.

22. 次のことを示せ，体 $R(\theta)$, $\theta^3=6$, の因子類数は1である．（第2章§2問題24により3数 $1, \theta, \theta^2$ は体 $R(\theta)$ の最小基をなす.）

23. 次のことを示せ，3次体 $K=R(\theta)$, $\theta^3=6$, には $N(\alpha)=10z^3$（z は有理整数）となる数 $\alpha \neq 0$ は存在しない——ただし α は $x+y\theta$ の形で，x と y とは互いに素な有理整数とする．このことから，方程式 $x^3+6y^3=10z^3$（すなわち方程式 $3x^3+4y^3+5z^3=0$ も）は非自明な有理整数解をもたないことを導け．

ヒント： この α が存在すると仮定して次のことを示せ，それは $\alpha=\alpha_0\xi^3$ の形をもち，ξ は体 K の整数，α_0 は次の6数のどれか1つ：

$$\lambda\mu\,;\ \lambda\mu\varepsilon\,;\ \lambda\mu\varepsilon^2\,;\ \lambda\nu\,;\ \lambda\nu\varepsilon\,;\ \lambda\nu\varepsilon^2.$$

ここで $\lambda=2-\theta(N(\lambda)=2)$; $\mu=\theta-1$ $(N(\mu)=5)$; $\nu=(\theta^2+\theta+1)^2=13+8\theta+3\theta^2$ $(N(\nu)=5\cdot5^3)$; $\varepsilon=1-6\theta+3\theta^2$ は体 K の基本単数（第2章§5 問題4）．証明に際しては次を利用せよ，問題21——数 $\alpha\theta$ に適用——，問題17および問題22，さらにまた体 K における2，3，5の素因子分解．そこでさらにまた，$\xi=u+v\theta+w\theta^2$ とおき，次のように書く

$$\alpha=\alpha_0\xi^3=\Phi+\Psi\theta+\Omega\theta^2,$$

ここで Φ, Ψ, Ω は変数 u, v, w の整係数3次形式．次のことを確かめよ，6個の α_0 の値のおのおのに対して，方程式 $\Omega(u, v, w)=0$ は自明な有理数（3進数でも）解しかもたぬ．

24. a および b を互いに素な自然数で平方因数をもたぬとし，$d=ab^2>1$ とせよ．次を確かめよ，体 $R(\sqrt[3]{d})$ における3の素因子分解は次の形である：

$d \not\equiv \pm1 \pmod{9}$ ならば　$3=\mathfrak{p}^3$;

$d \equiv \pm1 \pmod{9}$ ならば　$3=\mathfrak{p}^2\mathfrak{q}$ $(\mathfrak{p} \neq \mathfrak{q})$.

ヒント． $d\equiv\pm1 \pmod 9$ の場合はノルム $N(\omega-1)$, $N(\omega)$, $N(\omega+1)$ を考えること，ただし

$$\omega=\frac{1}{3}(1+\sigma\sqrt[3]{ab^2}+\tau\sqrt[3]{a^2b}),$$

$$\sigma=\pm1,\ \tau=\pm1,\ \sigma a\equiv\tau b\equiv1 \pmod 3.$$

25． θ を代数的数体 K の原始的整数とし，$\varphi(t)$ をその最小多項式，かつ p を θ の指数に現われない有理素数とせよ．法 p で次の分解が成り立つと仮定する

$$\varphi(t)\equiv\varphi_1(t)^{e_1}\cdots\varphi_m(t)^{e_m} \pmod p,$$

ここで $\varphi_1,\cdots,\varphi_m$ は法 p で既約な相異なる整係数多項式，その次数はそれぞれ $f_1,\cdots,f_m$．次のことを示せ，体 K における p の素因子への分解は

$$p=\mathfrak{p}_1^{e_1}\cdots\mathfrak{p}_m^{e_m}$$

の形をもつ，ただし相異なる素因子 $\mathfrak{p}_1,\cdots,\mathfrak{p}_m$ はそれぞれ次数 $f_1,\cdots,f_m$ をもち，その上 $\varphi_i(\theta)\equiv0 \pmod{\mathfrak{p}_i}$ が各 $i=1,\cdots,m$ について成り立つ．

ヒント． K の各整数は $\mathfrak{p}_i$ を法としてベキ $\theta^s(s\geqslant0)$ の整係数1次結合と合同なることを利用せよ．

26． 有理素数 p が，体 K の原始的整数 θ の指数に現われぬとせよ．次のことを示せ，任意の有理整数 x について $\theta+x$ は，体 K において，p に現われる次数2以上なる素因子では割れない．さらに次のことを示せ，$\theta+x$ は p に現われる次数1なる素因子の相異なる2つの積では割れない．

27． 前問を一般にして次のことを示せ（同じ仮定で），$x_0,\cdots,x_{r-1}$ を任意の有理整数とするとき数 $\theta^r+x_{r-1}\theta^{r-1}+\cdots+x_0$ は積 $\mathfrak{p}_1\cdots\mathfrak{p}_s$ で割れない，ただしこれらは p に現われる相異なる素因子で，$f_1,\cdots,f_s$ はただ1つの条件 $f_1+\cdots+f_s>r$ をみたす．

§8. 2 次 体

本節においては2次体の場合についての因子論を少し詳細に調べよう．素因子の叙述から始める．

1. 素 因 子　各素因子はただ1つの素数の約数だから，どんな代数的数体であろうと素因子を叙述するには，各有理素数がこの体においてどのように素因子の積に分解するかを示せば十分である．§7 等式（3）により2次体の場合（式中 $n=2$），m, f_i, e_i のとる値は次の可能性しかない

1） $m=2,\ f_1=f_2=1,\ e_1=e_2=1;$

2） $m=1,\ f=2,\ e=1;$

3） $m=1,\ f=1,\ e=2.$

これに対応して，2次体では3つの分解型が可能：

1） $p=\mathfrak{p}\mathfrak{p}',\ N(\mathfrak{p})=N(\mathfrak{p}')=p,\ \mathfrak{p}\neq\mathfrak{p}';$

2） $p=\mathfrak{p},\ N(\mathfrak{p})=p^2;$

3） $p=\mathfrak{p}^2,\ N(\mathfrak{p})=p.$

したがって，我々の直面する問題は次のとおり：種々な素数の分解様式が何によって決定されるかを明らかにすること．解答は§5定理8から難なく得られる．

第2章§7，**1** で示したように，各2次体は一意的に $R(\sqrt{d})$ の形に表わされる，ただし d は有理整数で平方因子がない．

初めに奇の素数 p を考えよう．もし p が d に現われないなら，多項式 x^2-d の判別式にも現われない，(この根が我々の体を生成する)．したがって，§5定理8により p の分解様式は，多項式 x^2-d が p を法として可約かどうかによって第1または第2の型になる．この条件はまた，d が p を法として平方剰余となるかどうかに係っている．

もし $p|d$ なら，$d=pd_1$ で p は d_1 を割らない，というのは d は平方因数がないから．等式

$$pd_1=(\sqrt{d}\,)^2,\quad (d_1, p)=1$$

により，p に現われる素因子のすべては p 中に偶数ベキで現われる，がしかしこれが可能なのは第3の型の分解しかない．かくて，奇素数に対して第1，第2，第3の型の分解が生ずるのは条件：

$$1)\ \ p\nmid d, \left(\frac{d}{p}\right)=1;\quad 2)\ \ p\nmid d, \left(\frac{d}{p}\right)=-1;\quad 3)\ \ p|d$$

に従っている．注意として，体 $R(\sqrt{d})$ の判別式 D は d または $4d$（第2章§7 定理1）だから，これらの3条件において d を D に換えてもよい．

$p=2$ の考察が残っている．初めに $2\nmid D$ と仮定しよう．第2章§7定理1に

よりこれは $D=d\equiv 1 \pmod 4$ のとき起こる．明らかに，$R(\sqrt{d})=R(\omega)$，ただし，$\omega=(-1+\sqrt{D})/2$．ω に対する最小多項式は，明らかに

$$x^2+x+\frac{1-D}{4}. \qquad (1)$$

基 1, ω の判別式は奇だから，§5 定理 8 を再び適用して，2 の分解様式は多項式（1）が 2 を法として可約かどうかに従って第 1 または第 2 の型となる．明らかに，多項式 x^2+x+a が 2 を法として可約となるのは，$2|a$ なるとき，またそのときに限る．かくて，$2\nmid D$ のとき 2 に対する分解が第 1 または第 2 の型であるかは，それぞれ条件 $D\equiv 1 \pmod 8$ または $D\equiv 5 \pmod 8$ にしたがう．

さて $2|D$ のときは，$p\neq 2$ のときと同様第 3 の型が起こることを証明しよう．実際，もし $2|d$ なら，$d=2d'$, $2\nmid d'$ かつ等式

$$2d'=(\sqrt{d})^2, \quad 2\nmid d',$$

から奇素数 p に対する場合と同様に，2 に対して第 3 の場合が起こる．もし $2\nmid d$ なら，$d\equiv 3 \pmod 4$（第 2 章 §7 定理 1）であり，等式

$$(1+\sqrt{d})^2=2\alpha$$

中の整数 $\alpha=(1+d)/2+\sqrt{d}$ は 2 と互いに素，何となればそのノルム

$$N(\alpha)=\frac{(1+d)^2}{4}-d=\left(\frac{1-d}{2}\right)^2$$

は 2 で割れないから．したがって，この場合 2 に対して第 3 型の分解を得る．

以上の結果を定式化しよう．

定理 1. 判別式 D をもつ 2 次体において素数 p に対する分解が

$$p=\mathfrak{p}^2, \qquad N(\mathfrak{p})=p,$$

となるのは，p が D の約数なるとき，またそのときに限る．もし奇素数 p が D に現われないならば

$$\left(\frac{D}{p}\right)=1 \quad \text{のとき} \quad p=\mathfrak{p}\mathfrak{p}',\ \mathfrak{p}\neq\mathfrak{p}',\ N(\mathfrak{p})=N(\mathfrak{p}')=p;$$

$$\left(\frac{D}{p}\right)=-1 \quad \text{のとき} \quad p=\mathfrak{p},\ N(\mathfrak{p})=p^2.$$

もし2がDに現われない（すなわち $D\equiv 1 \pmod 4$）なら，

$D\equiv 1 \pmod 8$ のとき $2=\mathfrak{p}\mathfrak{p}'$, $\mathfrak{p}\neq\mathfrak{p}'$, $N(\mathfrak{p})=N(\mathfrak{p}')=2$;

$D\equiv 5 \pmod 8$ のとき $2=\mathfrak{p}$, $N(\mathfrak{p})=4$.

2. 分解法則　定理1によれば奇素数pの分解様式は法pによるDの剰余（または d の）で定まる，詳しくいうと Legendre 記号 $(D/p)=(d/p)$ の値——分母pの関数として——による．これと関連して次の問題が生ずる．分解様式が，どれか一定の法（この体にのみ関係する）によるpの剰余で定まらぬか？この新法則を見出すため，Jacobi 記号の相互法則を利用しよう．

Jacobi 記号 (c/b) は，既知のように，奇数cおよびこれと互いに素な奇の正数bに対して定義される．この記号に対する相互法則は次の通り

$$\left(\frac{c}{b}\right)=(-1)^{\frac{b-1}{2}\cdot\frac{c-1}{2}}\left(\frac{b}{|c|}\right)$$

（$c<0$ に対する証明は容易に正の分子の場合に帰着できる）．

pを任意の奇素数とせよ．もし $d=D\equiv 1 \pmod 4$ なら，

$$\left(\frac{D}{p}\right)=\left(\frac{d}{p}\right)=(-1)^{\frac{p-1}{2}\cdot\frac{d-1}{2}}\left(\frac{p}{|d|}\right)=\left(\frac{p}{|D|}\right), \tag{2}$$

何となれば $(d-1)/2$ は偶．もし $d\equiv 3 \pmod 4$ なら，

$$\left(\frac{D}{p}\right)=\left(\frac{d}{p}\right)=(-1)^{\frac{p-1}{2}\cdot\frac{d-1}{2}}\left(\frac{p}{|d|}\right)=(-1)^{\frac{p-1}{2}}\left(\frac{p}{|d|}\right), \tag{3}$$

何となれば $(d-1)/2$ は奇．最後に，$d=2d'$, $2\nmid d'$ のとき次が成り立つ

$$\left(\frac{D}{p}\right)=\left(\frac{d}{p}\right)=\left(\frac{2}{p}\right)\left(\frac{d'}{p}\right)=(-1)^{\frac{p^2-1}{8}+\frac{p-1}{2}\cdot\frac{d'-1}{2}}\left(\frac{p}{|d'|}\right). \tag{4}$$

Jacobi 記号 $(p/|d|)$ または $(p/|d'|)$ の値は，明らかに，$|d|$ または $|d'|$ を法とするpの剰余のみに関係する．もし $d\equiv 1 \pmod 4$ であって，それゆえ体 $R(\sqrt{d})$ の判別式がdに等しければ，(D/p) は $|d|=|D|$ を法とする p の剰余のみに関係する．もし $d\equiv 3 \pmod 4$，したがって，$D=4d$ なら (D/p) はもはや，$|d|$ を法とする p の剰余だけでなく，$(-1)^{\frac{p-1}{2}}$ にも関係する，すなわち4を法とする p の剰余に関係する；したがって総合すると (D/p) は

$4|d|=|D|$ を法とするpの剰余に係っている．最後に，もし $d=2d'$, $D=4d=8d'$ なら，$(p/|d'|)$ は $|d'|$ を法とするpの剰余に関係し，$(-1)^{\frac{p-1}{2}}$ は4を法とするpの剰余に，$(-1)^{\frac{p^2-1}{8}}$ は8を法とする p の剰余に関係する．したがって，この場合も (D/p) は $8|d'|=|D|$ を法とする p の剰余に係っている．かくて以上により，どの場合も奇素数の分解様式は $|D|$ を法とするその剰余で定まる，それゆえ同じ剰余をもつ素数はすべて——すなわち $a+|D|x$ なる形の算術級数に属する——は同一の分解様式をもつ．この先験的に明らかとはとてもいえない結論こそ，2次体における素数の分解法則の根本的に大切な性質である．

この分解法則の新しい形をさらに，より見易く表現するために，判別式Dと互いに素な整数x上の関数 $\chi(x)$ を考えて次のようにおく

$$\chi(x)=\begin{cases}\left(\dfrac{x}{|d|}\right) & d\equiv 1 \pmod 4 \text{ のとき}, \\ (-1)^{\frac{x-1}{2}}\left(\dfrac{x}{|d|}\right) & d\equiv 3 \pmod 4 \text{ のとき}, \\ (-1)^{\frac{x^2-1}{8}+\frac{x-1}{2}\cdot\frac{d'-1}{2}}\left(\dfrac{x}{|d'|}\right) & d=2d' \text{ のとき},\end{cases} \qquad (5)$$

($d\equiv 2, 3 \pmod 4$ のとき式 $(-1)^{\frac{x-1}{2}}$ および $(-1)^{\frac{x^2-1}{8}}$ は意味がある，というのは判別式 $D=4d$ が偶だからxは奇).

上述の議論において，奇数pについて値 (D/p) が $|D|$ を法とする pの剰余にのみ関係することを示したが，この議論中でpの素数性はどこにも使われていない．それゆえ，同じ議論によって，$\chi(x)$ は $|D|$ を法とするxの剰余のみに関係する．さらに容易に確かめられるように，$(x, D)=1$ かつ $(x', D)=1$ のとき，$\chi(xx')=\chi(x)\chi(x')$．以上により，関数 χ は $|D|$ を法とする剰余類——$|D|$ と互いに素な——の乗法群から $+1$ および -1 のなす位数2の群への準同型であることが示された．この関数は——$|D|$ と互いに素でない数上の値は0であると定義を拡げて——数指標（2次の）とよばれる．

定 義 $|D|$ を法とする数指標 χ ——$|D|$ と互いに素な整数 x 上の値

$\chi(x)$ が（5）で定義されている——は**2次体** $R(\sqrt{d})$ **の指標***)とよばれる．

等式（2）（3）および（4）にもどると次のことがわかる，D に現われない奇素数 p に対する分解は，$\chi(p)$ が $+1$ に等しいか（-1）に等しいかによって第1または第2の型になる．この結果は $p=2$ についても正しいてとがわかるのである．実際，もし $2\nmid D$ なら，$D\equiv 1 \pmod 4$ だから $\chi(2)=(2/|D|)$，これは $D\equiv 1 \pmod 8$ のとき $+1$ となり $D\equiv 5 \pmod 8$ のとき -1 となる．

かくて，2次体における分解法則の新しい定式化を得る．

定理 2. 2次体 $R(\sqrt{d})$ の指標 χ の言葉で述べると，有理素数の素因子への分解は次の条件によって決定される：

$$\chi(p)=1 \quad \text{ならば} \quad p=\mathfrak{p}\mathfrak{p}',\ \mathfrak{p}\neq\mathfrak{p}',\ N(\mathfrak{p})=N(\mathfrak{p}')=p,$$

$$\chi(p)=-1 \quad \text{ならば} \quad p=\mathfrak{p},\ N(\mathfrak{p})=p^2,$$

$$\chi(p)=0 \quad \text{ならば} \quad p=\mathfrak{p}^2,\ N(\mathfrak{p})=p.$$

すべての有理整数は指標 χ の値によって3つのグループに分かれ，そのおのおのは $|D|$ を法とするいくつかの剰余類からなる．定理2によると，分解様式は素数 p がどのグループに属するかによる．

このような分解法則——2次体と同様に，分解様式が一定の法による素数 p の剰余によってのみ定まるという——はある他の体でも起こる．たとえば，円分体がそうである（参照：第5章 §2, **2**）．しかしながら，すべての代数的数体が同様な分解法則をもつというにはあまりにもかけはなれている．代数的数体の分解法則を知ることは多くの整数論的問題を解く可能性を与える（参照：たとえば次項と第5章 §2）のであるから，どのような体で上記のような簡単な分解法則が成り立つかを知るのも興味がある．この問題の答えは類体論が与える．それによれば，このような体は有理数体上の正規拡大で，その Galois 群が Abel 的なものである．もちろん2次体はこの仲間入りする，Galois 群として位数 2の巡回群をもつのだから．最も簡単な非 Abel 的な例は 3次体のう

*) いわゆる Kronecker の記号と同じ．

ち，その判別式が完全平方でなければよい，たとえば体 $R(\theta)$，ただし $\theta^3-\theta-1=0$．したがって，この体に対しては次のことはだめである．適当な M を求めて，素数 p の素因子への分解様式が M を法とする p の剰余のみによるというようなこと．

ところで，類体論は我々がいままで出会ったのよりもずっと広い一般的な問題を解決する．この理論は代数的数体 k に属する素因子の，ある拡大 K/k——もしこの拡大の Galois 群が Abel 的であれば——における因数分解法則を叙述する（上述のものは $k=R$ というごく特殊な場合であった）．類体論は整数論的応用を沢山もっている．たとえば第1章の，有理数を係数とする2次形式に関する諸定理で証明されたことがらを代数的数体の数を係数とする2次形式に移すことができ，またより深い観点から種の理論——**4** で述べる——を解釈することができ，また与えられた因子類中に素因子が存在するという定理を証明することが可能となる，等々．類体論については次の書を読んで頂きたい：

H. Hasse, Bericht über neuere Untersuchungen und Probleme aus der Theorie der algebraischen Zahlkörper, *Jahresbericht d. Deutschen Mathematiker Vereinigung*. Teil I (Klassenkörper theorie): 1926, **35**, 1–55; Teil Ia (Beweise zu Teil I): 1927, **36**, 233–311; Teil II (Reziprozitätsgesetz): 1930, Ergänzungsband **6**, 1–204.

C. Chevalley, Sur la théorie du corps de classes dans les corps finis et les corps locaux, *J. Fac. Sci. Imp. Univ. Tokyo*, 1933, **2**, No. 9, 366–476.

E. Artin, J. Tate, "Class Field Theory", Princeton, 1961.

少なからぬ整数論的問題が類体論の限界を越えた問題——非 Abel 的な拡大における，素数の分解法則——に帰着する．この法則についてはいまのところごくわずかしか知られていない．

3.　2元2次形式による数の表現　第2章 §7，**5** でわかったように，原始2元2次形式の真性同値類と2次体の加群の狭義相似類との間に1対1対応が存在する（$D<0$ の場合には正定符号の形式のみ考える）．他方において§6定理6によれば，極大整環に属する完全加群（すなわち体に属するイデアル）は因子と1対1に対応する．それゆえ自然な期待として，2次体における因子論は原始2次形式——その判別式は体の判別式と一致する——の理論とある一定の関係をもつと考えられる．

形式の類と加群の類との間の関係を因子にまで拡張するためには，明らかに，因子の同値性概念を少し変更しなければならない．

定 義 2次体 $R(\sqrt{d})$ の2因子 $\mathfrak{a}$ と $\mathfrak{b}$ とが**狭義に同値**とは，$R(\sqrt{d})$ に適当な数 $\alpha\neq 0$ が存在して，$N(\alpha)>0$ かつ $\mathfrak{a}=\mathfrak{b}(\alpha)$ となることである．

虚2次体においては零でない数のノルムはすべて正であるから，因子の狭義の同値性は普通の（定義は§7，**2**）と一致する．加群に対する考察（第2章§7，**5**）と同様にして，実の $R(\sqrt{d})$ において因子の新しい同値概念が古いのと一致するのは，基本単数 ε——体 $R(\sqrt{d})$ の——のノルムが -1 に等しいとき，またそのときに限る．もし $N(\varepsilon)=+1$ ならば，普通の同値による各因子類はちょうど2つずつの狭義同値類に分かれる．かくて，狭義の因子類数 $\bar{h}$ も有限である．そしていま述べたように普通の意味の因子類数 h と次式によって関係づけられる：

$$
\begin{array}{lll}
d<0 \quad \text{のとき} & & \bar{h}=h; \\
d>0,\ N(\varepsilon)=-1 & \text{のとき} & \bar{h}=h; \\
d>0,\ N(\varepsilon)=+1 & \text{のとき} & \bar{h}=2h.
\end{array}
$$

第2章 §7 定理4を加群——判別式 D をもつ体 $R(\sqrt{d})$ の極大整環に属する—— に適用すると次のように言い換えられる：2次体 $R(\sqrt{d})$ の狭義因子類は判別式 D の原始2元2次形式の真性同値類と1対1に対応する（$D<0$ のときは正定符号）．

試みに，**1** および **2** の結果を2元2次形式による数の表現問題に応用してみよう．

第2章 §7 定理6によると自然数 a が判別式 D なる形式のどれかで表現され

るのは，体 $R(\sqrt{d})$ にノルム a なる整因子が存在するとき，またそのときに限る（我々はすでに，因子のノルムはそれに対応する加群のノルムと一致することを知っている）．ところで，整因子のノルムはすべて定理2によって特徴づけられ得る．実際，この定理によって素因子 $\mathfrak{p}$ のノルム $N(\mathfrak{p})$ は，$\chi(p)=0$ または $\chi(p)=1$ のとき，素数 p に等しく，また $\chi(p)=-1$ のとき，素数の平方に等しい．したがって，体 $R(\sqrt{d})$ の整因子 $\mathfrak{a}=\prod_{\mathfrak{p}}\mathfrak{p}^{a(\mathfrak{p})}$ のノルム $N(\mathfrak{a})$ の形に a が表わされるのは，$\chi(p)=-1$ となるような素数 p がすべて a の中に偶数ベキで現われるとき，またそのときに限る．

もし Hilbert 記号*)——その定義は第1章 §6, **3** で与えた——を用いるならば，いま見出した条件に，いくらか変った形を与えることができる．D に現われない素数 p に対して $(a, D|p)$ を計算してみよう．$a=p^kb$ とせよ，ただし b は p で割れない．Hilbert 記号の性質により次が成り立つ：

$p\neq 2,\ p\nmid D$ のとき

$$\left(\frac{a, D}{p}\right)=\left(\frac{b, D}{p}\right)\left(\frac{D}{p}\right)^k=\left(\frac{D}{p}\right)^k=\chi(p)^k$$

$p=2,\ 2\nmid D$ のとき

$$\left(\frac{a, D}{2}\right)=(-1)^{\frac{b-1}{2}\cdot\frac{D-1}{2}+k\frac{D^2-1}{8}}=(-1)^{k\frac{D^2-1}{8}}=\chi(2)^k$$

（$p=2,\ 2\nmid D$ の場合，合同式 $D\equiv 1 \pmod 4$ を考慮すべきである）．これらの式は次定理の第2の部分を証明している．

定理 3. 自然数 a が判別式 D なる2元2次形式のどれかで表わされるための必要十分条件は，a が $\chi(p)=-1$ なる素数を奇数ベキで含まぬことである．このためには次がまた必要十分である．

$$\text{すべての } p\nmid D \text{ に対して}\qquad \left(\frac{a, D}{p}\right)=+1.$$

整数 a と ab^2 とは判別式 D なる形式によって，同時に表現されるかまたは同時に表現されないかであるから，a を考えるとき，平方因子を含まぬものに限ってよい．

---

*) 文中では便宜上 $(a,\ b|\ p)$ により $\left(\frac{a, b}{p}\right)$ を代用する．

もし $p\neq 2$, $p\nmid D$ かつ $p\nmid a$ ならば，既知のように $(a,D|p)=+1$. したがって，定理3は自然数 a にただ有限個の条件を課するだけであり，しかもこの条件には $|D|$ を法とする a の素因数の剰余だけが関係する（a は平方因数がない).

定理3は第2章 §7 定理7から容易に導き得たかも知れない．我々が証明を定理2に基づいて行なったのは，判別式 D をもつ形式による数の表現問題と因数分解問題——対応する2次体においての——との関連に注目したかったからである.

以上の結果は，しかしながら，我々が得たいと欲したものすべてを与えてくれるわけではない．実際，我々にとって望ましいのは数 a が与えられた真性同値類に属する形式によって表現されるかどうかの判別法を得ることであろう．しかるに定理3は a がどれかの類に属する形式によって表わされる条件を与えている．これと関連して次の問題が生ずる．形式の類を互いに交わらないグループにうまく分けて（できるかぎり細かく)，任意の a に対してこの a を表わす形式すべてが（もちろん，もし存在すればだが）ある一定のグループに含まれるようにできないだろうか？形式の類をこのようにグループ分けすることは Gauss によって見出された．それは2次形式の有理同値性を考察することと関連している.

定　義　与えられた判別式 D をもつ2つの原始2元2次形式が同一の種に属するとは，それらが有理的に同値なことである.

整数的に同値な形式は当然有理的にも同値だから，同一の類に属する形式は同じ種に入る．かくて，各種はいくつかの類の合併である．これによって，特に，形式の種の個数（与えられた判別式 D の）は有限個.

第1章 §7, **5** において，非退化有理係数の2元2次形式 f に対して不変数 $e_p(f)$ が導入された，ただし p は素数または記号 ∞ である．いまの場合判別式 D の原始形式 f の行列式は $-(1/4)D$ に等しいから

$$e_p(f)=\left(\frac{a,D}{p}\right),$$

ただし $a\neq 0$ は形式 f によって有理的に表わされる任意の数．

G をどれかの種（形式の）とせよ．G に属する形式はすべて同一の不変数をもつから，次のように置いてよい

$$e_p(G)=e_p(f),$$

ただし f は種 G に属する任意の形式．

a を零と異なる数で，形式 f によって表わされるとせよ．定理3の第2の主張により，$e_p(f)=(a,D|p)=1$ がすべての素数 p ——D を割らぬ——について成り立つ．さらに $e_\infty(f)=1$ である．何となれば $D<0$ ならば正定符号の形式だけ考えるのだから．したがって，判別式 D の形式の任意の種 G に対して次が成り立つ

$$e_p(G)=1 \qquad p\nmid D \text{ および } p=\infty \text{ について．} \tag{6}$$

かくて各種 G は，p が判別式 D の素因数すべてを動くとき，不変数 $e_p(G)$ によって一意的に定まる*)．

1つの数が，ある固定された種 G の形式によって表わされる条件は次の形に定式化し得る．

定 理 4. 整数 $a>0$ が種 G に属するある形式によって整数的に表わされるための必要十分条件は，すべての p について次の等式がみたされることである

$$\left(\frac{a,D}{p}\right)=e_p(G).$$

証 明 条件の必要性は明らか．もしある a に対して $(a,D|p)=e_p(G)$ がすべての p について成り立つとすると，(6) からすべての $p\nmid D$ について $(a,D|p)=1$．だがそうなると定理3により数 a はある形式 f ——その判別式は D ——によって表わされる．しかるに $e_p(f)=(a,D|p)=e_p(G)$ だから，f は種 G に属する，よって定理4は証明された．

定理4の主張は次の関係で興味をそそる，すなわち a が種 G に属するある形

*) 第1章 §7 定理3参照．

式によって表わされることを，同定理は $|D|$ を法とする a の剰余によって特徴づけている（ただし一般に a は判別式 D をもつどれかの形式によって表わされるという条件がつく，このことはまたすべての素数 $p\nmid D$ について $(a, D|p)=1$ という条件と同じ）．実際，$p|D$ に対する $(a, D|p)$ の値はすべて $|D|$ を法とする a の剰余にのみ関係する．もしも形式を種に分類するのが類への分割と一致するなら，（すなわち各種がただ1つの類のみから成り立つなら），定理4は，したがって，2元2次形式による数表現問題への理想的解答を与えてくれる．

一般の場合には，この結果をよくすることは不可能である．詳しくいうと，どんな判別式 D（極大整環の）をとっても，またこの判別式をもつ形式の同値類のどんな集合を考えようとも，もしもこの集合がきっかりいくつかの種から成り立っているのでなければ，次のような法 m は存在しない：すなわちある数の，この集合に属するどれかの形式による表現可能性が m を法とするこの数の剰余にのみ関係するということ．特に，種が2つ以上の類を含めば，ある法による剰余の言葉で，類による数の表現可能性の特徴づけは存在しない．この事実の証明は類体論からでるのであるが，（もし素数に制限するならば）次のことに基づいている．素数がある集合に属する形式によって表現できるかどうかは，ある体 L においてこの素数がどのような素因子への分解様式をもつかによって解明される．この体 L が有理数体上 Abel 的な Galois 群をもつのは，この集合がいくつかの種から成り立っているときのみである（これに関して H. Hasse の研究をみよ：Zur Geschlechtertheorie in quadratischen Zahlkörpern, *J. Math. Soc. Japan* **3**, No. 1, 1951, 45–51）．

さて種の個数を計算する問題にとりかかろう．$p_1, \cdots, p_t$ を判別式 D の互いに異なる素因数すべてとせよ．(6)により各種は一意的に不変数系 $e_i=e_{p_i}(G)$ で定まる．これらの不変数は任意ではあり得ない，というわけは形式 $f\in G$ および f によって表わされる数 $a\neq 0$ をとったときに，次が成り立つ（第1章§7 (17) 式）

$$e_1\cdots e_t=\prod_p e_p(G)=\prod_p\left(\frac{a,D}{p}\right)=1$$

(積中の p はすべての素数および記号 ∞ にわたる).

次のことを示そう，上に得られた関係

$$e_1\cdots e_t=1 \tag{7}$$

——不変数 $e_i=\pm 1$ の間の——は必要条件であるばかりでなく十分条件——これらの数がどれか G の種の不変数となるための——でもある.

k_i によって p_i が D 中に現われるベキ指数を表わそう (k_i はすべての $p_i\neq 2$ に対して1に等しく，$p_i=2$ に対しては2または3に等しい). 各 $i=1,\cdots,t$ に対して p_i で割れない整数 a_i を選び $(a_i,D|p_i)=e_i$ ならしめておく，それから整数 a を次の連立合同式から定める

$$a\equiv a_i \pmod{p_i^{k_i}} \qquad (1\leqslant i\leqslant t).$$

この合同式をみたす任意の a に対して次式が成り立つ (Hilbert 記号の性質による)

$$\left(\frac{a,D}{p_i}\right)=\left(\frac{a_i,D}{p_i}\right)=e_i.$$

さて焦眉の問題は，上記のような a のうちでさらに条件：すべての $p\nmid D$ について $(a,D|p)=1$ を満たすものを見出すことである．このため Dirichlet 定理——算術級数中の素数に関する——を利用する (参照：第5章 §3). すべての a は D と素でかつまた $|D|=\prod p_i^{k_i}$ を法とする1つの剰余類をなすから Dirichlet 定理により奇素数 q がそのなかにある．その q に対して次が成り立つ：

$$\left(\frac{q,D}{p_i}\right)=\left(\frac{a,D}{p_i}\right)=e_i;$$

$$p\nmid D,\ p\neq 2 \text{ かつ } p\neq q \text{ のとき } \left(\frac{q,D}{p}\right)=1;$$

$$2\nmid D \text{ のとき } \left(\frac{q,D}{2}\right)=(-1)^{\frac{q-1}{2}\cdot\frac{D-1}{2}}=1.$$

したがって関係式 $\prod_p(q,D|p)=1$ より，等式 $e_1\cdots e_t(q,D|q)=1$ を得るが，(7) により $(q,D|q)$ もまた1に等しいことがでる.

かくて，適当な自然数 a（素でもある）が存在して次が成り立つ

$$\left(\frac{a, D}{p_i}\right)=e_i \ (1\leqslant i\leqslant t), \text{ かつ } p\nmid D \text{ につき } \left(\frac{a, D}{p}\right)=1.$$

定理 3 により a は，ある形式 f——判別式 D——によって表わされる．この形式が種 G に属するとするとき

$$e_{p_i}(G)=\left(\frac{a, D}{p_i}\right)=e_i \qquad (1\leqslant i\leqslant t).$$

以上によって，あらかじめ与えられた不変数系（もちろん関係（7）をみたす）をもつような種の存在について我々の主張したことが証明された．条件（7）をみたす不変数の値 $e_i=\pm 1$ の可能な組はちょうど 2^{t-1} 個あるから，したがって，判別式 D なる形式の種の全個数もまた 2^{t-1} に等しい．以上の結果を定式化しよう．

定理 5. $p_1, \cdots, p_t$ を，2次体 $R(\sqrt{d})$ の判別式 D に現われる相異なる素数のすべてとせよ．任意の数値系 $e_i=\pm 1$ $(1\leqslant i\leqslant t)$ で条件 $e_1\cdots e_t=1$ をみたすものに対して，判別式 D をもつ形式の種 G のうちに，$e_{p_i}(G)=e_i$ をみたすものが存在する．判別式 D をもつ形式の種の全個数は 2^{t-1} に等しい．

注 意 1. 本項においては，形式の判別式が極大整環の判別式 D と一致するときに種の理論を展開したのであるが，これは判別式 Df^2 をもつ形式に対しても拡張できる．

注 意 2. もしおのおのの種——負の判別式 Df^2 をもつ形式の——がただ1つの類から成るならば，f と互いに素な整数を，判別式 Df^2 なる一定の形式によって表わすときの個数について簡単な公式を示すことができる（参照：問題18）．単類の種をもつ判別式 $Df^2<0$ のうち既知の値を巻末の表に載せてある．この表がすべての値——形式の種が単類から成るような負の判別式の値——を尽くすかどうかは現在のところ未解決である．証明されているのはただ，このような判別式が有限個しかないということである．上記の表のうち偶数の Df^2 については，すでに Euler により $-Df^2/4$ として見出され，彼に

より**好適な数**と名づけられた．Euler はこの好適な数を利用して，大きな素数を探したが，それは次の性質に基づいている：もし互いに素な自然数 a および b の積 ab が好適な数の１つに等しく，またもし形式 ax^2+by^2 が数 q を本質的にただ１通りの方法で表わす（互いに素な x と y とについて）ならば，この q は素である（参照：問題19）．たとえば，差 $3049-120y^2$ は $y=5$ のときのみ平方であり，すなわち 3049 は形式 x^2+120y^2 によって一意的に表わされる：$3049=7^2+120\cdot 5^2$，よってこれは素数である．この方法で Euler は当時の大素数が素であることを確立するのに多くの成功をおさめた．明らかに，好適な数が大きければ大きいほど，表現の一意性を解明する試算は少なくてすむ．

4. 因子の種　前項**3**における，形式の種についての結果から，因子類群（狭義）の構造についてある結論を下すことができる．このため種の定義を因子に移してみよう．

§6 定理６により各因子 $\mathfrak{a}$（整または分数）には１対１にイデアル $\bar{\mathfrak{a}}$——体の数のうち，$\mathfrak{a}$ で割れるもの全体からなる——が対応する．２次体の場合には，加群 $\bar{\mathfrak{a}}$ の基 $\{\alpha, \beta\}$ のうち，第２章 §7 (10) の条件をみたすおのおのに原始形式

$$f(x, y)=\frac{N(\alpha x+\beta y)}{N(\mathfrak{a})} \qquad (8)$$

が対応する．加群 $\bar{\mathfrak{a}}$ の他の基（これも同じく第２章 §7 (10) の条件をみたす）に移れば，形式 f はそれと真性同値な形式に替る．等式（８）は，それゆえ，因子 $\mathfrak{a}$ に形式の真性同値類をまるまる１つ対応させる．この対応こそ狭義の因子類と判別式 D をもつ形式の真性同値類との間の１対１対応を確立するものであるが，これについてはすでに**3**の初頭で述べてある．

定　義　2次体の２つの因子が同一の種に属するとは，それに対応する両形式が形式の同一種に含まれることである（すなわち有理的同値）．

狭義において互いに同値な因子には同じ形式類が対応するから，因子の種はそれぞれいくつかの因子類（狭義）の合併である．

形式の種Gに対応する，因子の種を同じ文字Gで表わすことにしよう．因子の種 G の不変数 $e_p(G)$ とは対応する形式の同じ不変数であると解する．不変数 $e_p(G)$ に対して次式が成り立つ

$$e_p(G)=\left(\frac{N(\mathfrak{a}),D}{p}\right), \tag{9}$$

ただし $\mathfrak{a}$ は種 G に属する任意の因子．実際，不変数の定義により $e_p(G)=(a,D|p)$，ここでaは零でない有理数であって，（8）の形の形式 $f(x,y)$——因子 $\mathfrak{a}$ に対応する——により表わされるものである．しかるに形式 $N(\alpha x+\beta y)$ はすべての有理数の平方を表わすから，特に $N(\mathfrak{a})^2$ も表わす．したがって，$f(x,y)$ は $N(\mathfrak{a})$ を表わすが，これはすなわち（9）式を証明する．

諸不変数がすべて1であるような種 G_0（因子の）は主種とよばれる．主種に属する各因子 $\mathfrak{a}$ はすべての p について $(N(\mathfrak{a}),D|p)=1$ であるという条件により特徴づけられる．このことから，主種は因子の乗法に関して群——全因子群の部分群——をなす．さらにまた明らかに，因子の任意の種 G は部分群 G_0 に関する剰余類 $\mathfrak{a}G_0$ である．ただし $\mathfrak{a}$ は種 G に属する任意の因子．ところが，部分群 G_0 に関する剰余類全体は自然な定義で群——部分群 G_0 に関する全因子群の商群——をなす．したがって，種全体を群と考えることができる．これは種群とよばれる．定理5によれば種群の位数は 2^{t-1} に等しい，ここに t は判別式Dの相異なる素因数の個数である．

因子の種の特徴づけを因子自身の（2次形式を頼りとしない）言葉で与えよう．

定 理 6. 2次体の2因子 $\mathfrak{a}$ および $\mathfrak{a}_1$ が同一の種に属するのは，この体にノルムが正なる適当な数γが存在して

$$N(\mathfrak{a}_1)=N(\mathfrak{a})N(\gamma)$$

なるとき，またそのときに限る．

証 明 イデアル $\bar{\mathfrak{a}}$ および $\bar{\mathfrak{a}}_1$ に基 $\{\alpha,\beta\}$ および $\{\alpha_1,\beta_1\}$ を選び第2章§7 条件（10）を満たすようにしておく．すると両因子 $\mathfrak{a}$ および $\mathfrak{a}_1$ には次の形式が対応する

$$f(x,y)=\frac{N(\alpha x+\beta y)}{N(\mathfrak{a})},\quad f_1(x,y)=\frac{N(\alpha_1 x+\beta_1 y)}{N(\mathfrak{a}_1)}.$$

補足 §1 定理11により両形式 f および f_1 が有理的に同値となるのは，1つの有理数 $\neq 0$ が同時に両形式によって表わされるとき，またそのときに限る，すなわち

$$\frac{N(\xi)}{N(\mathfrak{a})}=\frac{N(\xi_1)}{N(\mathfrak{a}_1)}\qquad(\xi,\xi_1\neq 0)$$

が成り立つとき．この式から容易に定理の主張がでる．

主種に属する因子に対して，次の重要な特徴づけがある．

定 理 7. 因子 $\mathfrak{a}$ が主種に属するのは，それが平方因子に狭義で同値なるとき，またそのときに限る．

証 明 因子 $\mathfrak{a}$ が主種に属するとせよ．単位因子は主種に属するから，定理6により適当な数 γ が存在して，$N(\mathfrak{a})=N(\gamma)$ となる．$\mathfrak{a}$ をそれと同値な因子 $\mathfrak{a}(\gamma^{-1})$ で置き換えれば，$N(\mathfrak{a})=1$ としてよい．どのような条件があればこの等式が成り立つかを解明するため，因子 $\mathfrak{a}$ を素因子分解する．この際，素因子 $\mathfrak{p}_i$ のうち，異なる素因子 $\mathfrak{p}_i'$ がこれと同じノルムをもつようなもの（**1** の言葉では分解の第1様式）を選出して，他の残りの素因子 $\mathfrak{q}_j$ と区別する：

$$\mathfrak{a}=\prod_i \mathfrak{p}_i^{a_i}\mathfrak{p}_i'^{b_i}\prod_j \mathfrak{q}_j^{c_j}.$$

さて $N(\mathfrak{p}_i)=N(\mathfrak{p}_i')=p_i$ かつ $N(\mathfrak{q}_j)=q_j^{r_j}$（ただし r_j は2か1に等しい）だから，$N(\mathfrak{a})=1$ という条件から

$$\prod_i p_i^{a_i+b_i}\prod_j q_j^{r_jc_j}=1.$$

素数 p_i と q_j とは互いに異なる，それゆえ $b_i=-a_i$ かつ $c_j=0$ である．すなわち

$$\mathfrak{a}=\prod_i \mathfrak{p}_i^{a_i}\mathfrak{p}_i'^{-a_i}.$$

ところが $\mathfrak{p}_i\mathfrak{p}_i'=p_i$ だから，$\mathfrak{p}_i'^{-1}\sim\mathfrak{p}_i$，よって

$$\mathfrak{a}\sim(\prod_i \mathfrak{p}_i^{a_i})^2$$

（上式で記号 $\sim$ は因子についての狭義の同値を意味する）．

逆にもし $\mathfrak{a}\sim\mathfrak{b}^2$ すなわち $\mathfrak{a}=\mathfrak{b}^2(\alpha)$, $N(\alpha)>0$ ならば, $N(\mathfrak{a})=N(\beta)$ ただし $\beta=N(\mathfrak{b})\alpha$, すなわち $\mathfrak{a}$ は定理6により主種に属する.

定理7は証明された.

さて狭義の因子類群 $\mathfrak{C}$ を考えよう. もし各種 $C\in\mathfrak{C}$ に, この類が含まれる種を対応させるならば, 因子類群 $\mathfrak{C}$ から種群の上への準同型を得る. この核は主種 G_0 に含まれる類全体である. 定理7により類 C' が主種に含まれるのは, $\mathfrak{C}$ に属するある類の平方なるとき, またそのときに限る. かくて類群 $\mathfrak{C}$ から種群の上への準同型の核は部分群 $\mathfrak{C}^2$——類 $C\in\mathfrak{C}$ の平方 C^2 からなる——である. 群論における準同型定理を利用しかつ, 種群は位数が 2^{t-1} であることを思い出せば, 次の結果に到達する.

定 理 8. 商群 $\mathfrak{C}/\mathfrak{C}^2$——狭義の因子類群 $\mathfrak{C}$ の, 平方類からなる部分群に関する商群——は位数 2^{t-1} をもつ, ただし t は2次体の判別式 D の異なる素因数の個数.

定理8の意義は, これが我々に群 $\mathfrak{C}$ の構造に関する情報をいくつか教えてくれることにある. 補足 §5 定理1によれば群 $\mathfrak{C}$ は巡回群の直積に分解される. 定理8から容易に, この部分群のうちちょうど $t-1$ 個だけが偶位数をもつ. 特に, 次の結果を得る.

系 2次体の因子類の個数（狭義の）が奇となるのは, その判別式がただ1つの素数を含むとき, またそのときに限る.

このような体は $R(\sqrt{-1})$, $R(\sqrt{2})$, $R(\sqrt{-2})$, $R(\sqrt{p})$, ただし p は $4n+1$ の形の素数, および $R(\sqrt{-q})$, ただし q は $4n+3$ の形の素数, である.

ここに紹介した事実は, 因子類群の構造についてのごく数少ない成果の一部である.

問　　題

1. 次のことを示せ，判別式Dをもつ2次体の指標 χ は Hilbert 記号の言葉で次式のように表わされる

$$\chi(a)=\prod_{p|D}\left(\frac{a,D}{p}\right),\quad (a, D)=1.$$

2. 次のことを示せ，2次体において判別式 D と互いに素なすべての整数 γ に対して，合同式

$$x^2\equiv N(\gamma)\pmod{|D|}$$

はつねに可解である．(訳註．$\gamma=\sqrt{2}+1$ のときは不成立．)

3. 2次体において，判別式Dを法とする剰余類のうち，Dと互いに素な整数のノルムに合同な数からなるものは，D と互いに素な数からなる剰余類の群 G の部分群 H をなす．次のことを示せ，指数 $(G:H)$ は 2^t に等しい——ただし t は判別式 D の異なる素因数の個数．(訳註．高木〔1〕でいうノルム剰余．)

4. 2次体において，$|D|$ を法とする剰余類のうち，D と互いに素な整因子のノルムと合同なるもののなす群を H^* で表わす．$(G: H^*)=2$ を証明せよ．

5. 次のことを示せ，判別式 D をもつ2次体においてノルムが正なる任意の数 γ に対して次が成り立つ，すべてのpについて

$$\left(\frac{N(\gamma), D}{p}\right)=1.$$

6. 次のことを示せ，D と互いに素な整イデアル $\mathfrak{a}$ および $\mathfrak{b}$ が同一の種に属するのは，ある整数 γ について合同式

$$N(\mathfrak{a})\equiv N(\gamma)N(\mathfrak{b})\pmod{|D|}$$

が成り立つとき，またそのときに限る．

7. 次を示せ，実2次体において，その判別式がただ1つの素数を含むならば，基本単数のノルムは -1 に等しい．

8. 次を示せ，2次体 $R(\sqrt{d})$ の恒等的でない自己同型 $\sigma:\alpha\to\alpha^\sigma$ は因子群上に自己同型 $\sigma:\mathfrak{a}\to\mathfrak{a}^\sigma$——ただし σ はすべての $\alpha\neq0$ について $(\alpha^\sigma)=(\alpha)^\sigma$ をみたす——を一意的に定義する．素因子上でこの自己同型 σ がどのように作用するかを明らかにせよ．

9. 問題8で定義された自己同型 σ は自然に因子類群 $\mathfrak{C}$ (狭義) 上に自己同型 $\sigma: C\to C^\sigma$ を誘導する．すなわち $\mathfrak{a}\in C$ なるとき，C^σ は $\mathfrak{a}^\sigma$ を含む類である．類 C は，もし $C^\sigma=C$ ならば，**アンビグ類**とよばれる．次のことを示せ，C がアンビグ類となるのは C^2 が主類なるとき，またそのときに限る．(訳註．高木〔1〕では両面類．数学辞典ではアンビグ類または特異類．原語を直訳すると不変類．)

10. 次のことを示せ，因子類群 $\mathfrak{C}$ (狭義) の部分群で，アンビグ類からなるものは位数 2^{t-1} をもつ (t は判別式中の異なる素因数の個数).

11. 次のことを示せ，2次体において $N(\beta)=1$ ならば，適当な α が存在して次が成り立つ

$$N(\alpha)>0,\ \beta=\pm\frac{\alpha^\sigma}{\alpha}.$$

12. 次のことを示せ，各アンビグ類 C に適当な因子 $\mathfrak{a}$ が存在して，$\mathfrak{a}^\sigma=\mathfrak{a}$ となる.

13. $\mathfrak{p}_1,\cdots,\mathfrak{p}_t$ は判別式 D を割る相異なる素因子とせよ．次のことを示せ，各アンビグ類 C にはちょうど2つだけ次の形の代表がある

$$\mathfrak{p}_{i_1}\cdots\mathfrak{p}_{i_k},\ 1\leqslant i_1<\cdots<i_k\leqslant t\quad (k=0,1,\cdots,t).$$

14. アンビグ類で，かつ主種に含まれるもののなす部分群は，明らかに，位数2なる巡回群の直積に分解する．この直積因子となっている巡回群の個数は因子類群 $\mathfrak{C}$ (狭義) の不変数のうち，4で割れるものの個数に等しい (有限 Abel 群の不変数の定義に関しては補足 §5, **1** 参照)，を証明せよ.

15. 次を示せ，判別式 D の正約数 r のうち，平方因数がなくかつ条件

$$\text{すべての } p \text{ について}\qquad \left(\frac{r,D}{p}\right)=1$$

をみたすものの個数は 2^u の形である．さらに次を示せ，因子類群 $\mathfrak{C}$ の不変数のうち，4で割れるものの個数は $u-1$ に等しい.

16. m を自然数で f と互いに素とせよ，ただし f は2次体 $R(\sqrt{d}\,)$ の極大整環における整環 $\mathfrak{O}_f$ の指数である．次のことを示せ，$R(\sqrt{d}\,)$ において乗数環 $\mathfrak{O}_f$ をもち，かつそれに含まれる加群 M でノルム m をもつものの個数は体 $R(\sqrt{d}\,)$ の整因子でノルム m をもつものの個数に等しい.

17. 次のことを示せ，2次体 $R(\sqrt{d}\,)$ の整因子でノルム m をもつものの個数は次に等しい

$$\sum_{r|m}\chi(r),$$

ただし χ は体 $R(\sqrt{d}\,)$ の指標，r は自然数 m の約数すべてを動く.

18. $g_1(x,y),\cdots,g_s(x,y)$ を正定符号原始2次形式で判別式 $Df^2<0$ をもち互いに同値でないものの完全系とせよ (D は体 $R(\sqrt{d}\,)$ に属する極大整環の判別式)，さらにまた m を f と互いに素な自然数とせよ．次のことを示せ，これらすべての形式 $g_1,\cdots,g_s$ によって m が表わされる個数 N に対して次式が成り立つ

$$N=\chi\sum_{r|m}\chi(r),$$

ここで

$$\chi=\begin{cases}6 & D=-3,\ f=1\ \text{のとき};\\ 4 & D=-4,\ f=1\ \text{のとき};\\ 2 & Df^2<-4\ \text{のとき}.\end{cases}$$

（訳注．さらに次問のような条件があると，この N は1つの形式 g によって m が表わされる個数となる，本文**3**の末尾の注意2参照.）

19.　$g(x,y)$ を判別式 $Df^2<-4$ の正定符号形式とし，q を Df^2 と互いに素な自然数とせよ．仮定として，判別式 Df^2 なる形式のおのおのの種が単一の類から成るとする．次のことを示せ，もし方程式 $g(x,y)=q$ がちょうど4個の解——互いに素な整数 x および y による——をもつならば，q は素数である．

20.　第2章§7問題11の記号で次のことを示せ，2次体の整環 $\mathfrak{O}_f$ に属する加群の相似類（普通の意味で）の個数 h_f に対して次式が成り立つ

$$h_f=h\frac{f}{e_f}\prod_{p|f}\left(1-\frac{\chi(p)}{p}\right),$$

ここで χ は2次体の指標（p は f の素因数すべてを動く）．

21.　次のことを示せ，素数が形式 x^2+3y^2 によって表わされるのは，それが $3n+1$ の形をもつとき，またそのときに限る．

22.　次を示せ，形式 x^2-5y^2 は $10n\pm1$ の形の素数すべてを表わし，$10n\pm3$ の形の素数は表わさない．

23.　次を示せ，自然数 m が形式 x^2+2y^2 によって——ただし x と y とは互いに素——表わされるのは，m が次の形

$$m=2^\alpha p_1^{\alpha_1}\cdots p_r^{\alpha_r}$$

をもつとき，またそのときに限る，ただし $\alpha=0$ または1，さらに奇素数 p_i は $8n+1$ または $8n+3$ の形をもつ．

24.　2次体（虚でも実でも）のうちに，いくらでも大なる類数をもつものが存在することを証明せよ．

25.　$p_1,\cdots,p_s$ を2次体 $R(\sqrt{d})$ の判別式 D 中に現われる相異なる素数のすべてとせよ．等式

$$\left(\frac{p_i,D}{p_j}\right)=(-1)^{a_{ij}}\quad(1\leqq i,j\leqq s)$$

は行列式 (a_{ij}) を定義する——ただし a_{ij} は2を法とする剰余体の元．この行列の階数を ρ で表わす（体 $GF(2)$ における階数）．次のことを示せ，体 $R(\sqrt{d})$ の因子類群（狭義）の不変数のうち，4で割れるものは $s-\rho-1$ 個ある．

26.　p および q を素数とし，さらに $p\neq2$ かつ $q\not\equiv p \pmod 4$ であるとする．次のことを示せ，体 $R(\sqrt{-pq})$ の因子類数が4で割れるのは，$(q/p)=1$ のとき，またそのときに限る．

27.　$p_1,\cdots,p_s$ を $4n+1$ の形の相異なる素数で，かつまた $d=p_1\cdots p_s\equiv1 \pmod 8$ とせよ．次のことを示せ，体 $R(\sqrt{-d})$ に属する因子の種のおのおのは偶数個の類から成る．

28. $R(\sqrt{d})$ を実2次体で，その判別式には $4n+3$ なる形の素因数がなく，ε を体 $R(\sqrt{d})$ の基本単数とせよ．次のことを示せ，もし体 $R(\sqrt{d})$ に属する因子の主種が奇数個の類（狭義）から成るならば，$N(\varepsilon)=-1$ である．

29. p を $8n+1$ の形の素数とする．そのとき，体 $R(\sqrt{-p})$ の因子類数は4で割れることを証明せよ．

整 数 論（上）　　1971 ©

1971年8月15日　第1刷発行

訳　者　佐々木義雄（ささきよしお）

発行者　吉岡　清

発行所　株式会社 吉岡書店
京都市左京区田中門前町87

発売元　丸善株式会社
東京都中央区日本橋

天業社印刷・藤沢製本

整数論（上）[POD版]

2000年8月1日　　発行

著　者　　ボレビッチ・シャハレビッチ

発行者　　吉岡　誠

発　行　　株式会社　吉岡書店
〒606-8225
京都市左京区田中門前町87
TEL 075-781-4747　　FAX 075-701-9075

印刷・製本　　ココデ印刷株式会社
〒173-0001
東京都板橋区本町34-5

ISBN978-4-8427-0286-5 C3341　　Printed in Japan